FASHION
RETAIL
MANAGEMENT

저자 소개

박경애 영남대학교 의류패션학과 교수
University of Wisconsin-Stevens Point, Retail Studies Program 교수
University of Tennessee, Knoxville, Retail and Consumer Sciences 박사
이화여자대학교 의류직물학과 학사, 석사

이미영 인하대학교 의류디자인학과 교수
제일모직 수주영업팀 Fashion-Net Part 과장
University of Minnesota, Design, Housing, & Apparel 석사, 박사
이화여자대학교 의류직물학과 학사

여은아 계명대학교 패션마케팅학과 교수
㈜씨엔아이티 B2B마케팅 선임연구원
Iowa State University, Textiles & Clothing 석사, 박사
이화여자대학교 의류직물학과 학사

FASHION
RETAIL
MANAGEMENT

3판
패션리테일 매니지먼트

초판 발행 2015년 2월 6일
2판 발행 2020년 1월 23일
3판 1쇄 발행 2024년 2월 28일

지은이 박경애 · 이미영 · 여은아
펴낸이 류원식
펴낸곳 교문사

편집팀장 성혜진 | **책임진행** 김다솜 | **디자인 · 편집** 신나리

주소 10881, 경기도 파주시 문발로 116
대표전화 031-955-6111 | **팩스** 031-955-0955
홈페이지 www.gyomoon.com | **이메일** genie@gyomoon.com
등록번호 1968.10.28. 제406-2006-000035호

ISBN 978-89-363-2550-3(93590)
정가 27,000원

FASHION
RETAIL
MANAGEMENT

3판
패션리테일 매니지먼트

박경애　이미영　여은아

교문사

머리말

2015년과 2020년 《패션리테일 매니지먼트》를 출간한 이래 리테일 시장은 급속하게 변화해 왔다. 코로나 팬데믹으로 인한 글로벌 공급망 교란을 경험하였고, 오프라인 암흑기에 많은 글로벌 리테일러들의 파산보호 신청, 회생, 폐점과 시장 철수, 인수·합병 사례도 지켜보았으며, 온라인 시장의 급격한 성장과 풍부한 유동성 자금으로 인한 온라인 리테일 스타트업과 럭셔리브랜드의 성장도 지켜보았다. 그리고 코로나 엔데믹과 함께 상황이 또 다른 방향으로 변화 중이다. 지정학적 갈등, 기후 위기, 고금리·고물가의 경제 상황, 새로운 주류 세대의 가치관과 라이프스타일, 생성형 AI를 포함한 테크놀로지 등 다양한 거시 환경이 그 어느 때보다 리테일에 크고 빠르게, 또 깊게 영향을 미치고 있어 이에 대응하는 리테일러의 전략도 다양하고 치밀해지고 있다. 《패션리테일 매니지먼트》 3판은 이러한 시장의 변화를 반영하여 각종 수치와 내용을 업데이트하고, 최신 트렌드와 이슈를 반영하여 현장 사례와 이미지를 추가하였다.

패션은 리테일의 핵심이다. 패션상품은 회전율이 높으며 마진율도 높다. 패션리테일러는 글로벌 파워 리테일러 중에서도 가장 높은 이익률과 글로벌화를 보인다. 국내 백화점의 주력 상품군은 패션이며, 이커머스에서 가장 비중이 높은 상품군도 패션이다. 오늘날 패션리테일러는 패션상품을 바잉하여 소비자에게 재판매하는 전통적인 기능에서 나아가 급변하는 시장환경에서 미래 고객의 잠재 수요를 발굴하는 다양한 전략을 실행하며 진화하고 있다.

《패션리테일 매니지먼트》 3판은 패션상품을 취급하는 다양한 리테일러의 경영관리 전략을 4개의 PART와 13개의 CHAPTER로 구성하여 다룬다. 패션리테일의 세계를 소개하는 PART 1에서는 패션리테일의 개념과 다양한 리테일 업태를 소개한다. 패션리테일러의 전략을 이해하는 PART 2에서는 리테일 전략의 개념을 시작으로 상권과 입지, 조직구조와 인사관리, 물류관리와 SCM 등 경영 전략을 다룬다. PART 3은 패션리테일의 핵심인 머천다이징 관리 전략으로, 예산 및 상품구색 기획, 상품 바잉, 가격 책정 및 조정, 리테일 커뮤니케이션 전략 들을 포함한다. 마지막으로 고객접촉이 발생하는 리테일 매장 관리를 다루는 PART 4는 매장관리 업무, 매장디자인과 비주얼머천다이징, 고객서비스와 CRM을 포함한다.

각 CHAPTER의 내용을 대표할 수 있는 리테일 현장사례는 COVER STORY로 제시하였다. RETAIL FOCUS는 최신 리테일 트렌드와 이슈를 반영하는 사례들로 구성하였다. 이제 글로벌 리테일 전략의 필수가 된 리테일 테크와 디지털 전환, 옴니채널, 지속가능성, 초개인화, DEI_{Diversity, Equity, Inclusion} 등 다양한 리테일 트렌드는 리테일 전략 전반에 반영되므로 별도의 CHAPTER로 구성하기보다 본서의 곳곳에서 기술하였다. 무엇보다 나날이 활용이 보편화되고 있는 리테일 테크놀로지는 모든 CHAPTER에서 다루어진다.

물리적 점포_{brick-and-mortar}에서 인터넷_{PC}으로, 나아가 모바일_{스마트폰}로 리테일 채널이 확장되고, 결국 피지털_{physital} 리테일로 통합되면서 시장의 변화를 반영하는 리테일 원론도 확장되고 있다. 스마트폰 다음의 새로운 디바이스가 소개되기 시작하는 현재, 리테일 채널의 변화와 확장, 통합은 또 한 번 새로운 전략으로 시장을 변화시킬 것이다. 리테일러의 대응이 날이 갈수록 중요해지고 있는 시점에서 본서는 가능한 한 원론에 충실하면서 최신 리테일 이슈와 트렌드를 반영하고자 하였다. 그러나 2015년과 2020년에 이어 3번째 《패션리테일 매니지먼트》를 준비하면서, 어느 때보다 극심한 시장의 변화를 담아내는 것이 쉽지 않았다. 오랫동안 패션유통을 공부하고 연구하고 강의해 왔으나, 작금의 시장 변화는 이전에 경험하지 못한 속도와 규모이기 때문이다. 출간 후 많은 질책을 반영하여 수정·보완 작업을 계속할 것을 약속하며, 본서가 변화에 유연하게 대응하고자 하는 리테일 관련 누군가에게 도움이 되기를 바랄 뿐이다.

2024년 2월

박경애, 이미영, 여은아

목차 개요

목차

PART 2
패션리테일 전략

PART 3
머천다이징 관리

PART 1

패션리테일의 세계

패션리테일 소개

이 장은 유통산업의 구조, 패션리테일 시장의 규모와 현황, 주요 리테일러 등 리테일 산업과 시장을 소개한다. 패션제품이 생산되어 소비자에게 공급되기까지 유통경로의 구조를 소개하며, 패션상품의 유통경로 내 핵심 기업으로서 패션제조업, 패션도매업, 패션소매업의 각 역할 및 핵심 기업 간 협력, 갈등, 통합 등을 사례와 함께 제시한다. 나아가 유통경로에서의 소매유통 기능을 토대로 국내 유통시장에서 패션소매업의 범위를 파악하고, 소매유통 시장의 규모와 성장 현황을 이해한다. 이어서 글로벌 및 국내 소매유통 시장의 주요 리테일러, 주요 패션리테일러 현황을 파악하고, 마지막으로 서비스 리테일러의 예를 제시한다.

세계 최대 리테일러 월마트는 결국 패션도 정복할 수 있을까?

월마트는 오랫동안 세계 최대 리테일러 지위를 유지해 왔다. 저렴한 기본 아이템으로 무장한 미국의 가장 큰 의류 리테일러이기도 했으나 2021년 아마존에 그 자리를 내주었다. 세계 최대 의류 판매업체로서 수십 년 동안 노력했음에도 불구하고 월마트는 패션쇼핑의 목적 점포가 되는 데 실패했다. 1990년대 이래 월마트는 의류제품 구색에 꾸준히 투자하면서 다양한 시도를 지속해 왔다. 디자이너 노마 카말리Norma Kamali, 막스 아즈리아Max Azria 영입부터 1996년 토크쇼 호스트 캐시 리 기포드Kathie Lee Gifford 라이센싱 PB를 포함하여 수많은 PB 개발, 2000년대 초 유럽에서 소싱하여 새로운 트렌드를 시도하는 100인의 제품 개발팀 운영, 그리고 2010년대 보노보스Bonobos, 모드클로스ModCloth, 엘로키Eloquii 등 힙한 디지털 브랜드 인수까지 다양한 투자를 지속해 왔으나 실용적 쇼핑객에게 어필하지는 못했다. 2022년 결국 월마트는 여러 브랜드를 매각하면서 보노보스를 인수가의 1/4보다 낮은 75백만 달러에 매각하기에 이르렀다. 경쟁업체 타깃Target이 디자이너와 협업하고 합리적인 가격의 트렌디한 제품들을 갖추며 저예산 패션숍으로 성공적으로 리브랜딩하고, 사람들이 이제 아마존에서도 편안하게 패션을 구매하는 반면 월마트는 수십 년 동안 의류제품 구색을 변화시키는 데 실패했다. 월마트에게 패션은 어려운 제품군이었다.

매주 1억 명이 월마트 점포를 방문하며 4천만 명이 온라인으로 월마트 매장을 방문한다. 월마트는 고객의 기본 욕구를 충족시켰고 이제 패션 욕구를 충족시키기 위해 다시 변화를 시도하고 있다. 목표는 평소 월마트에서 달걀, 세제, 속옷 등을 구매하지만 출근 복장이나 데이트용 의류 구매는 한 번도 생각해 보지 않은 패션지향적인 젊은 고객을 끌어들이는 것이다. 팬데믹 이후 월마트는 더 성장하고 수익성이 좋아져서 이번이 패션에 도전할 새로운 기회가 될 수 있다. 패션제품, 특히 PB는 신선식품이나 일상 홈제품보다 마진이 높다. 인플레이션이 소비자 지출을 압박함에 따라 월마트에는 저렴한 가격과 지속적인 인스토어 트래픽으로 점유율을 확보할 기회가 주어졌다. 현금흐름도 훌륭하고 기본 상품을 자주 구매하는 고객도 이미 보유하고 있다.

지난 몇 년 동안 이 세계 최대 리테일러는 리복과 리바이스를 포함, 1,000개의 신규 의류 브랜드를 추가하고 PB를 정비하였다. 월마트 온라인은 코치, 랜즈앤드, 마이클코어스 등을 포함하여 수많은 브랜드의 제품을 판매하고 있다. 럭셔리 백화점 삭스피프스애비뉴와 랄프로렌에서 20여 년의 경력을 쌓고 2017년 월마트에 합류하여 현재 월마트의 의류 및 PB 부회장이 된 인칸델라Incandela는 브랜드 업그레이드를 위한 전문능력과 운영 능력을 갖추고 있다. 월마트는 PB를 다시 강화시켜 디자이너 브랜드 맥스웰Brandon Maxwell과 작업하고 있으며, 티셔츠, 스웨트팬츠 등의 기본 아이템과 함께 트렌디한 계절 품목인 플리스 재킷, 앵클 부츠 등을 판매하고 있다.

최근 월마트 내 '미래의 매장'에서 의류제품 코너는 할인점이라기보다는 백화점처럼 보인다. 4.99달러 셔츠를 광고하는 대형 'Everyday Low Prices' 사인은 사라지고 고상한 이미지와 마네킹 디스플레이가 그 자리를 차지하고 있다. 그럼에도 가격은 유혹적일 정도로 여전히 저렴하다. 형광 조명 대신 부드러운 포인트 조명으로 제품을 돋보이게 하여 쇼핑객이 충분히 여유 있게 의류제품을 살펴보고 싶게 만든다. 이는 물론 특별히 혁신적이지 않을 수 있다. 그러나 수십 년 동안 패션쇼핑의 목적지가 되지 못한 월마트로서는 획기적인 변화이다. 패션을 판매하는 층에서는 아이템을 보다 어필하기 위해 제품과 진열대를 10% 줄이고, 통로는 더 넓히며, 각 점포는 자체 비주얼 머천다이저를 보유하여 새 마네킹에 옷을 입히고 구색을 늘 새롭게 유지한다. 온라인에서는 가상 시착과 핏 예측 툴을 통합한다.

월마트는 정말 의류제품 범주를 변화시킬 수 있을까? 의류제품군의 최근 수익 성장을 보면 쇼핑객들은 반응하는 것으로 보인다. 전체 매출은 5.7% 성장한 반면 의류제품의 온라인 제3자 마켓플레이스 매출은 2023년 2분기 동안 두 자릿수 성장을 보였다. 그러나 패션 마켓플레이스 경쟁은 너무나 치열해서 합리적인 가격대를 유지하면서 진정한 패션 목적지가 되는 것은 어려운 일이다. 아마존 외에도 극단적으로 저렴한 가격을 제공하는 디지털 플레이어들이 너무 많다.

의류 구매에 있어 Z세대 소비자의 평등주의 성향이 월마트에 유리하게 작용하고 있다. 소비자행동이 변하여 이전에 존재하지 않았던 많은 다양한 장소에서 쇼핑할 정도로 요즘 소비자는 열려 있다는 것이 인칸델라의 주장이다. 이는 월마트의 경쟁을 높이는 동시에 월마트가 이전에 없었던 방식으로 무대에 등장하는 것을 가능하게 한다. 나이 든 쇼핑객들이 월마트에 대해 선입견을 가지는 반면 젊은 고객들은 월마트의 현재 변화를 보다 잘 받아들이고 있다. Z세대들은 믹스 앤 매치를 좋아하고, 가성비 제품을 구매하는 것이 그들에게는 패셔너블한 행동이다. 요즘 시크함을 좌우하는 것은 지불한 금액이 아니라 개인적 스타일이다.

월마트의 미래 점포 계획은 상당한 점포 리모델링을 포함한다. 현대화되고 패션지향적인 점포에서도 의류제품의 65%는 여전히 기본 제품으로 유지할 계획이다. 월마트 PB 6개는 이미 10억 달러의 연매출을 달성하고 있다. 많은 월마트 쇼핑객은 농촌이나 교외 지역에 거주하는 미국인들로, 도시 지역 거주자에 비해 틱톡이나 런웨이 트렌드에 관심이 낮다. 이러한 핵심 고객을 소외시키지 않는 스타일리시한 제품을 내놓는 일은 쉽지 않다. 갑자기 스팽클 드레스나 절개한 보디슈트를 소개한다거나 초고속으로 변하는 인터넷 트렌드를 추종하지는 않을 것이다. 그런 것들이라면 쉬인Shein, 심지어 티제이맥스TJ Maxx에서도 찾아볼 수 있다. 월마트의 목표는 고도로 패셔너블한 구색이 아니라, 고객의 옷장 대부분을 차지하는, 수년간 착용해도 될 만한 퀄리티 있는 의류를 제공하는 것이다.

크리스마스 파자마 컬렉션을 선보이는 월마트의 마네킹 디스플레이

자료: Chen, C.(2023. 10. 18). Can Walmart finally crack fashion? The business of Fashion; Hanbury, M.(2018. 9. 14). Walmart and Amazon are doubling down on fashion, setting the scene for their next big battle. Business Insider; Hensel, A.(2019. 8. 2). How Walmart is trying to win over fashion brands, Modern Retail

1) 패선제품의 유통경로

패선제품은 생산되어 최종 소비자에게 도달하기까지 원부자재 생산, 완제품 기획, 하청 생산 등 여러 단계의 생산과정을 거치며, 완성된 제품은 몇 단계의 중간 유통과정을 거치게 된다. 유통경로_{distribution channel}, 즉 제품 공급망_{supply chain}은 상품과 서비스를 최종 소비자에게 생산·전달하는 데 종사하는 일련의 기업 집단으로 구성된다.

　일반적으로 제품의 개발과 생산을 담당하는 제조기업, 생산된 제품을 대량으로 구입하여 소량으로 소매업에 판매하는 도매기업, 최종 소비자에게 소량이나 개별로 판매하는 소매기업이 제품의 생산과 유통을 담당하는 대표적인 유통경로 내 핵심 기업이다. 이러한 기업들은 생산과 유통, 판매와 구매의 역할을 상호의존적으로 수행하며, 이는 지속적인 과정이다. 이들의 공통적인 최종 목적은 최종 소비자를 만족시키는 것으로, 도매와 소매 유통기업들은 제조업의 제품에 소비자가 원하는 가치를 부가한다.

제조업자 ⟶ 도매업자 ⟶ 소매업자 ⟶ 소비자

그림 1.1
유통경로의 구조

　그림 1.1에서 나타나는 핵심 기업 외에도 다양한 기업이 여러 형태로 핵심 기업과 연계되어 있어 실제 패선상품의 유통경로는 매우 복잡하다. 생산과정에서 특정 의류브랜드 업체가 기획과 디자인, 판매를 담당하지만 실제 생산은 작은 규모의 여러 하청기업에서 이루어질 수도 있으며, 제조업체는 여러 형태의 중간 유통기업에 제품을 판매할 수도 있다. 소매업자는 제조업이나 도매업자가 아닌 다른 소매업자로부터 제품을 구매할 수도 있다. 또한 유통경로의 핵심 기업 외에도 물적 유통경로가 원활하도록 촉진하는 다양한 지원 서비스가 있다. 이러한 지원 서비스 기업은 운송, 보관, 보험, 정보, 금융 등의 역할을 담당한다.

2) 유통경로의 핵심기업

(1) 패션제조업

패션제조업은 다양한 패션상품을 기획·생산하는 것을 전문으로 하는 유통경로의 핵심 기업이다. 소비자 수요를 파악하여 제품을 기획하고 생산하여 리테일 매장에 공급하기까지 정보 분석, 기획, 생산, 물류 등에 시간이 소요되므로 패션제조기업은 다양한 패션정보를 분석·예측하여 판매시점의 소비자 수요를 예측해야 한다.

패션제조업의 유형은 다양하지만 가장 일반적인 것은 패션브랜드 업체이다. 패션시장은 인구통계적 특성, 라이프스타일 등에 따라 매우 세분화되어 있다는 특성이 있어 각 세분시장에 매우 다양한 유형의 브랜드가 다양한 제품 콘셉트로 공존한다. 패션제조업체는 고가의 디자이너브랜드 업체와 글로벌 럭셔리브랜드 업체부터 중저가의 캐주얼브랜드 업체뿐만 아니라 저가의 비브랜드 제조업체까지 다양하며, 이들 각 제조업체는 브랜드나 기업의 성격에 적합한 중간 유통기업에 제품을 공급한다. 따라서 백화점, 편집숍, 온라인쇼핑몰 등 다양한 유형의 유통업체는 패션제조업체의 기업소비자 역할을 한다. 이외에도 패션브랜드 업체나 유통업체에 제품개발을 통한 완제품을 공급하는 다양한 ODM_{Original Design/development Manufacturing} 및 OEM_{Original Equipment Manufacturing} 업체도 패션 공급망에 중요한 역할을 한다.

(2) 패션도매업

도매업은 제조와 소매를 중개하는 유통경로 내 핵심기업으로, 제조와 소매기업의 가치를 증가시키는 기능을 수행한다. 제조업체를 위해 판매와 프로모션을 제공하는 한편 소매업체를 위해 제품 공급과 구색 설정, 소량 분할, 서비스와 조언을 제

사진 1.1
패션도매업을 내표하는
동대문시장

공하며, 재고의 보관 및 운송, 신용 재무, 위험 감수, 시장 정보 제공 등 제조업체와 소매업체를 위한 역할을 수행한다.[1]

국내 도매 및 상품중개업은 1,016조 원의 규모로, 약 51만 개의 업체에 156만 명이 종사한다. 패션도매업은 생활용품 도매업 중 생활용 섬유제품, 의복, 의복 액세서리 및 모피제품 도매업과 신발 도매업이 해당하는데, 약 3만 7천 개 업체에서

RETAIL FOCUS

패션도매업의 대표, 동대문시장

동대문시장은 1925년 개장 후 1960년대 화섬 생산과 함께 소규모 봉제공장이 생겨나면서 전국적 도매산지로 부상하기 시작하였고, 1960~1970년대에 동평화, 제일평화, 흥인, 남평화, 광희시장 등이 생기면서 국내 최대 규모의 의류 도매상권을 형성하였다. 1990년대 후반 두산타워와 밀리오레 등 소매 기능에 중점을 둔 현대적인 대형 쇼핑몰이 출현하면서 도매시장과 도·소매를 겸한 쇼핑몰의 이원화 형태로 진화하였다.

2000년대 전성기를 지나 여러 환경 요인, 예를 들어 중국산 제품의 급증으로 인한 가격경쟁력 상실, 글로벌 패스트패션의 진출과 성장, 온라인쇼핑 급증, 지방 재래시장의 경쟁력 약화, 디자인 카피 등으로 침체되었으나 동대문시장은 지속적으로 활성화 방안을 모색해 왔다. 이 과정에서 디자인 플랫폼인 동대문 디자인플라자_{DDP, 2014} 등 패션관련 인프라가 구축되었고, ICT기술을 접목해 디지털 패션허브로서 시장경쟁력을 높이기 위해 노력해왔다. 링크샵스, 신상마켓, 에이피엠스타일 등과 같은 B2B_{기업 간 거래} 중개 플랫폼이 전개되고 있으며, 라이브 커머스가 확대, 지원되고 있다. 서울패션창작스튜디오를 새로운 복합시설로 개관하고, 동대문상인 패션쇼 DDF_{DDP District Fashion}를 개최하는 등 패션 소상공인의 경쟁력 향상을 통해 동대문 패션상권의 활력을 높이는 프로그램이 추진되고 있다.

동대문 패션시장은 크게 네 부분으로 구분된다. 동평화·신평화·청평화·광희패션몰 등 전통 도매상권, 디자이너 클럽·UUS·누존 등 현대식 신흥 도매상권, 두타·밀리오레·맥스타일 등 현대식 소매상권, 동대문 종합시장 등 전통적 원부자재 상권이다. 도·소매 기능이 유기적인 관계를 형성하고 있으며, 동대문시장의 패션상품은 다양한 경로를 통해 서울 및 지방 소매상, 해외 바이어, 소비자 등에 판매된다.

동대문상권은 의류 도매 및 소매 상가, 원단·부자재 점포, 자가 및 협력업체 공장 등이 직·간접적으로 집적되어 있으며, 하루 유동인구가 100만 명에 육박하고 하루 매출액이 500억 원_{연간 매출액 15조 원}, 수출액은 30억 달러_{섬유·패션수출의 21%}에 이르고 있다. 점포 간 취급 품목 및 업태가 달라 의류 생산에 필요한 원부자재, 패션 관련 액세서리, 가방, 신발 등 섬유 의류 관련 일체의 기획·생산·판매 네트워크가 시장 내 산업 집적화를 이루어 신속 대응이 가능하다. 동대문시장은 관광과 쇼핑 장소로도 유명해서, 명동에 이어 외국인 관광객이 가장 많이 찾는 관광명소이다. K패션·뷰티의 경쟁력을 기반으로 다양한 문화, 관광, 쇼핑공간이 제공되고 있다.

자료: 김문영(2014). 동대문 패션시장의 생산시스템을 활용한 글로벌 마케팅전략에 관한 탐색적 연구. 복식, 64(3), 47-61; 김선호(2019. 7. 4). 동대문 유일 두타 면세점, 실적하락 방어 고군분투. the bell; 김창영(2023. 3. 9). 동대문 서울패션창작스튜디오, 500평 규모 복합지원시설로 대단장. 서울경제; 박연파(2019. 5. 29). KT, 이제 쇼핑도 '5G 쇼핑' 시대. 사건의 내막; 산업자원부(2014. 2. 13). [동대문 패션타운] 24시간 불이 꺼지지 않는 세계적인 패션 허브. 산업자원부 블로그; 서유진(2019. 4. 25). 동타트업(동대문+스타트업), 디지털 패션 생태계 살린다. 중앙일보

10만 명이 종사하는 49조 원의 규모로 전체 도매업 매출의 4.8%를 차지한다.[2]

패션브랜드 업체의 경우 대부분 백화점, 대리점 등 소매기능으로 직접 연결되어 도매업의 기능은 제한된다. 그러나 동대문시장과 남대문시장은 브랜드 유통망과는 다른 패션도매기능으로서 중요하다. 특히 동대문시장은 국내 패션도매업을 대표하는 장소라고 할 수 있다.

(3) 패션소매업

소매업은 유통경로의 최종 핵심기업으로 소비자와 직접 접촉하여 제품을 판매한다. 따라서 핵심기업 중 소비자 수요를 가장 잘 파악할 수 있다. 각 소매업체는 적합한 표적고객을 대상으로 가장 적합한 상품, 가격, 점포 위치, 매장 환경, 프로모션, 서비스 등을 제공하여 매출을 극대화한다. 소매업은 백화점, 대형마트 등의 종합 소매업부터 브랜드대리점, 편집숍 등 전문점, 그리고 인터넷 쇼핑몰, 모바일 쇼핑앱 등 무점포까지 다양한 유형이 있다. 시장 경쟁이 갈수록 치열해지고 시장 파괴형 신규 비즈니스 모델들이 소개되면서 다양한 유형·업태의 소매업 간 경계가 모호해지고 통합되는 등 소매업 시장은 급격히 변화하고 있다.

3) 유통경로 내 기업 간 협력

제품 공급의 원활한 유통은 머천다이징의 성과에 중요하다. 소비자가 원하는 시점에 적절한 제품을 적절한 가격과 물량으로 적절한 장소에 제공한다면 최종 소비자의 구매를 유발하고, 나아가 소매업과 제조업의 매출 증대와 수익 증대에 기여하게 된다. 특히 패션상품은 유행에 민감하여 상대적으로 판매 기간이 짧다. 따라서 소비자 수요를 신속히 파악하여 최단 시간에 제품을 기획·생산하여 최단 시간에 매장에 공급하는 것이 중요하다.

그림 1.2처럼 리테일 매장에서 소비자의 정보를 파악하고 이를 통한 제조업체의 제품기획과 생산, 다시 리테일 매장으로의 제품 공급까지 리드 시간을 단축시키는 효율적인 공급망관리는 소비자, 리테일러, 제조업체 모두에게 이익이다. 소비자는 매장에서 원하는 제품을 발견하여 구매하고, 이는 리테일 매장의 매출 증대, 제품 회전율 향상, 재고 감소, 수익 향상 등의 효과로 나타나며 나아가 제조업의

제조업자 $\longrightarrow$ $\longleftarrow$ 도매업자 $\longrightarrow$ $\longleftarrow$ 소매업자 $\longrightarrow$ $\longleftarrow$ 소비자

$\longrightarrow$ 제품 공급 $\longleftarrow$ 정보 공급

그림 1.2
유통경로 내 협력

머천다이징 성과로 나타나 매출 증대와 수익 향상을 가능하게 한다.

　패션산업에서는 원활한 공급망관리를 위하여 신속대응체제QR system: Quick Response System를 활용해 왔다. 이는 특히 리테일러와 제조업체의 파트너십을 기반으로 한다. 리테일러가 매장에서 소비자 수요를 신속히 파악하여 이러한 정보를 EDIElectronic Data Interchange, 전자문서교환를 통해 제조업체와 공유하고, 제조업체는 소비자가 원하는 제품을 신속하게 생산·공급함으로써 이러한 과정의 시간을 단축하고 정보와 제품 공급을 원활히 하는 시스템을 구축하는 것이다. 유통경로 기업들 간 파트너십을 통한 협력은 매우 중요하며, 이는 리테일러의 판매시점 정보 시스템POS: Point-of-Sales system, SCMSupply Chain Management, 공급망관리 또는 QR 시스템의 EDI 등 질적 및 기술적 협력을 전제로 한다. 특히 테크놀로지, 소비자, 시장의 급격한 변화와 함께 시스템이 진화되고 디지털로 전환되고 있는 최근, 유통경로 내 협력은 어느 때보다 중요해지고 있다.

4) 유통경로 내 기업 간 갈등

리테일 머천다이징의 성과는 곧 제조업의 성과와 연계되므로, 이를 위해 각 경로 구성원의 협력이 필수적이다. 그러나 실제로는 경로 구성원 간 갈등이 자주 나타난다. 각 경로 구성원은 모두 최종 소비자의 만족을 추구하지만 그 과정에서 각각의 이해가 다르기 때문이다.

(1) 수직적 갈등

제조업과 소매업의 경우처럼 유통경로상의 전·후방 구성원 간 수직적 갈등은 자주 나타난다. 브랜드 본사와 대리점 간 갈등부터 백화점과 입점 패션브랜드 간 갈등, 대형마트와 중소 제품납품업체 간 갈등까지, 대형 리테일러와 중소 제조업 간의 갈등은 자주 관찰된다. 갈등의 원인은 과도한 수수료, 유통업체 행사의 강제 동참, 재고 부담, 과도하게 낮은 납품가격, 부당한 비용 전가 등 다양하다.

중소 의류제조업과 백화점·TV 홈쇼핑 등 대형 유통업의 수직적 갈등관계에서는 힘의 불균형에 의해 대형 유통업체가 자주 주도권을 행사하여 통제하게 된다. 그러나 브랜드 파워가 강한 글로벌 패션기업과 대형 유통업체의 경우 힘의 양상이 반대가 되기도 한다. 특히 중소기업 입점업체에 부당한 경영정보 제공을 요구하거나 납품업자에게 협찬금을 요구하는 등 대형 리테일러의 불공정 거래행위가 벌어질 경우 대규모 유통업법 위반으로 공정거래위원회의 시정조치를 받는다. '대규모유통업에서의 거래 공정화에 관한 법률'은 대규모 유통업자와 납품업자 또는 매장 임차인이 대등한 지위에서 공정하게 거래할 수 있도록 법제화한 것이다.

최근 동반 성장은 중요한 과제가 되고 있다. 사회적 '갑질'이 이슈가 되고 대·중소기업 상생 협력이 중요해지면서 한국패션협회_{현 한국패션산업협회}와 한국백화점협회는 제조·유통 간 공동 현안 및 상생 방안 마련을 위해 제조·유통 상생협의회를 구성한 바 있다. 백화점 입점 패션업체에 대출 형식의 경영 안정 자금을 지원하는 등 유통 및 패션산업의 동반성장을 위해 노력했던 것이다.[3] 온라인 패션플랫폼 무신사는 2015년부터 입점업체에 생산 자금을 지원하는 '동반성장 프로젝트'를 진행하고 있다. 이러한 대·중소기업 간, 유통업체와 납품업체·입점업체 간 동반성장 사례는 자주 관찰되고 있다.

(2) 수평적 갈등

제조업 간 갈등, 소매업 간 갈등 등 유통경로 내 동일 기능을 수행하는 경쟁업체 간 갈등은 경쟁이 치열한 시장에서 자주 관찰된다. SPA_{Specialty Store Retailer of Private Label Apparel, 자체브랜드 의류 전문점 리테일러}와 내셔널브랜드 간 갈등 및 대형마트 간 갈등부터, 대형마트와 슈퍼마켓, 대형마트와 재래시장 상인 간 갈등까지, 소매업 구성원 간의 경쟁을 통한 갈등은 동일 업태 내 또는 업태 간에 다양하게 나타난다.

유통 라이벌인 롯데와 신세계는 상권 확보에서 지속적으로 갈등을 보여 왔다. 롯데가 매입협상을 벌이던 파주 프리미엄아웃렛 부지를 신세계가 매입하면서 갈등이 있었고, 신세계백화점 인천점이 입점한 인천종합터미널 용지를 롯데쇼핑이 매입하면서 법정소송이 진행되었다. 영등포역사점의 경우 롯데가 신세계를 제치고 최종 입찰에 선정되는 등 라이벌 관계는 계속되고 있다.

2023년 미국 이커머스 시장의 37.6%의 점유율[4]을 보인 아마존은 최대 리테일러인 월마트의 경쟁자이며, 특히 오프라인 리테일러의 강력한 위협 존재이다. 로켓배송 등 공격적인 경영을 하는 쿠팡 또한 국내 온·오프라인 리테일러의 경계 대상이 되고 있다.

사진 1.2
아마존
미국 이커머스 시장의 37.6%를 차지하는 아마존은 온·오프라인 리테일러의 강력한 위협자이다.

5) 유통경로의 통합

유통경로에서는 한 기업이 원래의 경로 기능 외 다른 기능을 수행할 수 있다. 소매업체는 소매기능 외 제조업의 기능을 추가로 수행할 수 있으며, 소매업체가 원래의 소매업 외에 다른 형태의 소매업을 추가로 수행할 수도 있다. 유통경로에서 하나 이상의 활동을 수행하는 것을 경로 통합channel integration이라고 한다. 전자의 예처럼 제조·도매·소매의 유통경로상 흐름에서 전후의 기능으로 통합하는 것을 수직적 통합vertical integration이라고 하며, 후자의 예처럼 동일 경로상에서 확장 통합하는 것을 수평적 통합horizontal integration이라고 한다. 이러한 경로 통합 사례는 실제 시장에서 자주 나타난다.

(1) 수직적 통합

제조업이 소매기능으로 분야를 확대하는 것처럼 유통경로상에서 전방의 기능을 통합할 수도 있으며, 소매업이 제조기능을 수행하는 것처럼 후방의 기능을 통합할 수도 있다. 의류브랜드 제조업에서 성장한 이랜드그룹은 신규 투자와 인수·합병 등 공격적인 수직적 통합으로 다양한 소매업을 보유 중이다. NC백화점과 킴스클럽은 이랜드의 전방 통합 사례이다. 한편 소매업이 제품을 직접 생산하는 제조기능을 수행하여 후방 통합하기도 한다. 현대백화점그룹은 국내 여성복 1위 업체인 ㈜한섬 지분을 인수함으로써 백화점, TV홈쇼핑채널 등 기존 유통채널과 패션사업의 제조기능을 통합하여 시너지를 보이고 있다.

수직적 통합은 제조와 소매의 유통경로를 한 기업이 통제하여 효율적 제품

공급망관리를 가능하게 할 수 있다. 그러나 다른 전문 기능을 수행하기 위한 투자를 추가로 필요로 하여 위험 부담이 높을 수 있다.

패션유통경로에서 제조와 소매의 수직적 통합의 사례로는 SPA가 대표적이다. SPA는 자체브랜드를 보유한 의류 전문 리테일러로, 소매 유통망리테일러의 자체 점포을 확보하고 이 소매점포를 대상으로 제품을 기획·생산하여 공급·판매하는 모든 기능을 통합한 것이다. 미국이나 유럽의 쇼핑몰이나 가두점에서 볼 수 있는 많은 의류브랜드가 SPA이며 대부분 직영으로 운영된다. 예로는 애버크롬비앤피치Abercrombie & Fitch, 빅토리아 시크릿Victoria Secret, 제이크루J. Crew 등이 있다.

글로벌 패션시장에서 성공한 SPA의 대표적 예로는 자라Zara, H&M, 갭Gap, 유니클로Uniqlo 등을 들 수 있다. SPA의 경우 한 기업 내에서 모든 기능을 수행하므로 매장에서의 소비자 수요 파악부터 소비자가 원하는 제품을 매장에 공급하기까지의 과정이 잘 통제되고 신속하게 이루어진다. 따라서 이들 브랜드는 유행과 수요에 민감하게 대응할 수 있고 소비자가 원하는 제품을 즉시에 공급할 수 있어 그만큼 제품 회전율이 높아 '패스트패션'으로 불린다.

(2) 수평적 통합

동일 유통경로 기능에서의 확장으로, 제조업의 브랜드나 제품라인 확장, 소매업의 업태 확장 등으로 나타난다. 오프라인 리테일러가 온라인 기능으로 확장하면서 온·오프라인 채널을 통합하는 것은 동일한 소매기능의 수평적 통합이다. 최근 리테일은 오프라인, 인터넷, 모바일 채널을 통합하는 옴니채널로 진화하고 있다.

롯데쇼핑은 백화점과 대형마트 외에 아웃렛, 창고형 할인점, 슈퍼마켓, TV 홈쇼핑 채널, 인터넷 쇼핑몰 등 멀티채널을 전개한다. 편의점 업태를 운영하는 GS리테일은 TV 홈쇼핑 채널을 운영하는 GS숍과 합병함으로써 온·오프라인 채널을 통합하였으며, 미국 최대 이커머스 업체 아마존은 유기농 슈퍼마켓 홀푸드_{Whole Foods Market}를 인수하였다. 이탈리아 패션기업 조지오 아르마니_{Giorgio Armani}는 엠포리오 아르마니, 아르마니 꼴레지아니, 아르마니 진스, 아르마니 익스체인지, 아르마니 주니어 등 다양한 의류브랜드로 수평적 통합 기능을 확대하고, 뷰티제품, 홈패션과 인테리어_{아르마니 카사}, 레스토랑, 호텔 등으로 사업을 다각화하고 있다.

리테일링_{retailing}, 즉 소매 유통업은 제품과 서비스에 가치를 부가하여 개인 소비자에게 판매하는 일련의 비즈니스 활동이다. 리테일러_{retailer}는 개인용이나 가족용으로 소비자에게 제품이나 서비스를 판매하는 기업을 의미한다.

리테일러의 역할은 소비자와 제조업 양쪽에 가치와 서비스를 부가하는 것이다. 리테일러는 소비자에게 판매하는 상품과 서비스에 가치를 창출·부가하고 제조업체의 제품과 서비스 유통을 담당한다. 리테일러의 가치 창출 기능을 정리하면 다음과 같다.[5]

2. 리테일링의 역할

1) 상품과 서비스의 구색 제공

제조업체가 특정 상품군을 전문적으로 대량 생산한다면 소매업은 다양한 제조업의 상품들을 동시에 제공한다. 이를 통해 소비자들은 대형마트에 진열된 여러 기업의 샴푸 브랜드를 비교해서 구매하거나 아웃도어 전문매장에서 여러 브랜드와 스타일의 아웃도어웨어를 비교해 구매하면서 일일이 여러 제조업체를 방문하는 데 드는 시간과 비용을 절감할 수 있다.

2) 소량 판매

소매업은 제조업체나 도매업체로부터 제품을 구매하여 이를 소량 또는 낱개로 개인에게 판매한다. 이를 통해 소비자는 원하는 제품이 필요할 때 소량만 구매할 수 있다. 샴푸가 필요할 때 소매점에서 박스가 아닌 낱개를 구입할 수 있는 것은 소매점이 제품을 소량으로 판매하기 때문이다.

3) 재고 보유

소비자는 필요할 때마다 제품을 가까운 소매점에서 소량으로 구매할 수 있으므로 제품을 대량으로 구매할 때 드는 보관 및 공간 비용을 절감할 수 있다. 즉, 소매점은 소비자를 위한 물품보관창고 역할을 한다.

4) 서비스 제공

소매점은 소비자가 제품을 쉽게 찾고, 평가·구매할 수 있는 각종 서비스를 제공한다. 소매점에서는 판매원을 배치하여 제품 정보와 지식을 제공·상담하고 디스플레이를 통해 사용 방법을 제시하거나 매장 내 사인을 통해 원하는 제품을 찾을 수 있게 안내하는 등의 구매 서비스를 제공한다. 나아가 제품의 사후 서비스, 반품 등을 대행하기도 한다.

5) 제품과 서비스의 가치 향상

소매점은 표적 소비자를 대상으로 최적의 장소에서 조명, 분위기, 디스플레이 등 최상의 상태로 제품을 전시하고 소비자가 필요로 하는 서비스를 제공하여 생산된 제품의 가치를 높이고 구매욕구를 자극한다.

사진 1.4
빈티지숍
리테일러는 수명이 다 되어 버려지거나 기증된 옷을 선별하여 최적의 상태로 디스플레이함으로써 새로운 가시를 창출할 수 있다.

1) 소매유통시장

(1) 패션소매업의 범위

국내의 소매업 분류는 일반적으로 다양한 제품군을 취급하는 종합 소매업과 특정 제품군을 전문으로 하는 제품 소매업으로 구분된다. 제품군에 따라서는 음식료품, 정보통신장비, 문화·오락·여가 등 다양한 소매업으로 구분된다. 패션리테일은 섬유, 의복, 신발 및 가죽제품 소매업에 속한다표 1.1.

이 소분류는 ① 의복 소매업, ② 섬유, 직물 및 의복액세서리 소매업, ③ 신발 소매업, ④ 가방 및 기타 가죽제품 소매업으로 세분되며, 각 세분류는 다시 세세분류로 구분된다. 이러한 분류는 오프라인사업 위주로 구분되었으며, 무점포 소매

표 1.1 패션소매업의 범위

소분류	세분류	세세분류
종합 소매업(471)	대형 종합 소매업(4711)	백화점(47111) 대형마트(47112) 기타 대형 종합 소매업(47119)
	면세점(4713)	면세점(47130)
섬유, 의복, 신발 및 가죽제품 소매업(474)	의복 소매업(4741)	남자용 겉옷 소매업(47411) 여자용 겉옷 소매업(47412) 속옷 및 잠옷 소매업(47413) 셔츠 및 블라우스 소매업(47414) 한복 소매업(47415) 가죽 및 모피의복 소매업(47416) 유아용 의류소매업(47417) 기타 의복소매업(47419)
	섬유, 직물 및 의복액세서리 소매업(4742)	가정용 직물제품 소매업(47421) 의복 액세서리 및 모조장신구 소매업(47422) 섬유원단, 실 및 기타 섬유제품 소매업(47429)
	신발 소매업(4743)	신발 소매업(47430)
	가방 및 기타 가죽제품 소매업(4744)	가방 및 기타 가죽제품 소매업(47440)
무점포 소매업(479)	통신 판매업(4791)	전자상거래 소매중개업(47911) 전자상거래 소매업(47912) 기타 통신 판매업(47919)
	노점 및 유사 이동 소매업(4792)	노점 및 유사 이동 소매업(47920)
	기타 무점포 소매업(4799)	자동 판매기 운영업(47991) 계약배달 판매업(47992) 방문 판매업(47993) 그 외 기타 무점포 소매업(47999)

자료: 통계청(2023). 한국표준산업분류(KSIC)

업은 특정 제품군을 중심으로 세분되지는 않으나 인터넷 쇼핑몰은 종합몰과 전문몰로 구분할 수 있다.

(2) 패션소매업의 규모와 현황

국내 소매업의 전체 사업체 수는 자동차를 제외하고 98만 5,818개이며, 소매업 종사자는 196만 4,891명이고, 매출은 476.5조 원에 달한다표 1.2. 종합소매업체의 수는 12만 239개로 12.2%이지만 종사자는 23.8%, 매출은 29.3%에 달하여 각 업체의 규

표 1.2 국내 소매 유통시장 현황

구분	사업체 수 (개)	비율 (%)	종사자 수 (명)	비율 (%)	매출액 (조 원)	비율 (%)
소매업(자동차 제외)	985,818	100.0	1,964,891	100.0	476.5	100.0
종합 소매업	120,239	12.2	467,665	23.8	139.4	29.3
음·식료품 및 담배 소매업	131,433	13.3	215,838	11.0	36.4	7.6
가전제품 및 정보통신장비 소매업	42,856	4.3	89,487	4.6	35.3	7.4
섬유, 의복, 신발 및 가죽제품 소매업	158,054	16.0	246,774	12.6	34.4	7.2
의복 소매업	117,025	11.9	180,288	9.2	23.5	4.9
남자용 겉옷 소매업	9,331	0.9	16,174	0.8	2.3	0.5
여자용 겉옷 소매업	41,028	4.2	57,113	2.9	5.7	1.2
속옷 및 잠옷 소매업	8,783	0.9	12,085	0.6	1.1	0.2
셔츠 및 블라우스 소매업	24,537	2.5	39,193	2.0	5.3	1.1
한복 소매업	1,341	0.1	1,729	0.1	1	0.02
가죽 및 모피 의복 소매업	3,505	0.4	5,639	0.3	1.0	0.2
유아용 의류 소매업	6,004	0.6	8,347	0.4	1.0	0.2
기타 의복 소매업	22,496	2.3	40,008	2.0	7.1	1.5
섬유, 직물 및 의복 액세서리 소매업	24,693	2.5	34,485	1.8	3.0	0.6
가정용 직물제품 소매업	10,696	1.1	15,394	0.8	1.5	0.3
의복 액세서리 및 모조 장신구 소매업	10,402	1.1	14,831	0.8	1.2	0.3
섬유 원단, 실 및 기타 섬유제품 소매업	3,595	0.4	4,260	0.2	3	0.06
신발 소매업	10,954	1.1	20,479	1.0	3.8	0.8
가방 및 기타 가죽제품 소매업	5,382	0.5	11,522	0.6	4.2	0.9
기타 생활용품 소매업	59,125	6.0	100,324	5.1	17.2	3.6
문화, 오락 및 여가용품 소매업	33,885	3.4	60,594	3.1	12.0	2.5
연료 소매업	20,859	2.1	62,889	3.2	57.5	12.1
기타 상품 전문 소매업	144,545	18.9	259,082	13.2	53.5	11.2
무점포 소매업	274,822	27.9	462,238	23.5	90.8	19.1

자료: 통계청(2023) 서비스업조사(2021년 기준)

모가 큰 것을 알 수 있다. 섬유, 의복, 신발 및 가죽제품 소매업체 수는 15만 8,054개로 16%인 반면 종사자는 24만 6,774명으로 12.6%이며, 매출액은 34.4조 원으로 7.2%를 차지하여 상대적으로 각 업체의 규모가 작은 것을 알 수 있다. 무점포 소매업은 사업체 수$_{27.9\%}$와 종사자 수$_{23.5\%}$ 대비 매출$_{19.1\%}$의 비중이 상대적으로 낮아 소규모 기업의 수가 많은 것을 알 수 있다.

2022년 기준 국내 소매시장의 규모는 494조 원$_{승용차 및 연료 소매점 제외}$으로, 전년 대비 3.7% 성장하였다$_{표\ 1.3}$. 주요 업태별로 보면, 무점포 소매업이 124.2조 원으로 전체 소매업의 25.1%를 차지했다. 이어 슈퍼마켓 및 잡화점$_{13.1\%\ 점유율}$이 64.7조 원, 백화점이 37.8조 원$_{7.7\%\ 점유율}$, 대형마트가 34.8조 원$_{7\%\ 점유율}$, 편의점이 31.2조 원$_{6.3\%\ 점유율}$의 순으로 나타났으며, 기타$_{면세점 및 전문소매점}$가 201.3조 원에 달했다.

2020년에 시작된 코로나 팬데믹으로 인해 리테일은 크게 영향을 받았으나 업태별로 그 영향에는 차이가 있었다. 최근 가장 높은 성장을 보여 온 무점포 소매업은 여전히 두 자리 수의 높은 연성장율을 보였으나 코로나가 완화된 2022년에는 상대적으로 성장률이 둔화되었다. 반면 한때 규모 1위의 업태였으나 성장이 정체되어 온 대형마트와 백화점은 코로나를 거치면서 급격한 차이를 보였는데, 백화점이 두 자리 수의 높은 연성장율을 보인 반면 대형마트는 여전히 정체되어 있는 것으로 보인다. 1인 가구의 증가, 근거리 및 소량 구매패턴의 확대, 편리하고 저렴한 온라인 및 모바일 구매 확대 등 소비자 라이프스타일의 변화가 무점포와 편의점의 높은 성장률에 기여하는 반면 의무휴업일, 영업시간 규제, 대규모 유통업 규제 등은 대기업 비중이 높고 성숙기를 지난 대형마트의 성장을 둔화시키고 있다. 한편 충족되지 못한 해외여행 수요가 백화점의 럭셔리 제품 구매로 나타난 2021년과 2022년에 상대적으로 백화점은 성장하였으나 성장이 지속될지는 지켜볼 문제이다.

2) 주요 리테일러

(1) 주요 글로벌 리테일러

딜로이트$_{Deloitte}$는 매년 250대 글로벌 리테일러를 발표한다. 2023년 리스트[6]에 의하면, 250개 글로벌 리테일러의 대부분은 북미$_{47.9\%}$, 유럽$_{33.2\%}$, 아시아퍼시픽$_{15.7\%}$에 분포하며, 단일 국가로는 미국$_{71개}$과 일본$_{27개}$ 기업이 가장 많았다. 250개 글로벌 리테

표 1.3 국내 소매유통 업태별 현황

구분	경상액(조)								증가율(%)								점유율(%)						
	2015	2016	2017	2018	2019	2020	2021	2022	2015	2016	2017	2018	2019	2020	2021	2022	2015	2016	2017	2019	2020	2021	2022
전체	317.0	334.3	345.8	363.4	373.0	443.2	476.4	494.0	–	5.5	3.4	5.1	2.6	–	7.5	3.7	100.0	100.0	100.0	100.0	100.0	100.0	100.0
대형마트	32.8	33.2	33.8	33.5	32.4	33.8	34.6	34.8	–	1.2	1.8	-0.9	-3.3	–	2.4	0.6	10.3	9.9	9.8	8.7	7.6	7.3	7.0
백화점	29.0	29.9	29.3	30.0	30.4	27.4	33.7	37.8	–	3.1	-2.0	2.4	1.3	–	23.0	12.2	9.1	8.9	8.5	8.2	6.2	7.1	7.7
슈퍼마켓 및 잡화점	43.5	44.4	45.6	46.5	44.2	65.4	64.0	64.7	–	2.1	2.7	2.0	-5.0	–	-2.1	1.1	13.7	13.3	13.2	11.8	14.8	13.4	13.1
편의점	16.5	19.5	22.2	24.4	25.7	26.5	28.4	31.2	–	18.2	13.8	9.9	5.3	–	7.2	9.9	5.2	5.8	6.4	6.9	6.0	6.0	6.3
무점포 소매	46.8	54.0	61.2	70.3	80.0	104.6	118.8	124.2	–	15.4	13.3	14.9	13.8	–	13.6	4.5	14.8	16.2	17.7	21.4	23.6	25.0	25.1
기타 (면세점 및 전문 소매점)	148.5	153.2	153.6	158.8	160.3	185.5	196.9	201.3	–	3.2	0.3	3.4	0.9	–	6.1	2.2	46.8	45.8	44.4	43.0	41.9	41.3	40.7

자료: 통계청(2023). 서비스업동향조사-소매업태별 판매액(승용차 및 연료 소매점 제외)

2015년 이후 소매업태별 판매액은 경상금액 기준으로 변경되어 매출액에 기반하는 이전 년도 자료와 직접 비교에 제한 있음. 2020년 기준 개편과 연간 보정 등으로 2020년 이후 통계 지표가 변경됨

표 1.4 글로벌 10대 리테일러

기업	국가	매출액 (백만 달러)	성장률	주요 운영 업태*	진출 국가
Wal-Mart Inc.	미국	572,754	2.4%	하이퍼마켓/슈퍼센터	24
Amazon.com, Inc.	미국	239,150	12.0%	무점포	21
Costco Wholesale Corporation	미국	195,929	17.5%	창고형 할인점	12
Schwartz Group	독일	153,754	5.5%	할인점	33
The Home Depot, Inc.	미국	151,157	14.4%	홈 임프루브먼트	3
The Kroger Co.	미국	136,971	4.1%	슈퍼마켓	1
JD.com, Inc.	중국	126,387	25.1%	무점포	1
Walgreens Boots Alliance, Inc.	미국	122,045	3.7%	드러그스토어	6
Aldi Einkauf GmbH & Co. oHG and Aldi International Services GmbH & Co. oHG	독일	120,947[a]	−0.4%	할인점	19
Target Corporation	미국	104,611	13.2%	할인백화점	1
10대 리테일러		1,923,704	8.0%		12.1
250대 리테일러		5,650,478	8.5%		11.4
10대 리테일러 점유율	34.0%				

자료: Deloitte(2023). Global powers of retailing 2023(2021년 기준)
* 주요 운영 업태는 2장의 패션리테일 업태에서 자세히 설명된다.

일러는 평균 11.4개국에서 영업하여 수입의 23.4%가 해외에서 발생했다. 이 중 상위 10개 업체표 1.4의 글로벌 활동은 더욱 활발하여 27.9%의 수입이 해외에서 발생했다. 10대 리테일러는 할인점, 슈퍼센터, 창고형 할인점, 슈퍼마켓, 드러그스토어 등의 대형 리테일 체인과 온라인 리테일이며, 70%가 미국 기업이었다. 세계 최대 리테일러는 여전히 미국의 월마트로 총 24개국에서 운영되며 약 5,727억 달러의 매출을 달성하였다. 전년 대비 가장 많이 성장한 기업은 중국의 징동닷컴JD.com으로 25.1% 성장하여 1,263억 달러의 매출을 기록하였다.

(2) 주요 글로벌 패션리테일러

250개 리테일러는 4개 영역일용소비재, 패션, 하드웨어/레저, 종합으로 분류된다. 패션상품의 비중이 50% 이상이면 패션리테일러로 분류되는데, 총 38개 기업이 패션리테일러로 분류되었으며 전체 리테일러 중 15.2%를 차지했다. 패션리테일러의 평균 매출$_{retail}$ $_{revenue}$은 138억 달러이며 전체 매출의 9.3%를 차지했다. 2020년 코로나의 영향으로 매출이 14% 감소했으나 2021년 31.3%의 높은 매출 성장과 9.8%의 마진을 보여 다른 섹터 대비 가장 좋은 성과를 보였으며, 특히 럭셔리 리테일러와 오프프라이스 리테일러가 강력한 성과를 보였다. 특정 연도에 상관없이 패션리테일은 4개 영역 중 가장 이익이 높은 분야이다.

패션리테일러$_{표 1.5}$의 대부분은 전문점과 백화점이며, 가장 규모가 큰 패션리테일러는 럭셔리그룹 LVMH이다. 이어 미국의 대표적인 오프프라이스 리테일러로 티제이맥스$_{T.J. Maxx}$, 마셜$_{Marshalls}$, 홈우즈$_{Home Woods}$ 등을 보유한 티제이엑스 기업$_{TJX}$ $_{Co.}$, 패스트패션 브랜드 자라를 보유한 인디텍스$_{Inditex}$, 메이시스 백화점, 패스트패션 브랜드 H&M 등이 상위에 랭크되어 있다. 전문점을 분류하면, ① TJX그룹, 로스$_{Ross}$ 등 오프프라이스 리테일러 ② 인디텍스$_{자라, 마시모두띠 등 보유}$, H&M, 패스트리테일링$_{유니클로 보유}$, 갭 등 패스트패션 SPA 기업 ③ LVMH, 리슈몽$_{Richemont}$, 케링$_{Kering}$, 에

슈퍼센터 월마트

이커머스 아마존

창고형 할인점 코스트코

슈바르츠그룹의 식품점 카우프란트

사진 1.6
세계 4대 리테일러

르메스, 태피스트리_{Tapestry} 등 럭셔리 기업 ④ 나이키, 아디다스, 풋라커_{Footlocker}, 룰루레몬, 아메리칸이글 등 스포츠, 캐주얼 기업으로 분류된다. 백화점은 대표적인 메이시스_{Macy's}와 함께 저가형 콜스_{Kohl's}부터 매스_{mass} 백화점인 막스앤스펜서_{Marks & Spencer}, 제이시페니_{JC Penney}, 고급 백화점인 노드스트롬_{Nordstrom}, 니만마커스_{Neiman Marcus}까지 다양하게 포함된다. 진출 국가 수로 볼 때 가장 글로벌한 패션리테일러는 스페인의 인디텍스로 총 215개국에서 영업 중이다.

LVMH그룹의 대표 브랜드 루이뷔통

티제이엑스의 오프프라이스 점포 티제이맥스

인디텍스의 자라

메이시스의 메이시스 백화점

H&M그룹의 H&M

패스트리테일링의 유니클로

사진 1.6
주요 글로벌 패션리테일러

표 1.5 글로벌 패션리테일러

매출액 순위	기업	국가	매출액 (백만 달러)	주요 운영 업태	진출 국가
20	LVMH Moet Hennessy –Louis Vuitton S.A.	프랑스	56,305	기타 전문점	80
23	The TJX Companies, Inc.	미국	48,550	의류/신발 전문점	9
35	Inditex, S.A.	스페인	32,567[b]	의류/신발 전문점	215
50	Macy's Inc.	미국	24,460[b]	백화점	3
52	H & M Hennes & Mauritz AB	스웨덴	23,343[b]	의류/신발 전문점	75
57	Fast Retailing Co., Ltd.	일본	19,884[b]	의류/신발 전문점	24
59	Nike, Inc./Nike Direct	미국	19,657	의류/신발 전문점	74
61	Ross Store, Inc.	미국	18,916	의류/신발 전문점	1
62	Kohl's Corporation	미국	18,471	백화점	1
68	Compagnie Financiere Richemont SA	스위스	17,005	기타 전문점	52
69	Kering S.A.	프랑스	16,898	의류/신발 전문점	95
71	The Gap, Inc.	미국	16,670[b]	의류/신발 전문점	40
80	Marks & Spencer Group plc	영국	14,866[b]	백화점	98
86	Nordstrom	미국	14,402	백화점	2
93	El Corte Ingles, S.A.–	스페인	13,242	백화점	20
101	Zalando SE	독일	12,241	무점포	23
107	JD Sports Fashion Plc	영국	11,391[a]	의류/신발 전문점	32
120	Hermes International SCA	프랑스	9,663[a]	의류/신발 전문점	46
121	Adidas Group	독일	9,662	의류/신발 전문점	60
125	Burlington Stores, Inc.	미국	9,322	백화점	1
129	Foot Locker, Inc.	미국	8,958	의류/신발 전문점	28
141	Penney OpCo LLC(formerly J. C. Penny Company, Inc.)	미국	8,200[a]	백화점	1
159	Associated British Foods plc /Primark	영국	7,650	의류/신발 전문점	14
168	Great American Outdoors Group, LLC(formerly Bass Pro Group, LLC)	미국	7,200[a]	기타 전문점	2
173	Victoria's Secret & Co.	미국	6,785[b]	의류/신발 전문점	74
174	Academy Sports and Outdoors, Inc.	미국	6,773	기타 전문점	1
184	Deichmann SE	독일	6,436	의류/신발 전문점	31
186	Dillard's Inc.	미국	6,431	백화점	1
191	H2O Retailing Corporation	일본	6,340	백화점	2
196	lululemon athletica inc.	캐나다	6,257[b]	의류/신발 전문점	17
197	Takashimaya Company, Ltd.	일본	6,161[b]	백화점	5

(계속)

매출액 순위	기업	국가	매출액 (백만 달러)	주요 운영 업태	진출 국가
204	Next plc	영국	5,983[b]	의류/신발 전문점	35
207	Tapestry, Inc.	미국	5,925[a]	기타 전문점	125
224	Shinsegae Inc.	한국	5,283	기타 전문점	1
225	Woolworths Holding Limited	남아프리카 공화국	5,258	백화점	13
226	Shimamura Co., Ltd.	일본	5,233	의류/신발 전문점	3
235	American Eagle Outfitters, Inc.	미국	5,011[b]	의류/신발 전문점	25
244	Neiman Marcus Group LTD LLC	미국	4,700[a]	백화점	1

자료: Deloitte(2023). Global powers of retailing 2023(2021년 기준)
[a] 추정치 [b] 도소매 매출 포함

(3) 주요 국내 리테일러

2023년 딜로이트의 250대 글로벌 파워 리테일러에 포함된 국내 업체는 이마트[60위], 쿠팡[74위], 롯데쇼핑[91위], GS리테일[162위], 홈플러스[215위], 신세계[224위]의 6개 기업이었다. 각 사의 매출은 194억 달러, 165억 달러, 136억 달러, 74억 달러, 56억 달러, 53억 달러에 달했다. 한편 쿠팡, 신세계, 이마트는 전년 대비 각 49.3%, 33.3%, 7.9%의 성장률을 보여 가장 빠른 성장률을 보이는 50개 기업 중에 각 3위, 23위, 45위로 포함되었다.

유로모니터의 2022년 아시아 100대 리테일러에는 신세계, 쿠팡, 롯데그룹, 네이버, 현대백화점그룹, GS홀딩스, BGF리테일, 홈플러스, 티몬 등이 포함되었으며, 이 중 상위 4개는 동아시아의 25대 리테일러에 포함되었다.[7] 딜로이트와 유로모니터의 매출 산정 방식은 다소 차이가 있는데, 딜로이트가 이마켓플레이스[오픈마켓]의 제3자 판매업자 매출을 제외한 반면 유로모니터는 인정한다. 인터브랜드[Interbrand]는 브랜드 가치를 중심으로 2022년 국내 베스트 브랜드 50개를 선정하였는데, 이 중 리테일 브랜드에는 쿠팡, 이마트, GS리테일, BGF리테일, 롯데쇼핑, 현대백화점, 컬리 등이 포함되었다.[8] 물론 쇼핑을 포함한 인터넷 기업 네이버도 최상위에 랭크되었다.

이처럼 국내 리테일 기업의 규모와 브랜드 가치를 보면 이마트와 신세계, 롯데, GS리테일, 현대백화점 등 대기업의 활약이 두드러진다. 이 기업들은 다양한 리테일 업태를 보유하여 시장에서 영향력이 크다. 신세계그룹의 유통사업은 신세계

백화점과 이마트로 법인이 분할되었지만 백화점, 대형마트, 창고형 할인점, 카테고리 킬러, 슈퍼마켓, 복합쇼핑몰, 편의점, 이커머스, 프리미엄아웃렛몰, 면세점, T커머스, 패션사업 등을 전개한다. 롯데쇼핑은 프리미엄아웃렛을 포함한 아웃렛몰, 백화점, 복합쇼핑몰, 대형마트, 창고형 할인점, 슈퍼마켓, H&B 스토어, 전자제품 전문점, TV홈쇼핑 채널과 T커머스, 이커머스, 시네마 등의 업태를 보유한다.

이마트

쿠팡

롯데쇼핑

GS리테일

홈플러스

신세계

사진 1.7
250대 파워 리테일러 중
국내 리테일러

GS리테일은 편의점, 슈퍼마켓, 인터넷 식품 쇼핑몰, H&B 스토어 등을 운영하며, 2021년 TV 홈쇼핑 채널, 모바일과 인터넷, T커머스 등을 전개하는 GS홈쇼핑과 합병하였다. 한편 최근 빠른 속도로 성장하여 규모 면에서 국내 1위가 된 쿠팡은 여러 가지로 주목할 만하다. 쿠팡은 국내 대형 유통업 중 유일하게 온라인 태생의 이커머스 기업으로 대규모 투자로 인한 적자에서 벗어나고 있어 향후 매출 성장과 이익이 기대되고 있다.

1) 패션 서비스 리테일러

서비스 리테일러는 제품 대신 서비스를 최종 소비자에게 판매한다. 서비스의 종류는 매우 다양하며 시장이 진화하면서 새로운 서비스가 개발·판매되고 있어 서비스 리테일 시장은 보다 성장할 가능성이 높다. 해외여행이 보편화되면서 항공사, 여행사, 호텔, 자동차 렌트, 요식업예: 레스토랑, 카페, 커피전문점 등의 서비스 시장이 커지고, 외모와 젊음이 중요한 키워드가 되면서 헤어살롱, 네일케어, 스킨케어, 스파, 피트니스, 요가원, 이미지컨설팅 등의 서비스업이 성장하고 있다. 이외에도 은행·부동산·택배 등 생활 서비스와 영화관·갤러리·교육 등 문화 서비스, 법률·병원·안경점 등 전문 서비스, 패션산업 내 세탁이나 수선 등의 서비스 리테일도 중요하다. 국내 산업 분류를 기준으로 한 패션리테일 서비스의 예는 표 1.6과 같다.

표 1.6 패션 서비스 리테일러

구분	패션 서비스 리테일러의 예
뷰티서비스업	이용 및 미용업(헤어디자인, 헤어케어), 피부미용업(메이크업, 피부관리), 마사지업, 신체관리 서비스업(체형관리, 비만관리), 기타 미용업(네일케어 등)
스포츠서비스업	운동시설 운영업(헬스클럽, 피트니스센터 등)
정보서비스업	출판업, 방송업, 통신업, 컴퓨터 프로그래밍, 시스템 통합 및 관리업, 시장조사 및 여론조사업
기타 개인서비스업	수리업(의복, 신발, 가죽, 가방 및 기타 가정용 직물제품 등), 세탁업

자료: 통계청(2023), 한국표준산업분류

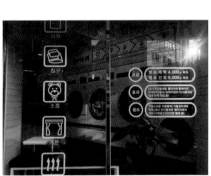

사진 1.8
패션 서비스 리테일러

셀프 세탁 서비스   온라인 명품 리폼 서비스

2) 제품과 서비스 리테일러의 차이

서비스 리테일러는 완성된 제품이 아니라 현장에서 서비스를 판매한다. 제품과 다른 서비스의 특징은 다음과 같다.[9]

(1) 무형성
서비스 자체는 물질이 아니므로 고객이 보거나 만지거나 감촉을 느낄 수 없다. 그러나 성과나 결과는 가시적이다. 예를 들어, 드라이클리닝 서비스는 물질을 구매하는 것은 아니지만 깨끗해진 정도에 따라 서비스에 대한 대가를 지불한다. 이 경우 성과 판단이 가능하지만 사전 평가는 불가능하다. 따라서 제품보다는 서비스에서 구전word-of-mouth의 영향이 더 클 수 있다.

(2) 생산과 소비의 동시성
미리 생산되어 전시·판매되는 제품과 달리 서비스는 대개 생산과 소비가 동시에 발생한다. 예컨대 헤어 커트는 고객이 있는 자리에서 고객을 대상으로 행해진다.

(3) 소멸성

제품은 매장에 보유되어 판매되는 반면 서비스는 보관이나 재판매가 힘들다. 따라서 서비스에서는 수요와 공급의 균형이 중요하다. 고객이 너무 많으면 모두 수용할 수 없어 판매를 달성할 수 없고, 고객이 너무 적으면 판매 자체가 불가능하다.

(4) 비일관성

공장에서 일괄적으로 생산되는 제품이 아닌 사람에 의해 행해지는 것이어서 품질이 일정하지 않을 수 있다.

적과의 동침, 아마존과 콜스의 컬래버레이션

미국 중저가 백화점 콜스Kohl's는 아마존 제품의 반품을 취급한다. 미국의 48개주, 1,150개의 모든 콜스 점포에서는 고객이 아마존에 반품할 상품을 가져오면 포장, 라벨링, 배송까지 무료로 처리해 준다. 아마존 제품을 콜스에 반품하는 법은 매우 간단해서, 아마존 앱에서 반품 접수 방법으로 콜스Kohl's dropoff를 선택하고, QR 코드를 받은 후 콜스 매장에 보여주기만 하면 된다. 때때로 콜스에서 사용 가능한 쿠폰도 수령할 수 있다.

콜스는 2017년 아마존 반품 처리를 시작하여 18개월 동안 100개 점포에서 시범적으로 시행한 후 전체 점포로 확대하기로 했다. 전통적인 오프라인 리테일러가 아마존 때문에 어려움을 겪고 있는 반면 콜스는 적과의 동침을 선택한 것이다. 경쟁업체 간 이 파트너십은 아마존과 콜스 둘 다에게 윈윈win-win 전략이다. 미 전역에 구축된 콜스의 강력한 점포 기반과 아마존의 영향력 범위 및 고객 충성도에 기반한 옴니채널 역량이 결합되기 때문이다. 콜스로서는 고객 서비스를 제공하여 점포 트래픽을 증가시키는 혁신적인 방법이다. 콜스는 이미 점포 공간의 일부를 피트니스나 슈퍼마켓 체인에 매각하거나 임대하여 공간 활용을 효율화하고 점포 트래픽 증가를 위해 노력해 왔다. 콜스는 스마트 홈 디바이스 같은 아마존 제품도 함께 취급한다. 경쟁업체 간 컬래버레이션은 다음 3가지 측면에서 상호 혜택을 준다.

강점과 약점의 보완

자원의 효율적인 공유와 활용을 통해 상호 혜택을 누리는 것이 주 목적이다. 아마존의 장점은 온라인 시장의 92% 영향력을 지닌 이커머스라는 것이고 콜스의 장점은

© Sundry photography/Shutterstock

© Sundry photography/Shutterstock

콜스 백화점 내 아마존 반품 사인. 포장과 반송이 무료임을 표시하고 있다.

오프라인 점포 기반이 넓다는 것이다. 미국인의 80%는 콜스 점포의 10마일 이내에 거주하여 접근성이 높다. 파트너십을 통해 아마존은 콜스의 물리적 공간을 이용하고 콜스는 아마존의 충성도 높은 고객에게 접근할 수 있다. 이러한 경쟁관계 간 협업은 성공 가능성이 높다. 아마존 반품을 허용한 시카고의 콜스에서 2018년 평균 트래픽은 그렇지 않은 점포 대비 13.5% 더 높았다.

신규 시장에 접근

콜스의 목적은 점포 방문객의 수를 증가시키는 것이며 특히 밀레니얼 세대를 겨냥한다. 콜스의 평균 쇼핑객 연령은 50.3세로 밀레니얼 세대에게는 어머니 세대의 점포라는 이미지가 강하다. 밀레니얼 세대의 79%는 1개월 전 아마존에서 구매한 경험이 있고, 93%는 아마존을 이용하며, 그중 2/3는 온라인 구매의 반 이상을 아마존에서 한다. 밀레니얼 고객이 아마존 제품을 반품하기 위해 콜스를 방문할 때 구매도 할 것이다. 시카고에서의 결과는 긍정적이었다. 2018년 전국 매장에서 신규 고객이 1% 증가한 데 반해 시카고 매장에서는 9%나 증가했다. 매출은 다른 매장에서 5% 증가한 데 비해 시카고 매장에서는 10%나 증가했다.

혁신

테크놀로지가 리테일을 변화시키는 시대, 즉 리테일 트랜스포메이션 시대에는 다르게 생각해야 한다. 디지털 혼란distruption과 산업 컨버전스 세계에서 기업은 기술과 자산 등을 안정화하기 위해 협업해야 한다. 어떤 조직이든지 혁신을 혼자 성취하기는 어렵다. 콜스의 최고경영팀은 '어제의 지도로 내일을 항해할 수 없다'라는 진취적인 움직임으로 전통적인 백화점 전략에서 탈피하려고 한다. 협업이라는 도전을 수용하면 적은 위험 부담과 비용으로 혁신과 성장에 대한 패스트 트랙에 도달할 수 있다.

자료: Maneshwari, S.(2019. 7. 8). Kohl's is betting on Amazon returns to drive sales. The New York Times; Teaque, K.(2023. 12. 27). Amazon return policy: Tips and tricks for hassle-free returns this holiday season. CNET; Wingard, J.(2019. 5. 28). Amazon and Kohl's: Proof that collaboration works. Forbes

참고 문헌

1) Kotler, P. & Armstrong, G.(2021). Principles of marketing(18th ed.). Pearson
2) 통계청(2023). 서비스업조사
3) 이채연(2014, 7, 4). 백화점-패션 업계 동반성장 공동사업 추진. 어패럴뉴스
4) Statista(2024). Market share of leading retail e-commerce companies in the United States in 2023
5) Levy, M., & Grewal, D.(2023). Retailing Management(11th ed.). McGraw-hill
6) Deloitte(2023). Global powers of retailing 2023
7) Euromonitor International(2022). Top 100 retailers in Asia 2022
8) Interbrand(2022). Best Korea brands 2022
9) Levy, M., & Grewal, D.(2023). Retailing Management(11th ed.). McGraw-hill

사진 출처

COVER STORY ⓒ Mahmoud Suhail/Shutterstock.com
사진 1.1 평화시장 ⓒ mkmk/Shutterstock.com, 동대문시장 거리 ⓒ 저자
사진 1.2 ⓒ 아마존 앱
사진 1.3 애버크롬비앤피치 ⓒ ZikG/Shutterstock.com, 바나나리퍼블릭 ⓒ 저자
사진 1.4 ⓒ 저자
사진 1.5 월마트 ⓒ Niloo/Shutterstock.com, 아마존 ⓒ Sundry Photography/Shutterstock.com, 코스트코 ⓒ Juan Llauro/Shutterstock.com, 카우프란트 ⓒ Sebastian Furmanek/Shutterstock.com
사진 1.6 루이뷔통 ⓒ Sergio Monti Photography/Shutterstock.com, 티제이맥스 ⓒ Cassiohabib/Shutterstock.com, 자라 ⓒ testing/Shutterstock.com, 메이시스 ⓒ Pete Bellis·David Merrett·bhmacleod/flickr, H&M ⓒ Deman/Shutterstock.com, 유니클로 ⓒ Sundry Photography/Shutterstock.com
사진 1.7 이마트 ⓒ Ki Young/Shutterstock.com, 쿠팡 ⓒ Johnathan21/Shutterstock.com, 롯데쇼핑 ⓒ 저자, GS리테일 ⓒ 저자, 홈플러스 ⓒ Ki Young/Shutterstock.com, 신세계 ⓒ Keitma/Shutterstock.com
사진 1.8 ⓒ 패피스 앱

패션리테일 업태

이 장에서는 패션리테일러의 분류 기준을 소개하고 다양한 패션리테일 업태의 특성, 현황, 전망 등을 살펴본다. 물리적 점포를 기반으로 하는 패션리테일 업태는 백화점, 대형마트, 창고형 할인점 등 종합점과 브랜드 대리점, SPA, 편집숍, 카테고리 킬러 등 전문점, 오프프라이스 리테일러와 팩토리 아웃렛, 면세점 그리고 패션상품 비중이 낮은 슈퍼마켓, 편의점, H&B 스토어, 밸류 리테일러를 포함한다. 이외에도 다수의 리테일러가 테넌트로 입점한 다양한 쇼핑몰도 살펴본다.

이와 함께 무점포 업태를 대표하는 온라인 리테일로 인터넷과 모바일, TV 홈쇼핑 채널 등을 알아보고, 다양한 온라인 비즈니스 모델도 살펴본다. 온·오프라인, 모바일 간 채널 통합을 의미하는 옴니채널로 급속히 변화하는 리테일의 진화도 살펴본다.

쿠팡, 이커머스 최강자의 성장 전략

2010년 소셜커머스를 표방하며 등장한 쿠팡은 이커머스의 최고 강자가 되었다. 쿠팡은 소비 침체기에도 2023년 3분기 8조 1,028억 원_{61억 8,355만 달러·분기 평균환율 1,310원 수준}으로 사상 최대 매출을 기록했다. 이는 전년 동기 대비 18% 증가한 수치이다. 영업이익은 1,146억 원_{8,748만 달러}으로 11% 증가했는데, 5개 분기 연속 흑자를 기록해 창업 이래 첫 연간 흑자 달성이 유력해졌다.

쿠팡 제품을 구입하는 활성 고객 수도 지속적으로 증가하고 있다. 쿠팡의 3분기 기준 활성 고객 수는 2,042만 명으로, 전년_{1,799만 명} 대비 14% 증가했다. 활성고객 1인당 매출도 약 39만 7,040원_{303달러}으로 전년 동기 대비 7% 증가했다. 쿠팡은 사용자 수, 앱 신규 설치 수, 총 사용 시간, 낮은 이탈률, 사용률 등 모든 조사 지표에서 네이버와 SSG닷컴·G마켓을 제치고 온라인 1위 위치를 확고히 하고 있다. 가히 '유통공룡 쿠팡'이라고 할 만하다. 코로나19로 급성장한 이커머스 업계가 엔데믹으로 주춤한 가운데, 쿠팡은 팬데믹 이후 그 어느 분기보다 빠른 성장률을 보이고 있다.

특히 로켓그로스의 성장세가 주목할 만하다. 로켓그로스는 중소상공인들이 상품 입고만 하면 쿠팡이 보관, 포장, 재고관리, 배송, 반품 등 일체를 담당하는 풀필먼트 서비스다. 2023년 3분기 기준 로켓그로스는 전체 비즈니스 대비 3배 이상 성장했다. 로켓배송·로켓프레시·마켓플레이스_{오픈마켓}의 모든 상품군이 늘어나 고객의 쿠팡 지출 또한 늘었다. 고객이 늘면 판매자가 찾아오고, 판매자가 늘어 상품이 증가하면 고객이 들어오게 되는, 로켓배송으로 시작된 선순환 구조는 지속될 것으로 보인다.

쿠팡은 PB와 단독상품으로 패션분야에도 주력해 왔다. 2019년 PB제품을 처음 선보인 후 2020년 PB사업을 CPLB_{Coupang Private Label Brands}로 분사하여, 2023년 8월 기준 PB패션브랜드와 국내 독점 수입·판매하는 쿠팡 온리_{only} 패션브랜드는 총 21개에 달한다. PB상품의 매출 비중은 여전히 낮은 수준이지만 PB패션 이용 고객은 2023년 론칭 3년 만에 334% 늘어 4배 가까이 증가했다.

쿠팡은 식품·공산품에 이어 뷰티, 트래블 등 상품군을 다양화하고, 이커머스에서 나아가 오프라인으로 사업을 확장하고 있다. 쿠팡은 2023년 8월 서울 성수동에 처음으로 오프라인 뷰티 체험관 '메가뷰티쇼 버추얼스토어'를 열었다. 메가뷰티쇼는 쿠팡 뷰티데이터랩이 선정한 인기 뷰티 브랜드를 한데 모아 다양한 혜택과 함께 소비자에게 선보이는 쿠팡의 대표 뷰티 행사다. 나아가 전국 8개 메가박스 지점에서 '메가뷰티쇼 어워즈 버추얼스토어'를 진행 중이다. 오프라인에서 체험형 공간을 조성해 소비자와 접점을 넓혀가겠다는 의도이다.

오프라인 사업 다각화도 고려하고 있다. 쿠팡은 최근 '로켓차저_{Rocket Charger}'라는 상표권을 출원했다. 친환경 배송을 목표로 전기화물차 충전 인프라를 만들고 충전 솔루션을 개발하는 등 유통물류 분야에 최적화된 전기화물차 운영 시스템 구축에 나선 것이다. 로켓그로스가 로켓배송을 위한 물류센터를 활용하는 방식의 사업이라는 점을

2021년 3월 쿠팡은 미국 뉴욕증권거래소(NYSE)에 상장하였다.

고려할 때 이 또한 사업화 가능성이 보인다.

　　김범석 창업자는 "우리 활성 고객은 이제 2,000만 명이고 여전히 전체 시장점유율에서 한 자릿수 시장점유율로, 지갑점유율이 낮다"라고 말했다. 2022년 약 625조 원의 유통시장에서 점유율 5%를 넘은 유통사는 신세계그룹$_{5.1\%}$이 유일했고 쿠팡$_{4.4\%}$과 롯데$_{2.5\%}$가 뒤를 이었다. 신사업을 두려워하지 않는 쿠팡은 이커머스 강자라고 하기에는 이미 다양한 사업군을 보유하고 있다. 쿠팡 스스로도 이커머스가 아닌 리테일 전체로 시장 점유율을 파악하고 있다는 것은 이커머스를 넘어 온·오프라인 통합 유통 강자로서 더 많은 성장을 꾀하겠다는 의지의 반영일 것이다.

　　성장에 목마른 쿠팡은, 팬데믹 동안 급성장하였으나 공격적 사업 확장으로 한계에 직면한 영국 기반 글로벌 럭셔리 패션플랫폼 파페치$_{Farfetch}$를 인수하기에 이르렀다. 가격과 배송으로 국내시장에서 경쟁하던 쿠팡이 기존 이커머스 방식과 다른 '글로벌 럭셔리 이커머스'를 성공적으로 운영할지는 업계 및 투자자들 모두의 관심거리이다. 사업 분야가 매우 다르기 때문이다. 그러나 장기간 엄청난 규모의 적자기업이었던 쿠팡을 흑자로 전환했던 경험이 파페치의 운영에 어떻게 적용될지 기대와 함께 지켜볼 일이다.

자료: 배윤주(2023. 8. 24). 쿠팡 자체 브랜드 패션 고객 대폭 늘어, 론칭 3년 만에 4배 이상 증가. 비즈니스 포스트; 장진원(2023. 5. 23). [대한민국 모바일커머스 대해부] 쿠팡의 시대 오나. 포브스 코리아; 최은지(2023. 11. 25). 쿠팡, 이커머스서 '리테일' 기업으로 변신 중. 이뉴스투데이

1) 리테일러 특성에 따른 분류

소비자 수요가 변화하면서 이를 겨냥한 리테일 전략도 변화하고, 새로운 전략의 업태가 시장에 진출하면서 경쟁은 치열해지고 있다. 새로운 업태가 소개되면 기존 업태 또한 전략을 수정하면서 시장은 끊임없이 진화해 간다. 예를 들어, 한때 카탈로그와 다이렉트메일DM: Direct Mail이 무점포 리테일 업태를 대표한 적이 있었으나 인터넷의 보급으로 온라인 리테일이 무점포 리테일의 대명사가 되었다.

온라인 리테일 시장이 커지면서 쇼핑몰, 이마켓플레이스, 소셜커머스 등으로 시장은 세분되고, 전통적인 오프라인 리테일 업태들이 진출하면서 온라인 시장은 더욱 커지고 경쟁이 치열해졌다. 게다가 모바일의 보편화와 함께 오프라인 및 온라인 업태가 모바일 시장으로 진입하여 채널이 통합되면서 더 이상 온·오프라인, 모바일 등의 구분이 명확하지 않게 되었다. 향후 새로운 업태가 지속적으로 출현하고, 기존의 업태는 변화하면서 리테일 시장의 역동성에 기여할 것이다. 그러나 리테일 비즈니스를 이해하기 위해 그 유형을 구분하는 것은 여전히 중요하다.

리테일 업태retail format는 리테일러의 운영 특성에 따라 구별되는 리테일러 유형으로 제품과 서비스 유형, 가격정책, 광고와 프로모션, 매장디자인과 비주얼 머천다이징의 특성, 점포 위치, 고객 서비스 등 리테일 믹스의 특징에 따라 구분된다. 리테일 업태를 구분하는 데 사용되는 기본적인 특징 중에서도 특히 취급 제품, 다양성과 구색, 서비스 수준, 가격 수준의 4가지 리테일 믹스 요소가 유용하다.[1]

(1) 취급 제품

리테일 업태는 백화점이나 대형마트처럼 소비자의 라이프스타일에 필요한 다양한 제품군을 취급하는 종합소매점general merchandise store과 의류·도서·전자제품 등 특정 제품군을 전문으로 취급하는 전문점specialty store으로 구분할 수 있다. 슈퍼마켓은 생필품과 식료품을 주로 취급하고, 편의점은 생필품 위주의 제품을 취급한다. 의류를 전문적으로 취급하는 전문점은 브랜드 직영점 및 대리점, 편집숍 등 다양하게 세분된다. 한국표준산업분류기준에 의하면 국내 소매업의 품목별 산업은 섬유·의복·신발 및 가죽제품 외에도 음·식료품 및 담배, 가전제품 및 정보통신 장비, 생활용품, 문화·오락 및 여가용품 등으로 크게 구분된다.

(2) 다양성과 구색

다양성$_{variety}$은 리테일러가 제공하는 제품군$_{product\ category}$의 수와 관련이 있다. 구색$_{assortment}$은 제품군 내 다양한 아이템의 수를 의미한다. 다양성이 제품의 넓이와 폭을 의미한다면 구색은 제품의 깊이를 의미한다. 예를 들어 의류, 식품, 생필품, 장난감, 스포츠용품 등을 취급하는 종합소매점은 의류만 취급하는 전문점보다 폭넓은 제품군을 제공하여 제품의 다양성을 확보하고 있다. 한편 1만 가지의 여성 의류를 취급하는 리테일러는 1,000가지의 여성 의류를 취급하는 리테일러보다 제품구색이 깊다.

제품을 구별하는 최소 단위는 SKU$_{Stock\ Keeping\ Unit}$로, 캘빈클라인의 반소매 라운드넥 티셔츠, 검은색, 스몰 사이즈의 예처럼 브랜드, 품목, 스타일, 색상, 사이즈 등에서 다른 제품과 구별되는 최소 단위를 뜻한다. 일반적으로 백화점, 대형마트 등의 종합점은 여러 가지 제품군을 취급하여 다양성을 제공하는 동시에 각 제품군의 구색도 비교적 깊다. 국내 대형마트의 평균 SKU는 6만여 개, 슈퍼마켓은 1만 5,000개 정도이지만[2] 미국 평균 대형마트$_{슈퍼센터}$의 SKU는 10만~15만 개, 슈퍼마켓은 3만~4만 개에 달하며, 백화점은 10만 개, 전문점은 5,000개, 카테고리 킬러는 2만~4만 개, 편의점은 2,000~3,000개에 달한다.[3] 한편 제품을 한정된 물리적 점포 공간에 전시·진열해서 보여 줄 필요가 없는 온라인 이마켓플레이스의 경우 물

아마존에는 얼마나 많은 상품이 있을까?

세계 최대 이커머스 아마존 사이트에는 2023년 기준 6억 개의 상품이 등록되어 있다. 이 중 1,200만 개(2%)만 아마존 브랜드이고, 98%는 마켓플레이스의 제3자 벤더(셀러) 상품이다. 아마존의 벤더 수는 1,900만 개 이상이다. 2016년에 3억 4천만 개의 벤더 상품이 등록되었는데, 2023년에는 5억 8,800만 개로 72.3%나 증가했다. 월마트의 경우 1억 6천만 개 상품이 온라인에 등록되어 있으며 오프라인 점포에서는 12만 개가 판매되고 있다.

아마존은 상품을 33개의 메인 카테고리로 분류하고, 2만 5,000개의 하위 카테고리로 다시 분류한다. 2023년 기준

으로 가정·주방용품(35%), 뷰티·개인 위생용품(26%), 의류·신발·보석(20%), 장난감·게임(18%), 건강·가정용품(17%), 유아용품(16%), 전자제품(16%), 스포츠·아웃도어용품(16%), 아트·크래프트(14%), 도서(14%) 순으로 벤더 수가 많다. 벤더의 57.9%(1,100만)는 미국에 기반하며, 59%의 매출은 마켓플레이스에서 발생한다. 75%의 벤더는 50개 미만의 제품을 등록하고, 18%가 50개 이상, 그리고 4%의 벤더는 1,000개 이상의 상품을 등록하고 있다.

자료: Number of products on Amazon(2023. 7. 17).
Capital One Shopping

리적 공간의 제약이 거의 없으므로 매우 많은 SKU 수를 보유한다.

특정 제품군을 전문으로 하는 점포의 경우 제품군의 다양성은 부족하나 취급 상품군 내 제품구색이 깊다. 예를 들어, 구두를 전문으로 하는 구두 전문점의 경우 일반 의류 점포보다 훨씬 더 많은 구두 관련 SKU를 보유하고 있을 것이다. 대표적인 패스트패션 브랜드 자라$_{Zara}$는 연 5만 개의 새로운 아이템을 출시하는데, 이는 주요 경쟁자의 2,000~4,000개와 비교할 때 제품구색이 매우 깊다고 할 수 있다.[4]

일반적으로 많은 수의 SKU는 소비자에게 다양한 선택권을 제공하므로 다양한 소비자의 수요를 충족시키기에 더 바람직하다. 그러나 리테일러의 관점에서 보면 재고에 대한 투자와 관리 비용의 증가로 비용 구조가 높아지게 된다. 또한 SKU가 증가하면 매장 내 공간 수요도 증가하게 된다. 따라서 적절한 수의 SKU를 관리하는 것은 중요하다. 성공적인 창고형 할인점 리테일러 코스트코$_{Costco}$의 SKU는 단 3,300~3,800개이며, 제품 회전율은 14.1로 높아서 SKU당 매우 높은 매출을 달성하고 있다.[5] 엄청난 SKU를 보유한 월마트나 아마존에서도 볼 수 없는 독특한 쇼핑경험, 이전에 본 적 없는 제품을 제공하여 고객의 반응을 얻는 것이다.

(3) 서비스 수준

리테일러의 서비스 수준은 판매원의 전문적인 서비스부터 셀프 서비스까지 다양하다. 판매원 서비스 외에도 반품 정책, 무료 배송, 휴게시설, 주차, 이벤트 등 서비스 품질과 종류는 다양하다. 높은 수준의 서비스는 리테일러의 비용 구조를 높여 소비자 가격도 높아지는 것이 일반적이다. 최근 경쟁이 치열해지면서 여러 리테일 업체에서 높은 수준의 서비스를 경쟁적으로 제공하고 있다. 예를 들어, 구매 후 소비자 변심으로 인한 환불은 대형 리테일러의 보편화된 서비스가 되었다. 백화점과 전문점은 판매원 서비스, 점포 환경 서비스 등의 서비스 수준이 비교적 높은 반면 창고형 할인점, 대형마트 등은 셀프 서비스가 일반적이다.

매장 환경 비용을 최소화한 창고형 할인점 코스트코(좌)와 오프프라이스 리테일러 로스(우)

사진 2.1
리테일 서비스와 가격 수준
대체로 비례한다. 소비자는 저렴한 가격과 가치를 얻을 수 있다면 매력적이지 못한 매장 환경과 제한된 서비스를 감수한다. 반면 매력적인 매장 환경과 서비스는 고가의 가격 수준을 시사한다.

럭셔리 리테일러 루이뷔통(좌)과 티파니(우)의 윈도 디스플레이

(4) 가격 수준

제품의 다양성과 구색, 서비스 등은 비용을 기반으로 한다. 다양한 제품군, 깊은 구색, 훌륭한 서비스는 매력적이지만 비용 증가를 초래하여 가격을 높이게 된다. 일반적으로 저렴한 가격은 매력적이다. 따라서 리테일러와 소비자는 이를 절충하여 전략과 구매를 결정하는데, 쾌적한 쇼핑 환경에서 전문 판매원의 서비스를 제공하는 백화점이 박스로 진열된 셀프 서비스의 대형마트나 창고형 할인점보다 높은 가격을 받는다. 편의점은 근거리에 위치하고, 상시 영업으로 편의성을 제공하여 가격이 슈퍼마켓보다 높다. 소비자는 편의성의 대가로 더 지불하는 것이다.

온라인 쇼핑몰은 점포 임대료를 포함한 매장 운영의 비용을 절감할 수 있어 가격을 낮출 수 있다. 1,000원, 1달러, 100엔 등 저렴한 단일 가격의 익스트림 밸류 리테일러예: 다이소는 가격 수준을 최저로 낮추지만 합리적인 수준의 품질을 보유한 전형적인 저가 마케팅 리테일러이다. 한편 판매 기간이 짧은 패션상품의 경우 재고가 많이 발생하는데, 이월상품을 정상 소매가에서 할인하여 판매하는 아웃렛, 오프프라이스 리테일러는 백화점과 전문점 대비 가격 수준이 낮다.

2) 소유 형태에 따른 분류

(1) 단일 점포

점포 소유주가 독자적으로 운영하는 단일 점포는 작은 규모의 의류 보세점이나 부티크부터 대형 백화점까지 규모 면에서 다양하다. 따라서 독자적인 상호와 운영 방식으로 독특한 점포 콘셉트나 머천다이징 콘셉트가 가능하며 상권 내 소비자를 잘 파악하여 소비자 수요에 즉각 반응하며 커스터마이즈_{customize}할 수 있다는 장점이 있다. 예를 들어 단골 고객이 원하는 특정 제품을 주문받아 매입하여 판매할 수 있으며, 가격이나 서비스 등에서 유연하게 대응할 수 있다.

(2) 직영 리테일 체인

한 기업이 동일한 상호의 점포를 하나 이상 소유하고 운영하는 것이다. 본사_{headquarter}에서 전체 점포를 대상으로 제품 기획 및 구매, 가격, 프로모션, 신규 점포 위치 선정, 점포 디자인 등 제반 전략을 기획·실행하여 중앙집중식 의사 결정을 하는 것이 일반적이다. 백화점·대형마트 등 대형 유통업체는 일반적으로 리테일 체인 기업이며, 리테일 체인은 몇 개의 점포를 운영하는 형태부터 자라나 월마트처럼 전 세계에 점포 수천 개를 거느린 글로벌 리테일 체인까지 다양하다. 구매와 운영의 중앙집중식 전략은 규모의 경제로 인한 효율적 운영을 가능하게 한다.

(3) 프랜차이징

프랜차이저_{franchisor}가 개발한 이름과 형태를 프랜차이지_{franchisee}가 계약에 의해 사용하는 방식이다. 프랜차이저는 점포명, 운영기술, 점포 세트업, 제품 등 점포를 운영하는 데 필요한 여러 경영 전략을 지원하며, 프랜차이지는 점포를 소유하고 제품을 판매하며 일정한 로열티를 지불한다. 프랜차이징은 본사와 가맹점 모두에게 이익일 수 있으나 이로 인한 갈등도 많다. 많은 외식, 패스트푸드, 세탁서비스 등이 프랜차이징 시스템으로 운영되며, 패션과 관련해서는 많은 안경원이 이러한 방식으로 운영된다. 국내 패션유통에 보편적인 위탁판매 형식의 의류브랜드 대리점도 프랜차이징의 일환이다.

2

점포 기반 패션리테일 업태

1) 종합점

(1) 백화점

업태 특성 식품부터 잡화, 화장품, 다양한 복종의 의류, 가구와 가전·전자제품, 리빙용품 등 다양한 제품군과 풍부한 구색을 제공하며, 식당가, 시네마, 문화센터 등 문화생활 서비스 시설 및 이벤트로 원스톱 쇼핑을 가능하게 하는 대형 리테일러이다. 우리나라 유통산업발전법에 의하면 매장면적 3,000㎡가 넘는 종합물품판매점으로 정의되며, 부지 확보와 건축 등에 대규모 초기 투자가 필요한 장치산업으로 진입 장벽이 높은 업태이다. 또한 규모의 경제를 위한 다점포 전략이 보편적이며, 입지 여건이 매우 중요하다.

백화점의 주력상품은 패션상품으로 그 비중이 한때 70%[6]에 육박하는 등 백화점은 패션유통의 대표적인 업태이다. 백화점의 공통적인 특성은 쾌적한 점포환경, 판매원 서비스, 다양한 서비스 시설과 높은 서비스 수준 등이다. 보통 백화점은 도심 입지형 업태로서 고급 리테일러이지만 미국의 백화점은 니만마커스, 삭스피프스애비뉴 등 최고급 백화점부터 메이시스나 제이시페니 등의 대중적인 백화점, 콜스 등 가치 지향적인 중저가 백화점까지 그 종류가 다양하다.

업태 현황 외국의 백화점은 제품을 기획·매입하여 판매하는 전형적인 리테일 기능을 수행하지만 우리나라 백화점의 경우 제품을 기획, 매입, 재고 처리하는 리테일의 기능과는 차이가 있다. 전형적인 직매입 방식보다는 실제 제품을 매입하지 않아 재고 부담이 없는 소위 특정매입 거래방식을 주로 사용하는데, 이 경우 실제 재고 부담과 판매는 각 브랜드의 책임이며, 백화점은 매출에 대한 판매 수수료를 주 수입원으로 한다. 이러한 공간 임대형과 차이가 없는 백화점 운영으로 인해 국내 백화점 간 머천다이징의 차별화는 기대하기 어려우며, 따라서 각 백화점의 콘셉트에 부합하는 제품을 선별·매입하고, 미판매제품에 대한 판매와 재고관리를 하는 등의 머천다이징 능력이 발휘되기 어려웠다. 그러나 리테일 업태가 다양하지 않은 국내 시장에서는 오랫동안 고급 쇼핑의 상징으로서 대표적인 업태 위치를 보유해 왔다. 백화점은 특히 패션유통의 핵심으로 비교적 손쉽게 성장해 왔다.

패션상품 중심의 고급 백화점 니만마커스와 삭스피프스애비뷰

대중적인 백화점 메이시스와 제이시페니

중저가 백화점 콜스

사진 2.2
미국의 다양한 백화점

　　1990년대 후반 외환위기를 거치면서 선진 마케팅으로 도입된 대형마트가 급속 성장하고 온라인, TV 홈쇼핑 채널, 패션 전문점 등 다양한 신업태가 도입되면서 백화점 업태의 매출은 한때 역신장되기도 했다. 업계의 매출 감소는 특히 중소 규모 백화점의 부도와 폐점으로 이어져 백화점 업태는 대기업 소유의 3대 백화점롯데, 신세계, 현대 체인으로 급속히 과점화되었다. 이 3대 백화점은 신규 점포 개점 및 기존 중소 규모 백화점의 인수·합병을 통해 전국적 네트워크되면서 더 강해졌다. 이 과정에서 대부분의 중소 규모 지방 백화점이 사라졌다.

3대 백화점의 시장점유율은 더욱 심화되어 2022년 기준 롯데 35.1%, 신세계 29.7%, 현대 24.1% 등 총 88.9%이다.[7] 취급 제품군뿐 아니라 제품의 종류도 유사하여 글로벌 럭셔리브랜드부터 내셔널브랜드까지 3대 백화점 간 큰 차이가 없다.

2000년대 후반에는 경기 침체에도 불구하고 해외 명품에 대한 수요와 외국 관광객 유입으로 백화점 매출 증가율이 비교적 높았다. 그러나 주력인 패션·잡화 품목에서 전문점, 아웃렛, 면세점, TV 홈쇼핑, 인터넷 등 타 업태와의 경쟁이 심화되고 해외 직구 등 소비자의 쇼핑 패턴이 변하면서 백화점 업태의 성장은 정체되었다. 특히 2020년 발발한 코로나 팬데믹의 영향으로 당해 매출은 −9.9%로 급감하여 백화점이 면세점 제외 가장 감소폭이 큰 업태였다. 그러나 백화점 럭셔리제품 수요가 증가하면서 2021년의 경우 타 업태 대비 가장 큰 폭의 매출 증가율 23%을 보였으며, 2022년도 큰 폭의 성장 12.2%을 보였다 그림 2.1. 엔데믹 상황에서 이러한 매출 성장이 지속되기는 어려울 것이며 이에 백화점 업태의 전략은 더욱 중요해졌다.

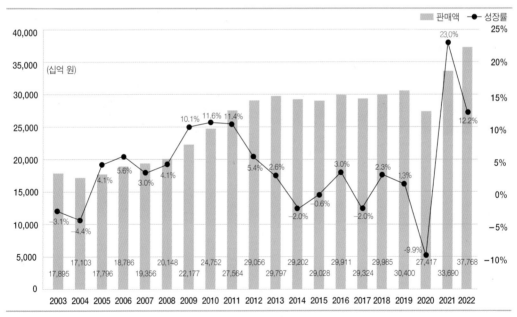

* 2015년도 이후는 경상금액 기준

그림 2.1
백화점 업태의 매출과 성장률 변화
자료: 통계청(각 연도). 서비스업동향조사

업태 전략과 전망　경기변동에 민감하며 성장률이 정체된 성숙기 산업의 백화점은 해외럭셔리 브랜드 유치, 명품관 정비, 점포 리뉴얼, 서비스 향상, 패션상품과 이미지 강화 등으로 패션화·고급화하여 신업태들과 차별화해 왔다. 2000년대 말 세계 경제 위기와 코로나 팬데믹 중에도 럭셔리브랜드의 매출은 안정적으로 성장해 왔다. 그러나 정체기에 처한 백화점 업태는 변화하는 시장과 소비자에 대응하고자 다양한 방법으로 성장을 모색하고 있다. 백화점 업태의 주요 전략을 살펴보면 다음과 같다.

① 제품 차별화, 고급화

국내 내셔널브랜드만으로는 점포 간 머천다이징의 차별화가 부족한 백화점은 패션화·고급화를 위해 해외 럭셔리브랜드를 경쟁적으로 유치하고, 해외브랜드 판권을 확대해 왔다. 특히 코로나 발발 이후 럭셔리 매출이 크게 증가하여 매출 비중이 30%를 넘어서면서 이를 유지하기 위해 백화점 업태는 주요 럭셔리브랜드 추가 입점, 럭셔리 카테고리 세분화 및 브랜드 발굴 등에 집중해 왔다.[8] 그러나 병행수입 확대, 소비자의 해외 직접구매 증대로 인해 해외브랜드에서도 차별화가 필요해졌고, 이에 백화점은 새로운 국내외 브랜드를 발굴하고, 독자적 머천다이징으로 자체브랜드$_{\text{PB: Private-label brand}}$를 개발하거나 직매입 편집매장 확대를 통해 제품 차별화에 노력해 왔다. 신세계의 분더샵, 롯데의 탑스 등 3대 백화점 편집숍은 성장 정체기에도 매출 증가를 보였고 최근에는 신세계 백화점의 '엑시즈$_{\text{XYTS}}$'처럼 MZ세대를 겨냥한 편집숍을 선보이고 있다.

　백화점 편집매장은 의류, 잡화를 벗어나 라이프스타일숍으로 진화하여 전문매장을 확대하고 있다. 현대백화점은 계열사 현대리바트를 통해 국내 독점 판매권을 확보한 미국의 프리미엄 키친 윌리엄소노마를 전개하고 있으며, 신세계백화점은 뷰티 편집숍 시코르, 속옷 편집숍 엘라코닉 등을 전개하고 있다. 한편 F&B$_{\text{Food \& Bakery}}$의 프리미엄화를 통해 코너를 확대, 다양화하여 상품 구매 이상의 프리미엄 고객 경험을 제공하기 위해 노력하고 있다.

② 세분화된 표적고객층으로 고객관계 강화

백화점은 표적고객층을 세분화하여 표적고객별 맞춤화 마케팅을 강화하고 있다. 특히 다양한 유통채널을 이용하는 젊은 고객들, 최근 패션과 외모에 대한 관심과 소비가 증가하고 있는 남성 고객들, 매출과 이익 기여도가 높은 VIP 고객들이 주목받고 있다.

젊은 층을 대상으로는 글로벌 SPA 브랜드나 온라인 브랜드를 유치하거나 편집숍을 확대하였는데, 특히 온라인에서는 접하기 어려운 독특하고 새로운 제품과 경험을 원하는 MZ세대, 혹은 2030세대를 위한 다양한 새로운 공간을 제공하고 있다. 더현대서울의 경우 다양한 팝업전문관, 시각적 흥미를 주는 다양한 공간 조성과 포토존으로 이들 세대의 오프라인 경험을 확장하고 소셜미디어 홍보 효과를 누리고 있다.[9]

한편 패션과 외모에 대한 관심과 소비가 증가하는 남성 고객을 표적으로 하는 남성 전용 라운지가 설치되고, 남성 럭셔리 수요가 증가하면서 맨즈 럭셔리관, 맨즈 살롱 등 남성패션 전문관이 확대되는 등의 변화가 일어나고 있다. 무엇보다 소비양극화가 심해지면서 경기 변동에 크게 영향받지 않는 고소득층의 충성도 높은 VIP 고객은 중요한 마케팅 대상이 되었다. 이들을 위해 프라이빗 세일, 문화공연 초청, 신규 럭셔리브랜드 팝업 행사, 전용 라운지, 1:1 서비스 등 다양한 프레스티지 서비스가 집중되고 있다.

③ 문화와 엔터테인먼트를 결합한 복합 매장화, 점포 리뉴얼

백화점은 다양한 문화 엔터테인먼트 욕구를 수용하여 매장을 복합화·고급화하고 있으며, 지속적으로 건물을 증축하거나 리뉴얼하고 있다. 특히 명품관 리뉴얼, 특정 고객을 겨냥한 신규 입점 브랜드 유치, 프리미엄 문화센터 운영 등 지역상권 특성을 고려하여 차별화된 리뉴얼로 고객경험을 최대화하고 있다. 백화점의 리뉴얼 주기는 이전보다 단축되고 리뉴얼 방향도 차별화, 세분화되고 있다. 특히 최근에는 아트를 접목하여 새로운 경험을 제공하는 공간을 확대하고 있다.

MZ들의 놀이터 더현대서울

더현대서울은 2021년 2월 서울 중심지에서 다소 비켜난 여의도에서 3대 럭셔리브랜드(에르메스·루이비통·샤넬) 없이 시작했으나 짧은 시간에 MZ세대의 핫플레이스이자 해외 관광객의 필수 K쇼핑 명소가 되었다. 개점 한 해 만에 방문자 수는 66.7% 늘어났으며, 2023년 8월 누적 방문객 수 1억 명을 넘어 개점 후 단일 유통시설을 찾는 방문객이 최단 기간 증가했다. 개점 이후 2년간 '더현대서울', '더현서' 등을 언급한 인스타그램 게시물 수는 73만 건에 달하는데, 이는 개점 1년차 기록의 두 배 이상이다. 2022년 매출 신장률은 43.3%(9,500억 원)이며 2023년 연매출 1조 원을 달성할 것으로 보이는데, 이는 국내 유통시설 최단기간(2년 10개월) 달성 기록이다.

기존 백화점이 VIP 4050세대를 주 타겟으로 하는 반면 더현대서울은 다른 백화점에서 구매력이 약해 관심 두지 않던 MZ세대(1980년대 초~2000년대 초 출생)를 타깃으로 삼았다. 특히 MZ세대의 트렌드 생성 영향력에 주목하였는데, SNS를 통해 소비를 공유하고 확산시킨다는 점을 활용해 이들의 점포 방문을 유도하였다. 그 결과, 개점 후 1년간 더현대서울의 20~30대 매출 비중이 50%로 나타났으며, 이는 현대백화점 평균 20~30대 매출 비중(25%)의 두 배에 해당한다. 또한 전체 매출의 54%는 현대에서 10㎞ 이상 떨어진 광역 상권의 고객이고, 2023년 상반기 외국인 방문객의 매출 또한 11%나 차지하였다.

더현대서울의 성공 요인은 빠른 스피드와 색다른 경험을 추구하는 MZ세대만의 소비 트렌드를 공간 인테리어와 입점 브랜드의 차별화로 만족시켰다는 점이다. 기존 백화점의 공식을 파괴하고 공간의 절반을 휴게 공간으로 설계하여 상품을 넘어 공간과 경험을 제공함으로써 재방문을 이끄는 '리테일 테라피' 컨셉을 적용하였고, 기존 리테일 매장에 없던 신규 브랜드를 대거 입점시켰다. 예를 들어, 쿠어, 인사일런스, 디스이즈네버댓 등 온라인 플랫폼에서 MZ세대에게 각광받는 브랜드는 물론 아이엠샵, 스컬프터, PEER 등 MZ세대들이 가장 많이 방문하는 편집숍을 배치

© walkitecture/Shutterstock

© yllyso/Shutterstock

하였다. 젊은 층이 열광하는 문화콘텐츠와 다양한 브랜드의 체험을 강조하는 팝업스토어도 지속적으로 진행하였다. 지금까지 320여 개의 팝업스토어가 2주일 단위로 진행되었는데, 패션, 뷰티 브랜드 외에 삼성·LG전자·애플 등 디지털 가전 브랜드나 애니메이션·웹툰·BTS 등 팬덤을 가진 문화 아이콘과 콘텐츠 팝업 등이 인기를 끌었다. 패션이나 잡화 브랜드 팝업의 경우, 한정판 상품 제작을 통해 매출이 2~3배 증가하기도 했다. 한편 현재의 이슈나 트렌드도 잘 반영하고 있는데, 국내 최초 무인매장인 더현대서울 언커먼스토어의 도입이 그 예다.

더현대서울은 체험을 강조한 마케팅전략으로 온라인 소비에 친숙한 젊은 세대를 오프라인으로 유인하며 집객률을 높였다. 하지만 MZ세대 타깃 매장이나 팝업스토어로 객단가를 높이는 데는 한계가 있다. 결국 백화점의 지속 성장을 위해서는 실적을 크게 올릴 수 있는 인기 럭셔리브랜드의 유치가 중요하다. 더현대서울도 매출 규모를 확대하기 위해 2023년 하반기 루이비통을 시작으로 인기 해외럭셔

리와 뉴럭셔리브랜드를 보강할 계획이다.

자료: 김효인(2022. 6. 17). MZ세대 사로잡은 더현대서울, 힙스터들 모여라. 투데이신문; 나영훈(2023. 10. 23). 'MZ를 유인하라', 더현대·무신사의 미래 패션 유통전략. 한국일보; 신수민(2023. 1. 28). 백화점 룰깨니 MZ 몰렸다…'에루샤' 없는 더현대 대박난 이유. 중앙일보; 홍성용(2023. 2. 23). 2030성지 더현대 … MZ만 5200만명 다녀가. 매일경제; 황재희(2023. 8. 31). "연매출 1조 거뜬" 더현대서울 '차별화' 통했다. 데일리 임팩트

④ 복합쇼핑몰, 아웃렛, 면세점 등 신업태 진출 및 확대로 업태 다각화 노력

빅 3 백화점들은 신성장 동력으로 전국에 복합쇼핑몰과 아웃렛몰을 활발히 개발해왔다. 쇼핑, 다이닝, 엔터테인먼트를 동시에 제공하는 쇼핑몰은 다양한 라이프스타일 수요를 충족시킬 수 있어 스트리트형 교외 쇼핑몰부터 도심 쇼핑몰의 리뉴얼까지 다양한 복합쇼핑몰이 추진되고 있다. 또한 세계적으로 수요가 증가하고 있는 아웃렛몰, 프리미엄아웃렛몰도 교외형·도심형을 막론하고 백화점이 개발을 주도하고 있다.

백화점은 면세점으로도 사업을 확대해 왔다. 롯데에 이어 신세계와 현대가 면세점 특허를 획득한 후 백화점 건물 내 면세점을 운영하여 하이브리드 점포로 매출 증대에 노력하고 있다. 업태를 다변화해 온 현대백화점그룹은 백화점, 아웃렛, 면세점 등에서 사용 가능한 외국인 전용 통합 멤버십을 출시하며 외국인 대상 마케팅을 강화하고 있다.[10]

⑤ 온라인과 모바일 강화로 채널 통합

인터넷과 모바일의 급속한 성장에 따라 백화점은 온라인으로 시장을 확대해 왔다. 특히 럭셔리 패션 분야에서도 온라인 쇼핑이 증가하면서 미국의 고급 백화점들 예: 니만마커스, 삭스피프스애비뉴, 노드스트롬 등이 온라인 채널을 강화한 것처럼, 국내 백화점들 역시 온·오프라인 채널을 통합하는 옴니채널로 진화하고 있다. 신세계와 롯데는 계열사별로 진행하는 온라인 사업을 통합하여 온라인 역량을 강화하고 있는데, 신세계의 온라인 통합 플랫폼 '쓱닷컴'과 롯데의 백화점, 마트, 슈퍼, 홈쇼핑 등 7개 채널을 통합한 롯데온 플랫폼이 운영되고 있다.

(2) 대형마트

업태 특성   유통산업발전법에 의하면 대형마트는 용역 제공 장소를 제외한 매장 면적이 3,000m² 이상 되는 점포로 식품과 생필품부터 의류, 전자, 가구제품, 스포츠용품 등 라이프스타일에 필요한 제품군을 폭넓게 취급하여 원스톱 쇼핑이 가능하며, 넓은 무료 주차공간, 푸드코트, 세탁, 통신 서비스 업체, 미용실 등 부대 서비스업이 입점되어 편의를 제공하는 곳이다. 임대료가 낮은 지역에 위치하고 대량 매입으로 인한 상품 원가 절감 및 판매원, 인테리어, 비주얼 머천다이징 등에 들어가는 운영 비용 절감으로 저렴한 가격을 제공하여 대량 판매한다. 패션상품의 비중은 낮고 베이직한 패션상품에 중점을 둔다. 우리나라의 대형마트는 슈퍼센터·슈퍼스토어·하이퍼마켓의 개념으로 정착되었다. 초기에는 할인점_{discount store}이라는 업태명이 보편적이었으나 최근에는 대형마트가 일반적인 업태명으로 사용된다.

할인점은 일반적으로 신선식품을 취급하지 않지만 슈퍼센터·슈퍼스토어·하이퍼마켓은 대형 할인점과 대형 슈퍼마켓이 혼합된 형태로, 글로벌 리테일에서는 할인점보다 슈퍼센터의 비중이 커지고 있다. 세계 최대 리테일러인 월마트는 할인점으로 시작하였으나 최근 슈퍼센터 비중이 더 높아 미국 내 총 4,720개 점포 중 슈퍼센터가 3,572개이며 할인점은 365개에 불과하다.[11] 대형마트는 규모의 경제가 중요하기 때문에 점포 수가 많아 글로벌 거대 리테일러에 자주 포함된다. 월마트 뿐 아니라 영국의 테스코, 프랑스의 까르푸 등이 그러한 예이다.

사진 2.3
고급 할인점 타깃
타깃은 특히 월마트와 차별화된다. 시티 타깃(City Target)의 점포는 임대료가 저렴한 곳에 위치한 일반적인 할인점과 달리 도심에 위치한다.

미국의 타깃_{Target}은 패션상품을 강화한 고급형 할인점으로, 스스로를 할인 백화점으로 포지셔닝하여 차별화한다. 패션성이 있는 상품을 저렴한 가격에 제공하여 차별화하기 위해 80개 이상의 패션 컬래버레이션을 진행해 왔다. 미쏘니_{Missoni}, 아이작 미즈라히_{Issac Mizrahi}, 알렉산더 맥퀸_{Alexander McQueen}, 프로엔자 슐러_{Proenza Schouler}, 제이슨우_{Jason Wu} 등은 타깃에서 진행한 패션 컬래버레이션 예이다. 타깃은 최근 뷰티샵 얼타 뷰티_{Ulta Beauty}를 숍인숍 형태로 입점시켰다.

업태 현황 국내 대형마트 업태는 1993년 이마트의 탄생을 시작으로 하여 1996년 유통시장 개방과 함께 선진유통시스템을 갖춘 마크로, 월마트, 테스코, 까르푸 등 외국계 슈퍼스토어·하이퍼마켓이 활발히 진입하였다. 1990년대 말 외환위기 이후에는 국내 소비자의 합리적인 소비 패턴과 라이프스타일에 부응하여 백화점식 환경, 광범위하고 깊은 구색, 저렴한 가격을 갖추며 원스톱 쇼핑공간으로 급성장하였다. 특히 규모의 경제가 중요한 대형마트 업태는 매장 수가 급격히 증가하여 2003년에는 10년 만에 4,000배 성장하면서 백화점 매출을 넘어 국내 최대 규모의 리테일

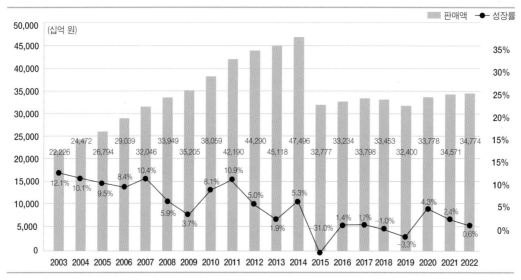

* 2015년도 이후 경상금액 기준

그림 2.2
대형마트 업태 매출과 성장률 변화
자료: 통계청(각 연도). 서비스업동향조사

업태로 성장하였다.[12]

마크로, 월마트, 까르푸 등 외국계 대형마트가 국내 기업에 인수 합병 예: 이랜드의 까르푸 인수, 홈에버로 개조, 이를 홈플러스가 다시 인수; 이마트의 월마트 인수 등 되면서 이마트, 홈플러스, 롯데마트의 빅 3 체제가 공고해졌다. 이 3개 회사의 시장점유율이 2005년 55.2%에서 2018년 99.9%에 달하며 과점화가 심해졌다. 이마트 35.6%, 홈플러스 34.9%, 롯데마트 29.4%의 순으로 점유율이 높다.[13]

업태가 성숙기에 접어들면서 성장률이 둔화되자 대형마트에서는 기업형 슈퍼마켓 등 새로운 업태 진출을 통한 성장을 도모하였다. 그러나 대형마트 체인의 시장 지배력이 커짐에 따라 재래시장 및 중소 유통업체의 반발이 잇따르고 사회적 여론 형성으로 각종 규제 법안이 마련되기 시작하였다. 신규 점포 개점 및 신업태 개발에 제한이 따르면서 매년 30여 개의 신규 점포가 개점되던 대형마트는 2011년 이후 매장 수가 급격히 감소하였다. 이어 월 2회 의무휴업제 실시, 영업시간 제한 등 유통산업법 규제로 인해 매출 감소는 지속되었다. 사회문화적 환경의 변화도 대형마트에 부정적이다. 1인 가구 증가, 경기 침체 등으로 소비자의 라이프스타일이 변화하여 소량 구매, 시간 절약형 구매, 편의성 구매에 대한 수요가 증가함에 따라 대형마트 대신 편의점과 온라인 구매가 증가하였다. 이들 업태의 성장률이 높아지는 만큼 대형마트의 성장률은 상대적으로 정체되었고 역신장에 이르렀다.

온라인 채널로의 소비자 이탈이 가속화되면서 대형마트 3사의 매출과 영업이익 악화는 지속되고 있다. 빠른 배송과 최저가로 무장한 강력한 이커머스 업체 쿠팡, 네이버쇼핑 등, 대형마트의 최대 강점인 신선식품의 점유율을 늘리는 새벽 배송업체 마켓컬리 등 위협적인 경쟁업체에 대응하는 방안이 모색되고 있다.

업태 전략과 전망 대형마트는 다양한 경쟁력 회복 방안을 모색해 왔다. 다음은 대표적인 전략을 정리한 것이다.

① 상품력과 가격 경쟁력 강화: 자체브랜드, 초저가 상품 개발

대형마트는 초저가상품 개발 및 확대, 신선식품의 경쟁력 강화 및 차별화, 다양한 자체브랜드 PB/PL 상품 및 해외소싱 상품 개발 및 확대 등 상품력 강화를 꾀하고 있다. 특히 고금리, 고물가 상황에서 초저가 경쟁은 치열할 수밖에 없기에, 공동구매

기획 이벤트, 온리원딜, 인기상품 중심의 얼리버드 할인 등 가격 할인 이벤트와 혜택도 제공하고 있다.[14]

이와 함께 대량 매입, 해외 소싱 등 원가구조 혁신으로 가격 경쟁력을 확보하고, 자체브랜드PB 상품을 확대하여 차별화하고 있다. 이마트의 '노브랜드'와 '피코크', 롯데마트의 통합 PB '오늘좋은', 홈플러스의 '홈플러스 시그니처'가 대표적이다. 현재 15~20% 수준인 PB 비중은 30% 정도까지 확대될 것으로 기대된다.[15]

② 해외시장 진출

대형마트들은 포화상태의 국내 시장을 벗어나 중국, 베트남, 인도네시아 등 해외시장으로 진출하여 성장 기회를 확대하고 있다. 롯데마트는 인도네시아, 베트남 등지에서 총 60개 점포를 운영한다. 이마트는 베트남, 몽골, 필리핀에서 프랜차이즈 형태로 점포를 운영하고 있으며, 세계 최대 소비시장인 미국 진출을 위해 현지 유통업체를 인수하여 미국 사업 기반을 강화하고 있다.

③ 온라인·모바일 확대 및 신선식품 배송 경쟁

포화상태의 오프라인 시장, 각종 영업 규제 등에 직면한 대형마트는 온라인·모바일 채널 확대를 통해 고객 접점 확보에 노력하고 있다. 이를 위해 온라인몰 및 모바일몰 운영과 함께 배송 인프라를 구축하고 편리한 배송 서비스를 확대하고 있다. 또한 신선식품 가공센터, 최첨단 온라인 전용 물류센터 등을 구축·확대하며[16] 오프라인 점포와 연계하고 있다.

한편 온라인을 중심으로 새벽배송 시장이 급성장하면서 신선식품 시장을 되찾기 위해 수도권 중심의 새벽배송, 당일배송, 2시간 이내 바로배송 등 배송 각축전이 벌어지고 있다.

④ 업태 다변화

대형마트는 온라인몰 외에도 창고형 할인점, 전문점 등 신업태 진출로 업태를 다변화하고 있다. 이마트 트레이더스, 롯데마트 맥스, 홈플러스 스페셜 등 대형마트 업태의 창고형 할인점은 엄선한 제품을 대용량으로 진열·판매하여 인건비를 절약하고 가격경쟁력을 갖출 수 있다. 또한 트렌드를 반영한 가능성 있는 전문점을 개발하고 수익성을 고려하여 확대하거나 구조 조정하고 있다. 이마트는 자체브랜드 제품을 판매하는 전문점 '노브랜드', 전자 전문점 '일렉트로마트', 반려동물용품 전문점 '몰리스' 등 트렌드를 반영한 다양한 전문점을 시도해 왔다. 물론 모든 시도가 성공적인 것은 아니어서 폐점과 사업 철수 이력도 있다.

⑤ 점포 구조 조정: 점포 매각, 임대, 폐점 및 테크놀로지 통합
실적 악화와 함께 대형마트 업체는 경영 효율화를 위해 부진한 브랜드나 점포, 상권이 중복되는 점포를 매각 또는 폐점하여 재무 건전성을 높이는 동시에 점포 리뉴얼을 통한 매장의 질적 개선을 추구하는 등 점포 구조 조정을 실행하고 있다. 또한 점포를 매각 후 재임차해 영업은 지속하면서 투자 자산으로서 자산을 효율화하고 있다.[17]

특히 코로나 발발과 함께 온라인 쇼핑의 배송을 원활히 해야 할 필요성이 높아지면서 매장 내 PP~Picking & Packing~ 기능을 접목한 세미 다크스토어를 활용하고 있다. 또한 최근 체험형 소비 공간에 대한 수요가 증가함에 따라 체험형 공간 확대 및 옴니채널 강화를 위해 점포 내 공간 재구성을 꾀하고 있다.

(3) 창고형 할인점

창고형 할인점, 홀세일 클럽~wholesale club~ 또는 웨어하우스 클럽~warehouse club~은 임대료가 낮은 지역에 위치한다. 대형 매장에 물류창고 같은 인테리어와 제품 진열, 최소한의 서비스 등으로 운영비용을 최소화하여 저렴한 가격을 제공하며, 제한된 제품구색~월마트의 SKU가 15만 개인 데 비해 코스트코의 SKU는 약 4,000개~의 대량 묶음 판매로 제품 회전율을 높인다. 클럽이라는 이름이 시사하는 것처럼 주로 회원제로 운영되며 홀세일이 시사하는 것처럼 개인 소비자뿐 아니라 중소 규모 사업체도 고객으로 한다. 때로 이월상품 등 재고를 낮은 가격에 바잉하여 판매하며, 병행 수입을 통해 럭셔리 브랜드나 보석도 저가에 판매한다. 패션상품은 유행에 민감하지 않은 기본적인 의류상품과 홈패션상품이 특징이다.

대표적인 창고형 할인점은 미국의 코스트코이다. 코스트코는 1994년 프라이스클럽으로 국내에 진입한 이후 국내 리테일 시장에서 가장 성공적인 글로벌 유통업체 중 하나가 되었다. 대형마트에 비해 적은 수의 SKU~국내 대형마트의 평균 SKU가 6만 개~

코스트코 꾸뛰르: 트렌드와 브랜드를 갖춘 의류 쇼핑 목적지

코스트코는 세계 3위 규모의 리테일러로 회원제 창고형 할인점이다. 사람들은 옷을 살 때 온라인, 편집숍, 백화점을 가지만 일부러 코스트코를 찾지는 않는다. 그럼에도 코스트코의 패션은 소셜미디어에서 주목받고 있는데, 틱톡에서 검색어 'Costco clothing finds'는 200억 뷰를 기록했으며, 해시태그 #costcofashion과 #costcocouture는 각 5.6백만 및 5백만 뷰를 기록했다. 페이스북 그룹 'Today at Costco'는 5만 명 이상의 회원 수를 보유한다. 코스트코는 의류와 신발 제품에서 2019년 기준 연 70억 달러의 매출을 달성했는데, 이는 올드 네이비, 니만마커스, 랄프 로렌보다 큰 규모였다. 2015년 이래 의류·신발 매출은 연 9%씩 성장하여 식품과 전자제품을 앞질렀다. 어떤 인테리어 장식도 없고 대용량으로 판매하는 창고형 매장에서 의류·신발 제품을 이 정도로 판매하는 것은 놀라운 일이다. 약 850개에 달하는 코스트코 매장에는 피팅룸, 마네킹, 윈도우 디스플레이 같은 것은 없다. 상의와 하의 의류가 매장 중앙의 수많은 매대에 쌓여있을 뿐이다.

온라인에 고객을 빼앗긴 많은 리테일러가 최근 파산하거나 수백 개의 점포를 폐점하고 생존하기 위해 매장을 업그레이드하는 상황에서 코스트코는 이들을 대체하는 의류 쇼핑의 목적지가 되고 있다. 그 비결은 무엇일까?

8천 5백만 명의 코스트코 회원은 연회비를 내고 식품, 전자제품, 가정용품, 의복 등을 도매가에 가깝게 구입한다. 매출의 대부분은 점포에서 발생한다. 코스트코는 고객이 원하는 상품을 조달하는 데 뛰어나서 고객에게 매장에서 새로운 제품을 발견하는 기쁨을 준다. 고객은 자체브랜드 커크랜드 시그니처 라인의 사이사이에서 토미힐피거, 캘빈클라인, 에디바우어 등 브랜드 제품을 발견한다. 럭키 브랜드 진, 노스페이스 재킷 등을 매장에서 발견하고 나면 또 다른 보물찾기를 위해 매장을 재방문하게 된다.

코스트코가 업계 최고의 조건을 제공할 수 있는 이유는 마진을 15%로 유지하기 때문이다. 1,960억 달러의 연 매출로 인해 바잉 협상력노 뛰어나다. 따라서 인디넷 최저

© Arne Beruldsen/Shutterstock

© melissamn/Shutterstock

코스트코의 패션 상품
매대에 쌓여 있는 리바이스 청바지, 헌터부츠도 시중보다 저렴하다.

가가 149.99달러인 노스페이스 남성 재킷을 69.97달러에 판매하고 아디다스 웹사이트에서 60달러에 판매 중인 여성 스니커즈를 24.99달러에 판매하는 것이 가능하다.

코스트코 회원은 연 10만 달러 이상의 고소득 가계 소득자로 하이엔드 브랜드에 대한 갈망이 있다. 이런 고객을 위해 코스트코는 노스페이스, 버겐스톡, 어그 등 업스케일 브랜드 라인을 확대하고 40만 달러의 다이아몬드 반지도 판매했다. 코스트코는 판매율이 매우 높아 브랜드 이미지가 저해되기도 전에 제품을 처분할 수 있기 때문에 브랜드로서는 명성을 해치지 않으면서도 미판매 재고를 처분할 수 있다. 고객은 오프프라이스 리테일러 티제이맥스나 마셜에서 쇼핑하는 것처럼 코스트코에서 옷을 산다. 보물찾기의 재미를 누리는 것이다. 코스트코에는 새 제품이 계속 입고되고 브랜드 제품은 하루 이틀 사이 완판되기도 한다.

또 다른 성공 요인은 코스트코에서는 선택권이 적다는

것이다. 티제이맥스에서는 너무 많은 제품 때문에 압도당해 고르는 것이 스트레스가 되기도 한다. 고객은 수많은 제품들 중 선별하는 일을 리테일러가 대신해 확실한 몇 개의 옵션만 제시할 것을 원한다. 코스트코에서는 선택에 대한 고민을 지나치게 하지 않아도 된다. 코스트코의 패션은 구색이 깊지는 않지만 최근 트렌드와 빅네임 브랜드를 잘 큐레이션하여 고물가 시대 패션 쇼핑의 목적지가 되고 있다.

자료: Bhattarai, A.(2019, 7, 1). Costco quietly becomes a destination for clothes. The Washington Post; DeNinno, N.(2022, 8, 12). Costco Couture: Billions on TikTok hot for fashion trends at store. New York Post; Sola-Santiage, F.(2022, 8, 9). The unexpected appeal of Costco fashion. Refinery29

인 데 비해 코스트코는 약 4,000개와 높은 제품 회전율로 고성장하여 점포당 매출이 대형마트의 2.7배에 달한다.

업태 성숙기로 신업태를 모색 중인 국내 대형마트 업태는 2010년 이후 이마트 트레이더스, 롯데 빅마켓롯데마트 맥스로 리브랜딩, 홈플러스 스페셜 등 신규 점포를 개점하고 일부 대형마트 매장을 전환하는 등 창고형 할인점의 점포 수를 확대하고 매출 증가에 노력하고 있다. 이마트 트레이더스는 2022년 기준 매장 수 21개로 국내 최대 창고형 할인점으로서 새로운 수익 기반과 성장 동력을 얻기 위해 노력하고 있다. 국내 창고형 할인점은 2022년 이후 고물가 상황에서 대형마트의 절반 수준의 마진율(15~17%)을 적용하여 가성비 높은 제품을 선보이고 있으나,[18] 대용량 제품의 저렴한 가격과 부담스러운 용량이 경제 상황, 소비자 세대 및 라이프스타일에 따라 각기 다른 반응을 불러일으킬 수 있어 그에 따라 경쟁 전략은 달라질 수 있을 것이다.

2) 전문점

전문점specialty store은 도서, 보석, 전자제품, 가구, 하우스웨어, 의류 등 특정 제품군을 전문으로 하는 리테일러이다. 제품군 내에서도 세분된 특정 제품 라인에 집중한 전문점도 있다. 예를 들어 의류 내에서도 속옷 전문점, 아웃도어 전문점 등으로 세분될 수 있다. 특정하게 세분화된 시장을 대상으로 상품과 전략을 집중하여 취급 상품군 내에서는 매우 깊은 구색을 갖추고 전문적인 서비스를 제공하는 것이 일반적이다. 전문점의 규모는 백화점이나 대형마트보다 작다. 패션전문점은 그 형태가 비교적 다양하여 다음과 같이 구분할 수 있다.

(1) 브랜드 대리점

국내 패션시장에서 브랜드 중심의 기성복은 1970년대 중반에 소개되었다. 기성복을 생산·판매하는 의류브랜드 업체는 점포 확보와 운영에 소요되는 막대한 비용을 부담하지 않고도 전국적 판매유통망을 확보할 필요가 있었다. 전국의 백화점은 중요한 유통채널이지만 백화점 수와 백화점 내 공간이 제한되어 입점 자체가 경쟁이 되었다. 특히 중저가 브랜드의 경우 많은 수의 매장이 필요하여 의류브랜드가 대리점을 모집하여 판매 경로를 확보하게 되었다.

일반적으로 브랜드 대리점은 점포의 소유와 운영, 제품 판매를 담당하며, 브랜드 본사는 제품 기획·생산·공급 및 대리점의 판매촉진 지원 등을 담당한다. 대리점은 위탁받은 상품 판매에 대한 일정 수수료를 수입원으로 확보하는 반면 미판매 제품은 본사에 반품하므로 패션이나 머천다이징 지식, 판매 기술 없이도 쉽게 점포 운영이 가능하다. 브랜드 의류업체 입장에서는 점포 수의 증가로 외형을 확장할 수 있어 브랜드 대리점은 국내 패션시장에서 가장 중요하며 가장 비중이 큰 패션 전문 유통 방식이었다. 그러나 이러한 위탁판매는 제조와 유통 기능이 분리되지 못하고 지역 대리점의 고객 수요 밀착 대응이 부족하며 본사가 재고를 부담해야 하는 등 여러 가지 제한점이 있었다. 이에 몇몇 브랜드를 중심으로 위탁판매 대신 대리점의 사입 시스템이 도입되었고, 위탁판매와 사입의 혼합형이 시도되기도 하였다.

브랜드 대리점은 오랜 기간 백화점과 함께 국내 패션유통의 양대 채널이었다. 그러나 패스트패션 SPA의 증가, 복합쇼핑몰과 아웃렛몰의 증가, 온라인 쇼핑의 확대, 멀티브랜드의 편집숍 증가 등 다양한 패션유통의 신업태가 증가하면서 단일 브랜드를 취급하는 규모가 작은 가두대리점의 경쟁력은 약화되었다. 이에 가두점은 쇼핑몰 등 대형 쇼핑센터로 입점되거나 복합매장으로 전환되고 있다. 패션브랜드 업체는 경기 침체와 함께 이러한 변화에 대응하기 위해 온라인 채널을 강화하고 있는데, 기존의 브랜드를 온라인 전용 브랜드로 전환하거나 온라인 상품을 출시하는 등 오프라인의 가두점·대리점 유통을 축소하고 온라인 자사몰을 강화하고 있다. 이는 특히 코로나 팬데믹을 거치면서 증가된 DTC~Direct-to-consumer~ 트렌드를 반영한다. 디자이너나 브랜드가 도매와 소매의 중간 유통을 생략하고 온라인에서 직접 고객과 소통하면서 거래하는 것이다. 중간 유통을 거치지 않아 마진을 확보할 수 있는 동시에 통제가 더욱 원활하고 고객 데이터 확보가 용이한 장점이 있어 많은 DTC 브랜드가 등장하였으며 기존의 브랜드는 외부 도·소매업 거래를 중단, 축소하고 온라인 DTC 기능을 강화하기도 하였다. 그러나 장점만큼 한계도 명확하여 최근 DTC 브랜드는 이를 극복하기 위해 홀세일 파트너십 구축, 오프라인 확대 등으로 대응하고 있다.

아웃도어 브랜드 매장 개설 조건

노스페이스
- 본사 개설 예정 지역의 중심상권 내 50평 이상 매장(매장 순 면적 기준)
- 3년 이상의 의류 브랜드 운영 경력자
- 담보/보증금 부동산 2억 5,000만 원 이상, 예금질금 5,000만 원(부동산과 질금 모두 충족해야 함, 매장 규모에 따라 상향 조정)
- 본사 지원: 메인 간판 지원(500만 원 이내 당사 지원/1,000만 원 초과 시 50% 부담), 디스플레이 일부 지원(POP, 사진 및 기타 소품 지원), 기타 마케팅 지원

블랙야크
- 입지 조건: 전국 주요 도시 중심상권(본사 개설 예정지)
- 자격 조건: 3년 이상 의류브랜드 운영 경력자/해당 지역 연고 및 지역사회 활동 경력자 우대
- 매장 조건: 운영 면적 50평(165m²), 창고 별도 15평(50m²), 전면 10m 이상
- 공급 유형: 위탁판매
- 담보 조건: 부동산 담보 2억 5,000만 원/동산 현금 5,000만 원 이상
- 대금 결제: 주 단위 입금(위탁상품)
- 인테리어: 본사 지정업체 시공
- 본사 지원: 오픈 사은품 지원, 기타 마케팅 지원, 디스플레이 부분 지원

자료: 노스페이스 홈페이지; 블랙야크 홈페이지

삼성물산은 빈폴키즈를 온라인 전용 브랜드로 전환하고 빈폴레이디스도 온라인 전용상품을 선보이고 있으며, 자사 통합 온라인몰 SSF 내 독점 브랜드로 오이아우어를 출시하였다. LF는 일꼬르소, 질바이스튜어트, 모그 등 자사 브랜드의 오프라인 매장을 철수하고 이들을 온라인 전용 브랜드로 전환하였다. 신세계톰보이도 온라인 전용 유니섹스 캐주얼 브랜드 엔엔디와 남성복 스토리어스를 출시하여 자사 온라인몰에서 선보이고 있다. 한섬 또한 시스템 데님 라인 등 자사 보유 브랜드의 온라인 전용 상품을 선보이며 잡화 브랜드 덱케를 온라인 전용 브랜드로 전환하였다. 이러한 변화는 오프라인 매장관리, 유통 및 판매 수수료 등에서 비용을 줄이고 가격을 낮추어 수익성을 개선하는 데 도움을 줄 수 있다. 무엇보다 온라인을 통해 소비자 반응을 빠르게 반영하여 트렌드 변화에 대응할 수 있다는 것이 큰 장점이다. 이는 특히 MZ 세대에 어필하는 전략이다.[19]

(2) 브랜드 직영점

보유한 패션브랜드의 상품을 기획, 생산하는 것을 전문으로 하는 패션브랜드 업체가 자체적으로 점포를 확보하여 직접 운영하고 판매하는 것이다. 도·소매업에 제품을 판매$_{B2B}$하는 것과 병행하여 직영점을 운영할 수 있다. 직영점은 대리점 방식과는 달리 점포 운영과 판매 등을 일관되게 통제할 수 있고 고객과 직접 대면함으로써 고객 반응을 파악하고 소통할 수 있으며, 이를 보다 효과적으로 상품기획에 반영할 수 있다. 그러나 원래의 상품개발 기능에 추가하여 판매 공간을 확보하고 브랜드 콘셉트에 맞게 점포를 운영하기 위해서는 건축비, 임대료, 운영비, 인건

사진 2.5
아더에러의 플래그십 점포
아더스페이스

비 등 추가 투자가 필요하여 이로 인해 재무적 부담을 안게 된다. 따라서 희소성이 중요하여 상품 수량과 유통을 제한하는 일부 럭셔리 브랜드 외 특히 대중적인 내셔널 브랜드가 모든 점포를 직영으로 운영하는 것은 쉽지 않다.

패션브랜드 기업이 대리점 방식과 더불어 주요 도시나 구역에 직영점을 플래그십 점포로 운영할 경우 대리점의 유통망 확대로 인한 매출 증가와 함께 브랜드 체험의 공간을 제공하여 브랜드 이미지 향상에 기여할 수 있다. 플래그십 점포는 판매를 위한 매장인 동시에 브랜드의 총체적 마케팅 커뮤니케이션 도구이다. 대도시의 쇼핑 중심 구역에 위치하고, 크고 화려한 건축과 독특한 인테리어, 최상의 서비스, 풍부한 상품 구색과 한정판 상품, 문화와 볼거리를 갖추어 브랜드 존재감을 각인시킨다.[20] 그러나 투자 비용이 많아 플래그십 점포만으로는 손실을 기록할 수 있다.

(3) 패스트패션 SPA

의류패션 전문점 SPA_{specialty store retailer of private label apparel}는 국내외 패션시장에서 영향력을 키워 왔다. SPA는 자체브랜드_{PB: private-label brand}를 보유한 의류 전문 리테일러로서, 백화점이나 대형마트의 PB와 달리 상품브랜드인 동시에 점포브랜드이다. 이러한 점에서 단일 브랜드 리테일러_{single-brand retailer}라고도 한다. 따라서 SPA 점포에서 판매되는 모든 제품은 점포명과 동일한 PB로 판매되어 일반 소비자들은 특정 브랜드가 제조브랜드인지 SPA 브랜드인지 구분하지 못할 수 있다.

SPA_{예: 자라, H&M, 유니클로, 갭 등}와 제조브랜드_{예: 폴로, 빈폴, DKNY 등}의 차이는 운영 방식에 있다. 제조브랜드가 제품의 기획과 생산에 집중하고 다양한 도·소매업체_{백화점 등}에 제품을 판매 또는 위탁판매하거나 소비자에게 제품을 직접 판매_{자체 직영매장}하는 반면, SPA는 제조와 유통을 통합하여 제품 기획, 생산부터 유통, 판매, 매장관리까지 담당하여 중간 유통단계를 거치지 않는다. 따라서 소비자 수요를 매장에서 직접 파악할 수 있고, 이를 신속히 디자인 개발과 생산에 반영하여 유통시킬 수 있어 제품 생산과 공급의 리드타임을 단축시킬 수 있다. 결국 소비자 수요와 트렌드를 제품에 신속히 적용하여 매출을 증대시키고 제품 회전율을 높일 수 있어 많은 SPA에서 패스트패션 시스템이 가능하다. 엄격하게 보면 모든 SPA가 패스트패션인 것은 아니며, 모든 패스트패션이 SPA인 것도 아니다. 우리나라에서 자라, H&M,

유니클로, 갭 등 대표적인 브랜드는 SPA로 통칭되지만 글로벌 시장에서 이들은 '패스트패션 브랜드'로 불린다.

SPA는 제품 기획부터 리테일 매장을 염두에 두고 본사가 유통망을 통제하므로 매장마다 점포 분위기, 인테리어, 비주얼 머천다이징, 프로모션 등 마케팅 전반에서 일관성을 보인다. 특히 패스트패션 SPA는 저렴한 가격과 함께 트렌디한 제품, 다양한 상품구성, 깊은 제품구색이 특징이다.

패스트패션의 성공 요인은 소비자의 패션 수요에 신속히 반응하여 제품을 공급하는 속도와 정확하고 신속한 제품 배송에 있다. 세계 최대 패스트패션 SPA 자라의 경우, 300명의 자라 디자이너가 뉴 컬렉션을 기획하여 3~4주 만에 생산한다. 세계 96개국 2,200여 개의 자라 매장에서는 각 매장의 판매 아이템을 기초로 주 2회 스페인 본사에 제품을 주문하며, 주문 8시간 만에 제품 배송이 준비되고, 유럽 내에서는 철도로 최대 36시간 이내, 나머지는 비행기로 48시간 이내에 매장으로 빠르고 정확하게 배송된다.[21] [22]

글로벌 SPA의 대표적인 브랜드는 스페인의 자라, 스웨덴의 H&M, 일본의 유니클로, 미국의 갭이다. 글로벌 매출 순위는 자라, H&M, 유니클로, 갭 순으로 집계되며표 2.1, 자라와 H&M은 수년간 인터브랜드의 100대 글로벌 브랜드에 랭크되고 있다. 4대 브랜드를 보유한 인디텍스, H&M, 패스트리테일링, 갭은 세계 최대 글로벌 리테일러에 포함될 정도로 규모가 큰 의류업체이다.

국내 패션기업들도 SPA 브랜드를 출시했는데, 2009년과 2010년에 출시된 이랜드의 스파오와 미쏘, 2012년 출시된 제일모직의 에잇세컨즈, 신성통상의 탑텐 등이 대표적이다. 이마트는 자체브랜드 데이즈를 SPA 브랜드로 전환·육성하여 2018년에 5,000억 원의 매출을 올리면서 유니클로 다음으로 높은 매출을 달성하였다. 국내 1위 탑텐은 매장 수를 확대하면서 2022년 기준 매출 7,800억 원을 달성했다. 4,000억 원대 매출에 진입한 스파오는 내실을 다지면서 디지털 전환 중이고, 에잇세컨즈는 흑자 전환에 성공하면서 2,000억 원의 매출을 달성한 것으로 추정된다.[23] 글로벌 SPA처럼 규모의 경제에 미치지는 못하지만, 국내 SPA는 글로벌 SPA를 벤치마킹하면서 한국인의 체형과 취향을 겨냥하여 한국 시장에 적합한 제품을 개발하고 최근 다양한 컬래버레이션으로 마케팅 효과를 내고 있다.

패스트패션 SPA는 제품 기획, 생산부터 유통과 판매까지 일제의 과정을 통합

자라

H&M

유니클로

갭

사진 2.6
글로벌 4대 패스트패션
SPA

표 2.1 글로벌 패스트패션 SPA 빅 4의 현황

구분	자라	H&M	유니클로	갭
국가	스페인	스웨덴	일본	미국
기업명	Inditex, S.A.	H&M Hennes & Mauritz AB	Fast Retailing Co., Ltd	The Gap, Inc.
매출 규모[a]	325.6억 달러	233.4억 달러	198.8억 달러	166.7억 달러
리테일 순위[a]	35위	52위	57위	71위
진출국 수[a]	215개국	75개국	24개국	40개국
브랜드 가치[b]	149.6억 달러	129.9억 달러	–	–
브랜드 순위[b]	47위	56위	–	–
국내 시장 진입	2008년	2010년	2005년	2007년
국내 전개 기업	자라리테일코리아 (롯데 합작)	H&M 코리아	패스트리테일링 코리아 (롯데 합작)	신세계인터내셔날 (프랜차이징)
국내 매출/ 영업이익[c]	3,696억 원/ 266억 원	3,367억 원/ 166억 원	7,043억 원/ 1,148억 원	–

[a] Deloitte(2023). Global powers of retailing 2023;
[b] Interbrand(2022). Best Global Brands 2022; [c] 2022년 매출.

쉬인: 글로벌 최대 울트라 패스트패션 리테일러가 되기까지

쉬인Shein은 2020년대 들어 단기간에 급성장하여 세계 최대 패스트패션 리테일러로 성장하였다. 패스트패션으로 글로벌 빅 플레이어가 된 자라와 H&M 등 기존의 패스트패션 브랜드보다 훨씬 더 저렴하고, 훨씬 더 빠르게 새로운 스타일을 소개하는 온라인 기반의 쉬인, 부후Boohoo, 패션노바Fashion Nova 등은 울트라 패스트패션 브랜드로 불린다. 그중 쉬인은 가장 성공적이다. 무서울 정도로 빠른 속도로 공격적으로 글로벌 시장으로 확장하고 있어 새로운 뉴스가 끊임없이 소개되고 있으며 기업의 이력을 계속해서 업데이트하고 있다. 쉬인은 자라와 H&M뿐 아니라 Z세대의 표적 소비자층을 공유하는 중저가의 쇼핑몰 브랜드아메리칸 이글, 포에버21등 및 독립적인 디자이너에게도 위협적이며, 나아가 월마트, 타깃 등 주요 대형 리테일러에게도 위협적인 존재가 되었다.

쉬인은 중국 광저우 도매시장의 제3자 도매업자로부터 소싱하여 세계 시장의 소비자에게 직접 판매하는 방식으로 2008년에 출발하였다. 2014년에 이르러 쉬인은 광저우의 수많은 공급업자 네트워크로 자체 공급망을 구축하고 수직적 통합 리테일러가 되었으며, 2020년대 들어 코로나 팬데믹 동안 미국 시장을 중심으로 급성장하여 미국 최대, 나아가 글로벌 최대 패스트패션 리테일러로 단기간에 도약하였다. 특히 미국의 10대들에게 인기 있어 미국 Z세대 여성들에게 가장 인기 있는 의류 브랜드 중 하나가 되었고, 가장 많이 다운로드된 앱이 되었다.

쉬인은 틱톡, 인스타그램, 유튜브 등 소셜미디어를 중심으로 마케팅하며, 특히 틱톡을 프로모션 도구로 성공적으로 활용하여 인지도와 인기를 얻어 왔다. 틱톡의 하울 영상은 소셜미디어를 많이 사용하면서 재정적 여유가 충분하지 않은 소비층, 특히 10대들에게 매우 저렴한 상품들을 선보여 성공적으로 인기를 끌었다.

2022년 쉬인은 본사를 싱가포르로 이전하고, 마켓플레이스 비즈니스 모델로 미국과 브라질에도 성공적으로 진출하였으며, 멕시코, 독일, 스페인, 프랑스, 이탈리아 등에서 마겟플레이스 비즈니스 모델을 계획하고 있다. 이 과정에서 아마존 셀러도 공격적으로 영입하고 있으며, 브라질의 경우 6,000개의 셀러를 보유하고 있다.

쉬인은 대부분의 제품을 중국에서 생산하지만 브라질에도 100개의 공장을 보유하고 이를 2,000개로 늘릴 계획이며, 멕시코에도 공장을 설립할 계획이다. 배송 단축, 제품 다양성 확보, 지역 경제 기여 등 현지화 전략을 추진 중인 것이다. 제품 제작과 유통을 위한 생산 및 공급업자 네트워크를 활용하여 트렌드 포착에 매우 신속하며, 100개의 소량 생산도 가능하다.

쉬인의 공급망과 물류창고는 여전히 중국에서 압도적이다. 2022년 기준 광저우에 3,000개의 공급업자를 보유하고 있다. 중국의 리테일러로 시작했지만 중국 매출의 비중은 낮은 반면 글로벌 매출 비중이 월등하게 높고, 특히 미국에서의 매출이 가장 크다. 이에 미국에 다수의 물류센터를 건립 중이다. 현지 물류센터를 통해 배송을 4일까지 당길 수 있으며, 현지에서 반품을 담당할 수 있다.

2022년 매출은 230억 달러로서 전년 대비 40% 성장하였으며, 2023년 상반기에 사상 최대의 매출과 이익을 달성하여 여전히 크게 성장하고 있는 것을 알 수 있다. 기업가치는 약 660억 달러이다. 온라인 리테일러이지만 많은 팝업스토어를 진행해 왔으며, 2022년 11월 일본 도쿄에 최초의 오프라인 쇼룸 점포를 개설하였다. 경쟁력 있는 저렴한 가격, 트렌디한 다양한 패션상품, 신속 배송 등으로 남아프리카공화국에서도 가장 많이 다운로드된 쇼핑 앱으로 아마존을 앞서고 있고, 미국 증시 상장도 계획 중이다.

비즈니스오브패션Business of Fashion은 쉬인의 성공 요인을 5가지로 분석한다.

첫째, 극단적으로 낮은 마진과 엄청난 판매 수량이다. 패션상품의 경우 원가의 2~3배 마진이 일반적인 반면 쉬인에서는 3달러짜리 드레스 등 놀랄 만큼 저렴한 가격의 제품을 판매하는데, 이는 마진이 극도로 낮음을 의미한다. 대신 판매 수량이 엄청나야만 한다. 이는 매력적인 비즈니스 모델이어서 세코이어캐피털 차이나 등 빅 투자자들이 투자하고 있어, 쉬인은 적자를 걱정하지 않고 공격적인 매출 성장을 노릴 수 있다.

둘째, 재빠른 대처가 가능한 AI 기반의 신속 공급망이다. 쉬인은 2013년 이래 공급망에 집중 투자해 왔는데, 주요 의류 생산 허브인 광저우의 공급업자와 지리적으로 근접해 있어 디자인부터 판매까지 시간을 단축할 수 있다. 쉬인의 테크 기반 디자인 과정은 그날그날 바이럴 틱톡만큼 빠른 패션 대응을 가능하게 하는데, 이는 인터넷과 소셜미디어에서 트렌드를 파악하여 생산공장 컴퓨터에 직접 연결하는 AI 소프트웨어를 구축했기 때문이다. 쉬인은 대규모의 시설을 소유, 운영하는 대신 작은 제3자 파트너 공장과 협업하여 매일 주문, 신속 생산을 가능하게 한다. 매일 약 6,000개의 새로운 스타일이 추가되는데, 매출에 따라 알고리즘에 기반하여 수량을 조정한다.

셋째, 트렌디한 모든 스타일을 매우 저렴한 가격에 제공하는 것이다. 쉬인의 상품은 극도로 저렴하며, 선택과 집중 대신 트렌디한 모든 것을 제공한다. 전날의 틱톡 알고리즘에 따라 이전에 상상하지 못한 스타일까지 다양하게 선보이며, 가격할인과 수많은 프로모션으로 판매를 촉진한다.

넷째, 게임화와 중독성 있는 앱이다. 쉬인은 아마존과 함께 가장 많이 다운로드된 앱으로서, 카지노 같은 전략을 구사한다. 쉬인은 쇼핑객들을 계속 돌아오게 만드는 다양한 포인트 보상을 제공하는데, 계좌를 개설하면 보상, 리뷰하면 보상, 소셜미디어에 룩을 공유하면 보상, 앱에 로그인만 해도 보상하며, 포인트로 의류 구입이 가능하다.

다섯째, 지속가능성에 얽매이지 않는 것이다. 지속가능성을 중요하게 생각하는 바로 그 세대$_{Z세대}$가 지속가능성과 거리가 먼 쉬인의 가장 큰 고객이란 것은 모순이다. 학생이거나 여유자금이 많지 않은 표적 세대에게 어마어마한 구색의 믿을 수 없을 만큼 저렴한 가격의 최신 트렌드 제품은 외면하기 힘든 것이다. 특히 많은 시간을 틱톡에서 보내는 소비층에게 최신 의류와 하울 영상은 유혹적이다.

중국에서 시작하여 글로벌 최대 패스트패션 리테일러로 단기간에 급성장한 쉬인은 급성장으로 주목받는 만큼 끊임없이 논란의 대상이 되고 있다. 쉬인에는 가격 경쟁력이지만 다른 모든 의류 및 리테일러에게는 위협이며 논란이 되는 것 중 하나는 미국의 관세 혜택을 이용하여 저렴한

© Shein

가격을 유지한다는 것이다. 개인당 800불 이내는 수입 제품이 면세라는 점을 이용하여 쉬인은 저렴한 제품을 미국 소비자에게 면세로 판매하여 상대적으로 가격 경쟁력을 갖는다. 무엇보다 디자인 도용 등 지적 재산권 침해 이슈, 세금 포탈, 노동자 인권 침해 등이 가장 논란이 되고 있으며, 다수의 소송이 진행 중이다. 여기에는 급성장하고 있는 또 다른 중국계 온라인 리테일러 테무$_{Temu}$와의 상호 소송도 포함된다.

쉬인에 맞서기 위해서는 어떤 경쟁 전략이 유효할까? 가격으로 경쟁하는 것은 불가능하다. 매스$_{mass}$ 시장을 겨냥하는 쇼핑몰 브랜드의 매스 취향으로도 경쟁은 어렵다. 대신 큐레이션, 고객 서비스, 품질로 승부할 것을 고려해야 한다. 독특한 심미성으로 눈길을 끄는 구색, 최상의 품질은 아니더라도 프리미엄 전략을 통한 디자인과 품질 관리, 제품에 대한 스토리텔링$_{핸드메이드 제작 과정 노출 등}$ 등을 고려할 수 있다. 아울러 고객의 이메일과 메시지에 신속 대응하는 고객 서비스, 고객과의 감정적 관여 등을 통해 고객이 선망하는 브랜드로 이미지를 구축하는 것이 중요할 것이다. 틱톡 브랜드로 분류되어서는 경쟁에서 이길 수 없다.

자료: Chen, C.(2022, 3, 9). How to compete with Shein. Business of Fashion; Hu, k. & Mclymore, A.(2023, 5, 24). Fast-fashion giant Shein plans Mexico factory. Reuters; Kew, J.(2023, 8, 21). The Asian retailer outgunning Amazon and Walmart in South Africa. Bloomberg; Lieber, C. & Chen, C.(2022, 4, 8). The $100 billion Shein phenomenon, explained. Business of Fashion; Rockeman, O.(2022, 11, 1). Shein's US expansion adds pressure for its fashion competitors. Bloomberg; Shein(2023, 8, 17). Wikipedia; AP, T.(2023, 7, 28). Shein says it reached record profit in first half. Business of Fashion

함으로써 제품 공급 과정을 통제하고 리드타임을 단축시켜 소비자가 현재 원하는 상품의 수요를 파악하여 그들이 원하는 시점에 즉시 공급시키는 시스템을 구축하고 있다. 다시 말해 이는 신제품 공급기간을 단축시켜 일주일에 2~3번, 적어도 2주에 한 번은 신제품을 공급하는 동시에 수요가 정체된 제품은 즉시 세일하거나 매장에서 철수시켜 소비자 수요를 자극하는 일련의 시스템이다. 제품의 트렌디한 스타일과 다양한 구색, 저가의 가격만으로 SPA가 되는 것은 아니다.

글로벌 시장 및 국내 패션시장에서 패스트패션이 성장하면서 시장은 글로벌 럭셔리 대 패스트패션으로 양극화되는 경향을 보여 왔다. 이 과정에서 매스패션mass fashion을 지향하는 많은 내셔널브랜드가 어려움을 겪고 있다. 그러나 최근 패스트패션 브랜드의 저가 제품 생산과 관련하여 낮은 인건비, 열악한 생산 환경 등 의류제품 생산의 고질적인 문제인 스웨트숍sweat shop이 다시 주목받고, 의류 쓰레기를 양산해 환경문제를 야기하는 것으로 인해 비판받는 것도 현실이다. 이에 최근 글로벌 시장에서 나날이 중요해지고 있는 기업의 사회적 책임, 지속가능성, 환경, 윤리 등의 이슈에서 자유롭지 못한 패스트패션 브랜드는 어마어마한 양의 이월 재고를 소각하지 않고 과잉재고 문제를 해결하거나 업그레이드된 브랜드예: H&M의 Arket를 출시하는 등 다양한 방법으로 시장에 대응하고 있다.

한편 '더 빠르게, 더 저렴하게'를 지향하는 울트라 패스트패션의 영향력이 커지고 있다. 쉬인, 패션노바 등 울트라 패스트패션은 주로 틱톡과 같은 소셜미디어를 통해 급속히 확산되고 10대를 중심으로 온라인에서 거래되는데, 특히 중국계 온라인 브랜드인 쉬인은 2020년대 들어 급성장하고 있으며, 이에 대한 논란과 경계도 높아지고 있다.

(4) 편집매장/셀렉트숍

SPA는 제조와 유통이 통합된 리테일러로 리테일 브랜드가 곧 상품 브랜드이다. 그러나 리테일러의 본 기능은 점포 콘셉트에 적합한 제품을 기획하고 이를 바잉하여 판매하는 것이므로, 다양한 브랜드의 상품을 판매하는 것이 일반적이다. 이러한 전문점을 편집매장, 셀렉트숍, 멀티브랜드숍이라고 한다. 규모가 큰 고급 패션전문백화점도 이에 포함되며, 다양한 브랜드로 제품이 구성되지만 리테일러의 콘셉트에 적합한 브랜드와 상품만 취급하므로 매장의 개성과 명확한 콘셉트를 볼 수 있다.

고급 패션전문점 10코르소코모　　　　　　빅사이즈편집숍 4XR

사진 2.7
패션편집숍

　　소비자의 패션 수요에서 개성이 중요해지고 패션 감각이 향상되면서 소비자는 한 브랜드의 상품, 한 벌의 옷차림에 만족하기보다 다양한 브랜드 상품을 믹스매치하며 독특한 상품을 찾고 있다. 이러한 소비자 수요에 반응하여 콘셉트, 규모, 상품구성, 가격 등에서 매우 다양한 편집매장이 증가하고 있다. 편집매장은 성수동, 삼청동, 가로수길, 홍대입구 등 트렌디한 쇼핑거리의 규모가 작은 스트리트 숍부터 분더샵, 10코르소코모, 무이 등 풍부한 상품군과 구색을 갖춘 대형 매장까지 다양하다. 상품구성 또한 남성 스포츠, 신발 등 특정 제품 라인에 집중하는 곳부터 의류·잡화를 넘어 생활 전반의 패션상품을 취급하는 라이프스타일 편집숍까지 다채로우며, 해외 럭셔리브랜드부터 신진 디자이너브랜드까지, 동대문 제품 및 수제품부터 구제품까지, 최고가에서 저가까지 제품 소싱이 매우 다양하다. 무엇보다 국내에 소개되지 않은 해외브랜드, 신진 디자이너 등을 발굴하여 독특한 감각과 개성을 보여 주는 편집숍이 증가하고 있다.

　　기존의 리테일 업태가 업태 내에 편집매장을 운영하기도 한다. 제품 차별화가 중요해진 백화점에서도 편집매장을 만들어 천편일률적인 브랜드 구성에서 탈피하기 위해 노력하고 있으며, TV 홈쇼핑, 온라인, 오픈마켓에서도 편집숍을 운영하는 등 편집매장은 트렌디한 업태가 되고 있다. 특히 롯데백화점의 탐스, 현대백화점의 바쉬, 신세계백화점의 분더샵 등 백화점의 해외 브랜드 편집숍은 백화점 저성장기에도 눈에 띄게 매출이 성장하고 있다. 백화점이 직매입을 통해 중간 마진을 최소화하여 브랜드 매장보다 가격이 저렴하기 때문이다.[24] 백화점이 자체 기획, 구매하는 편집숍은 마진율을 높이는 동시에 백화점만의 정체성을 보유했다는 희소성을 기반으로 충성도 높은 고객을 확보할 수 있게 해 준다.[25]

(5) 카테고리 킬러

1~2개의 제한된 상품군product category을 전문으로 취급하는 카테고리 킬러category killer는 이 상품군에서 전문점보다 깊은 구색을 저렴한 가격에 제공하는 대형 규모의 점포로, 카테고리 스페셜리스트category specialist라고도 한다. 특정 상품군에 대해 매우 많은 수의 SKU를 보유하며 매입량이 많아 가격 면에서 벤더와 협상의 여지가 많다. 대부분이 셀프 서비스로 서비스 비용을 낮추어 소비자 가격이 저렴하다는 것이 특징이다.

미국의 경우 다양한 제품군의 카테고리 킬러가 있는데, 홈 건축과 인테리어 전문의 홈디포Home Depot, 전자·가전제품 전문의 베스트바이Best buy, 오피스용품 전문의 오피스디포Office Depot, 리빙제품 전문의 베드배스앤비욘드Bed Bath and Beyond 등을 예로 들 수 있다. 라이프스타일에 필요한 모든 리빙용품을 구비한 스웨덴의 이케아IKEA도 이에 해당된다. 국내 업체로는 전자제품 전문의 하이마트, 신발 전문의 ABC마트 등이 예가 될 수 있지만 전형적인 카테고리 킬러에 비해 그 규모가 작다.

카테고리 킬러는 제품군 내 깊은 구색을 제공하므로 업체마다 구색이 비슷할 수밖에 없고 서비스 수준도 비슷하여 주로 가격으로 경쟁하게 된다. 즉, 경쟁업체

베스트바이

이케아

오피스디포

홈디포

사진 2.8
대표적인 카테고리 킬러
리테일러

간 차별화가 쉽지 않아 운영 비용을 낮추는 것이 매우 중요하여 규모의 경제, 운영의 효율화가 특히 중요하다. 따라서 오피스디포가 오피스맥스_{Office Max}를 인수한 것처럼 경쟁업체의 인수합병으로 이를 달성하기도 한다. 그러나 이케아와 같은 우수한 디자인, 베스트바이와 같은 차별화된 서비스로 경쟁력을 확보하기 위해 노력하기도 한다.

3) 오프프라이스 리테일러와 팩토리 아웃렛

할인점_{discount store}이 운영 비용과 제품 원가를 최소화하여 대중적인 제품을 저렴한 가격으로 제공하는 반면, 오프프라이스 리테일러_{off-price retailer}나 팩토리 아웃렛_{factory outlet store}은 브랜드 네임 제품을 정상 소매가에서 할인하여 저렴한 가격에 판매한다. 제조업체나 다른 리테일러의 이월상품, 하자상품, 반품상품, 과잉생산상품 등 정상 소매가에 판매하기 힘든 상품을 일괄 구입하여 정상가보다 할인하여 판매하는 것이다. 판촉 지원, 반품 등의 조건 없이 바잉하기 때문에 바잉 원가가 저렴하다. 이러한 상품은 특정 기간 많거나 적을 수 있어 오프프라이스나 아웃렛의 상품 구색은 대체로 불규칙하다. 때로는 오프프라이스용 상품을 별도로 기획·생산하거나 PB 상품을 개발하기도 한다. 예를 들어, 미국의 DSW_{Designer Shoe Warehouse}는 점포 명처럼 수많은 디자이너브랜드 신발을 저렴한 가격에 제공하는 동시에 많은 PB를 보유하고 있다.

오프프라이스 리테일러의 가장 큰 장점은 디자이너브랜드나 럭셔리브랜드 또는 유명브랜드를 할인된 가격에 구입할 수 있다는 것이다. 가격 혜택을 극대화하기 위해 셀프 서비스를 원칙으로 하고 인테리어나 디스플레이 비용을 최소화하여 운영 비용을 최대한 낮추므로 매장은 백화점이나 전문점에 비해 매력적이지 않다. 미국의 대표적인 오프프라이스 리테일 체인은 티제이엑스_{TJX} 기업으로, 이들은 티제이맥스_{T.J. Maxx}, 마셜_{Marshalls}, 홈제품을 전문으로 하는 홈굿즈_{Home Goods} 등을 운영하고 있다.

아웃렛 스토어는 제조업체, 백화점, 전문점이 소유하는 오프프라이스 리테일러를 말한다. 제조업체가 이를 보유할 때는 보통 팩토리 아웃렛이라고 한다. 나이키, 아디다스 등 스포츠 의류부터 폴로, 빈폴 등 캐주얼 의류업체, 아웃도어 의류

업체까지 많은 패션브랜드 제조업체가 아웃렛 스토어를 운영하고 있다. 제조업체가 아웃렛 스토어를 운영하는 이유는 하자상품, 재고상품, 반품상품 등을 할인된 가격에 처리하여 수익을 향상시킬 수 있기 때문이다. 아웃렛 점포는 일반적으로 일정 구역에 모여 있어 자생적 아웃렛 타운을 형성하거나 개발된 쇼핑몰에 테넌트로 입점되어 있는 것이 특징이다. 아웃렛몰에 관한 내용은 이 CHAPTER의 아웃렛몰 부분에서 묘사된다.

제품 직매입 비중이 높은 미국 백화점 유통업체도 아웃렛을 운영하여 이월상품, 하자상품, 반품상품 등을 처리한다. 정상 매장에서 소진되지 못한 상품의 판

사진 2.9

홈굿즈
오프프라이스 리테일러 TJX의 홈리빙용품 전문 점포이다. 유명 브랜드를 세일 가격보다 저렴하게 제공하여 스타일을 희생할 필요가 없음을 보여준다.

사진 2.10

오프프라이스 리테일러 로스
디자이너브랜드를 할인된 가격에 제공하는 것은 오프프라이스 리테일러의 강점이다.

사진 2.11

오프프라이스 리테일러 DSW

매 경로를 확보하여 정상 매장에서의 과도한 세일을 지양하고 일정한 브랜드 이미지를 유지하면서 재고를 처리할 수 있는 방법이다. 특히 판매 기간이 짧은 패션상품의 경우 이러한 상품의 유통경로 확보는 중요하다.

미국의 경우 패션상품 비중이 높은 고급 백화점들은 아웃렛 스토어를 별도로 운영하고 있다. 대표적인 고급 백화점인 니만마커스의 라스트 콜_{Last Call}, 삭스피프스애비뉴의 오프피프스_{Off 5th}, 노드스트롬의 노드스트롬 랙_{Nordsrom Rack} 등이 그러한 예이다. 노드스트롬 랙은 백화점보다 많은 수의 점포를 보유하여 상설할인매장의 인기를 시사한다.

니만마커스의 라스트 콜

삭스피프스애비뉴의 오프피프스

사진 2.12

고급 백화점의 아웃렛 스토어

사진 2.13

노드스트롬 랙

노드스트롬 백화점 본사가 위치한 시애틀 다운타운에는 노드스트롬 백화점과 아웃렛 노드스트롬 랙이 나란히 위치해 있다.

신세계 팩토리스토어

현대 오프웍스

사진 2.14

국내 백화점의 오프프라이스 점포

직매입 비중이 낮은 국내 백화점의 경우, 백화점 운영 방식과 유사한 임대형 방식으로 아웃렛을 운영하고 있어 미국의 리테일러 아웃렛과는 차이가 있다. 롯데백화점과 현대백화점의 도심 아웃렛은 정상가 브랜드 매장 대신 브랜드의 아웃렛 점포가 입점되어 구성되어 있다. 최근 국내 백화점은 임대형 아웃렛에서 나아가 이월상품을 직매입하는 점포를 운영하기 시작했는데, 신세계의 팩토리스토어, 현대의 오프웍스가 그 예이다.

4) 면세점

면세점은 일정 지역을 지정하여 상품에 부과되는 제세금이 유보된 면세상품을 판매하는 곳으로 국가_{세관}로부터 설치 및 운영 특허를 받아 운영된다. 즉, 면세사업은 국가 특허산업으로 기획재정부 산하 관세청의 관리·감독을 받는다. 매장 외에 보세창고, 물류시설, IT 시스템 등 인프라가 필요하여 초기 자본 부담이 크고 장기간 대규모 투자가 필요하다. 고객은 출국하는 여행객으로 외국인의 외화 획득 및 내국인의 외화 유출 억제가 목적이다. 면세업은 유통업, 관광업, 특허 사업이 결합해 있어 여행시장 동향과 밀접한 관련이 있다.[26] 외국 여행이 보편화되면서 국내 소비자 및 외국 관광객의 면세점 쇼핑이 증가하면서 면세점은 한때 황금알을 낳는 거위로 인정받았다.

국내 면세점 업계는 상품 조달 능력, 가격, 서비스 등에서 글로벌 경쟁력을 보유하여 2017년 시장점유율 17%로 세계 1위 수준의 규모였다. 그러나 세계 정세, 글로벌 경기, 환율, 다양한 지정학적 및 사회적 이슈에 의한 여행 수요에 영향을 받게 되는 면세점 시장의 특성상 2017년 이후 중국 사드 이슈, 한일 관계 악화, 코로나 팬데믹 등을 거치면서 세계 1위 국내 면세업계의 위상은 낮아졌다. 국내 면세점 업계 빅 4_{호텔롯데, 호텔신라, 신세계디에프, 현대백화점} 중 호텔롯데와 호텔신라는 2022년 세계 3위와 4위의 위치를 보유하게 되었다. 2020년 이래 세계 1위는 중국 국영면세점 그룹_{CDFG}이며, 2022년 세계 2위는 스위스의 듀프리이다.[27]

2017년 4월 사드 이슈 이후 유커_{중국 단체관광객}의 쇼핑 수요를 다이궁_{보따리상}이 대체하면서 코로나 팬데믹 직전까지 다이궁을 대상으로 한 매출 비중이 73%를 차지하였고, 코로나 팬데믹 동안 여행객의 부재에 따라 다이궁에 대한 의존도는 더욱 높아져서 면세점 매출의 82.6%까지 차지하게 되었다. 다이궁에게 지급하는 송객수수료는 코로나 이전에는 매출의 10%였지만 2022년에 40% 후반까지 증가하여 면세점의 매출과 수익은 크게 감소했다. 그러나 2023년 들어 여행 수요가 회복되기 시작하고 면세업계가 수익성 강화를 위해 송객수수료를 30%까지 조정하는 동시에 해외시장 개척, 내국인 대상 마케팅 강화 등에 노력하고 있어 매출과 수익이 회복되고 있다.[28]

면세점에서 가장 높은 매출 비중을 차지하는 품목은 화장품이다. 관세청에 따르면 2022년 국내 면세점 품목별 매출 비중에서 화장품·향수는 82%를 차지했다. 국내 화장품 시장에서의 면세점 매출 비중도 약 1/3 정도로 높다.[29]

5) 패션상품 비중이 낮은 주요 업태

패션상품의 비중이 낮아 패션리테일러로서의 역할은 중요하지 않으나 리테일 시장에서 비중이 큰 중요한 업태를 소개하면 다음과 같다.

(1) 슈퍼마켓

슈퍼마켓은 대표적인 푸드리테일러로 식품과 생필품에 치중하여 타 업태 대비 경기 변동의 영향을 적게 받는다. 슈퍼마켓은 대기업, 중소기업, 개인 운영으로 구분되며 개인이 운영하는 점포의 비중이 여전히 가장 높다.[30] 매출이 둔화되면서 신업태를 모색해 온 대형마트는 롯데슈퍼, 홈플러스 익스프레스, GS더프레시, 이마트 에브리데이 등의 이름으로 SSM~Super Super Market~ 업태에 진출하여 가격 교섭력, 우수한 브랜드, 운영 효율화 등으로 시장을 확대하였다. 1인 가구 증가, 고령화로 인한 근거리 구매, 소량 구매, 다빈도 구매 패턴의 확산 등 소비 패턴의 변화가 호재로 작용하였지만 중소유통업자 보호 차원에서 영업시간 규제, 출점 제한 등 다양한 영업 규제가 강화되면서 점포 수 확대가 제한되고 있다. 또한 편의점 출점 증가, 온라인과 모바일 채널의 식품 부문 강화 등으로 업태 간 경쟁이 심화되고 있다.

이러한 상황에서 기업형 슈퍼마켓은 신규 점포 개점 및 저효율 점포 폐점으로 내실을 다지는 데 노력하고 있다. 또한 경쟁력 강화 방안으로 자체 브랜드 공동 기획, 해외 소싱 및 소싱 다양화, 직거래 활성화 등으로 슈퍼형 차별화된 상품을 개발하고 신선식품의 경쟁력을 강화시키는 동시에 점포 포맷을 다양화하며, 디지털 혁신기술을 도입해 매장을 변화시키고 있다.[31]

(2) 편의점

편의점convenience store은 소형 점포에서 제한된 상품 다양성과 구색을 제공하지만 가깝고 편리한 위치, 장시간 영업, 신속한 제품 탐색과 구매 등 편의성으로 인해 슈퍼마켓보다 가격이 높은 것이 특징이다. 즉, 소비자는 편리함에 대한 대가를 지불하는 것이다. 편의점의 4가지 편리함은 ① 쇼핑 시간의 편리24시간 연중 무휴 ② 쇼핑 장소의 편리근거리 위치, ③ 쇼핑의 상품적 편리간편 식품, 일용 잡화류 등 다품종 소량 판매 ④ 각종 생활 서비스 제공의 편리공공요금 수납, 택배 서비스, ATM기 등로 요약된다.[32] 편의점은 2000년대 들어 소비 패턴 변화 및 자영업자·퇴직자·미취업자 등의 창업 증가, 기업형 슈퍼마켓SSM 규제의 반사 이익 등으로 급속히 성장하여 2011년 이후 타 업태 대비 높은 성장률을 지속해 왔다.

생활필수품 판매, 근거리 소량 판매, 일반 의약품 판매 등은 기회요인이지만 거리 제한 규정에 따른 신규 출점 제약, 점포 수 포화, 온라인 채널 등 경쟁 심화는 위협요인이다. 특히 최근 최저임금의 급격한 상승 등으로 가맹점의 인건비 부담이 과중되고 있어 영업시간 단축, 무인점포 확대 등으로 대응하고 있으며 가맹점과의 상생이 더욱 중요해졌다. 편의점 업태는 간편 식품, 도시락, 중저가 커피 등 편의점 전용 신상품 개발과 주류 등 카테고리 확대, 생활편의 서비스 제공, 다양한 포맷의 점포 개발 등으로 경쟁하고 있다. 특히 1인 가구가 급격히 증가하면서 MZ세대를 겨냥한 다양한 상품 개발로 경쟁력 확보에 노력하고 있다. 대표적인 편의점 브랜드는 CU, GS25, 세븐일레븐, 이마트24 등으로 대부분 순수 가맹점 형태로 운영된다. 편의점에서 판매되는 의류는 속옷, 양말, 스타킹 등의 베이직 아이템으로 특정 소비층에 국한되지 않는 단순한 디자인의 편의품이 일반적이다.

(3) H&B 스토어

국내 H&BHealth & Beauty 스토어는 드러그스토어drug store의 개념에서 시작하여 뷰티, 헬스, 퍼스널케어, 건강식품 등의 상품을 전문으로 취급한다. 월그린Walgreens, CVS, 라이트에이드Rite Aid 등 미국의 드러그스토어에서는 처방약 조제가 매출의 많은 부

CJ올리브영의 옴니채널 전략

국내 H&B 업태의 압도적 1위 사업자인 CJ올리브영은 1999년 서울 강남구 신사동에 1호점을 개점하면서 시장에 진출하였다. 이후 10여 년간 지속적인 적자에도 투자를 계속해 2008년 100호점 돌파와 함께 흑자 전환에 성공하였다. 올리브영의 매장은 2022년 말 기준 1,298개로 매장 수 기준 68.3%의 시장 점유율을 보였다. 경쟁사 GS리테일의 랄라블라, 롯데쇼핑의 롭스, 신세계그룹의 부츠 등들이 시장에서 철수한 것과 대비되는 이러한 압도적 1위의 성공 요인은 무엇일까?

올리브영의 주요 고객은 20~30대 여성으로서 여성 고객이 약 85%를 차지한다. 기초화장품, 색조화장품, 헤어용품, 바디용품, 건강·위생용품 등 총 10개 상품 카테고리를 운영하며, 약 2만여 개의 SKU를 보유해 다양하고 트렌디한 상품을 판매하고 있다. 대표 제품 카테고리는 기초와 색조화장품으로 이들이 전체 매출의 55~60%를 차지한다.

다양한 중저가 뷰티브랜드를 입점시키면서 함께 성장해 온 올리브영은 다양성이 최대 강점인 H&B 업태의 경쟁력 제고를 위해 제품 카테고리 다변화를 지속적으로 추진하는 동시에 고품질 PB상품을 개발하여 차별화하고 있다. 이와 함께 올리브영은 주요 상권에 매장 수를 신속하게 확대하여 접근성과 인지도를 높여 왔다. 상권별 오프라인 매장 최적화 전략은 유효하여 올리브영은 경쟁사 대비 압도적인 매장 수를 확보하고 있다. 2022년 12월 기준 전체 1,298개 매장 중 직영점이 1,066개로 82.13%를 차지한다. 이는 매장의 본사 통제를 가능하게 해 옴니채널 전략에도 중요하다.

무엇보다 올리브영은 온라인 자사몰 플랫폼 기능 개선을 통한 경쟁력 강화를 추진하고 있다. 2018년 당일 배송 서비스 '오늘드림', 2021년 매장 수령 서비스 '오늘드림 픽업', 2022년 '모바일선물 픽업' 등을 출범시키면서

올리브영의 오프라인 매장은 온라인의 물류기지이자 제품 체험 공간으로 활용되고 있다. 옴니채널을 염두에 두고 매장 리뉴얼도 지속하고 있는데, 2022년에는 250개 매장 리뉴얼을 완료하였다. 오프라인 매장에서 체험이 중요한 키워드가 되면서 새로운 경험과 가치를 체험하게 하는 동시에 각 매장을 온라인 배송거점으로 활용함으로써 물류기능을 강화하는 것이다. 이에 온라인 매출 비중은 2018년 7.7%에서 2022년 24.5%로 증가하였다. 전체 회원 약 1,114만 명 중 MZ세대가 700만 명 이상이며, 오늘드림 매출 중 MZ세대의 비중은 약 80%를 차지한다. 또한 V커머스 '올라이브' 등 옴니채널 고도화를 통해 인프라를 지속적으로 확대하고 있다.

올리브영은 2022년 사상 최대 실적을 기록하여 연결기준 매출 2조 7,809억 원, 영업이익 2,713억 원을 달성하였다. 이는 전년 대비 매출은 31.7%, 영업이익은 97.5% 증가한 수치이다. H&B 업계의 압도적 1위 사업자로서 이러한 성장은 지속될 수 있을까? 최근 무신사, 컬리, 쿠팡 등 온라인 이커머스사가 뷰티 카테고리를 확대, 강화하고 있고 국내 H&B업태 시장이 포화되고 있는 상황에서 올리브영은 경쟁의 새로운 발판이 필요하다. 이에 올리브영은 기존 사업의 데이터를 기반으로 개인화된 큐레이션을 제공하고, 옴니채널 서비스를 더욱 강화하여 현재의 H&B 업태에서 생활밀착형 글로벌 라이프스타일 플랫폼으로 진화하기 위해 상권별 매장 최적화, 온라인 비즈니스 기반 O2O 서비스 확대, 핵심역량 강화를 통해 경쟁우위를 지속적으로 확보할 계획이다.

자료: CJ 사업보고서(2023. 3. 21). 금융감독원 전자공시시스템; 김다이(2022. 8. 28) 줄줄이 백기 들고 나간 H&B 시장…올리브영은 어떻게 살아남았나. 아주경제; 김아령(2023. 1. 3). H&B 시장 평정한 CJ올리브영, 다음 과제는 3세 승계 핵심카드 IPO. 이코노믹데일리; 신재희(2023. 4. 14). CJ올리브영 상장 기대감 물씬, 이선정 점포리뉴얼로 옴니채널 재가동. 비즈니스포스트

사진 2.15
미국 최대 드러그스토어

월그린   CVS

사진 2.16
국내 최대 H&B 스토어
올리브영

분을 차지하며, 다양한 건강·미용상품, 구매빈도가 높은 식품, 생필품 등으로 구색을 확대하고 있다.

우리나라의 H&B 스토어는 '유통산업발전법'상 중대 규모 점포 규제에서 자유롭기 때문에 급속히 확산되었으며, 특히 2011년 일부 의약품의 소매점 판매가 허용되고 2013년 대기업의 시장 진입과 출점 경쟁으로 인하여 점포 수가 크게 늘고 급성장하여 2017년에는 1조 7,000억 원의 시장 규모로 2010년 대비 8배 이상 성장하였다. 이러한 성장은 유통채널 확보 및 자본에 한계가 있는 중소형 브랜드에 판매 기회를 제공하여 경쟁 확대를 통해 화장품 산업의 발전을 촉진한다는 점에서 의미가 있다.[33] 스킨케어, 색조제품뿐 아니라 면세점, 백화점, 대형마트에서 구매 비중이 높은 향수, 보디제품, 헤어제품 등 대부분의 뷰티제품 구매 채널이 H&B스토어로 옮겨가면서 특히 1세대 화장품 로드숍의 실적이 악화되었고, H&B 스토어 매출의 65%는 뷰티_{화장품}제품이지만 가정 간편식, 스낵 등 식품군으로 제품을 확대하고 있어[34] 편의점 업계에도 위협이 되었다.

그러나 2018년 이래 성장이 둔화되고, 코로나 팬데믹 동안 퇴보하여 결국 상

다이소

달러 트리

사진 2.17
대부분의 제품을 초저 균일
가로 판매하는 익스트림 밸류
리테일러

위 3사 중 2개사_랄라블라, 롭스가 매장을 철수하면서 업계 1위 올리브영으로 독주 체제화되었다. 매장 수 기준으로 올리브영은 국내 H&B 시장점유율의 85%를 차지하고 있으며,[35] 점포 차별화 전략으로 AR_증강현실을 활용해 쇼핑 편의를 높이고 언택트_Untact 마케팅과 맞춤형 큐레이션 서비스를 강화하는 동시에 온라인 플랫폼을 런칭하는 등 옴니채널 전략을 강화하고 있다.

(4) 익스트림 밸류 리테일러

주로 단일가격_1,000원, 1달러, 100엔 등의 제품을 판매하는 초저가형 매장이다. 생필품 위주의 상품으로 구성되며 비교적 합리적인 품질의 상품을 초저가로 제공한다. 미국의 경우 달러 제너럴_Dollar General, 달러 트리_Dollar Tree, 패밀리 달러_Family Dollar 등이 대표적이다. 국내에서는 다이소가 대표적이다. 다이소는 취급 제품군을 확대하고 있는데, 특히 패션·뷰티 상품을 확대하면서 10대들의 수요가 폭발적으로 증가하고 있다. 유튜브, 인스타그램, 네이버 블로그 등 소셜미디어에는 '다이소 패딩조끼', '다이소 화장품' 등을 소개하는 콘텐츠가 줄을 잇고 있다. 양말, 티셔츠 등의 의류만 취급하던 다이소가 최근 가성비 의류 수요가 증가함에 따라 패션 라인업을 강화하여 방한화 제품 20여 종을 판매하며, 플리스 외투와 패딩 베스트를 5,000원에 출시한 것이다. 2023년 의류제품 수는 전년 동기 대비 170% 증가하였고 매출도 140% 급증했다. 특정 뷰티제품도 경쟁업체 대비 1/5~1/10의 가격에 소개하면서 품절 현상을 빚고 있다.[36] 최근 아성다이소는 2대 주주 일본기업 '다이소산교'의 지분을 전량 매입하여 토종기업으로 거듭나면서 사업을 확장하고 있다.

쇼핑센터 또는 쇼핑몰은 사전에 개발한 건물에 다수의 리테일 점포를 테넌트_{tenant}로 입점시키고 일관되게 관리한다. 보통은 외부 기후 조건이 통제되고 조명이 마련된 대형 건물에 대규모 주차공간이 제공된다. 한 건물 내에서 원스톱 쇼핑이 가능하도록 백화점 등 대형 리테일 점포, 다양한 전문점, 푸드코트, 레스토랑, 각종 서비스업체 등을 입점시키며, 건물 형태에 따라 스트립_{strip} 형과 폐쇄형으로 구분된다.

국내 쇼핑몰은 그 성격에 따라 전문쇼핑몰, 복합쇼핑몰, 프리미엄아웃렛몰, 아웃렛몰 등으로 구분할 수 있다.

1) 패션쇼핑몰

전문쇼핑몰은 전자상품 전문몰, 가구 전문몰 등 특정 상품군을 취급하는 리테일 매장이 모여 있는 쇼핑센터이다. 패션상품군을 전문으로 하는 패션쇼핑몰은 1990년대 후반 동대문의 밀리오레, 두타 등을 시작으로 주로 고층 빌딩 형태로 개발되어 전국으로 확산되었으나 많은 수가 폐점되거나 다른 형태로 전환되었다. 그러나 동대문을 중심으로 하는 도매 및 소매 쇼핑몰은 여전히 중요하며, 많은 수의 패션쇼핑몰이 동대문에서 운영되고 있다.

표 2.2 국내 쇼핑몰 분류와 사례

구분	쇼핑몰 예
패션쇼핑몰	밀리오레, 두산타워, 롯데피트인, 굿모닝시티, 디자이너클럽, 헬로APM, 누죤, 굿앤굿, 삼익패션타운, 퍼스트빌리지, 디오트, DDP패션몰, 청평화패션몰, 퀸즈, 상상플러스, 벨포스트, 광희패션몰
복합쇼핑몰	롯데월드, 센트럴시티, 코엑스몰, 타임스퀘어, 디큐브시티, IFC몰, 스퀘어원, 아이파크몰, 가든파이브, 레이킨스몰, 업스퀘어, 아브뉴프랑, 송도 커넬워크, 원마운트, 엔터식스, 알파돔시티, 베니스스퀘어, 마포애경타운, 청라스퀘어7, 스타필드, 센텀시티몰, 타임스트림, 벨라시타, 라페스타, 마곡 퀸즈파크나인, 라베니체, 하남 유니온스퀘어
아웃렛몰	마리오아웃렛, 롯데아우렛, 현대시티아웃렛, W몰, 패션아일랜드, 라시따델라모다, 오렌지팩토리, 모다아웃렛, 퀸스로드, 성서아웃렛타운, 애플아웃렛, 뉴고이이 아웃렛, 더블유몰, 세이브존, LF스퀘어, 해피몰아웃렛, 메가몰아웃렛
프리미엄아웃렛몰	신세계사이먼 프리미엄아웃렛, 롯데프리미엄아웃렛, 현대프리미엄아웃렛

사진 2.18
패션쇼핑몰 밀리오레와 두타

2) 복합쇼핑몰

한 공간에서 쇼핑, 외식, 엔터테인먼트 등의 원스톱 라이프스타일 수요 충족이 가능한 쇼핑센터이다. 일반적으로 백화점, 대형마트, 카테고리 킬러 등 대형 점포를 앵커anchor로 하여 다양한 제품을 판매하는 다수의 리테일 전문점이 입점한다. 푸드코트, 레스토랑, 아이스크림숍 및 커피숍 등 다이닝 시설이 갖추어지고, 영화관, 게임존, 갤러리 등 각종 엔터테인먼트 시설이 구비된다. 쇼핑과 외식뿐 아니라 라이프스타일에 필요한 문화, 여가, 레저 등 대부분의 수요를 충족시켜 라이프스타일센터의 역할을 한다.

1981년부터 2004년까지 20여 년 동안 세계 최대 쇼핑몰은 캐나다의 웨스트 에드먼튼몰West Edmonton Mall이었다. 이 몰은 800개의 점포, 실내 놀이공원, 아이스링

사진 2.19

백화점을 앵커로 한 쇼핑몰
쇼핑몰은 대체로 백화점을 앵커로 하며, 규모가 클수록 입점한 앵커 백화점의 수도 늘어난다. 미국 위싱턴 주의 밸뷰 스퀘어몰은 메이시스와 노드스트롬 백화점을 앵커 점포로 두고 있다.

크, 골프코스, 볼링, 시네마, 호텔 등 각종 시설로 관광 목적지의 역할을 하였다. 2000년 이후 아시아에서 규모가 큰 쇼핑몰이 계속 설립되면서 세계 최대 쇼핑몰은 대부분 중국, 필리핀, 타일랜드, 말레이시아, 터키, 이란, UAE 등 아시아 및 중동 지역에 위치하게 되었다. 2023년 총 임대 면적gross leasable area 기준으로 본 세계 최대 쇼핑몰은 테헤란에 위치한 이란 몰Iran Mall이다. 이 몰은 2018년 개점하였으며, 약 21백만 평방미터에 경제활동을 위한 공간, 리테일 매장, 문화시설, 레저시설, 호텔, 파킹 스페이스 등을 포함한 규모가 엄청난 상업적, 문화적, 사회적 허브센터이다. 리테일 매장은 708개로 7개 층에 위치한다.[37]

국내 복합쇼핑몰은 1989년 개점한 롯데월드를 시작으로 코엑스몰과 센트럴시티2000년 개점가 등장하였고 2000년대 중후반부터 아이파크몰2004, 타임스퀘어2009, 롯데몰 김포공항점2011, 스타필드 하남2016 등이 세워지며 급격히 증가해 왔다. 국내 복합쇼핑몰 개발은 특히 산업 정체기의 대형 백화점 업태가 주도해 왔다. 3대 백화점롯데, 신세계, 현대은 대규모 교외형 쇼핑몰 사업에서 각축을 벌일 뿐 아니라 도심의 쇼핑몰 리뉴얼 등을 통해 단순 쇼핑공간이 아닌 라이프스타일 센터를 제공하고 있다.

사진 2.20
다양한 도심형 쇼핑몰
다양한 리테일 테넌트 외에도 다이닝 및 엔터테인먼트 시설 등을 갖추고 있다.

도쿄의 긴자식스 쇼핑몰

시애틀의 웨스트레이크센터 쇼핑몰

홍콩의 도심형 쇼핑몰

사진 2.21
복합쇼핑몰 스타필드
스타필드 코엑스몰의 랜드마크 별마당 도서관과 스타필드 하남.

　　한편 제이시페니, 메이시스 등 대중적인 백화점을 앵커로 하고 갭, 빅토리아시크릿, 애버크롬비앤피치, GNC 등 다양한 제품의 전문점을 테넌트로 하여 성장해 온 미국의 전통적인 교외형 쇼핑몰은 20세기 말의 전성기를 지나 급격히 침체해 왔으며, 특히 코로나 팬데믹을 거치면서 상황은 더욱 악화되었다. 리테일의 종말이라고 할 정도의 리테일 침체기에 많은 점포가 부도, 폐점하면서 쇼핑몰 내 빈 점포가 늘고 심지어 업주들은 쇼핑몰을 셀프스토리지 공간으로 전환하거나 건물을 부수기도 했다. 고객이 한편으로는 이커머스로 이동하고 한편으로는 도심으로 이주했기 때문인데, 특히 밀레니얼 세대는 거의 교외로 이동하지 않는다.[38] 반대로 광역시 도심에 위치한, 걸어서 이동할 수 있는 가까운 거리에 레스토랑, 문화시설, 다양한 쇼핑 매장들을 갖춘 멋진 디자인의 도심센터 몰은 번성하고 있다. 국내에서도 스타필드 코엑스몰, 타임스퀘어 등 도심형 쇼핑몰은 대단위 공간에서 다양한 쇼핑, 다이닝, 엔터테인먼트 거리를 제공한다. 그렇기에 도심과 멀리 있는 교외형 복합쇼핑몰은 쇼핑몰의 역할만으로는 부족하며 복합적인 소비자의 수요를 다양한 방식으로 엮는 차별화된 대단위 라이프스타일 센터가 되어야 한다.

3) 아웃렛몰과 프리미엄아웃렛몰

아웃렛몰은 아웃렛 점포들을 주 테넌트로 구성한 쇼핑센터로, 위치에 따라 도심형·교외형으로 구분되고, 상품 성격에 따라 프리미엄아웃렛이 별도로 구분되며, 다양한 문화, 엔터테인먼트 시설 및 설계 형태에 따라 복합쇼핑몰, 스트리트 쇼핑

신세계사이먼 여주 프리미엄아웃렛

도심의 스트리트형 롯데아웃렛

사진 2.22
아웃렛몰

뉴욕의 우드베리 프리미엄아웃렛

현대시티아웃렛

몰, 라이프스타일 쇼핑몰 등으로 세분되어 증가하고 있다. 도심형은 주로 고층 빌딩 형태로 개발되나 백화점으로 전환되어 백화점식 구조를 보이기도 한다. 교외형은 주로 스트리트몰 형태로 개발된다. 아웃렛 점포 외에도 다양한 외식, 문화, 엔터테인먼트 시설 구성에 따라 복합몰로 개발될 수도 있다.

아웃렛몰은 전 세계적으로 증가하고 있다. 특히 국내의 경우 신세계가 해외 럭셔리브랜드나 디자이너브랜드가 주 테넌트가 되는 프리미엄아웃렛몰을 미국 사이먼프로퍼티와 합작하여 2005년 국내 최초로 경기도 여주에 개점하였다. 이후 신세계, 롯데, 현대 등의 3대 백화점 주도하에 프리미엄아웃렛몰은 경기도 파주, 경남 김해, 부산 기장 등 전국으로 확대되고 있다. 프리미엄아웃렛몰의 시장 규모는 2009년 이후 지속적으로 성장하고 있는데, 장기 불황 시대에 해외 명품과 고기의 패션브랜드를 정상 소매가보다 저렴하게 구입할 수 있기 때문이다.

물리적 점포를 보유하지 않은 무점포 리테일은 전통적으로 방문판매, 카탈로그, 다이렉트메일 등이 대표적이었으나 90년대 중반 인터넷 리테일이 소개되면서 인터넷 업태가 대표적이 되고, 2000년대 후반부터 스마트폰이 보편화되면서 모바일앱을 통한 리테일의 비중이 크게 확대되어 왔다. 무점포 리테일은 인터넷$_{PC}$, 모바일, TV, 카탈로그 등 매체에 따라 구분 가능하나 온라인상에서 서로 연계되는 것이 일반적이며, 코로나 팬데믹 중인 2020년과 2021년 특히 급성장하였으나 팬데믹이 완화된 2022년 성장 폭은 둔화되었다. 그럼에도 장기적으로 여전히 오프라인 대비 성장성이 높다. 특히 모바일의 비중은 나날이 확대되어 2022년의 경우 인터넷 대비 3배에 달하였다.

온라인 리테일 시장의 기회요인은 ① 저렴한 가격과 편의성, 다양한 제품구색 등 다양한 장점으로 온라인 소비트렌드가 확산되고 있으며, ② 스마트폰, 태블릿, PC 등 인터넷 접속 환경의 다변화로 온라인 접속 기회가 많아졌고, ③ 온·오프라인을 병행하는 멀티채널 리테일러의 증가로 시장이 확대되고 있으며, ④ AI, XR 등 다양한 테크놀로지와 소셜미디어의 커머스기능 확대로 인해 제품노출 및 구매전환이 보다 용이하다는 것이다. 시간·공간·국가 간 경계를 없애는 온라인 쇼핑의 특성으로 인해 해외 리테일 사이트에서 제품을 직접 구입하는 이른바 해외 직구도 보편화되면서 국내외 멀티채널 업체 간 경쟁도 매우 심화되고 있다.

온라인상의 경쟁이 심화되면서 혁신적인 아이디어로 무장한 다양한 스타트업 비즈니스가 새로운 비즈니스 모델을 시도하고 성공적으로 안착하면서 시장을 변화시키고 있다. 이에 기존의 온·오프라인 리테일 비즈니스도 모바일 플랫폼으로 투자를 확대하여 옴니채널로 진화하고 있다. 경쟁이 치열한 만큼 비즈니스 모델의 주기도 짧아지고 새로운 기술 혁신의 활용으로 시장은 끊임없이 진화하고 있다. 여기서는 인터넷, 모바일, TV 등 채널별로 무점포 리테일 업태를 살펴보고, 이마켓플레이스, 소셜커머스 및 패션쇼핑 전문 비즈니스 모델을 살펴본다.

1) 온라인 리테일

(1) 인터넷 채널

이커머스$_{e\text{-commerce}}$ 또는 전자상거래$_{electronic\ commerce}$는 인터넷 사이트에 개설된 점포

를 통해 실시간으로 상품이나 서비스를 거래한다. 인터넷 리테일은 1990년대 중반에 소개되어 급성장해 왔다. 일반적으로 e-리테일러는 쇼핑몰, 오픈마켓, 소셜 커머스 등으로 구분된다. 제품을 직접 판매하는 인터넷 쇼핑몰은 취급하는 제품군의 다양성에 따라 종합몰_{예: H mall}과 전문몰_{예: 에이블리}로 나누어지며, 온라인 전용몰과 온·오프라인 병행몰로 구분된다. 이마켓플레이스_{e-marketplace}는 국내에서 오

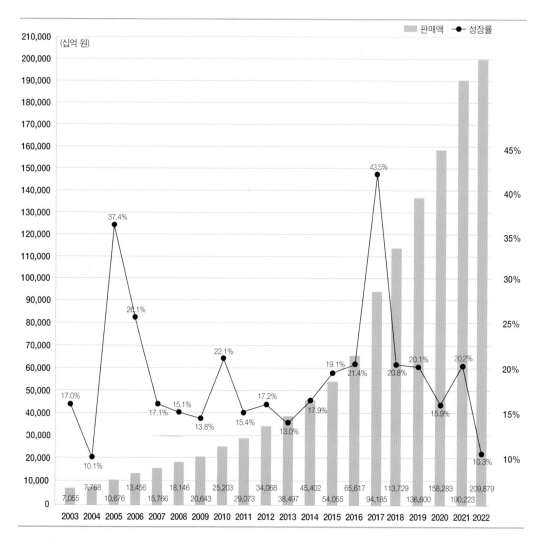

* 2017년도 이후는 통계청 표본 개편 후 자료임

그림 2.3
인터넷 쇼핑 매출과 성장률 변화
자료: 통계청(각 연도). 온라인쇼핑동향조사

온라인 리테일

2022년 기준 시장 규모

209조 8,790억 원(전년 대비 10.3% 성장)

종합몰 132.6조 원(63.2%), 전문몰 77.3조 원(36.8%)

온라인 전용 162.3조 원(77.3%), 온·오프라인 병행 47.6조 원(22.7%)

2022년 기준 주요 상품 구성비

의복, 신발, 가방, 패션용품 및 액세서리 14.1%, 여행·교통서비스, 문화·레저서비스 9.1%, 가전·전자·통신기기 9.9%, 음·식료품 12.7%, 화장품 5.3%, 생활, 자동차용품 9.9%

자료: 통계청(2023). 온라인쇼핑동향조사

픈마켓으로 불리는데, G마켓이나 11번가처럼 판매자와 구매자를 연결하는 플랫폼을 제공하는 중개형 비즈니스로, 상품을 등록한 판매자로부터 수입을 얻는다. 소셜커머스_{social commerce}는 소셜네트워크서비스를 활용한 공동구매 형태로 시작되어 한때 쿠팡, 티몬, 위메프가 대표적이었으나 현재는 소셜미디어_{예: 인스타그램, 페이스북, 틱톡}에 기반한 커머스를 의미한다. 최근 오픈마켓 업체가 직매입 판매를 병행하거나 쇼핑몰이 중개형 오픈마켓을 병행하는 등 경계가 무너지고 있어 모두 이커머스로 통칭하는 경향이 있다. TV 홈쇼핑 업체, 백화점 및 대형마트 등 대형 오프라인 업체들도 온라인상의 B2C_{Business to Consumer} 사업에서 함께 경쟁하고 있어 많은 사업자 수로 시장은 복잡해지고 있으며, 온라인 시장 성장세는 지속되고 있지만 경쟁은 더욱 심화되고 있다. 이 과정에서 다양한 기업 간 인수·합병뿐 아니라 새로운 비즈니스 모델도 소개되고 있다.

2022년 기준 온라인 쇼핑의 판매액은 206조 4,916억 원으로 2017년 94조 1,858억 원에서 연평균 17% 이상 성장해 왔으며, 전체 소매시장에서 49.1%를 차지했다. 여행·교통·문화·음식 등 서비스를 제외하고 상품만을 고려할 경우 37.4%를 차지했다.[39] 모바일 쇼핑은 매년 지속적인 성장세를 보여 온라인 쇼핑 중 모바일 쇼핑이 차지하는 비중은 2017년 56.2%에서 2022년 74.4%로 증가하였다.[40]

오프라인 대비 상대적 가격 경쟁력과 편의성으로 성장을 지속해 온 온라인 리테일은 오프라인 리테일 대비 경기변동에 영향을 덜 받는 경향이 있으나, 엔데믹 이후 고금리, 고물가의 경제 상황은 소비자 쇼핑에도 영향을 미칠 것이다. 특히

표 2.3 온라인 쇼핑 상품군별 거래액

(단위: 십억)

구분	2019년 인터넷 쇼핑	2019년 모바일 쇼핑	2019년 계	2020년 인터넷 쇼핑	2020년 모바일 쇼핑	2020년 계	2021년 인터넷 쇼핑	2021년 모바일 쇼핑	2021년 계	2022년 인터넷 쇼핑	2022년 모바일 쇼핑	2022년 계
총 거래액(십억 원)	49,237	87,364	136,601	51,171	108,266	159,437	51,565	135,519	187,085	52,949	156,942	209,891
컴퓨터 및 주변기기	3,455	2,335	5,790	4,181	3,168	7,350	4,558	3,740	8,298	4,557	4,571	9,129
가전·전자·통신기기	6,122	8,153	14,274	7,165	10,974	18,138	7,811	14,010	21,822	6,754	14,085	20,839
서적	1,060	787	1,847	1,275	1,140	2,415	1,300	1,295	2,595	1,331	1,266	2,597
사무·문구	478	446	924	478	610	1,087	477	675	1,151	692	1,105	1,796
의복	5,571	9,176	14,746	5,211	9,804	15,015	5,192	11,452	16,643	4,605	14,710	19,315
신발	926	1,494	2,421	1,152	1,728	2,879	1,021	1,862	2,883	1,172	2,700	3,872
가방	642	2,030	2,673	634	2,097	2,731	624	2,617	3,242	684	2,072	2,756
패션용품 및 액세서리	735	1,777	2,572	668	1,586	2,254	631	1,799	2,430	812	2,938	3,750
스포츠·레저용품	1,715	2,535	4,250	1,917	3,452	5,368	1,805	4,057	5,862	1,682	4,430	6,113
화장품	5,043	7,377	12,380	6,823	5,608	12,431	5,474	6,697	12,171	2,948	8,152	11,100
아동·유아용품	1,003	3,047	4,050	1,081	3,775	4,856	955	4,027	4,983	915	4,283	5,198
음·식료품	4,326	9,120	13,447	5,371	14,308	19,680	6,249	18,047	24,296	6,575	20,066	26,641
농축수산물	1,151	2,572	3,723	1,805	4,408	6,213	1,725	5,392	7,116	2,336	7,124	9,461
생활용품	3,399	6,882	10,280	4,165	10,340	14,505	4,134	11,852	15,986	3,940	12,591	16,531
자동차용품	598	749	1,347	1,039	1,146	2,184	1,862	1,543	3,405	2,607	1,643	4,250
가구	1,176	2,360	3,536	1,514	3,480	4,994	1,466	3,932	5,398	1,343	3,854	5,198
애완용품	275	668	943	273	857	1,130	247	1,032	1,279	393	1,880	2,273
여행 및 교통서비스	7,313	10,709	18,022	2,237	5,998	8,234	2,320	7,028	9,348	4,825	11,891	16,715
문화 및 레저서비스	1,064	1,316	2,380	420	472	892	472	786	1,258	970	1,426	2,396
e쿠폰서비스	441	2,939	3,380	575	3,691	4,266	625	5,328	5,953	973	6,353	7,326
음식서비스	666	9,069	9,735	900	16,434	17,334	696	24,983	25,678	529	26,065	26,594
기타 서비스	733	615	1,349	820	816	1,636	879	1,181	2,060	930	1,283	2,213
기타	1,285	1,247	2,532	1,469	2,374	3,844	1,043	2,185	3,228	1,375	2,455	3,829

자료: 통계청(각 연도). 온라인쇼핑동향조사

물리적 점포를 필요로 하지 않으므로 적은 비용, 작은 규모로 쉽게 창업할 수 있는 전문몰의 경우 진입 장벽이 낮아 많은 수의 인터넷쇼핑몰이 경쟁하고 있으나 브랜드 인지도 확보, 고객 충성도, 상품 구색, 판매 전략 배송 시스템, 간편결제 서비스 등에서 경쟁우위를 확보한 상위 업체 위주로 시장경쟁 구도가 재편되고 이 또한 순위 변동이 잦아 경쟁이 매우 치열하다.

온라인 리테일에서 의복의 매출은 수년간 여행 및 교통서비스 다음으로 높은 2위의 품목이었다. 2019년 기준 온라인 의복 매출은 10.79%₁₄조 7천억 원로 2위의 품목이었으나 신발, 가방, 패션용품 및 악세서리 등 패션용품을 함께 고려하면 16.41%₂₂조 4백억 원로 온라인에서 가장 활발하게 거래되는 상품군이었다.표2.3. 그러나 2020년 코로나 팬데믹으로 인해 오프라인 활동이 제약되면서 음식료품, 음식서비스, 가전/전자/통신기기 매출이 급증하는 동시에 여행 및 교통서비스 매출은 급감하였다. 그럼에도 온라인의 의복 매출은 매년 지속적으로 증가하여 2022년의 경우 음식서비스, 음식료품, 가전/전자/통신기기 다음으로 높은 19조 3천억 원9.20%을 달성하였다. 신발, 가방, 패션용품 및 액세서리 등 관련 상품을 함께 고려하면 14.14%29조 7천억 원로 온라인에서 중요한 상품군이다.

(2) 모바일 채널

온라인 쇼핑 시장에서 모바일 채널의 비중이 나날이 높아지고 있다. 2000년 후반 스마트폰의 보급에 따라 시작된 모바일 쇼핑은 매년 급성장하여 2016년 인터넷 매출 규모를 앞지르기 시작했고, 2018년 온라인 쇼핑 중 모바일 쇼핑의 비중은 60.8%로 나타났고 2022년에는 74.4%에 달했다.[41] 모바일 리테일은 스마트폰을 통해 인터넷 접속을 하는 시스템으로 시간과 장소에 관계없이 상품 검색과 선택·구입이 가능한 것이 최대 장점으로, 사용자 중심으로 설계된 페이지, PC보다 간편한 결제 방식 등에 힘입어 국내 온라인 쇼핑의 중심은 모바일로 이동 중이다.

2010년 3,000억 원의 국내 모바일 쇼핑시장은 2012년 1조 7,000억 원에서 2015년 24조 9천억 원, 2018년 69조 원, 2022년 157조 원으로 급성장하였다.그림 2.4. 모바일 쇼핑의 확산에는 간편결제 시스템이 크게 기여하였는데 대형 이커머스 업체들은 자사의 간편결제 시스템을 개발했으며 네이버나 카카오 등 온라인 커뮤니케이션 플랫폼은 다양한 리테일러와 파트너십을 형성하여 결제 시스템을 빠르게 확대하고 있다.

이에 따라 온라인 종합몰 및 전문몰, 중개형 마켓플레이스, 소셜커머스, TV 홈쇼핑 채널 등 온라인 기반 업태의 기업들은 모바일 디바이스에 최적화된 서비스를 도입하고 모바일 채널을 효율적으로 운영하여 기존 채널과 통합하고 있다. 백화점, 대형마트 등 오프라인 기반 대형 유통 업태들도 모바일 전용 앱을 개발, 옴니채널 쇼핑 서비스를 제공함으로써 온·오프라인의 모든 리테일 업태에서 모바일 시장 경쟁은 치열해졌다. 고객 유치를 위한 가격 경쟁과 서비스 경쟁이 심화되면서 모바일 시장은 충성고객 확보를 위한 고객 경험 증대, 상품 카테고리 확대, 신속배송, 기술 혁신 등에서 경쟁 전략을 찾고 있다. 오프라인 및 온라인 리테일 업체들이 모바일 채널을 통합함으로써 미래의 리테일에서는 채널 구별보다 채널 통합이 더 중요해질 것이다.

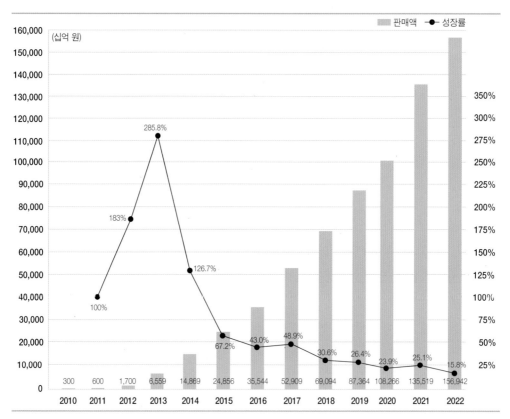

그림 2.4

모바일 시장 매출과 성장률 변화

자료: 온라인쇼핑협회; 통계청(각 연도), 온라인쇼핑동향조사

2) 온라인 리테일의 비즈니스 모델

이커머스의 비즈니스 모델 간 경계가 모호해지고 있지만 일반적으로 종합몰 및 전문몰, 이마켓 플레이스, 소셜커머스 등으로 구분할 수 있으며 구독형, 렌털, C2C 중고거래, 라이브 스트리밍 서비스 등 새로운 비즈니스 모델도 지속적으로 만들어지고 있다.

(1) 이마켓플레이스

이마켓플레이스오픈마켓는 직매입으로 조달한 상품을 판매하는 쇼핑몰과는 다른, 중개형의 마켓플레이스를 제공하는 온라인 쇼핑 모델이다. 즉, 판매자와 구매자를 연결하는 플랫폼을 제공하는 중개형 비즈니스로 상품을 등록한 판매자로부터 수입을 얻는다. 시장 초기에는 G마켓, 11번가, 옥션의 3개 업체가 국내 오픈마켓 시장점유율의 대부분을 차지하였으나 마켓플레이스만 제공하던 전통적인 중개형 오픈마켓 비즈니스는 변화해 왔다. 오프라인 기반의 유통 대기업, 포털사이트, 소셜커머스가 이커머스에 참여하여 역량을 강화하면서 각 플랫폼의 중개 유형이 다양해졌다. 각 오픈마켓 플랫폼은 판매자 유치를 위해 다양한 부가 서비스를 내세운 비즈니스를 선보였다.[42] 오픈마켓의 가장 큰 장점은 저렴한 가격인데, 마켓플레이스에 입점한 다수의 판매자들이 경쟁을 위해 가격을 낮추어 가격경쟁이 보편적이기 때문이다.

쿠팡, 티몬, 위메프 등 1세대 소셜커머스 업체가 직매입에 더해 오픈마켓을 병행하고, 오픈마켓 또한 직매입 사업을 병행하면서 이커머스 모델 간 경계가 모호해졌다. 이들 기업은 저렴한 가격, 빠른 배송, 다양한 제품 구비 등을 위해 물류센터 확충, 상품과 서비스 카테고리 확대 등으로 노력해 왔다. 이들은 직매입 상품과 위탁 상품을 함께 선보여 상품 확보를 위한 부담을 줄이는 한편 소비자 선택 폭을 넓히는데, 오픈마켓으로 상품 구색을 넓히는 비즈니스 모델은 확산되고 있다. 아마존은 마켓플레이스 비중이 더 높으며, 울트라 패스트패션 쉬인도 글로벌 시장에서 마켓플레이스 모델을 확대하고 있다.

소비자들의 브랜드 습관과 평판을 분석한 오픈마켓 브랜드 평판 결과,[43] 쿠팡, 11번가, 인터파크, 옥션, G마켓, 위메프, 티몬 순으로 나타났다. 국내 최대 포털 네이버와 온라인 메신저 앱 카카오도 쇼핑 비즈니스에 진입하면서 이커머스 모델 간 경계는 더욱 모호해졌다. 네이버는 자사 플랫폼 스마트스토어에 입점하는 판매자들에게 입점 수수료 대신 결제 편의성을 높일 수 있는 네이버 페이 이용 수수료를 받고 데이터 분석 등 차별화된 서비스를 제공하며, 특히 CJ 대한통운과 제휴하여 풀필먼트 서비스를 제공한다.

(2) 소셜커머스

2010년 미국 그루폰에 의해 국내 처음 도입된 소셜커머스는 정해진 시간 동안 일정 인원이 모이면 가격을 할인해 주는 방식의 쇼핑 채널이었다. 2010년 500억 원의 시장 규모에서 단기간에 급성장하여 수많은 소셜커머스 업체들이 생겨나 한때 700여 개에 달하기도 했으나 이후 쿠팡, 티몬, 위메프의 3강 체제로 굳어졌다. 즉, 소셜커머스 시장은 진입 장벽이 낮은 것처럼 보였으나 빅3 상위 업체들의 인지도가 굳어지면서 군소업체가 상위업체로 도약하기는 매우 어려워졌다. 온라인 리테일 시장이 끊임없이 변화하면서 업계의 경쟁도 매우 치열해져 빅3는 기존의 소셜커머스에서 나아가 오픈마켓 등을 병행, 비즈니스 모델을 변화시키면서 행보를 달리 해 왔다. 이들은 국내 1세대 소셜커머스였으나 더 이상 소셜커머스가 아니다. 이 중 쿠팡은 국내 이커머스 업계 1위의 강자로 성장했다.

최근 소셜커머스는 1세대를 넘어 소셜미디어 플랫폼_{인스타그램, 페이스북, 틱톡 등}을 기반으로 한 커머스를 통칭한다. 즉, 소셜미디어가 보편화되면서 미디어에 커머스 기능이 결합하여 콘텐츠의 커머스화가 정착된 것이다. 이러한 쇼핑가능한 미디어 _{shoppable media}는 시대적 상황에 적합하기에 소셜커머스 시장은 전통적인 온라인 시장보다 빠르게 성장하면서 확장하고 있다. 2023년 글로벌 소셜커머스 시장 규모가 1조 달러를 넘어 약 25% 연성장율을 예상하며, 20억이 넘는 인구가 소셜미디어 플랫폼에서 쇼핑할 것으로 예상된다.[44]

이러한 성장의 배경에는 크리에이터 경제의 활성화와 이를 적극적으로 수용하는 MZ 세대가 있다. 소셜미디어를 적극 활용하고 의존도가 높은 디지털 네이티브 소비자가 소셜미디어 인플루언서에 반응하면서 인플루언서의 영향력은 상품 개발, 판매 등에 영향을 미치고 있다. 온라인 셀럽으로서 인플루언서는 팔로워들과 관계를 형성하고, 커뮤니티 내 팔로워 간, 인플루언서와 팔로워 간 관계가 확장 미국 이마케터 조사에 의하면 2022년 기준 국내 소매시장에서 이커머스의 비중은 30.1%이다. 중국 45.3%, 영국 35.9%에 이어 세 번째다. 통계청 기준으로는 당해 온라인 쇼핑액은 소매판매액의 33.6%이다. 2022년 온라인 쇼핑 거래액은 전년 대비 10.3% 성장하여 전체 소매판매액 성장률 5.6%의 2배에 달했다. 수치의 차이는 있지만 국내 이커머스는 33~34% 비중을 유지한 지 꽤 오래되었다. 즉, 성장률은 안정화 혹은 정체를 보이고 있다.

2023년 1~3분기 주요 이커머스 기업 매출 신장율은 크게 둔화했다. 업계 1위 쿠팡은 이 기간 매출 23조 3,467억 원으로 전년 동기 대비 20.6% 성장했으나, 전체 시장의 성장률은 낮아지고 규모가 작을수록 타격을 입는 것으로 보인다. 2022년 기준, 쿠팡(24.5%)과 네이버쇼핑(23.3%)이 거래액 기준 국내 이커머스 시장점유율의 반을 차지하였으며 지마켓+SSG닷컴(10%), 11번가(7%), 카카오(4.9%), 티몬+위메프+인터파크커머스(4.6%)가 뒤를 이었다. 성장이 둔화되고 있는 상황에서 이커머스 주요 기업들은 어떻게 대처하고 있을까?

이들은 국내 시장 안정화와 해외시장 공략에 노력하고 있다. 대만에 진출한 쿠팡은 쇼핑앱 1위를 차지하고, 네이버도 미국의 포시마크 인수로 커머스 부분 흑자 전환에 성공했다. 싱가포르 이커머스 기업 큐텐이 티몬, 위메프, 인터파크 등을 인수하며 각 기업의 직구, 역직구의 크로스보더 이커머스가 활발해지고 있다. 11번가도 아마존과 파트너십을 맺었다.

한편 알리익스프레스, 테무 등 중국 플랫폼이 국내 이커머스 시장에서 기회를 찾고 있다. 국내 소비자들의 해외 직구 앱 이용자는 2023년 10월 기준 600만 명으로 전년 대비 10배 늘었다. 2023년 7월 한국에 진출한 테무는 10월 사용자가 57만여 명 늘어 4개월 사이에 182만 명이 사용했고, 알리익스프레스도 10월 57만여 명이 신규 설치하여 진출한 이래 431만여 명이 사용하는 앱이 되었다. 국내 이커머스에서 판매되는 중저가 제품 대부분은 중국산 제품으로 중국 플랫폼은 가격 경쟁력을 가질 수밖에 없어 국내 이커머스에 위협이 되고 있다.

자료: 문수아(2023, 11, 16). 쿠팡도 불안 이커머스, 성장 정체·中 공습 이중고. 대한경제신문; 유승우(2023, 5, 24). 포화 수준 도달한 한국 이커머스, 다음 행보는 해외. 동아일보; 이안나(2023, 7, 25). 치열한 이커머스 시장, 해외직구 경쟁력 높이는 이유는? 디지털데일리

되면서 인플루언서의 영향력은 상품 개발, 판매 등에 강하게 작용한다. 글로벌 인구의 약 50%를 차지하는 MZ 세대는 어느 세대보다 구매 결정에서 인플루언서의 영향을 많이 받는 것으로 나타났다. 따라서 특히 이들 세대를 중심으로 소셜커머스의 컨텐츠가 구매로 연결될 가능성은 매우 크다. 나아가 인플루언서는 퍼스널 쇼퍼 역할을 하면서 이들 세대의 취향, 라이프스타일에 영향을 미칠 수 있다.

2021년 기준 미국의 MZ 세대 절반 이상이 소셜커머스를 통해 제품을 구입하였으며, 소셜커머스 인기상품으로 의류$_{22\%}$와 화장품$_{15\%}$의 비중이 가장 높았다. 소셜커머스는 편리함, 개인화, 실시간 소통, 체험 등 다양한 기능을 통해 새로운 쇼핑 패러다임을 제시하고, AR, 라이브스트리밍, 실시간채팅 등 다양한 쇼핑 경험을 제공하고 있다.[45]

(3) 패션 전문 온라인 리테일

DTC브랜드   전통적인 중간 유통경로를 생략한 채 모바일과 디지털 채널을 통해 소비자에게 직접 판매하는 DTC~direct-to-consumer~ 브랜드가 시장의 관심을 받고 성장하면서 중요한 트렌드가 되어 왔다. 보노보스~Bonobos~, 와비파커~Warby Parker~, 에버레인~Everlane~, 올버즈~Allbirds~ 외에도 수많은 패션, 뷰티 브랜드가 소셜미디어와 함께 특히 2010년대에 성장했다. 소셜미디어 광고로 신규 고객을 영입하는 것은 값비싸지 않았고, 투자도 풍부하게 받을 수 있었다. 그러나 시장이 점차 포화되면서 소셜미디어 광고에서 신규 고객을 영입하는 비용은 치솟고 2020년대 들어 고금리와 경기 약화로 인한 비용 증가, 실적 악화, 매출 감소가 이어졌다. 이에 온라인과 모바일, 소셜미디어에 의존하던 DTC브랜드는 오프라인 점포로 유통망을 확대하고 홀세일 파트너십을 통해 온·오프라인의 유통망을 다각화하고 있다.

일례로 올버즈는 오프라인 점포 외에도 아마존에서 제품을 판매하며 나아가 글로벌 시장으로 확장하고 있다. 최근에는 한국과 캐나다에서 디스트리뷰션 계약을 체결했는데, 브랜드 마케팅은 파트너십을 통해 이루어지지만 독점 디스트리뷰터가 리테일, 온라인, 홀세일을 관할하게 된다.[46] 어려운 시기에 DTC 브랜드가 생존, 성장하기 위해서는, 무엇보다 수익을 실현해야 한다. 판매하는 각 상품에서 수익을 내야 하며, 다양한 채널을 찾아 충성도 있는 고객을 확보하여 매출을 성장시켜야 하며, 비용 효율화와 함께 오프라인 점포에 투자해야 한다.[47]

패션브랜드 자사몰   대리점과 백화점의 전통적 유통에 의존하던 패션브랜드 업체가 경쟁력이 약화된 가두점을 줄이는 대신 자사 브랜드 상품을 취급하는 온라인 쇼핑몰을 강화하고 있다. 특히 패션브랜드 업체들은 코로나 팬데믹을 거치면서 온라인 체험과 구매에 익숙해진 소비자들의 수요에 부응하는 동시에 브랜드 체험의 기회를 제공함으로써 시장 기회를 포착하고 있다. LF몰, 삼성물산 SSF숍, 신세계인터내셔날의 에스아이빌리지, 코오롱 Fnc의 코오롱몰, 한섬의 더한섬닷컴 등 국내 패션대기업 자사몰은 자사 브랜드를 판매하는 전문몰을 넘어 타 패션브랜드를 취급하는 패션종합몰로 확대하고, 나아가 리빙, 뷰티 등 다양한 제품 카테고리로 확대하면서 라이프스타일 종합 플랫폼으로 성장하고 있다.

이러한 성장이 가능한 이유는 국내 독점 판권을 보유하는 패션기업의 수입

브랜드를 소비자들이 신뢰하고, 패션기업으로서는 수수료 지불을 하지 않아도 되어 마진을 확대할 수 있으며, DTC 효과를 통해 소비자 데이터를 확보할 수 있기 때문이다. SSF샵은 세사페TV와 자체 매거진 개편으로 콘텐츠를 강화하였고, 한섬은 온라인 의류를 처리하는 전용 물류센터를 오픈하였으며, 코오롱 Fnc는 코오롱몰의 첫 TV광고를 송출하였다. 에스아이빌리지는 초개인화 서비스를 도입하고 패션을 넘어 뷰티와 미술품으로 카테고리를 확대하면서 뷰티앱 에스아이뷰티를 론칭하는 동시에 라이브 방송도 도입했다.[48] [49] LF몰은 리빙, 뷰티 등 다양한 영역으로 제품카테고리를 확장하면서 약 8,000개의 브랜드를 판매하는 프리미엄 라이프스타일 전문몰화하고 있다. 항공권 예약서비스도 런칭하는 동시에 라이브커머스를 통한 콘텐츠 확대도 진행중이다.[50]

패션쇼핑 플랫폼　온라인 쇼핑에서 많은 패션전문몰이 성장해 왔다. 동대문에 기반한 스타일난다, 난닝구 등 온라인 태생의 쇼핑몰에서 나아가 국내에서는 커뮤니티를 기반으로 성장한 무신사, 29CM, 개인 맞춤형 서비스를 제공하는 에이블리와 지그재그, 신진디자이너 편집숍 W컨셉 등이 주목받고 있다. 이 중 단연 무신사의 활약이 돋보인다. 2023년 1분기 MZ세대들이 많이 이용한 패션쇼핑 앱은 압도적인 비중으로 무신사가 1위를 차지했으며, 에이블리, 지그재그, 크림, 29CM, SSF SHOP, W컨셉, 브랜디, LF몰, 하이버 등의 순으로 나타났다.[51] 그러나 엔데믹과 함께 경기 침체, 시장 과포화로 패션플랫폼의 실적은 악화되고 있다. 2022년 기준 영업이익을 기록한 곳은 무신사와 W컨셉뿐이며, 무신사의 영업이익은 95%나 크게 감소했다.[52] 영업손실을 기록한 패션플랫폼들은 내실 경영과 함께 제각기 성장 전략을 모색하고 있다.

　글로벌 온라인 패션시장에서도 팬데믹 동안 급성장한 패션쇼핑 플랫폼들이 엔데믹과 함께 성장이 둔화되고, 고금리·고물가의 경제 상황에서 실적이 크게 둔화되어 왔다. 이에 전 세계 부티크를 연결하는 영국의 럭셔리 패션플랫폼 파페치Farfetch는 결국 국내 이커머스 쿠팡에 5억 달러6,500억 원에 인수되었으며, 영국의 또 다른 럭셔리 패션플랫폼 매치스Matches는 영국 프레이저스 그룹Frasers Group에 5,200만 파운드에 인수되었다. 스위스 럭셔리그룹 리슈몽Richement이 보유한 육스네타포르테Yoox Net_a_Porter도 유사한 상황에 있다. 이는 과도한 투자 혹은 매크로 환경이 변

온라인 패션플랫폼 1등 무신사의 오프라인 확대 전략

소비자 데이터 플랫폼 오픈서베이의 MZ세대 패션앱 트렌드 리포트 2023에 의하면, 15~39세 남녀 4,000명이 최근 3개월 가장 많이 이용한 패션플랫폼은 이용률 48.5%의 무신사였다. 이어 에이블리$_{22.2\%}$, 지그재그$_{21.5\%}$, 크림$_{11.2\%}$, 29CM$_{11.1\%}$, SSF SHOP$_{8.7\%}$, W컨셉$_{7.3\%}$, 브랜디$_{7.0\%}$, LF몰$_{5.7\%}$, 하이버$_{5.1\%}$ 순으로 나타났다. 무신사는 인지도$_{86.8\%}$와 이용 경험$_{65.8\%}$, 1년 내 구매율$_{49.1\%}$ 전반에서 가장 성과가 좋았다.

2003년 '무지하게 신발 사진이 많은 곳'이라는 온라인 커뮤니티로 시작한 무신사는 2009년 무신사 스토어로 발전했고, 20년 후인 현재 패션 온라인 플랫폼의 압도적 1위 지위를 확보하고 있다. 2022년 거래액은 전년 대비 47.8% 증가한 3조 4,000억 원으로 추정되며, 매출은 전년 대비 53.6% 증가한 7,083억 원을 달성했다.

무신사는 온라인 1위의 패션플랫폼에서 나아가 오프라인으로 확대하여 종합 패션사로 진화할 계획이다. 지속적으로 성장하기 위해 온라인 대비 규모가 더 큰 오프라인 시장에서 신성장 동력을 찾고자 하는 것이다. 이는 온라인에서 무신사를 경험하지 못한 신규 고객을 오프라인 매장에서 확보하는 효과도 있다. 무신사는 2018년 신진 브랜드를 위한 공유 오피스 '무신사 스튜디오'를 시작으로 '무신사 테라스', '이구성수', '티티알에스' 등 다양한 형태의 오프라인 공간을 시도해 왔다. 대구에 이어 홍대에 개점한 플래그십 스토어 '무신사 홍대'에서는 무신사 앱을 오프라인 공간에 그대로 구현한다. 무신사 앱에서 주목받는 150~200여 개 브랜드도 입점한다.

자체브랜드 '무신사 스탠다드'는 홍대, 강남, 성수, 대구, 부산 등 올해 5개 지점까지 계획하며, 2024년 30호점까지 목표로 하고 있다. 현재의 로드숍 형태에서 나아가 쇼핑몰과 백화점에도 입점할 계획인데, 대부분 지방에 개점하여 전국 단위의 온·오프라인 패션사로 도약할 계획이다.

무신사는 자체브랜드 무신사 스탠다드를 오프라인 핵심으로 내세우면서 기존의 패스트패션 브랜드와 경쟁할 계획이다. 오프라인에서는 아직 작은 매출 규모를 보이지만 매장 수를 공격적으로 확대할 경우, 기존 패스트패션 브랜드 대비 마진을 최소화한 경쟁력 있는 가격과 제품력은 주목할 만하다. 한편 오프라인 매장 확대로 인한 고정비 증가 문제는 수익성을 위해 고려해야 할 문제이다. 2022년 매출 증가에도 불구하고 전년 대비 95% 감소한 32억의 영업이익은 관리해야 할 부분이다.

자료: 양지윤(2023. 11. 16). "내년 20여곳 출점"…무신사 오프라인행 가속. 한국경제; 이안나(2023. 4. 26). 패션플랫폼, 치열한 순위 경쟁…무신사만 굳건. 디지털데일리; 최창원(2023. 11. 18). '온라인은 좁다'…앱 밖으로 나온 무신사 전략 들여다보니. 매경이코노미

화하면서 적절한 대응 전략이 미흡할 경우 기업의 운명이 달라질 수 있음을 시사한다.

구독·렌털 비즈니스 일반적으로 패션리테일은 판매 시즌의 소비자 수요를 미리 예측하여 개발된 신상품을 오프라인이나 온라인 등 판매 채널에서 노출시킨 후 개인 소비자에게 판매하는 B2C 사업이다. 패션상품은 유행에 민감하고 특히 4계절에 따라 소비자 수요가 달라질 수 있어 판매 시기가 매우 짧은 것이 특징으로서 시즌 종료 시 남은 재고의 부담을 항상 고려해야 한다. 이에 따라 일반적으로

신상품을 하나씩 개인 소비자에게 판매하는 것과는 다른 비즈니스 모델이 특히 온라인을 중심으로 나타났다. 새로운 테크놀로지를 활용하여 스타트업으로 시작한 이들 비즈니스 모델은 시장의 관심과 투자를 받게 되고, 때로 혁신적 파괴자 disruptor로 기존 레거시 기업을 위협하면서 성장하여 시장을 변화시키기도 한다.

온라인상의 수많은 상품을 일일이 검색하는 대신 AI와 빅데이터를 활용하여 맞춤형 스타일링으로 큐레이션된 제품을 제공하는 스타일링 서비스 스티치픽스 Stitch Fix도 이러한 사례 중 하나이다. 최근 스티치픽스는 실적 악화에서 벗어나기 위해 PB를 개발하는 등 새로운 전략을 다양하게 시도하고 있다. 고가의 트렌디한 디자이너 브랜드를 구입하는 대신 대여하여 즐기는 렌털 서비스 렌트더런웨이 RentTheRunway도 주목받았다. 이와 함께 구독형subscription 비즈니스도 주목받고 있다. 이러한 서비스를 이용하면 월 멤버십 비용을 지불하고 원하는 상품을 대여하거나 스타일링된 맞춤형 상품을 배송받을 수 있다. 이러한 모델은 다양한 패션브랜드 기업의 파트너십을 필요로 하고, 나날이 중요해지고 있는 공유경제의 콘셉트에도 매우 적합하다. 렌털 비즈니스는 국내외 유사한 비즈니스 모델이 많이 생겨날 정도로 시장의 관심을 받았다. 럭셔리 브랜드뿐 아니라 앤테일러Ann Taylor 같은 매스 브랜드, H&M 같은 패스트패션 브랜드까지 많은 패션브랜드가 구독형 렌털 비즈니스를 시도하고 있으며, 고급 자동차, 가구, 아트 등 다양한 상품군에서도 구독형 렌털 비즈니스를 운영하고 있다.

리세일 비즈니스 지속가능성, 순환경제 개념이 중요해짐에 따라 경기침체에 패션구매 비용을 절약하고 싶은 소비자를 대상으로 리세일resale 시장도 성장하고 있다. 리얼리얼TheRealReal, 트레드업thredUP 등의 예처럼 빈티지 럭셔리 제품부터 한정판 스니커즈까지 다양한 세컨드 핸드 제품이 거래되고 있다. 네이버의 크림, 무신사의 솔드아웃과 같은 리셀 전용 플랫폼뿐 아니라 파페치, 매치스와 같은 럭셔리 패션 플랫폼에서도 중고품pre-owned을 함께 판매하고 있다. 네이버는 미국의 포쉬마크 Poshmark를 인수함으로써 이 시장의 가능성을 인정하였다. 고가의 럭셔리 제품뿐 아니라 환경 파괴 등으로 비판받아온 패스트패션 브랜드 H&M, 자라, 심지어 쉬인 까지도 리세일 프로그램을 운영하고 있다.

제조사나 도매업자로부터 사입하여 재판매하는 신상품 리테일과 달리 중고품 판매를 위해서는 중고 상품을 확보하는 다양한 경로가 있을 수 있고, 검품 혹은 인증거래 후 판매의 과정을 거치므로 리세일 플랫폼이 중고품을 바잉거나 중고품 소유자로부터 판매를 위탁받거나 개인 간 거래c2c를 위해 마켓플레이스를 제공하는 등 다양하게 운영될 수 있다. 리세일 시장은 지속가능성과 경제적 절약이 중요해진 최근 매크로 환경에 적합하여 소비자 수요도 뒷받침되는데, 특히 MZ 세대들의 호응을 얻고 있다. 2022년 글로벌 중고 의류 시장의 가치는 1,770억 달러이며, 2027년까지 거의 두 배인 3,510억 달러까지 성장할 것으로 예측된다.[53] 향후 시장은 블록체인을 포함한 다양한 테크놀로지와 접목된 새로운 비즈니스 모델도 출현할 수 있으며 성장가능성이 높다. 국내에서 개인 간c2c 중고거래 사이트로는 중고나라, 번개장터와 함께 물리적 커뮤니티를 접목한 당근마켓이 주목받고 있다.

라이브스트리밍 커머스와 버추얼 쇼핑몰　온라인을 기반으로 판매자와 소비자 간 실시간으로 상호작용할 수 있는 라이브커머스가 특히 코로나 팬데믹을 거치면서 성장해 왔다. 제품 사진이나 이미지, 녹화된 동영상만으로 제품을 구매하는 일방향 방식에 비해 라이브스트리밍 커머스는 판매자와 소비자 간의 상호작용, 채팅창을 통한 소비자 간의 소통 효과로 고성장을 유지해 왔다. 쇼핑 라이브방송에서는 제품이나 사용에 대해 입체감 있는 풍부한 정보를 취득할 수 있고, 시청하고 참여하면서 엔터테인먼트와 소통의 재미를 느낄 수 있다. 잘 만들어진 정형화된 라이브방송뿐 아니라 개인 차원에서 라이브방송을 통해 판매할 수 있어 카카오쇼핑라이브, 11번가 Live11, 쿠팡라이브 등 대부분의 모바일 쇼핑채널, 소셜미디어, 전문라이브커머스 플랫폼 등에서 진행되고 있다.

국내 1위 라이브커머스 플랫폼은 네이버쇼핑라이브로, 라이브커머스 시장의 60%를 차지한다.[54] 네이버쇼핑의 경우 네이비쇼핑에 판매자로 등록해야만 라이브커머스를 진행할 수 있다. 한편 최근 유튜브가 공식 쇼핑채널을 개설하고 라이브커머스에 참여하고 있다. 개인, 중소기업, 플랫폼 사업자들이 수많은 구독자를 보유한 유튜브의 라이브커머스를 활용해왔는데, 유튜브는 이러한 협력을 유지하면서 공식 쇼핑 채널을 만들어 자체 채널화한다는 것이다.[55]

VR/AR은 실제 다양한 리테일러나 글로벌 패션 브랜드가 프로모션으로 활용해 왔다. 특히 메타버스 붐은 리테일과 패션에도 많은 영향을 미쳤는데, 이와 함께 메타버스에서의 버추얼쇼핑몰도 구현되고 있다. 실제 쇼핑몰 같은 현실적인 가상 환경 혹은 환상적인 색다른 가상 쇼핑환경에서 3D 모델로 구현된 실제 판매제품을 보고, 판매원과 다른 쇼핑객 아바타와 소통하는 등 다양한 가상 쇼핑환경이 구현 가능하다. 가상쇼핑몰은 언제 어디서나 숫자의 제한 없이 많은 고객이 접근할 수 있다. 특히 체험이 중요해진 시대에 고객의 긍정적인 감정을 유도할 수 있는 도구이기도 하다.[56] VR 글래스가 업그레이드되고 새로운 디바이스가 출현되면 새로운 쇼핑경험의 세계도 가능할 수 있을 것이다.

3) TV 홈쇼핑 채널

TV 홈쇼핑은 소비자가 TV 프로그램에 제시된 상품을 보고 전화, 인터넷, 모바일로 주문하여 배송받는 방식이다. 가장 보편적인 TV 홈쇼핑은 쇼핑 전용 케이블방송 채널이다. TV 홈쇼핑 업체는 TV 매체를 이용하여 상품 및 서비스를 제공하는 통신판매사업자로 '전자상거래 등에서의 소비자보호에 관한 법률'에 의거하여 '통신판매업자' 신고를 하며, 방송법에 의거, '상품소개와 판매에 관한 전문편성을 행하는 방송채널사용사업자'로 방송통신위원회의 승인을 얻고 5년마다 재승인을 받아야 한다.

국내 TV 홈쇼핑 채널은 1995년 한국홈쇼핑_{현 GS홈쇼핑}과 39쇼핑_{현 CJ 온스타일}의 2개 채널을 시작으로 현재 7개 채널로 개편되기까지 단순 판매 채널에서 기획·제조까지 아우르는 종합 유통채널로 진화해 왔다. 최근 TV, 인터넷, 모바일, 카탈로그 등의 매체 간 크로스가 보편화되면서 TV 홈쇼핑 업체는 모든 매체를 이용한다. 특히 모바일 쇼핑 비중이 커지면서 TV 부문 매출은 감소하고 모바일 비중이 높아지고 있다.

상품판매형 데이터 방송인 T커머스는 디지털 TV를 기반으로 한 상거래 방식이다. 기존 홈쇼핑이 한정된 시간에 일방적인 소통 방식을 취하는 반면 T커머스는 리모컨을 통해 주문 및 결제, 쌍방향 소통이 가능하며 데이터 홈쇼핑으로 불린다. TV 홈쇼핑처럼 전문 쇼호스트가 상품을 설명하며 반복적인 시청이 가능하고 언제든 리모컨으로 구매할 수 있어 홈쇼핑과 온라인의 장점만 결합한 형태로 시너지를 발생시킨다.[57] 그러나 생방송 송출이 금지되어 있고, 화면의 50% 이상을 데이터로 구성해야 하며 송출 화면 영상 크기는 절반 미만으로 제한되어 있는 등 규제가 있다. 기존 홈쇼핑 운영업체 5개사_{GS홈쇼핑, CJ 온스타일, 현대홈쇼핑, 롯데홈쇼핑, NS홈쇼핑}와 함께 KT알파, SK스토어, 신세계TV쇼핑, W쇼핑, 쇼핑엔티 등 5개 단독 사업자가 함께 경쟁하고 있다.

TV홈쇼핑의 방송매출액 비중은 꾸준히 감소해 2022년 50% 아래로 하락했다.[58] 실제 주요 홈쇼핑사의 매출과 영업이익 모두 감소한 것으로 나타났다. TV 시청자 수의 감소와 모바일 이커머스 시장의 급성장이 영향을 미쳤다. 디지털 방송의 양방향성을 활용한 T커머스 시장은 지난 8년간 연평균 60% 이상 성장률을 보였으나, 엔데믹에 따른 비대면 쇼핑 감소, 고물가, 고금리 경제 상황 등으로 성장이 정체되고 수익성도 악화되고 있다.[59] 모든 T커머스가 모바일에서 치열하게 경쟁하고 있다. 이들은 트렌디한 제품과 서비스를 개발하고 유명 유튜버를 영입해 단독 프로그램을 선보이기도 하면서 차별화된 콘텐츠를 위해 노력하고 있다.

TV 홈쇼핑은 모든 온라인 리테일러와 마찬가지로 전략적인 상품 소싱, 체계적인 물류 시스템, 효율적인 고객 데이터관리, 다양한 서비스 제공이 필수적이다.[60] TV 채널을 이용해 상품을 판매하는 TV 홈쇼핑의 특성상 지상파 방송채널에 인접

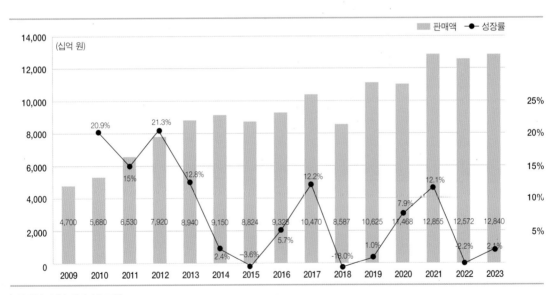

* 2013년 이후는 T커머스 포함

그림 2.5
Ⅳ 홈쇼핑 매출과 싱장률 변화
자료: 한국TV홈쇼핑협회, 한국T커머스협회

한 채널을 장악하는 것이 중요하여 홈쇼핑 업체들은 좋은 채널을 얻기 위해 치열한 경쟁을 하고 IPTV 또는 종합유선방송사업자$_{SO}$에 높은 수수료를 지불한다. TV 홈쇼핑의 매출과 영업이익이 감소하면서 경쟁이 더욱 치열해져, 송출수수료는 매년 8%대 신장율을 보이고 있으며, 2019년부터 2022년까지 수수료 상승률은 23%에 이른다.[61] 이는 홈쇼핑 업체에 모바일 쇼핑 앱이 중요한 또 하나의 이유가 된다. 홈쇼핑사들은 라이브커머스 채널을 구축해 젊은 소비자층에 어필하는 동시에 송출수수료 부담을 완화하기 위해 노력하고 있다.

TV 홈쇼핑에서 패션과 뷰티상품은 중요하다. 특히 최근 5년 사이 히트상품 리스트에서 패션이 차지하는 비중이 대폭 확대되어 TV 홈쇼핑의 대표상품이 되었다. 2022년 기준 주요 5개 홈쇼핑 채널 히트상품을 보면$_{표\,2.4}$ NS홈쇼핑을 제외한 모든 채널에서 패션상품이 1위이다. CJ온스타일의 모든 10개 히트상품은 패션상품이며, GS숍의 경우 뷰티상품 1개를 제외하면 모두 패션상품이다.

TV 홈쇼핑의 패션상품은 중소기업 협력사가 제품생산 시스템을 관리하고, 제품 기획은 홈쇼핑과 협력사가 공동으로 진행하는 자체브랜드 상품이 일반적이다. 이 과정에서 신진 디자이너, 유명 디자이너, 연예인, 스타일리스트 등과 브랜드를 개발하기도 하면서 홈쇼핑 MD, 디자이너, 제조사, 유통협력사 등이 협력하게 된다. 또한 저가 경쟁에서 탈피하여 고급 소재를 사용한 프리미엄 브랜드를 선보이는 등 제품력을 향상시키고 있다.

표 2.4 TV홈쇼핑 2022년 10대 히트상품

순위	GS숍	CJ온스타일	롯데홈쇼핑	현대홈쇼핑	NS홈쇼핑
1	모르간	더엣지	조르쥬 레쉬	이상봉에디션	쿡셀후라이팬 세트
2	라삐아프	셀렙샵 에디션	라우렐	제이바이	참존기초세트
3	브리엘	칼 라거펠트 파리스	폴앤조	라씨엔토	꽃게장
4	SJ와니	지스튜디오	LBL	USPA	일동후디스 하이뮨프로틴
5	휠라	세루티1881	더마큐어	고비	빅마마김치
6	스케쳐스	VW베라왕	더아이젤	아이바나리	이경제 흑염소진액
7	제이슨 우	까사렐	테이스티나인	다이슨	완도활전복
8	브루마스 스니커즈	비비안	가이거	옥주부	국내산 절단꽃게
9	스튜디오 럭스	에디바우어	AHC	센델리안	르꽁뜨 펌브러쉬
10	가히(KAHI)	바스키아 골프	지프	DKNY 골프	AM다지기

패션 뷰티 기타

4) 직접 판매

고객의 집이나 직장 등에서 판매원이 직접 고객과 접촉하여 제품 설명과 시연을 보인 후 판매하는 형태이다. 1:1 직접 대면이므로 상당한 양의 정보를 제공할 수 있으나 그만큼 많은 시간 동안 한정된 수의 고객만 대응할 수 있어 비용 구조가 높다. 전통적으로 화장품의 유통채널은 백화점과 방문판매였다. 화장품회사 특약점_{방문판매 형식으로 특정 회사 제품을 판매하는 대리점}은 방문판매원을 모집·양성하고, 방문판매원은 특약점이 제공하는 화장품을 판매했다. 온라인과 면세점 매출이 증가하면서 방문판매 비중은 감소하였으며, 특히 코로나 팬데믹을 거치면서 비중이 급격히 감소했다. 그러나 대면 방식으로만 가능했던 방문판매 등에 관한 법률이 2023년 개정되어 사이버몰을 통한 판매도 가능해졌는데, 이는 방문판매업 전반에 영향을 미칠 수 있다. 특히 아모레퍼시픽의 경우 시니어 고객들에게 선호도가 높고 기업의 고급 화장품 브랜드를 알릴 수 있는 방문판매 유통채널[62]이 매우 중요한데, 이제 전용 플랫폼으로 2만 명대의 카운슬러_{방문판매원} 마케팅을 지원할 수 있게 되어 방문판매 채널이 소셜미디어 등 온라인채널로 확장될 수 있게 되었다. 이에 따라 중장년층 위주의 고객층에서 확장하여 2040세대를 대상으로 한 디지털 사업모델을 추진하고 있다.[63]

다단계 리테일_{multi-level network}은 마스터 디스트리뷰터가 제품을 회사로부터 구입하여 네트워크 내 다른 공급자를 모집하고, 아래의 공급자에게 재판매하거나 공급자가 구입하는 제품에 대해 커미션을 받는 방식이다. 회사는 제품 판매와 함께 공급자를 모집하고 교육하는 역할을 한다. 대표적인 업체는 미국 암웨이_{Amway} 이다. 다단계 직접 판매업체 중 불법 피라미드 업체는 제품을 고객보다는 공급자에게 판매하도록 설계된다. 기업 설립자와 초기 공급자는 이익을 얻지만 대부분의 공급자는 결국 제품을 판매하지 못해 빚만 늘게 된다.

한편 스낵이나 음료를 주로 판매하던 자동판매기_{vending machine}가 의류상품 판매에도 이용되고 있다. 유니클로는 미국의 공항과 쇼핑몰 10곳에 의류 자판기 '유니클로 투 고_{Uniqlo to go}'를 설치하고 자사의 기본 아이템을 판매하였다. 여기서 구입한 아이템은 소비자가 매장이나 우편으로 반품도 가능했다. 실제로 샌프란시스코 공항에서는 월 1만 달러의 매출을 올리면서 방문객이 날씨에 적응하도록 돕는 아이템을 성공적으로 판매하였다. 하이엔드 패션편집숍 도버스트리트마켓은 DSM 티셔츠를 매장 내 설치된 쿨한 디자인의 자동판매기에서 판매한다. 인건비 상승과 테크놀로지의 진화로 무인 점포가 점차 증가하고 있으므로 이와 같은 의류 자판기도 증가할 수 있을 것이다.

사진 2.23
도버스트리트마켓의 티셔츠
자동판매기

1) 온·오프라인 채널의 특성

온라인과 오프라인 리테일의 기능을 병행하는 멀티채널 리테일링은 보편적이며, 최근 모바일과 함께 온·오프라인 채널이 통합된 옴니채널omni channel로 급속히 진화하고 있다. 기존 채널의 단점을 극복하고, 채널 확대를 통해 더 많은 소비자에게 접근하여 매출 향상을 꾀하는 동시에 채널 통합으로 일관된 고객경험을 제공할 수 있기 때문이다. 온·오프라인 채널의 장단점 및 특성[64]은 표 2.5에 정리하였다.

2) 멀티채널 리테일의 진화

멀티채널 리테일러는 하나 이상의 채널에서 상품과 서비스를 판매하는데, 특히 전통적인 오프라인과 온라인 채널을 동시에 활용한다. 멀티채널이 보편화된 이유는 다음과 같다.[65]

첫째, 기존 채널의 한계 극복을 위해서이다. 서로의 장점을 이용하면 각 채널의 단점을 극복할 수 있다. 오프라인 업체가 인터넷과 결합함으로써 매장의 제한에서 벗어나 제품구색을 크게 확대할 수 있고, 매장에서 인터넷 키오스크를 통해 제품 정보를 제공할 수 있다.

표 2.5 온·오프라인 채널의 장단점 및 특성

구분	내용
오프라인 채널	• 매장에서 실제 상품을 구경하고 구매할 수 있다. • 오감을 이용하여 실제 제품을 보고, 듣고, 냄새 맡고, 만지고, 맛볼 수 있다. • 판매원과 1:1로 대면하여 퍼스널 서비스를 받을 수 있다. • 현금 지불이 가능하며, 신용카드 지불의 안정성이 확보된다. • 신제품, 매장 디스플레이, 사람을 구경하는 쇼핑의 일탈을 즐길 수 있다. 매장 내 이벤트 참여 등 엔터테인먼트 기능을 경험할 수 있다. • 가까운 사람들과 함께 쇼핑하는 사교의 기회를 누릴 수 있다. • 현장에서 지불하고, 상품을 바로 획득할 수 있다. • 결제와 상품 배송, 개인 정보 노출 등의 위험 부담이 거의 없어 상대적으로 안전하다.
온라인 채널	• 리테일러는 제품 디스플레이를 위한 공간이 불필요하여 풍부한 제품구색을 갖출 수 있다. • 리테일러는 고객 개인 계정을 이용하여 고객 정보를 얻을 수 있고, 고객의 이전 검색이나 구매에 기반하여 새로운 제품 정보를 제공함으로써 고객 맞춤화가 가능하다. • 리테일러는 시장을 확장할 수 있다. • 제품평가 정보가 풍부하여 비교 검색이 가능하다. • 언제 어디서나 쇼핑할 수 있어 편리하다. • 해외 사이트에서 구경하고 구매할 수 있다. • 소셜미디어와 연계되어 제품 발견·구매 전환이 용이하다. • 개인정보 유출, 사이트 해킹, 배송 오류 등 위험 부담이 있다. • 상품 구매 후 배송되기까지 기다려야 한다.

둘째, 시장 확대를 위해서이다. 온라인 채널을 활용하면 오프라인 매장의 국내 및 국가 간 지역적 한계를 넘어 전국 및 해외 소비자에게 접근할 수 있다. 최근 국내 소비자의 해외 사이트 직접 구매가 급증하고 있는데, 한글 서비스, 한화 금액 정보, 해외 배송 등이 가능한 해외 사이트는 이를 더욱 확대하고 있다.

셋째, 매출 증대를 위해서이다. 인터넷에서 정보를 획득한 후 매장에서 착용하고 구입하거나, 매장에서 제품을 구경한 후 인터넷에서 검색한 다음 구매하는 등 고객의 쇼루밍, 역쇼루밍의 크로스채널 쇼핑 행동이 보편화되고 있다. 멀티채널 구축은 고객을 다른 사이트나 매장에 빼앗기지 않는 방법 중 하나이다. 이를 위해 오프라인 구매 영수증에 온라인 주소를 기재하고 온라인 경품권을 제공하거나 온라인상에서 오프라인 매장 사은품이나 쿠폰을 제공하는 등 온라인과 오프라인의 다양한 상호 프로모션이 활용된다.

넷째, 고객 쇼핑경험에 대한 통찰이 가능하기 때문이다. 온라인 채널을 활용할 경우 고객의 온라인 사이트 방문, 검색, 구매 등의 정보를 기반으로 고객의 쇼핑 패턴에 대한 다양한 분석이 가능하여 고객행동을 이해하고 고객 특성별로 적절한 마케팅이 가능하다.

다섯째, 소비자의 크로스채널 행동이 보편화되고 있기 때문이다. 소비자의 온·오프라인 크로스채널 쇼핑행동이 증가하고 있으므로 이러한 소비자의 쇼핑 패턴에 대응해야 한다.

3) 채널 통합: 옴니채널

모바일 쇼핑채널이 확대되면서 멀티채널의 개념도 진화하여 오프라인·온라인·모바일을 통합한 옴니채널이 보편화되고 있다. 모바일 리테일의 급속한 성장과 온라인 리테일의 진화, 오프라인 리테일의 온라인 확대 등 리테일 환경 변화는 소비자의 크로스채널 혹은 채널 통합 행동을 가속화하고 있으며, 이에 따라 리테일 채널 통합 운영이 본격화되고 있다. 가트너Gartner에 의하면 백화점, 전문점, 대형 리테일러의 경우 온라인 체크아웃 동안 매장 내 픽업 기능은 2018년에 전년 대비 49%나 증가하였고, 온라인 구매 후 점포 반품은 가장 많이 사용되었으며, 점포 서비스 목록, 온라인 구매 후 점포 픽업, 실시간 재고 확인 등 통합 기능도 증가한 것으로 나타났다.[66]

태생이 이커머스인 리테일러도 오프라인 점포는 자산이라는 점을 인식한다. 아마존은 홀푸드 슈퍼마켓을 인수한 후 400여 개의 점포를 운영하며, 대표적인 온라인 DTC 비즈니스 모델의 와비파커는 200여 개의 점포를 운영하고 있다. 고객을 최우선으로 생각하는 리테일러는 디지털 자산과 물리적 자산 간의 통합을 강화하여 경쟁력을 확보해야 한다. 초연결성은 소비자로 하여금 보다 다이내믹한 쇼핑 경험을 기대하게 만든다. 주변 점포를 찾는 구글 검색 기능의 이용률은 지난 4년간 1,553%나 급증하였고 검색의 80%는 모바일에서 발생했다. 따라서 매장 내 실시간 재고 확인, 검색의 로컬화, 매장 유인 광고 등 디지털과 물리적 커머스를 통합하는 것은 더욱 중요해지고 있다.[67]

옴니채널 리테일은 모바일 기기, 컴퓨터, 오프라인 점포, TV, 라디오, 다이렉트 메일DM, 카탈로그, 소셜미디어 등 가능한 모든 채널을 통해 소비자 경험에 통합적으로 접근하는 것이다. 특정 채널에 국한되지 않고 채널들을 동시에 이용하여 소비자에 접근하고 분석하며, 모든 채널은 동일한 데이터베이스를 통해 운영된다. 리테일러와 브랜드는 이러한 패러다임에 대응하기 위해 공급망 전략을 조정해야 한다.

옴니채널이란 멀티채널이 진화한 것으로서, 멀티채널을 제대로 운영하는 것 이상이다. 기기, 채널, 시간에서 일관된 고객경험을 지속적으로 제공하기 위한 채널 간 통합된 접근과 지원은 궁극적으로 커머스와 미디어의 통합을 포함한다. 즉, 기존의 미디어 채널과 판매 채널을 통합하여 미디어에서의 커머스 기능 및 커머스에서의 미디어 기능이 통합되면 미디어와 커머스의 구분이 없어지게 된다. 이에 따라 소셜미디어의 커머스 역할만큼 오프라인 매장에서의 광고 역할도 중요해지는 것이다. 옴니채널은 고객 관점에서 경험을 바라보고 고객이 채널 사이를 자유롭게 이동할 수 있도록 모든 채널을 가로질러 고객경험을 매끄럽게 연출해야 한다.[68] 미래의 리테일링에서 전자상거래, 오프라인, 모바일, 미디어 등은 통합되어 채널 구분은 더 이상 의미가 없을 것이다. 모두 단순히 리테일링일 뿐이다.

참고 문헌

1) Levy, M., & Grewal, D.(2023). Retailing Management(11th ed.). McGraw-hill

2) 한국체인스토어협회(2017). 2017 유통업체 연감

3) Levy, M., & Grewal, D.(2023). Retailing Management(11th ed.). McGraw-hill

4) Aftab, M.A., Yuanjian, Q., Kabir, N., & Barua, Z.(2018). Super responsive supply chain: the case of Spanish Fast Fashion Retailer Inditex-Zara. International Journal of Business Management, 13(5), 212-227.

5) Berman, B.(2012, 11. 20). 5 ways retailers can make more profit by reducing product assortment & managing websales like Costco does. Upstream Commerce.com

6) 한국체인스토어협회(2017). 2017 유통연감

7) 오경천(2023, 1. 5). 2022년 국내 5대 백화점 70개 점포 매출 순위. 어패럴뉴스

8) 김유리, 조성필(2023, 4. 26). 미국 날아간 백화점 수장들, 명품 쪼개고 확대한다. 아시아경제

9) 신수민(2023, 1. 28). 백화점 룰 깨니 MZ 몰렸다…에루샤 없는 더현대 대박난 이유. 중앙일보

10) 이신영(2024, 2. 1). 현대백화점그룹, 외국인 전용 멤버십 출시…글로벌 마케팅 강화. 연합뉴스

11) Walmart homepage(2023)

12) 조선일보 특별취재팀(2006, 1. 24). 곧 할인점 500개 시대…10년 새 매출 4000배. 조선일보

13) 박효주(2018, 12. 31). 대형마트 지형 바뀐다…할인점 규모 줄고 특화 매장 ↑. 뉴스핌

14) 이유정(2023, 10. 16). '우리가 제일 싸요'…대형마트, 고물가 속 초저가 판촉 경쟁 치열. 더퍼블릭

15) 오승준(2023, 5. 24). 고급화에 무료배송까지…유통업계 PB, 효자 상품으로 쑥쑥. 동아일보

16) 롯데쇼핑 사업보고서(2018. 12). 금융감독원 전자공시시스템

17) 김수정(2019, 7. 31). 롯데쇼핑, "가지 많을수록 피곤"…소유 점포 임대로 전환. CEO스코어데일리

18) 홍성용(2022, 10. 6). 코스트코 비켜…토종 유통상 창고형 할인점 목매는 까닭. 매일경제

19) 류빈(2019, 5. 8). "부진의 늪"…오프라인서 발 빼는 패션업계 "결국엔…". 아시아타임즈

20) 박경애, 김은영(2016). 럭셔리와 SPA 플래그십 스토어 체험: 점포 감정 및 충성도에 미치는 영향. 한국의류학회지, 40(2), 258-272 70

21) Chu, K.(2014, 6. 24). Why Zara is a fast fashion pioneer. The Wall Street Journal

22) Hanbury, M.(2018, 10. 28). We went inside one of the sprawling factories where Zara makes its clothes. Hear's how the world's biggest fashion retailer gets it done. Business Insider

23) 박효주(2023, 4. 2). 가성비 잡고 MZ 공략…국내 SPA 토종 브랜드 진격한다. 전자신문

24) 김태현(2019, 5. 29). 입소문 탄 백화점 해외 브랜드 편집숍 잘 나가네. 머니투데이

25) 김보리, 변수연(2019, 7. 11). 백화점 한 층이 편집숍이라고? 서울경제

26) 신세계 사업보고서(2023, 3. 15). 금융감독원 전자공시시스템

27) 김채영(2023, 7. 28). 중국·스위스에 1·2위 뺏겼다…흔들리는 면세 강국. 이코노미스트

28) 김채영(2023, 7. 28). 중국·스위스에 1·2위 뺏겼다…흔들리는 면세 강국. 이코노미스트

29) 김제영(2023, 6. 1). [한한령 재점화] 회복은 장기전·영향은 글쎄…뷰티업계, 글로벌화·면세점 기대↑. 한국정경신문

30) 이마트 사업보고서(2023, 3). 금융감독원 전자공시시스템

31) 이마트 사업보고서(2023, 3). 금융감독원 전자공시시스템

32) GS리테일 사업보고서(2018, 12). 금융감독원 정보공시시스템

33) 심은혜(2018, 5. 17). 화장품 유통 새 강자 H&B스토어 시장 놓고 치열한 각축전. 러브즈뷰티

34) 심은혜(2018, 5. 17). 화장품 유통 새 강자 H&B스토어 시장 놓고 치열한 각축전. 러브즈뷰티

35) 조지윤(2022, 12. 5). H&B의 불사조 올리브영. 동아일보

36) 한지명(2023, 11. 29). "'다테가베네타'라 불러다오"…5천원짜리 다이소 방한화 인기. 뉴스1

37) WorldAtlas(2023. 1. 17). The 10 biggest shopping malls in the world

38) Howland, D.(2019. 7. 29). Can retailers break up with the mall? RetailDive

39) 이마트 사업보고서(2023. 3. 21). 금융감독원 전자공시시스템

40) 이마트 사업보고서(2023. 3. 21). 금융감독원 전자공시시스템

41) 이마트 사업보고서(2023. 3. 21). 금융감독원 전자공시시스템

42) 박정훈(2019. 2. 9). '100조' 돌파 한국 이커머스 변화를 주목하라. 이코노믹리뷰

43) 정민희(2024. 1. 2). 쿠팡, 오픈마켓 브랜드 평판 빅데이터 분석 결과 1위. 비지니스코리아

44) 브룩 오크시어(2023. 6. 13). [딜로이트 테크 인사이트⑫] 모바일이 대세…소셜커머스 부활. ZDNet Korea

45) 정지혜(2022. 12. 13). 미국 소셜커머스시장 2025년까지 2배 이상 증가 전망. KOTRA 트렌드

46) Douglass, R.(2023. 9. 25). Allbirds secures distribution deal in Canada and South Korea. Fashion United

47) Morris, M.(2023. 1). How to build a profitable DTC brand. Business of Fashion

48) 김채영(2022. 12. 12). 온라인몰 강화, 선택 아닌 필수…자사몰 승부수 띄우는 패션업계. 이코노미스트

49) 신미진(2022. 12. 8). 전통 패션기업 자사몰 승부수 통했다. 서울경제신문

50) 이다빈(2023. 3. 31). LF, 수입브랜드 런칭, 자사몰 강화…올해도 호실적 노린다. 미디어펜

51) 이안나(2023. 4. 26). 패션플랫폼, 치열한 순위 경쟁…무신사만 굳건. 디지털데일리

52) 이안나(2023. 4. 26). 패션플랫폼, 치열한 순위 경쟁…무신사만 굳건. 디지털데일리

53) Smith, P.(2023. 9. 5). Value of the secondhand apparel market worldwide from 2021 to 2027. Statista

54) 정인지(2023. 6. 29). 라이브커머스 본격 진출 유투브, 유통업계 '들썩'. 머니투데이

55) 정인지(2023. 6. 29). 라이브커머스 본격 진출 유투브, 유통업계 '들썩'. 머니투데이

56) Gandzeichuk, L.(2022. 2. 25). The future of virtual shopping malls. Forbes

57) 이은수(2019. 2. 15). T커머스, 주류 채널로 등장하나? 패션인사이트

58) 김은영(2023. 7. 9). 시청자 등 돌렸다…TV홈쇼핑 방송 매출 비중 50% 밑으로. 조선비즈

59) 박준호(2023. 2. 19). 8년 만에 성장 멈춘 T커머스, 생방송 규제 완화 급물살. 전자신문

60) GS홈쇼핑 2018년 사업보고서(2019. 4). 금융감독원 전자공시시스템

61) 라예진(2023. 5. 13). 쇼핑 왕국이 어쩌다, 매출·신뢰도 뚝…흔들리는 홈쇼핑. 이코노미스트

62) 장은파(2019. 8. 18). 시니어층 포기 힘든 아모레퍼시픽, 방문판매 채널 활성화 머리 짜내. 비즈니스포스트

63) 양지윤(2023. 4. 3). 방판 '판' 바뀌나…아모레, 전용 온라인몰 연다. 한국경제

64) Levy, M. & Grewal, D.(2023). Retailing Management(11th ed.). McGraw-hill

65) Levy, M. & Grewal, D.(2023). Retailing Management(11th ed.). McGraw-hill

66) Gartner L2(2019. 2. 12). Omnichannel: Customers over channels

67) Gartner L2(2019. 2. 12). Omnichannel: Customers over channels

68) MyCustomer(2014. 7. 9). Defining the difference between a multi-channel and omnichannel customer experience. MyCustomer.com

사진 출처

COVER STORY ⓒ 저자
사진 2.1 ⓒ 저자
사진 2.2 니만마커스 ⓒ Jonathan Weiss/Shutterstock.com, 삭스피프스애비뉴 ⓒ Victoria Lipov/

Shutterstock.com, 메이시스 ⓒ BrokenSphere · Mike Strand, 제이시페니 ⓒ Jerry Bergquist/ Shutterstock.com, 콜스 ⓒ PJiii Jane/Shutterstock.com

사진 2.3 ⓒ 저자

사진 2.4 ⓒ 저자

사진 2.5 ⓒ 저자

사진 2.6 ⓒ 저자

사진 2.7 10코르소코모 ⓒ 10코르소코모, 빅사이즈편집숍 4×R ⓒ 저자

사진 2.8 베스트바이 ⓒ Prashanth Bala/Shutterstock.com, 이케아 ⓒ frank333/Shutterstock.com, 오피스디포 ⓒ BWM Infinity/Shutterstock.com, 홈디포 ⓒ sockagphoto/Shutterstock.com

사진 2.9 ⓒ 저자

사진 2.10 내부 ⓒ 저자, 외부 ⓒ Brett Hondow/Shutterstock.com

사진 2.11 ⓒ LukeandKarla.Travel/Shutterstock.com, Jeff Bukowski/Shutterstock.com

사진 2.12 ⓒ Smarty9108 · Billy Hathorn

사진 2.13 ⓒ 저자

사진 2.14 ⓒ 저자

사진 2.15 월그린 ⓒ 저자, CVS ⓒ Ron Cogswell/flickr

사진 2.16 ⓒ 저자

사진 2.17 다이소 ⓒ 저자, 달러 트리 ⓒ Nicholas Eckhart/flickr

사진 2.18 밀리오레 ⓒ 저자, 두타 ⓒ Raelene Gutierrez/flickr

사진 2.19 ⓒ 저자

사진 2.20 ⓒ 저자

사진 2.21 스타필드 전경 ⓒ 저자, 스타필드 하남 ⓒ rullala/Shutterstock.com

사진 2.22 신세계사이먼 ⓒ 신세계사이먼, 롯데아웃렛 ⓒ 저자, 프리미엄아웃렛 ⓒ Tooykrub/ Shutterstock.com, 시티아웃렛 ⓒ 저자

사진 2.23 ⓒ 저자

PART 2

패션리테일 전략

리테일 관리 전략

모든 리테일러는 변화하는 시장에 대응하기 위해 전략을 개발하고 조정한다. 이 장에서는 지속가능한 경쟁우위를 개발하기 위한 리테일 전략과 콘셉트를 소개하고, 경쟁우위를 개발하는 데 활용할 수 있는 요소를 탐색한다. 또한 국내 및 글로벌 시장에서 기업이 성장할 수 있는 기회 및 방안을 탐색하고, 리테일 전략의 기획 과정을 단계별로 소개한다.

쿠팡과 CJ올리브영의 갈등으로 본 **경쟁시장의 범위**

올리브영은 전국에 1,300개 이상의 점포를 보유한 국내 H&B 시장의 독보적인 리더이다. 랄라블라, 롭스 등 경쟁사가 시장에서 철수하거나 대부분 매장을 정리한 상황에서 올리브영은 점포 수를 기준으로 71.3%의 시장점유율을 보유하고 있다.

최근 이커머스 쿠팡이 올리브영을 공정거래위원회_{공정위}에 신고하였다. 올리브영이 쿠팡을 견제하기 위해 중소 화장품 납품회사들을 대상으로 쿠팡에 화장품 납품과 거래를 막는 갑질을 수년간 지속하는 등 공정한 경쟁을 방해했다_{대규모유통업법 위반}는 주장이었다. 최근 온라인 화장품 구매가 증가하면서 온라인 쇼핑업계의 강자인 쿠팡이 올리브영의 강력한 경쟁자로 떠오른 건 사실이다. 올리브영은 랄라블라나 롭스 등 경쟁 H&B 업체들을 견제하기 위해 납품업체들에 부당하게 영향력을 행사했다는 의혹으로 이미 공정위의 조사를 받고 있었다.

쿠팡의 신고가 올리브영에 도움이 될 거라는 전망도 있었다. 공정거래법상 동일한 '갑질' 행위를 했다고 해도 시장 점유율이 50% 이상인 시장 지배적 지위를 갖는 회사는 더 많은 과징금을 물어야 하는데, 올리브영의 오프라인 H&B 매장 수 기준의 시장 점유율 71.3%는 온라인 쇼핑업체인 쿠팡은 고려하지 않은 수치이다. 지금까지 공정위는 오프라인 매장 위주인 올리브영과 온라인 쇼핑업체인 쿠팡을 경쟁사로 보지 않은 것이다.

그러나 쿠팡의 신고에 따라 쿠팡을 올리브영의 경쟁사로 본다면, 쿠팡을 포함한 시장 점유율을 산출해야 한다. 온라인과 오프라인 쇼핑을 구분하지 않고 온·오프라인 통합 점유율을 산출할 경우 올리브영의 점유율은 크게 낮아진다. 화장품은 올리브영 전체 매출의 절반 정도를 차지하는데, 전체 화장품 유통시장에서 올리브영의 점유율은 약 12%에 불과하다. 이 경우 올리브영은 더 이상 시장 지배적 지위를 갖는다고 볼 수 없고, '갑질'의 처벌 수위도 낮아진다. 올리브영의 점유율이 71.3%일 경우 랄라블라·롭스 관련 사건의 과징금은 최대 7,000억 원에 달할 것으로 예상되는 반면 점유율이 12%일 경우 과징금은 5억 원 수준으로 대폭 줄어든다.

시장 점유율을 계산할 때 온·오프라인 업체들을 모두 경쟁사로 보는 건 쿠팡도 바라는 일이다. 쿠팡도 '갑질' 혐의로 공정위로부터 징계를 받았기 때문이다. 화장품과 생활용품 등을 만드는 LG생활건강은 지난 2019년 쿠팡이 납품 가격을 과도하게 낮출 것을 강요했다는 주장과 함께 쿠팡을 공정위에 신고했다. 공정위는 '쿠팡이 온라인 쇼핑 시장에서의 우월적인 지위를 이용해 부당한 행위를 한 것으로 보인다'며 2021년 쿠팡에 대한 징계를 결정했다. 쿠팡은 공정위의 결정에 반발하여 소송을 진행하여 승소하였다. 오프라인 유통까지 경쟁에 포함할 경우 쿠팡의 시장 점유율이 높지 않아 우월적인 지위를 가지지 않는다는 주장이었다.

독과점과 불공정행위를 감시하는 공정위는 과연 어떤 판단을 내렸을까? 공정위는 2023년 말 CJ올리브영이 시장 지배적인 사업자인지 불확실하다는 판단을 내리고 올리브영에 몇천 억 대신 불과 18억 원의 과징금을 부과했다. 이는 공정거래법상 온라인과 오프라인 시장의 경쟁구도를 인정한 첫 사례이다. 한편 공정위는 온라인 플랫폼에 대해서는 '지배적 사업자'로 규제하는 '플랫폼 공정경쟁 촉진법' 제정을 추진하고 있다.

리테일에서 온·오프라인 및 국가 간 경계가 무너지고 옴니채널이 보편화되고 있는 시점에서 시장은 급격하게 변화하고 있다. 쿠팡과 올리브영이 성장해 온 속도와 비교가 안 될 정도로 빠른 속도로 중국계 직구 플랫폼이 국내 시장 점유율을 높여가고 있는 시점에서 '시장' 및 '시장지배적 사업자'에 대한 공정한 판단이 요구되고 있다.

다양한 뷰티상품 카테고리를 제공하는 오프라인의 올리브영과 온라인의 쿠팡

김형원(2024. 1. 10). 기득권 재벌에 관대한 공정위, 미래성장 동력인 플랫폼에만 이중잣대. IT조선; 박재영·임형준(2023. 8. 4). 신고해줘서 고맙다고? '올리브영 vs 쿠팡' 대체 무슨 일이길래. 매일경제 뉴미디어팀 디그

1) 리테일 전략과 개념

리테일러는 비슷한 수요를 가진 소비자 집단을 대상으로 이들의 수요를 충족시키기 위해 다양한 업태를 전개할 수 있다. 패션성보다는 기본적인 품질과 디자인, 저렴한 가격을 추구하는 소비자는 대형마트와 창고형 할인점을, 비교적 저렴한 가격에 최신 스타일을 추구하는 소비자는 패스트패션 SPA나 온라인 패션쇼핑몰을 선택할 것이다.

리테일 전략은 다양한 소비자 중 표적시장을 선정하고, 이들의 욕구를 만족시키기 위한 업태를 결정하여, 이를 대상으로 지속가능한 경쟁적 우위를 개발하고 실행하는 것이다. 리테일 콘셉트retail concept는 표적시장의 욕구를 파악하여 경쟁업체들보다 효율적으로 이 욕구를 충족시키는 데 집중하는 리테일러의 관리지향성이다.

시장이 변화하면서 리테일 콘셉트도 변화하여 전략과 콘셉트에서도 트렌드를 볼 수 있다. 예를 들어, 1990년대 이후 엔터테인먼트를 접목한 리테일 마케팅이 중요한 리테일 콘셉트가 되었다. 쇼핑할 시간이 없는 바쁜 현대인들은 매장에 가는 대신 인터넷에서 편리하게 쇼핑하기를 원하는데, 이들에게 재미와 즐길거리를 제공하여 영화나 공연을 보거나 게임을 하거나 전시회나 콘서트에 가듯이 쇼핑을 레저와 여가활동처럼 즐겁게 만들어서 더 많이 방문하고 더 많이 구매하도록 하는 것이 바로 리테일 엔터테인먼트의 콘셉트이다. 이러한 콘셉트는 최근 국내에서 활발하게 개발되는 복합쇼핑몰에서 실행되고 있어 백화점, 패션전문점 등 쇼핑공간부터 레스토랑이나 푸드코트 등의 외식공간, 그리고 영화관, 서점, 공연 및 전시시설, 테마파크 등 레저와 문화시설 등이 갖추어진 대형 엔터테인먼트 쇼핑몰로 구현되고 있다.

이처럼 점포 내 고객경험을 풍부하게 하는 리테일 콘셉트는 경험체험 리테일링experiential retailing의 일환이며, 쇼핑몰뿐 아니라 단일 리테일 점포에도 다양하게 적용된다. 특히 모바일을 중심으로 쇼핑 환경이 급속히 재편되고 있는 시점에서 경험은 미래 오프라인 점포의 경쟁력으로 다시 부각되고 있다. 중요한 것은 고객을 위한 개인화된 경험 제공으로서, 이는 고객의 쇼핑 활동 전반에 걸쳐 디지털 테크놀로지가 통합될 때 가능하다. 즉, 다양한 인스토어 테크놀로지로 점포 내 경험을

우수고객 제도

AVENUEL 안내　나의 등급 조회　THE L.O.V.E 안내

등급 소개

혜택 안내 →

AVENUEL BLACK　AVENUEL EMERALD　AVENUEL PURPLE　AVENUEL ORANGE　AVENUEL GREEN

사진 3.1
롯데백화점 우수고객 등급
사례

따라서 이들을 만족시키고 나아가 감동적인 서비스를 제공하는 것은 장기적으로 고객 충성도를 높이는 데 매우 중요하다. 고객이 일선에서 접하는 판매원에 의한 서비스가 가장 큰 요소이지만, 그밖에도 리테일러들은 다양한 서비스를 개발하고 서비스 품질을 높이기 위해 노력하고 있다. 특히 인공지능과 빅데이터의 활용이 증가하면서 개인 맞춤형 서비스도 증가하고 있다.

미국의 패션백화점 노드스트롬은 뛰어난 고객 서비스로 명성을 얻었다. 노드스트롬의 서비스는 자주 회자된다. 잘 알려진 사례는 타이어 반품을 원하던 고객의 이야기이다. 노드스트롬은 의류, 신발, 액세서리 등 패션상품을 주로 판매하는 고급 리테일러로 타이어를 판매하지 않는데, 한 고객이 노드스트롬이 들어오기 전에 그 장소에서 영업하던 리테일러에서 타이어를 구입한 후 노드스트롬에 반품을 요구했다고 한다. 그럼에도 노드스트롬 매니저는 타이어를 환불해 주었다.[1] 이와 같은 노드스트롬의 뛰어난 고객 서비스 리더십은 두 가지로 요약된다. ① 능력 있는 직원을 고용하여 독자적으로 최상의 판단을 내릴 수 있는 권한을 부여해 주는 것, ② 직원들이 최상의 판단을 할 수 있는 고객 서비스 기준을 갖추는 것이다. 고객 서비스는 CHAPTER 13에서 자세히 설명한다.

차별화된 상품　브랜드와 벤더로부터 제품을 매입하여 재판매하는 리테일러는 제품에서 타 경쟁업체와 차별화하기가 어렵다. 그러나 고객이 리테일러로부터 구매하는 것은 결국 제품이기 때문에 제품 차별화는 중요하다. 리테일러는 벤더와의 협력으로 제품 사양specification을 변화시키거나 자체브랜드private-label brand를 개발하기도 한다. 특히 패션상품의 경우 희소성이 중요하므로 백화점, 대형마트, 이커머스 등 종합유통업체가 독자적인 이름의 자체브랜드를 개발하는 것이 일반적이다. 신세계백화점의 트리니티와 블루핏, 이마트의 데이즈, 롯데쇼핑의 LBL 등이 이러한 예의 일부이다. 나아가 리테일러는 해외브랜드를 발굴하여 독자적으로 수입, 차별화하기도 하며예: 신세계백화점의 피에르아르디, 다양한 브랜드 상품을 콘셉트에 맞게 전개하는 편집숍을 운영하는 등 제품을 통한 차별화에 노력하고 있다. 머천다이징 전략은 CHAPTER 7~9의 '예산 및 상품구색 기획', '바잉과 상품 개발', '가격 전략'에서 자세하게 설명하도록 한다.

벤더 관계　벤더는 리테일러에게 제품을 공급하는 업체이므로 이들과 협력적인 관계를 유지하는 것은 중요하다. 이러한 관계는 리테일러의 통상적인 제품 조달뿐 아니라 제품 개발, 자체브랜드 개발, 소량 구매, 사양 구매specification buying 등 다양한 바잉 혜택과 연관된다. 파트너로서의 벤더 관계는 장기적으로 형성되므로 지속적이고 안정된 제품 조달 차원에서 경쟁력을 제공한다. 미국 최대 오프프라이스 리테일러 티제이엑스TJX는 벤더 제품을 전부 바잉하거나, 제때 대금을 지불하거나, 벤더가 원하지 않는 광고를 하지 않는 등 파트너십 관계를 잘 유지하여 많은 벤더들이 티제이엑스와 거래하고 싶어 한다. 벤더 관계 관리에 대해서는 CHAPTER 8에서 설명하도록 한다.

인사관리　리테일은 노동집약적 비즈니스이다. 고객 서비스를 제공하는 것은 결국 종업원, 특히 판매원이며 이들의 서비스는 고객만족과 불만뿐 아니라 고객 충성도에 영향을 미친다. 특히 패션상품의 경우 판매원의 지식과 서비스는 중요하며, 백화점에서는 퍼스널쇼퍼 서비스를 제공하기도 한다. 리테일 경영진은 내부 종업원을 관리하는 것이 고객을 관리하는 것만큼 중요하다는 것을 인식하기 시작하였다. 내부 종업원 또한 고객임을 인식하여 조직구조를 슬림화하고, 가능한 한 결정 권한을 주며, 적절한 보상과 교육 등을 제공하는 인사관리는 중요하다. 노드스트롬의 뛰어난 고객 서비스는 직원들에게 결정의 권한을 제공하는 동시에 결정을 잘 내릴 수 있도록 서비스 기준을 명확히 제시하여 관리한 결과이다. 한편 최근 AI와 로봇의 확산으로 종업원의 업무 또한 변화하고 있다. 인사관리에 관한 자세한 내용은 CHAPTER 5에서 설명하도록 한다.

물류정보 시스템　운영비를 낮추어 적절한 가격을 제공하고, 적절한 제품을 적정한 장소와 시기에 적절한 물량으로 공급하여 매출을 증대시키고, 이익을 향상시키는 것은 리테일의 기본이다. 이러한 과정을 효율화하기 위해 리테일러는 물류정보 시스템에 투자하며 이러한 시스템은 매장별 및 전사 차원의 재고관리, 제품 기획, 공급, 운송 등에 유용하게 활용된다. 협력업체, 즉 벤더와 연계하여 SCM을 체계적으로 수행하기도 한다. 특히 디지털 트랜스포메이션 시대에 SCM의 속도와 유연성은 매우 중요해졌고 이는 첨단 물류시스템이 뒷받침되어야만 가능하다. 물류정보 시스템에 관한 자세한 내용은 CHAPTER 6에서 다루고 있다.

점포 위치　점포 위치로 인한 경쟁우위는 모방이 거의 불가하므로 좋은 위치를 확보하는 것은 매우 중요하다. 한번 선정한 입지는 부동산 임대료, 시설 설치 등 투자요소가 많아 이동하기가 쉽지 않으므로 점포 위치가 리테일 성과에 장기적으로 영향을 미칠 수 있다. 신세계백화점 인천점이 위치한 인천종합터미널 부지를 롯데쇼핑이 매입하면서 벌어진 법적 공방이나, 롯데가 매입 협상을 벌이던 파주 프리미엄아웃렛 부지를 신세계가 매입한 일, 신세계가 추진해 온 의왕 쇼핑몰 부지를 롯데가 매입 약정 체결한 일, 영등포역사점 입찰 과정에서의 경쟁 등 롯데와 신세계 간에 벌어진 법적 소송과 갈등은 점포 위치의 중요성을 시사한다. 한편 옴니채널이 보편화되면서 전통적인 위치 전략에도 변화가 요구되고 있다. 점포 위치에 대한 자세한 내용은 CHAPTER 4에서 살펴보도록 한다.

디지털 역량　모든 산업에서 테크놀로지 활용이 가속화되면서 리테일에서 테크놀로지 활용은 온라인과 인스토어를 막론하고 매우 중요해졌다. 디지털 트랜스포메이션이 보편화되는 시점에서 끊임없이 소개되는 새로운 테크놀로지를 활용하여 효율화를 추구하고 리테일 인력의 디지털 역량을 키우는 것은 매우 중요한 경쟁요소가 되었다. 리테일 테크놀로지는 모든 부분에서 다루어진다.

리테일러는 시장 침투, 시장 확대, 신업태 개발, 사업 다각화 등의 방법을 통해 변화하는 시장에서 성장의 기회를 잡을 수 있다.

1) 시장 침투를 통한 기회

시장 침투market penetration는 기존 업태 내 기존 표적고객을 대상으로 한 전략으로, 잠재 표적고객 집단에서 신규 고객을 창출하거나 현재 고객의 점포 방문과 매출을 증대시키는 것이다. 이를 위해 경쟁업체 고객을 대상으로 촉진 프로그램을 실시하여 고객 전환을 유도하거나, 고객의 매장 방문 유도를 위해 쿠폰, 샘플, 사은품을 제공하거나 이벤트를 개최한다. 특정 금액 이상 구입 시 사은품과 마일리지 증정 등 다양한 혜택을 제공하여 고객의 지출을 촉진하고, 교차 판매나 제안 판매로 관련 상품의 구매를 촉진할 수도 있다. 다양한 판촉 전략과 디스플레이 등으로 충동구매를 유도하며, 신규 점포를 개점하여 점포 수를 늘리고, 영업시간을 연장하여 매출 증대를 시도하기도 한다.

백화점이 세일 기간 혹은 주말에 평소보다 30분 연장 영업을 하는 것도 이러한 전략의 일환이다. 미국 고급 백화점 노드스트롬은 최대 쇼핑 격전지인 뉴욕에 진출하면서 남성용 백화점을 개점하고 1년 후 맞은편에 대규모 여성 플래그십 백화점을 개점했다. 동시에 온라인 최대 매출 시장인 뉴욕에 침투하기 위해 온라인 픽업과 반품 서비스 등 다양한 서비스를 제공하여 로컬 허브 역할을 하는 노드스트롬 로컬을 2개나 개점하였다. H&B 업태의 CJ 올리브영과 초저가 리테일러 다이소는 공격적으로 전국의 점포 수를 확대하면서 시장에 침투하고 있다.

2) 시장 확대를 통한 기회

시장 확대market expansion는 신규 표적고객으로 기존 업태를 확대하는 전략으로서 지역적 확대를 포함한다. 특히 리테일러의 해외 진출은 시장 확대에 중요하다. 글로벌 럭셔리브랜드나 SPA가 국내 시장에 진출하면서 시장을 확대한 것처럼 국내 리테일러 또한 해외 시장으로 진출하여 시장을 확대하며 나아가 글로벌 시장을 공략하고 있다. 국내 백화점과 대형마트 업계는 지속적 경기 침체, 정부의 각종 규

노드스트롬 백화점의 뉴욕 시장 침투 전략

미국 시애틀에 본사를 두고 있는 백화점 노드스트롬은 오랫동안 뛰어난 서비스를 제공해 온 것으로 유명한 고급 백화점이다. 미국에서는 백화점 노드스트롬, 아웃렛 노드스트롬 랙, 소규모 서비스 허브 노드스트롬 로컬 등을 포함하여 350여 개 점포를 운영 중인데, 리테일시장 환경이 급변하는 만큼 점포의 폐점과 개점이 지속적으로 발생하고 있어 정확한 점포 수는 계속 변경되고 있다. 아웃렛인 노드스트롬 랙 점포가 백화점보다 2배 이상으로 많다. 매출 144억 달러의 규모로 딜로이트의 2023년 글로벌 250대 리테일러 중 86위에 랭크되었다. 1901년에 설립된 노드스트롬 백화점은 미국 최대 쇼핑의 격전지 뉴욕 맨해튼에 최근에야 진출했다. 2018년 맨해튼의 미드타운에 남성전용 백화점을 개점한 데 이어 2019년 가을 바로 맞은편에 여성용 플래그십 백화점을 대규모로 개점했다.

2023년 상반기 노드스토롬은 35년 동안 영업해 온 샌프란시스코 다운타운의 2개 점포를 폐점한다고 발표하였으며, 캐나다의 모든 점포도 폐점한다고 발표하였다. 리테일의 종말로 불릴 만큼 많은 수의 리테일 점포, 특히 백화점 점포가 폐점하는 시점에 뉴욕에서 노드스트롬의 전략은 무엇일까?

노드스트롬은 대규모 여성 플래그십 점포 개점과 함께 맨해튼에 2개의 '노드스트롬 로컬'을 개점했다. 노드스트롬 로컬은 많은 제품을 최상의 상태에서 연출하여 보여 주고 판매하는 기존의 백화점과 다르다. 일단 매장의 규모가 둘투레몬, 스타벅스, 넌킨노너츠 성노로 삭나. 제품을 취급하지 않고 판매도 하지 않는다. 즉, 재고를 보유하지 않는 백화점이다. 그 대신 다양한 서비스를 제공하는데, 온라인 주문 제품의 픽업 및 반품에 대한 허브 역할이 가장 크다. 이외에도 퍼스널 스타일링, 테일러링, 수선 서비스 등을 제공하고 매장에 따라 네일 살롱, 구두 수선까지 다양한 서비스를 제공한다.

노드스트롬 로컬은 2017년 LA의 비버리힐즈에서

뉴욕 맨해튼에 위치한 노드스트롬 남성 전용 백화점

처음 소개되었으며, 현재 7개 매장이 운영되고 있다. 백화점의 종말이라고도 하는 시기에 노드스트롬은 고객이 있는 곳에 찾아가서 가깝게 위치하고자 한다. 대규모 투자 없이 할 수 있는 경제적인 방법은 고객이 원하는 편리함을 제공하는 것이다. 제품구색은 온라인에서 무한정으로 가능하며, 시공간 제한 없이 쇼핑이 가능한 시대에 백화점처럼 한 공간에서 다양한 제품을 보는 일은 그다지 중요하지 않게 되었다. 노드스트롬의 고객 조사 결과, 고객은 출퇴근 외에는 거주지 주변에서 필요한 쇼핑 욕구를 해결하고 싶어 했다.

노드스트롬 로컬의 운영은 효과적일까? 주문 제품의 픽업과 반품의 편리함을 제공하는 노드스트롬 로컬의 존재로 인해 고객은 온라인 주문을 더 많이 했다. 많은 제품을 허브 픽업으로 주문하고, 원하지 않으면 로컬 허브에 반품할 수 있어 부담이 덜하기 때문이다. 노드스트롬 제품뿐 아니라 노드스트롬 랙 제품도 허브에 반품할 수 있다. 노드스트롬 로컬 고객은 다른 노드스트롬 매상 고객에 비해 2.3배나 더 긴 시간을 매장에서 보내며, 반품이 쉬워 점포의 제품 회전율은 증가하는 것으로 나타났다. 방문객은 평균 노드스트롬 고객보다 젊어서 편리함을 제공하는 전략이 효과적임을 반영한다.

노드스트롬은 왜 뉴욕 맨해튼에 남성용 백화점, 여성용 대규모 플래그십 백화점을 잇따라 개점하고 동시에 노드스트롬 로컬을 2개나 개점했을까? 이로써 맨해튼에는 총 6개의 매장이 운영된다. 플래그십을 개점하고 동일 지역 내 매장을 확대하는 것은 노드스트롬이 맨해튼에 얼마나 공을 들이는지 시사한다. 노드스트롬의 매출 10위 점포가 전체 매출의 60%를 차지하며, 그중 뉴욕과 LA의 점포가 25% 이상을 차지한다. 본사는 서부의 시애틀이지만 온라인 매출이 가장 큰 시장은 뉴욕이다. 그러나 뉴욕에서 실제 오프라인 점포는 아웃렛인 노드스트롬 랙이 전부였다. 즉, 노드스트롬은 뉴욕의 고객들을 대

상으로 플래그십을 통해 존재감을 부각시키는 동시에 제품 없는 매장으로 대규모 투자 없이 편리함과 경험을 제공하여 고객에게 다가가는 것이다.

자료: Kestenbaum, R.(2019. 5. 2). Why the expansion of Nordstrom Local is important. Forbes; Maheshwari, S.(2019. 5. 1). Nordstrom to add two mini stores in its New York expansion. The New York Times; Peiser, J.(2023. 5. 2). Nordstrom leaves downtown San Francisco, joining big-city retail exodus. The Washington Post

제, 경쟁 심화, 시장 포화 등으로 국내 신규 출점이 제한되면서 적극적 해외 진출을 모색해 왔다. 롯데백화점은 현재 중국, 베트남, 인도네시아 등에서 4개 점포를 운영 중이며, 롯데마트는 중국 시장에서 철수한 이후에도 인도네시아와 베트남에서 총 64개의 점포를 운영하고 있다. 대표적 국내 편의점 업태는 마스터 프랜차이즈 방식으로 몽골, 베트남, 말레이시아 등 해외에 진출하였는데, BGF리테일의 CU는 2023년 몽골에서 300호점을 돌파하여 70%의 점유율로 시장 1위를 달성하였다. GS리테일의 GS25는 베트남에서 2022년 기준 200호점을 돌파하였다.

3) 신업태 개발을 통한 기회

신업태 개발은 기존 표적고객을 대상으로 새로운 업태를 개발하는 전략retail format development이다. 기존 업태에서 명성과 인지도, 이미지로 성공했다면 현재 충성도 높은 고객을 새로운 고객으로 영입할 수 있다. 국내 대형마트가 업태의 성숙기를 넘어 포화상태가 되면서 매출 정체를 보이자 새로운 업태를 개발하였는데, 기업형 슈퍼마켓, 창고형 할인점 등이 그 사례이다. 전통적인 오프라인 리테일러가 온라인으로 진출하거나 온라인 리테일러가 오프라인 점포를 개점하는 등 신업태를 통해 멀티채널 리테일러가 되기도 한다.

백화점 업태 역시 새로운 시장 기회를 위해 온라인에 진출하는 동시에 복합쇼핑몰이나 아웃렛몰 개발에 참여하여 성장을 모색하였다. 신세계그룹은 백화점, 대형마트, 기업형 슈퍼마켓, 아웃렛 등의 운영을 기반으로 하여 편의점 업태로 본격 진출했다. 편의점 업태는 대형마트와 백화점 대비 높은 성장률을 보이고, 특히

전자 전문점 일렉트로마트   시장에서 철수한 잡화점 삐에로쑈핑

1인 가족과 노령인구 증가, 편리성 추구 경향, 소량 구매 추구 경향 등의 라이프스타일을 반영하여 향후 성장 가능성도 높기 때문이다.

4) 사업 다각화를 통한 기회

사업 다각화_{diversification}는 기존의 표적고객 및 업태와는 다른 새로운 세분시장을 대상으로 하여 새로운 사업 영역을 개발하는 전략으로, 관련성 있는 사업으로 다각화하거나 새로운 사업 영역으로 다각화할 수 있다. 유통채널에서의 수직적 통합, 즉 제조업이나 도매업 기능으로의 다각화는 리테일러의 자체브랜드 또는 그 이상의 제품 및 브랜드 개발과 판매를 포함한다. 현대백화점그룹이 의류기업 한섬을 인수한 것은 제조 기능을 통합한 사업 다각화이며, 이랜드그룹은 의류를 시작으로 패션, 외식, 유통, 호텔, 건설, 엔터테인먼트 등 다양한 사업 영역으로 다각화해 왔다.

3
글로벌 시장 전략

다른 산업과 마찬가지로 리테일 산업 역시 국가 간 경계가 낮아지고 있으며 시장이 급격하게 글로벌화되고 있다. 1996년 리테일 시장 개방 이후 여러 해외 유통업체가 국내 시장에 진입하였다. 미국의 월마트, 프랑스의 까르푸, 영국의 막스 앤 스펜서 등은 유통시장 개방 초기 국내에 진입한 기업이다. 한편 영국의 테스코는 한때 홈플러스 지분을 100% 보유하였으며, 미국의 이베이는 국내 G마켓과 옥션을 인수하였다. 이처럼 글로벌 SPA와 럭셔리브랜드는 직접 투자, 합작, 프랜차이징 등 다양한 방식으로 국내 시장에 진입하였다. 이와 마찬가지로 국내 리테일 기업도 중국, 인도, 인도네시아, 베트남 등 해외 시장에 다양한 방식으로 적극 진출하고 있다. 롯데백화점은 4개 해외 점포를 운영 중이며, 롯데마트는 64개 해외 점포를 운영하고 있다. BGF리테일은 몽골에 300개의 프랜차이즈 점포를 운영하고 있다.

딜로이트의 250대 글로벌 파워 리테일러 중 61.6%가 해외 운영 중이며, 평균 11개국에서 운영하고 있다.[2] 국가 간 경계가 무너지고 인터넷과 모바일이 보편화되면서 리테일 시장의 글로벌화는 더욱 가속화될 것이다. 기업들의 해외 시장 진출 방법은 여러 가지가 있으나, 제조업체의 경우 위험 부담이 낮은 순으로 제품 수출, 라이선싱, 합작, 직진출 등을 통해 진출하고 있다. 리테일러의 경우 위험 부담이 가장 낮은 방법은 라이선싱licensing과 프랜차이징franchising이며, 다음으로 합작joint venture, 직진출wholly owned subsidiary 순이다. 여기서는 리테일러의 글로벌 시장 진출 방법을 소개한다.

1) 라이선싱

라이선싱은 브랜드 소유권을 가진 라이선서licensor가 라이선시licensee 기업에 브랜드를 빌려주고 대가로 로열티를 지급받는 것이다. 각 라이선싱 협약은 파트너사의 계약에 따라 차이가 있을 수 있다. 라이선시는 시장진출 초기에 인지도와 이미지가 높은 라이선싱 브랜드로 정착할 수 있다. 최근의 리테일 사례로는 바니스 뉴욕을 들 수 있다. 바니스 뉴욕은 미국의 고급 패션전문백화점 체인이었으나 2019년 파산과 함께 오프라인 시장에서 철수하였다. 어센틱브랜드그룹Authentic Brands Group이 브랜드를 인수한 후 이름을 라이선싱하여 삭스피프스애비뉴Saks Fifth Avenue 백화점 내 숍인숍 형태로 운영하고 있다.

2) 프랜차이징

단순히 이름만 빌려주는 것 이상의 라이선싱 협약 형태이다. 프랜차이저franchisor는 기업 운영 권리를 판매하고, 프랜차이지franchisee는 이 권리를 얻어 해당 기업명으로 비즈니스를 운영한다. 프랜차이저 리테일러는 리테일러 이름을 사용할 수 있는 권리와 비즈니스를 운영하는 데 필요한 트레이닝을 제공한다. 프랜차이지는 운영 전략을 제공받고 점포를 관리하며, 초기 비용과 매출에 대한 일정 부분의 로열티를 지불한다. 계약마다 다르지만 리테일러는 프랜차이지에게 운영 전략을 제공하므로 미래에 직진출로 동일 시장에 진출하는 것이 어려울 수 있다. 프랜차이지가 경쟁업체가 될 가능성이 높기 때문이다. 외식, 패스트푸드, 커피전문점, 세탁전문점 등 다양한 산업에서 사례가 많다. 미국의 갭$_{GAP}$은 신세계인터내셔날이 국내 독점 유통권을 가지는 프랜차이징 형태로 국내 시장에 진입하였다.

3) 전략적 제휴

두 개 이상의 기업이 공통의 목적을 성취하기 위해 자원과 위험 부담을 공유하여 협력하는 관계이다. 각 기업은 자사의 핵심 역량에 집중하여 필요한 부분에서 협력함으로써 상호 단점을 극복하고 장점을 활용하여 상호 혜택을 누리게 된다. 리테일 기업은 해외 시장의 기업과 다양한 형태로 제휴할 수 있다. 넓은 의미에서 라이선싱, 프랜차이징, 합작도 전략적 제휴의 일종이지만 여기서는 이에 해당하지 않는 다양한 협약을 의미한다. 예를 들어 해외 시장에 진출하면서 특정 시장의 유통권을 로컬 기업에 대행시킬 수 있다.

4) 합작

리테일러가 해외 시장의 로컬 리테일러와 자원을 공유하여 합작회사를 설립하고 소유권, 이익, 운영 등을 공유한다. 로컬 시장을 잘 이해하는 상대국의 합작 파트너 기업과 기업 운영의 비밀을 공유하며, 상호 원윈$_{win-win}$할 수 있다. 스페인의 인디텍스는 글로벌 SPA 자라의 한국 시장 진입을 위해 지분구조 80:20으로 롯데와 합작하여 2008년 자라리테일코리아를 설립하였다. 유니클로를 전개하는 일본의 패스트리테일링도 롯데와 51:49의 지분으로 합작하여 패스트리테일링코리아$_{FRL}$를 설립하고 한국 시장에 진입하였다. 신세계사이먼은 신세계와 미국의 사이먼프로퍼티그룹이 50:50의 지분으로 합작하여 설립한 회사로 여주, 파주 등지에 프리미엄아웃렛몰을 운영하고 있다.

GS홈쇼핑, CJ온스타일, 롯데홈쇼핑 등 국내 TV홈쇼핑 업체는 중국, 러시아, 동남아, 인도 등에서 방송 채널 업체들과 합작 투자로 진출한 바 있다. 합작 투자를 하면 채널 확보는 물론 해당 국가의 결제 및 배송 시스템 구축이 용이해 사업 안착에 수월하기 때문이다.[3] 그러나 오랜 적자 후에 이들 업체는 현지 사업을 철수하였거나 철수 진행 중이다. 글로벌 시장 진출이 언제나 성공을 보장하는 것은 아니다.

5) 직진출

리테일러가 해외 시장에 직접 투자하여 리테일 운영기업을 보유하는 것이다. 높은 수준의 투자로 위험 부담이 높지만 해외 시장 운영을 전적으로 통제할 수 있으며 이익이 크다. 까르띠에, 에르메스, 루이뷔통 등 많은 럭셔리브랜드와 H&M이 직접 투자로 한국 패션 시장에 진입하였다.

6) 인수·합병

해외 리테일러를 인수하거나 해외 리테일러와 합병함으로써 글로벌 시장으로 진출하기도 한다. 인수·합병M&A, Merge & Acquisition은 특정 국가 내 및 국가 간, 특정 산업 내 및 산업 간 다양한 목적과 방식으로 발생하는데, 두 기업 간 이루어지기도 하지만 합자형태 등으로 이루어지기도 하고, 인수·합병 후 피인수기업과 라이선싱 계약 등 다양한 방식으로 운영될 수 있다. 미국 이베이의 G마켓과 옥션 인수이후 신세계그룹이 인수, 독일 딜리버리히어로의 우아한형제들배달의민족 운영 인수, 싱가포르 큐텐의 티몬, 인터파크커머스, 위메프 등 3사 인수 등은 해외 기업이 국내 기업을 인수한 사례이며, 네이버의 미국 포쉬마크 인수, 쿠팡의 영국 파페치 인수 등은 국내 기업이 글로벌 시장 진출을 위해 해외 기업을 인수한 사례에 해당한다. 이 외에도 프랑스 LVMH의 미국 티파니 인수, 미국 엣시Etsy의 영국 디팝Depop 인수, 어센틱브랜드그룹의 다양한 브랜드 지적재산권 인수 등 패션리테일에서의 인수·합병 사례는 매우 많다.

4

리테일
매니지먼트
전략 요소

1) 리테일 전략 요소

리테일 비즈니스의 경영은 재무관리, 인사관리, 입지 선정, 물류관리, 벤더관리, 마케팅관리 등에서 다양한 전략을 필요로 한다. 리테일 마케팅 전략 요소는 일반적으로 마케팅 믹스 요소를 리테일 업계에 적합하게 조정하는 리테일 마케팅 믹스를 의미한다. 제품, 가격, 유통, 프로모션 등 전통적인 마케팅 믹스 요소에 매장 환경을 고려한 서비스와 프레젠테이션비주얼 머천다이징 기능도 중요하다.

리테일 환경에서의 각 전략 요소는 해당 CHAPTER에서 자세히 설명한다. '상권과 입지'는 CHAPTER 4, '조직구조와 인사관리'는 CHAPTER 5, '물류관리와 SCM'은 CHAPTER 6, '예산 및 상품구색 기획'은 CHAPTER 7, '바잉과 상품 개발'은 CHAPTER 8, '가격 전략'은 CHAPTER 9, '커뮤니케이션 전략'은 CHAPTER 10, '매장관리의 이해'는 CHAPTER 11, '매장디자인과 진열관리'는 CHAPTER 12, '고객 서비스관리와 CRM'은 CHAPTER 13에서 살펴본다.

2) 리테일 브랜드관리

리테일 브랜드는 리테일러의 제품과 서비스를 구별되게 하고 경쟁업체의 그것과 차별화시킨다. 리테일 브랜드는 고유의 이름, 상징, 로고를 조합한 리테일러의 표식이다.[4] 브랜드로서의 리테일러는 기업명 혹은 점포명이다. 예를 들어, 이마트, 롯데백화점, CJ오쇼핑, 분더샵, 신라면세점, 코스트코 등은 각 업태의 대표적인 리테일 브랜드들이다. 자라나 유니클로와 같은 SPA는 제품 브랜드가 곧 리테일 브랜드이다.

제조업체처럼 리테일러도 고객 충성도 확보를 위해 브랜드를 관리하는 것이 중요하다. 브랜드는 곧 무형의 기업 자산이기 때문이다. 리테일 브랜드는 특정 상품보다는 매장 전체의 경험과 이미지를 반영하므로 제품브랜드보다 다감각적이며, 브랜드 자산에 있어 소비자 경험이 중요하다.[5]

소비자는 마음에 들거나 감정적으로 애착을 가지는 리테일 점포에서 쇼핑하고 싶어 한다. 리테일 브랜드에 대한 소비자 선호, 애착 등의 태도는 리테일 브랜드 이미지에 영향을 받으며 이는 곧 그 리테일 점포 방문, 재방문, 구매, 구전, 충성도 등으로 나타난다. 리테일 이미지는 점포와 연상되는 모든 차원, 예를 들어 제

품, 돈에 대한 가치, 서비스 품질, 점포 환경 등 매우 다양한 요소를 포괄한다.[6)]

따라서 리테일러마다 이미지가 다르며 이러한 상징적 측면은 리테일 브랜드 개성brand personality으로 묘사된다. 브랜드 개성은 리테일러를 사람처럼 특정한 개성으로 묘사하는 것으로 대개 5가지 차원, 즉 진정성sincerity, 활기성excitement, 유능함competence, 세련성sophistication, 강인성ruggedness을 포함한다.[7)] 예를 들어 해외 명품을 취급하는 백화점이나 전문점에서는 유능함과 세련된 이미지를 부각하지만 아웃도어 전문점에서는 강인함과 활기를 부각한다. 이처럼 브랜드를 의인화된 성격 성향으로 묘사하는 리테일 브랜드 개성은 리테일 업태에 따라 다른 차원으로 측정하는 것이 타당하다.[8)]

쉬인과 포에버21: 온·오프라인 경쟁자간 파트너십

중국 기반 이커머스 리테일러 쉬인은 쇼핑몰 기반 패스트패션 리테일러 포에버21과의 파트너십을 통해 미국 시장에서의 위치를 확대하려고 한다. 이는 온라인과 쇼핑몰에서 확고한 위치를 보유한 두 패스트패션 브랜드의 연합이다. 쉬인은 포에버21의 점포 내에서 숍인숍 형태로 제품을 판매하며, 포에버21은 쉬인의 온라인 사이트에서 제품을 판매하게 된다. 협약에는 상호 투자도 포함된다.

2000년대 초 포에버21은 5달러 탑과 10달러 드레스 등으로 전통적인 백화점보다 훨씬 더 빠른 판매율을 보이며 쇼핑몰에서 두각을 나타내어 미국 쇼핑객들에게 패스트패션의 개념을 유행시켰다. 2012년에 중국에서 설립되어 현재 싱가포르로 본사를 옮긴 쉬인은 패스트패션을 다음 단계로 격상시켜 미국 쇼핑객들에게 인기를 얻었다. 쉬인의 테크놀로지와 공급망은 수백 개의 새로운 스타일을 몇 주 만에 생산하여 모든 취향과 빠른 변화에 대응하는 다양한 선택지를 10대와 20대의 쇼핑객들에게 제공하였다. 초저가로 유명해진 쉬인의 앱은 전 세계 1억 5천만 사용자를 확보하고 있으며, 쉬인은 미국에서 팝업 스토어도 실험하였다.

협약을 통해 쉬인은 포에버21을 소유한 스파크그룹의 주식 1/3을 취득한다. 스파크그룹Sparc Group은 어센틱브랜드그룹Authentic Brands Group과 쇼핑몰 운영업체 사이먼프로퍼티그룹Simon Property Group의 합작회사이다. 브룩스 브라더스, 에디 바우어, 나인웨스트 등도 보유하는 스파크그룹이 쉬인의 소주주가 된다.

울트라 패스트패션의 대표로서 쉬인의 이커머스는 150여 개 나라로 확대되었고 소셜미디어 플랫폼에 2억 5천만 팔로워를 보유하고 있다. 반면 포에버21은 쉬인에는 없는 많은 수의 점포를 가지고 있다. 브랜드의 물리적 점포는 고객과의 상호작용을 더 의미 있게 만든다. 쉬인의 강점은 편리함, 저렴한 가격, 트렌디한 다양한 많은 스타일이지만, 생산에서의 강제노동, 독립 디자이너 작품 표절 등으로 논란이 되고 있기도 하다. 포에버21도 이슈가 없는 것은 아니다. 2019년 파산 보호 신청 후 미국 내 점포의 30%를 폐점했으며, 쉬인을 포함하여 H&M, 패션노바 등 치열한 온·오프라인 경쟁에 직면하고 있다.

자료: Holman, J.(2023. 8. 4). Shein and Forever 21 team up in fast-fashion deal. The New York Times; Rothenberg, E.(2023. 8. 25). Shein partners with Forever 21 in fast-fashion deal that will expand reach of both companies. CNN Business

5

리테일 전략 기획 과정

여기서는 표적시장을 선정하고, 적합한 리테일 업태를 결정하며, 지속가능한 경쟁 우위를 개발하는 과정을 단계적으로 묘사한다.

1) 미션과 비전 설정

미션$_{mission}$이란 리테일러의 목표와 수행하고자 하는 활동의 영역과 성격을 포괄적으로 서술한 것이다.[9] 미션은 표적시장과 업태의 일반적인 성격을 정의해야 한다. 미션 개발을 위해 리테일러는 어떤 비즈니스를 하는지, 미래에 어떤 비즈니스가 되어야 하는지, 고객은 누구인지, 자사의 장점은 무엇인지, 무엇을 성취하고자 하는지 등을 고려해야 한다.

미션이 리테일 기업의 존립 목적, 즉 기업 철학이 담긴 궁극적인 목표라면 비전$_{vision}$은 기업이 꿈꾸는 미래의 목표이다. 미션과 비전은 리테일러의 기업 운영에 대한 지침이 된다.

2) 시장 환경 분석

미션과 기업 목표를 설정한 후 리테일러는 리테일 시장 환경을 분석한다. 즉, 리테일 환경의 기회와 위기를 분석하고, 경쟁업체 대비 자사의 강점과 약점을 분석하는 이른바 SWOT$_{Strength, Weakness, Opportunity, and Threat}$ 분석을 하는 것이다. 시장 환경 분석을 위해 리테일러는 거시적 환경 요인뿐 아니라 보다 직접적 영향을 미치는 시장 및 경쟁 요인, 그리고 자사의 내부 환경을 분석해야 한다.

(1) 거시적 환경 요인 분석

시장에 포괄적으로 영향을 미칠 수 있는 기업의 외부 환경이란 기술적 환경, 경제적 환경, 법과 규제의 변화, 사회적 가치관 및 라이프스타일 변화 등을 포함한다. 환경은 끊임없이 변화하기 때문에 기업은 지속적으로 거시 환경의 변화를 분석하고 예측해야 한다. 거시적 환경의 트렌드는 리테일 시장의 매력도에 영향을 준다. 환경 요인이 어떻게 변화하고 있으며 어떻게 변화할 것인지 분석하고, 이러한 환경 변화의 결과를 예측하며, 이 변화가 시장·기업·경쟁자·소비자 등에 어떤 영향을

그림 3.1
리테일 전략 기획 과정
자료: Levy, M., & Grewal, D. (2023). Retailing Management(11th ed.). McGraw-hill

리테일러의 미션과 비전

미국 최대 온라인 리테일러 아마존
아마존의 비전은 지구상에서 가장 고객 중심적인 회사가 되고 사람들이 온라인에서 구입하고 싶은 모든 상품을 찾을 수 있는 장소를 만드는 것이다.

미국 최대 백화점 메이시스
메이시스의 목표는 다가올 기회를 식별하는 능력을 갖추고 그 기회를 포착하는 리테일러가 되는 것이다. 이를 위해 더 빠르게 움직이고, 더 많은 기술을 이용하고, 핵심 고객에게 중요한 요소에 자원을 집중한다. 비전은 각 점포 위치에서 고객에게 제공하는 것에 초점을 두면서 메이시스와 블루밍데일스를 역동적인 내셔널 브랜드로 운영하는 것이다.

미국 패션 백화점 노드스트롬
노드스트롬의 목표는 매일, 한 번에 한 명의 고객에게 뛰어난 서비스를 제공하는 것이다.

세계 최대 어패럴 리테일러 티제이엑스
티제이엑스$_{TJX}$의 미션은 매일 고객에게 큰 가치를 제공하는 것이다.

GS리테일
GS의 경영이념은 '고객과 함께 내일을 꿈꾸며 새로운 가치를 창조한다'이며, 비전은 '고객의 모든 경험을 연결하고, 데이터로 공감하며, 상품과 서비스로 신뢰받는 기업'이다.

현대백화점그룹
현대백화점그룹의 미션은 '고객을 행복하게, 세상을 풍요롭게'이며, 비전은 '고객에게 가장 신뢰받는 기업(목표 시장 내 고객신뢰도 1위)'이다.

신세계그룹
신세계그룹의 경영이념은 '고객의 불만에서 기회를 찾고, 관습을 타파하며, 지속적으로 성장하는 혁신기업'이며, 비전은 '고객의 행복한 라이프스타일과 지역사회 발전을 추구하는 가치창조기업'이다.

미칠지 분석하는 작업이 필요하다그림 3.2.

최근 가장 중요한 환경 요소는 다양한 기술의 활용이다. 온라인 및 모바일이 중요한 리테일 채널이 되면서 소셜미디어와 결합하여 새로운 비즈니스 모델로 무장한 다양한 플랫폼이 소개되어 시장은 빠른 속도로 변화하고 있다. 인공지능_{AI:} Artificial Intelligence, 빅데이터, 특히 생성형 AI의 급격한 확대, 증강현실/가상현실_{AR/VR:} Augmented Reality/Virtual Reality과 메타버스, 음성인식, 생체인식, 로봇, 블록체인 등은 이미 온·오프라인 리테일에서 다양하게 활용되고 있으며, 특히 오프라인 점포의 다양한 인스토어 테크놀로지는 매장 운영 및 고객 데이터 확보의 효율성뿐 아니라 새로운 고객경험을 제공하고 있다. 물류와 배송에서 정확성과 속도가 중요해지면서 테크놀로지의 통합은 더욱 중요해졌고 디지털 트랜스포메이션_{digital transformation}을 실현하는 시점이 되었다.

금리, 환율, 물가, 실업율, 소득 등에 따른 경제적 환경은 리테일 시장에 광범위하게 영향을 미친다. 경기 침체가 장기화되면서 온라인 쇼핑몰 및 대형마트에서 초저가 상품이 경쟁적으로 등장해 왔으며, 2020년대의 고금리, 고물가 상황은 소비자의 지출에 영향을 미칠 수밖에 없다. 패션상품의 경기 민감도는 타 산업 대비 높은 편이나 경기에 덜 민감한 시장도 있다. 2008년의 글로벌 경제 위기 및 2020년 코로나 팬데믹 후 백화점의 럭셔리브랜드는 매출이 증가하고 가격이 비쌀수록 더 잘 팔리는 추세가 강해지고 있다. 오프라인 대비 가격경쟁력이 비교적 높은 인터넷 업종, 특히 오픈마켓은 타 업태 대비 경기에 덜 민감하다. 원화 환율이 해외여행이나 해외 직구 쇼핑에 영향을 미치는 것처럼 글로벌 시장에서 환율 변화도 중요하다. 공유경제, 순환경제가 주요 이슈가 되면서 새로운 비즈니스 모델도 개발되고 있다.

그림 3.2
시장 환경 분석

거시 환경 요인	시장 환경 요인	경쟁 환경 요인	자사 내부 환경 요인
• 기술적 환경 • 경제적 환경 • 법·규제적 환경 • 사회문화적 환경 • 생태적 환경 • 인구통계학적 환경	• 산업/시장 특성 • 시장 규모 • 시장 성장률 • 비즈니스 주기 • 계절성	• 진입장벽 • 벤더 협상력 • 경쟁업체 수 • 경쟁 강도	• 경영관리 능력 • 재무 자원 • 운영 • 점포 위치 • 머천다이징 • 매장 관리 • 고객 충성도 • 물류와 공급망 관리 • 디지털 역량

유통산업발전법: 법률 제19117호
- 1997년 제정, 최신 개정 2022년 12월 27일
- 유통산업의 효율적인 진흥과 균형 있는 발전을 꾀하고, 건전한 상거래질서를 세움으로써 소비자를 보호하고 국민경제의 발전에 이바지함을 목적으로 한다.

독점규제 및 공정거래에 관한 법률: 법률 19510호
- 1980년 제정, 최신 개정 2023년 6월 20일
- 사업자의 시장지배적 지위의 남용과 과도한 경제력의 집중을 방지하고, 부당한 공동행위 및 불공정거래행위를 규제하여 공정하고 자유로운 경쟁을 촉진함으로써 창의적인 기업 활동을 조장하고 소비자를 보호함과 아울러 국민경제의 균형 있는 발전 도모를 목적으로 한다.

대·중소기업 상생협력 촉진에 관한 법률: 법률 제19989호
- 2006년 제정, 최신 개정 2024년 1월 9일
- 대기업과 중소기업 간 상생협력 관계를 공고히 하여 대기업과 중소기업의 경쟁력을 높이고 대기업과 중소기업의 양극화를 해소하여 동반 성장을 달성함으로써 국민경제의 지속 성장 기반을 마련함을 목적으로 한다.

대규모유통업에서의 거래 공정화에 관한 법률: 법률 제19508호
- 2011년 제정, 최신 개정 2023년 6월 20일
- 대규모유통업에서의 공정한 거래질서를 확립하고 대규모 유통업자와 납품업자 또는 매장임차인이 대등한 지위에서 상호보완적으로 발전할 수 있도록 함으로써 국민경제의 균형 있는 성장 및 발전에 이바지함을 목적으로 한다.

전자상거래 등에서의 소비자보호에 관한 법률: 법률 제17799호
- 2002년 3월 제정, 최신 개정 2020년 12월
- 전자상거래 및 통신판매 등에 의한 재화 또는 용역의 공정한 거래에 관한 사항을 규정함으로써 소비자의 권익을 보호하고 시장의 신뢰도를 높여 국민경제의 건전한 발전에 이바지함을 목적으로 한다.

정보통신망 이용촉진 및 정보보호 등에 관한 법률: 법률 제19154호
- 2001년 제정, 최신 개정 2023년 1월 3일
- 정보통신망의 이용을 촉진하고 정보통신서비스를 이용하는 자의 개인정보를 보호함과 아울러 정보통신망을 건전하고 안전하게 이용할 수 있는 환경을 조성하여 국민생활의 향상과 공공복리의 증진에 이바지함을 목적으로 한다.

방문판매 등에 관한 법률: 법률 제19531호
- 1991년 제정, 최신 개정 2023년 7월 11일
- 방문판매, 전화권유판매, 다단계판매, 후원방문판매, 계속거래 및 사업권유거래 등에 의한 재화

또는 용역의 공정한 거래에 관한 사항을 규정함으로써 소비자의 권익을 보호하고 시장의 신뢰도를 높여 국민경제의 건전한 발전에 이바지함을 목적으로 한다.

방송통신위원회의 설치 및 운영에 관한 법률: 법률 제18226호

- 2008년 제정, 최신 개정 2021년 6월
- 방송과 통신의 융합 환경에 능동적으로 대응하여 방송의 자유와 공공성 및 공익성을 높이고 방송통신위원회의 독립적 운영을 보장함으로써 국민의 권익 보호와 공공복리의 증진에 이바지함을 목적으로 한다.

전자문서 및 전자거래 기본법: 법률 제18478호

- 2012년 제정, 최신 개정 2021년 10월
- 전자문서 및 전자상거래의 법률관계를 명확히 하고 전자문서 및 전자거래의 안정성과 신뢰성을 확보하며 그 이용을 촉진할 수 있는 기반을 조성함으로써 국민경제의 발전에 이바지함을 목적으로 한다.

전통시장 및 상점가 육성을 위한 특별법: 법률 제19823호

- 2009년 제정, 최신 개정 2023년 10월 31일
- 전통시장과 상점가의 시설 및 경영의 현대화와 시장 정비를 촉진하여 지역상권의 활성화와 유통산업의 균형 있는 성장을 도모함으로써 국민경제 발전에 이바지함을 목적으로 한다.

할부거래에 관한 법률: 법률 제19256호

- 1991년 제정, 최신 개정 2023년 3월
- 할부계약 및 선불식 할부계약에 의한 거래를 공정하게 함으로써 소비자의 권익을 보호하고 시장의 신뢰도를 높여 국민경제의 건전한 발전에 이바지함을 목적으로 한다.

대리점 거래의 공정화에 관한 법률: 법률 제19509호

- 2015년 제정, 최신 개정 2023년 6월 20일
- 대리점 거래의 공정한 거래질서를 확립하고 공급업자와 대리점이 대등한 지위에서 상호보완적으로 균형 있게 발전하도록 함으로써 국민경제의 건전한 발전에 이바지함을 목적으로 한다.

자료: 법제처 국가법령정보센터

리테일 시장과 관련한 법과 규제의 변화를 인지하는 것도 중요하다. 시장 환경이 변화하면서 새로운 법과 규제가 제정되고 시장 상황에 적합하게 개정된다. 인터넷 쇼핑이 증가하면서 소비자 피해가 급증하자 이와 관련한 '전자상거래 등에서의 소비자보호에 관한 법률'이 제정되어 수차례 개정되었다. 대형 유통업체의 기업형 슈퍼마켓 진출이나 동네 상권 장악을 규제하기 위해 의무 휴업일, 영업시간 등을 규제하는 '유통산업발전법', 중소 납품업체에 대한 불공정 행위를 규제하고

대중소기업의 동반성장을 모색하는 '대·중소기업 상생협력 촉진에 관한 법률' 등이 제정·개정되고 있다. 특히 최저임금과 주 52시간 근무 관련 법 개정은 소규모 리테일러에게 직접적인 재정 부담이 되고 있다.

고령화, 저출산, 비혼 및 만혼 증가 등으로 인구 구조가 변화고, 1인 가구 등 비전통적 가족 및 가구의 증가, 글로벌화, 모바일화 등으로 사회적 가치관과 라이프스타일도 변화하고 있다. 바쁜 라이프스타일로 인해 소비자는 쇼핑에서 편의와 가치를 추구하게 되고 주 5일 근무가 보편화되면서 아웃도어 활동의 레저와 해외여행 수요도 크게 증가했다. 건강, 젊음, 삶의 질 추구 등은 '소확행', '욜로'를 지향하는 소비자의 소비 패턴과 생활 습관을 변화시켰으며, 인터넷과 모바일의 보급으로 글로벌화는 가속되었다. 상시적으로 소셜미디어에 연결되어 정보와 지식을 공유하는 소비자는 어느 때보다 강해졌으며, 많은 비판에도 불구하고 인플루언서의 영향력은 커지고 있다.

특히 이전의 베이비부머 또는 X세대와는 다른 밀레니얼 세대와 Z세대는 마케팅의 주요 타깃이 되고 있다. 소셜미디어로 연결된 이들 세대는 환경과 기업 윤리에 민감하여 지속가능성이 최대 화두가 되었다. 공유경제, 순환경제의 시대가 됨에 따라 기업의 투명성이 요구되고 사회적 책임은 보편적인 주제가 되었다. 이러한 소비자의 변화는 모바일 쇼핑, 가치 소비, 개인화, 제품 구입보다 경험 소비, 대여, 리세일 제품 구매, 해외 직접구매 등 다양한 소비 패턴의 변화로 이어지고, 미래 소비자의 잠재 수요를 발굴하는 것은 기업의 주요 과제가 되었다.

코로나 팬데믹을 거치면서 기후변화, 환경보존·보호 이슈 등 생태적 환경은 더욱 중요해졌다. 탄소배출의 큰 부분을 차지하는 의류산업에서 탄소저감은 중요한 과제여서 특히 패스트패션에 대한 규제가 EU 지역 중심으로 논의되고 있다. MZ세대 또한 지속가능성에 대한 관심이 높으며, ESG는 경영의 필수 고려 요건이 되었다.

(2) 시장 환경 요인 분석

리테일 시장 환경을 분석하기 위해서는 산업·시장의 특성에 대한 이해를 토대로 규모와 성장률, 비즈니스 주기, 경기 변동 특성, 계절성 등을 고려해야 한다. 시장의 규모와 성장률은 시장 매력성의 기본적 요소이다. 시장의 규모는 매출액으로 측정하는 것이 일반적인데, 투자에 대한 회수 기회를 시사하므로 중요하다. 시장이 크면 매력적이지만 그만큼 경쟁이 치열하다. 따라서 리테일러는 전략적으로 경쟁률이 낮은 작은 시장에 진입하는 것도 고려할 수 있으며, 나아가 새로운 시장을 창출할 수도 있다. 퍼스널 스타일링에 기반하는 구독형subscription 서비스 스티치픽스Stitch Fix, 구독형 렌털 서비스 렌트더런웨이RentTheRunway 등은 새로운 서비스의 스타트업 비즈니스로 주목받았다.

시장은 성장률이 높을수록 매력적이며, 성숙기나 포화기의 시장보다는 특정 리테일러에 대한 고객 충성도가 아직 정착되지 않은 성장기 시장의 경쟁이 덜 치열할 수 있다. 한편 특정 계절에 매출이 집중되는지, 연간 매출이 일정한지도 분석해야 한다. 패션리테일은 계절적 요인과 밀접한 관련이 있다. 상품 기획과 판매에서 계절성이 반영되며, 일반적으로 봄·여름보다 가을·겨울 시즌의 매출 비중이 높다.

국내 리테일 시장에서 대형마트와 백화점은 한때 각각 최대 규모의 업태였으나 성숙·포화기에 진입하여 성장률이 둔화되고 역성장률을 보이기도 하였다. 반면 무점포 업태, 특히 모바일 시장은 가장 높은 성장률을 보이고 있다.

(3) 경쟁 환경 요인 분석

시장 환경과 함께 진입장벽, 벤더 협상력, 경쟁업체 현황 등의 경쟁 환경 요인을 분석해야 한다. 리테일러는 동일한 표적시장을 대상으로 크고 작은 동일 업태의 다른 리테일러와 직접적으로 경쟁해야 한다. 시장의 진입장벽이 높으면 새로운 기업의 시장 진입이 어려운데, 규모의 경제, 고객 충성도, 위치, 법적 규제 등 여러 요건이 진입장벽에 영향을 준다.

대형마트, 백화점, 창고형 할인점, TV 홈쇼핑 채널 등은 진입장벽이 높은 업태로 국내 대기업이 주도하고 있다. 대형업체의 대량구매로 인한 협상력, 대규모 시스템이나 테크놀로지 투자로 인한 효율화 등 규모의 경제를 이룬 대형업체는 작은 업체의 신규 진입을 어렵게 한다. 최근에는 대형 점포에 대한 규제로 더 이상 진입이 용이한 점포 위치를 찾기도 어렵다. TV 홈쇼핑 채널과 면세점은 자본과 능력을 갖춘다 하더라도 정부의 규제로 인해 진입이 한정되어 있다.

벤더의 수가 적을 경우 벤더가 가격과 협상을 좌우하므로 매력적이지 않으며,

비슷한 규모의 많은 수의 경쟁업체, 느린 시장 성장률, 높은 고정비용, 경쟁업체 간 차별화가 어려운 특성을 가진 시장은 경쟁이 치열하다. 모바일 쇼핑의 성장률은 타 업태 대비 높으며, 낮은 초기 투자비용으로 진입장벽은 낮은 편이지만 제품 차별화가 부족한 수많은 경쟁업체로 인해 경쟁이 매우 치열한 시장 중 하나이다.

최근 업태 간 경계가 모호해지고 온라인 기반의 신규 비즈니스 모델이 출현하면서 리테일 경쟁에서 업태 간 경쟁이 증가하고 있다. 예를 들어, 이마트는 롯데마트와 경쟁관계였는데 이제는 쿠팡과의 경쟁이 더욱 중요해졌다.

(4) 자사의 내부 환경 분석

기업 내부 환경을 분석하여 장점과 단점을 도출하고, 환경에 대응하는 전략을 개발하는 것은 중요하다. 기업 내부의 전반적 관리능력, 재무 자산, 점포 위치, 운영, 제품, 매장관리, 고객 충성도 등을 분석하여 시장 대비 기업의 장점과 단점을 명확히 파악해야 한다. 자사 분석을 위해 리테일러는 다음과 같은 질문의 답을 고려해야 한다.[10] ① 우리 기업이 잘하는 점은 무엇인가? ② 이 중 어느 부분에서 우리 기업이 경쟁업체보다 나은가? ③ 이 중 어느 부분에 우리 기업이 지속적인 경쟁우위를 개발하는 데 고유한 역량이 있는가?

미국 최대 오프프라이스 리테일러 티제이엑스$_{TJX}$의 장점은 기업 CEO의 능력과 경력, 재고관리 시스템, 머천다이징을 위한 바이어 교육 및 벤더 관계, 바잉 시스템 등을 포괄한다. 세계 최대 창고형 할인점 코스트코는 최근 아마존과 월마트

표 3.1 기업 내부 환경 분석 내용

분석 항목	분석 내용
경영관리 능력	경영 임원진의 능력과 경력, 중간경영 관리선의 능력, 경영관리의 몰입 정도
재무 자원	현재 기업의 자금 유동성, 대출 능력
운영	비용 구조, 운영 시스템의 효율성, 물류, 경영정보 시스템, 로스 방지 시스템, 재고관리 시스템
머천다이징 능력	유능한 바이어, 벤더관계, 자체브랜드 개발 능력, 광고 프로모션 능력
매장관리 능력	관리 능력, 판매원 능력; 판매원의 몰입
점포 위치	적합성, 트래픽
고객	고객 충성도

자료: Levy, M., Weitz, B. A., & Grewal, D.(2018). Retailing Management(10th ed.). McGraw-hill

보다 높은 주식 배당률을 보였다. 아마존과 월마트에 없는 코스트코의 성공 요인은 독특한 쇼핑 경험이다. 연회비를 기꺼이 지불하는 코스트코의 충성도 높은 고객은 이전에 본 적 없으며 뭔가 다른 상품을 매장에서 찾는 즐거움을 누린다. 이는 온라인에서는 누릴 수 없으며 코스트코의 오프라인 점포에서만 가능한 경험이다. 코스트코는 어느 리테일러도 제공하지 않는 이러한 고객경험의 가치를 잘 알고, 편리함과 뛰어난 고객 서비스로 고객의 기대를 충족시키기 위해 노력한다.[11]

3) 전략적 기회 분석과 포착

기업 성장, 매출 증대 등을 위한 기회를 포착하는 과정이다. 신세계그룹은 소비자 라이프스타일 변화에 따라 복합쇼핑몰의 기회를 포착하여 적극적으로 투자하고 있으며, 1인 가구의 증가에 따른 편의점 업태의 기회를 포착하여 적극 진출하고 있다. 현대백화점은 MZ세대와 경험을 기회로 해석하고 기존 백화점의 공식을 깬 더현대서울을 여의도에 개점하여 성공적으로 운영하고 있다.

4) 전략적 기회 평가

분석된 전략적 기회를 평가하는 단계이다. 장기적인 경쟁 우위를 개발하고 장기적으로 수익을 얻기 위해 리테일러가 무엇을 할 수 있는지에 대한 대안들을 결정한다. 즉, 전략적 투자 기회를 평가한다. 리테일러는 장점과 경쟁우위를 활용할 수 있는 기회에 주력하고, 경쟁우위를 줄 만한 시장 기회에 가장 큰 투자를 집중해야 한다.

5) 구체적 목표 설정과 자원 할당

기회에 대한 구체적 목표를 설정하는 단계로, 목표는 달성 여부를 측정할 수 있을 정도로 명확해야 한다. 예를 들면 '2025년 회계 연도 내 영업이익의 2% 향상'처럼 수치를 제시하는 것이다. 일반적으로 목표는 다음의 3가지, 즉 ① 추구하는 성과예: 투자 회수, 매출, 이익 등 재정적 기준의 측정될 수 있는 수치, ② 목표를 달성하기 위한 시간, ③ 목표를 달성하기 위한 투자 수준을 명시해야 한다.

6) 리테일 믹스 개발

설정한 목표를 달성하기 위해 제품, 가격, 프로모션, 매장관리, 서비스, 프레젠테이션 등 리테일 마케팅 요소 6가지를 믹스하여 구체적인 마케팅 전략을 개발한다.

7) 성과 평가와 조정

목표를 달성하였는지 평가하고, 목표 미달성 시 원인을 철저히 분석한다. 이를 토대로 새로운 전략 기획 과정을 조정한다.

오프프라이스 리테일러 티제이맥스의 성공 전략

티제이맥스$_{T.J. Maxx}$는 1977년 오픈한 미국의 오프프라이스 리테일 브랜드이다. 모회사는 티제이엑스$_{TJX}$로 1956년 설립한 자이르$_{Zayre}$ 백화점이 그 전신이나 1987년 현재의 티제이엑스로 변경되었다. 티제이엑스 기업은 세계 최대 의류·신발 전문 리테일러이다. 티제이맥스 외에도 마셜, 홈굿즈, 홈센스, 씨에라트레이딩포스트 등 오프프라이스 리테일 점포와 관련 기업을 보유하며 1994년 영국과 아일랜드에 진출한 후 독일, 폴란드, 오스트리아 등 유럽과 캐나다에 진출하여 현재 9개국에서 4,800여 개의 점포를 운영하고 있다. 연매출은 486억 달러에 달하여 LVMH를 제외하면 글로벌 최대 패션리테일러이다. 코로나 팬데믹 동안 오프라인 점포 폐쇄와 온라인 리테일 증가, 이후 엔데믹으로 온라인 쇼핑 감소와 오프라인 쇼핑 증가, 이와 함께 경기 침체, 고물가, 고금리를 겪으면서 어포더블 럭셔리와 매스 리테일의 매출이 감소하는 반면 오프프라이스 매출은 상대적으로 선방하고 있다. 2023년 2분기 TJX의 매출은 8% 증가하였다. 강력한 의류 리테일러 티제이엑스에서 변치 않는 방침은 4,800여 개의 리테일 체인에서 유명 브랜드 제품을 정상 소매가보다 할인해서 판매하는 것이다. 티제이엑스의 성공 요인은 다음과 같다.

빠른 제품 회전

오프프라이스 비즈니스는 수량 게임으로 엄청난 양의 제품을 빨리 판매해야 한다. 이 속도는 재고회전율로 측정된다. 1년에 20억 개의 수량이 매장에 배송되는데, 회전율이 높아 경쟁업체가 판매에 85일이 걸리는 데 반해 티제이엑스는 55일 만에 판매한다. 매출이 높은 점포는 매일 제품이 배송되는데, 제품이 점포에 도착하면 매장에 바로 진열되는 도어 투 플로어$_{door to floor}$ 접근으로 창고의 스페이스를 줄인다. 회전율이 7주보다 느린 제품은 가격을 할인하지만 전체 매장 세일은 최저가에 대한 고객 믿음을 저해하므로 실시하지 않는다.

빠른 회전은 현금을 늘리고 상품 신선도를 유지시킨다. 제품구색은 폭넓지만 깊지는 않다. 즉, 칵테일 드레스부터 수영복까지 취급하지만 지미추 구두가 달랑 한 켤레만 있을 수도 있다. 소비자들은 마음에 드는 제품을 보면 바로 구매해야 하며 그렇지 않으면 곧 재고가 떨어진다는 것을 학습하게 된다. 오프프라이스 리테일러이지만 지난 시즌의 팔다 남은 제품을 취급하는 것이 아니라 패스트패션처럼 지금 유행하는 제품을 판매하는 것이 키 포인트이다.

보물찾기의 재미와 가치

오프프라이스 체인에서 소비자가 찾는 것은 특정 아이템이 아닌 운 좋은 발견, 즉 보물찾기의 모험과 스릴이며, 이는 쾌락적 쇼핑의 동기가 된다. 저소득층이나 중산층뿐 아니라 보물을 발견하는 재미를 원하는 모든 계층이 티제이엑스에서 쇼핑한다. 영국의 해리 왕자와 처제도 유럽 체인 티케이 맥스T.K. Maxx에서 쇼핑할 정도로 고객층이 다양하다. 한 투자은행 조사에 의하면, 연봉 1억 이상 여성 중 28%가 티제이엑스에서 쇼핑한다고 응답했다. 여기서 중요한 것은 '저렴'이 아니라 '가치'이다. 월마트의 5,000원짜리 티셔츠는 저렴하지만 150만 원짜리 스텔라 매카트니 드레스를 55만원에 구입하는 것은 가치이다. 특히 18~34세 연령층이 이곳을 찾는 이유가 바로 여기에 있다.

바이어와 바잉

티제이엑스의 바잉 조직은 업계 최고이다. 1,200명의 티제이엑스 바잉 어소시에이트는 경쟁업체보다 훨씬 구체적인 특정 제품을 담당하는데, 예를 들어 잡화 중 핸드백만 전문으로 담당하는 식이다. 따라서 바이어는 특정 제품의 전문가로 육성된다. 티제이엑스 대학이라고 불리는 엄격한 바이어 교육 프로그램은 시장에서 처신하는 법부터 협상 기술까지 모든 교육을 망라한다. 티제이엑스 바이어는 수백만 달러를 협상할 때 상사의 허락을 받지 않고 독자적으로 결정할 수 있는 권한이 있다. 바이어들이 엄청난 자율적 권한을 가지기 때문에 교육이 엄격하다.

백화점이 시즌별 바잉을 한다면 티제이엑스 바이어는 1년의 대부분을 현지에서 바잉한다. 가능한 판매 시기에 가깝게 기다리기 위해 최대한 바잉을 미룬다. 이런 방법은 바잉 가격 협상에 유리할 뿐 아니라 현재 트렌드를 더 잘 반영할 수 있게 한다. 결국 매장에서 할인을 덜 해도 된다는 의미이다. 백화점이나 전문점이 패션 리스크를 감수하는 반면 티제이엑스는 실제 시장 반응을 볼 때까지 기다려 리스크를 최대한 낮춘다. 백화점 바이어가 키스토닝keystoning, 구입가의 2배에 기초한 가격을 정하는 데 반해 티제이엑스 바이어는 소매가를 먼저 정하고 협상한다. 제품이 정말 마음에 들면 소매가에 바잉하여 마진 없이 판매하기도 한다.

다양한 제품 소싱

오프프라이스 리테일은 과잉재고상품, 이월상품, 하자상품 등을 기회가 있을 때 바잉opportunistic buys하는 것으로 알려져 있으나 이러한 바잉은 공급량이 충분하지 않다. TJX의 글로벌 소싱은 100개국 이상에서 21,000여 개의 벤더를 확보하기에 빛을 발한다. 물론 티제이엑스는 제조업체로부터 백화점의 반품, 거래 취소 상품을 바잉한다. 그러나 제조업체들은 티제이엑스에 판매하기 위해 재고를 충분히 생산하기도 한다. 티제이엑스는 자체브랜드하에 벤더에게 생산을 의뢰하기도 한다. 브랜드 제품 공급이 충분하지 않은 핫 트렌드 제품이나 하얀 침대시트처럼 브랜드가 중요하지 않은 아이템이 이에 해당한다.

바잉의 규모

티제이엑스의 바잉 양은 엄청나므로 가격협상에 유리할 뿐만 아니라 공급업체 또한 규모의 경제를 누릴 수 있게 한다. 무엇보다 티제이엑스는 벤더가 잘 되도록 도와준다. 보통 '싹쓸이' 바잉을 하기 때문이다. 티제이엑스의 바잉 양과 품목이 엄청나서 다른 오프프라이스에 판매하지 않아도 되므로 이미지가 중요한 브랜드는 오프프라이스에 판매한다는 사실을 노출시키지 않으면서 제품 판매가 가능하다.

티제이엑스도 특정 브랜드를 광고하지 않는다. 벤더와 티제이엑스 간 거래를 노출시키지 않는 것은 벤더와의 관계에서 중요하기 때문이다. 브랜드는 이러한 점에서 티제이엑스와 거래를 희망하는데, 랄프 로렌Ralph Lauren은 최대 클라이언트 중 하나이다. 실제 벤더는 백화점보다는 티제이엑스에 판매하여 더 높은 수입을 얻는다.

벤더 관계

백화점은 벤더에게 광고비, 세일지원비, 반품, 납기보다 늦은 납품 등에 돈을 요구한다. 매출 부진 상품에 수시로 거액의 마크다운 머니를 지불해야 하는 등 벤더는 백화점 바이어와 갈등관계에 놓이는 경우가 많다. 그러나 티제이엑스 바이어와 공급업체 간 관계는 파트너십이다. 티제이엑스 바이어는 벤더와의 관계에서 윈윈을 염두에 두도록 교육받는다. 협상이 결렬되어도 다음 기회를 열어둔다. 또한 티제이엑스는 벤더에게 대금을 정확하게 제때 지불한다.

CEO의 능력

2016년까지 CEO였으며 현재 이사장인 캐롤 메이로비츠Carol Meyrowitz의 아버지는 도매상, 어머니는 예술가였다. 메이로비츠는 대학 시절 판매원으로 일했으며, 졸업 후 삭스피프스애비뉴에서 보조 바이어로 커리어를 시작하였고, 1983년 현 티제이엑스 기업에 합류하여 2007년 CEO가 되었다. 이처럼 메이로비츠는 리테일 비즈니스 배경을 갖추었다. 이로 인해 리테일 비즈니스에 관한 직감을 가지며, 회사의 어떤 일이든지 잘 파악하고, 실행할 수 있는 능력이 있다.

진열 제품의 양을 줄이고 자주 교체해서 점포를 업그레이드하고 발렌티노나 아르마니 같은 디자이너 브랜드 제품도 확보하는 티제이맥스 런웨이T.J. Maxx's Runway를 확대해서 제품력도 업그레이드했다. 유럽 시장에서도 성공적인 이유는 유럽에서 미국 브랜드를 강요하기보다 유럽 바이어를 고용하여 유럽 제품을 구매하는 현지화 전략 때문이다.

전자상거래 부분에서는 2013년에 티제이맥스닷컴tjmaxx.com을 런칭하였고, 마셜, 홈굿즈, 씨에라도 온라인에 진출하였다. 그러나 온라인은 매출의 3%에 불과하여 여전히 오프라인 중심이다. 온라인 시대이지만 오프라인 '매장에서의 보물찾기'는 경쟁력이다. 오프라인 점포는 매력적인 매장 환경도 아니며, 10년 이상 변하지 않는 매장 레이아웃과 디자인, 즉 실용적인 바닥재, 기본적인 랙과 선반, 팬시하지 않은 디스플레이 등은 때로 어수선하다. 그러나 이게 포인트이다. 이러한 환경에서 보물 찾기는 바로 '체험 리테일'인 것이다. 소득 수준에 상관없이 누구나 '굿딜good deal'을 발견하는 스릴을 누릴 수 있어 다양한 계층의 소비자에게 어필하는 전략이다.

자료: Deloitte(2023). Global powers of retailing 2023; Howland, D.(2019. 8. 20). TJX mostly maintains its momentum as sales jump 5%. Retail Dive; Kowitt, B.(2014. 8. 11). Is T.J. Maxx the best retail store in the land? Fortune; Pearl, D.(2023. 8. 19). The most resilient category in retail. Business of Fashion; TJX homepage

TJX의 유럽 체인 티케이맥스(좌)와 전형적인 티제이맥스의 제품 진열(우)

참고 문헌

1) Conte, C.(2012. 9. 7) Nordstrom customer service tales not just legend. Bizjournals

2) Deloitte(2023). Global powers of retailing 2023

3) 신수아(2014. 2. 13). GS홈쇼핑, 해외사업 속도 붙었다. the bell

4) Zentes, J., Morschett, D., & Schramm-Klein, H.(2008). Brand personality of retailers: An analysis of its applicability and its effect in store loyalty. The International Review of Retail Distribution and Consumer Research, 18, 167-184

5) Ailawadi, K. L. & Keller, K. L.(2004). Understanding retail branding: Conceptual insights and research priorities. Journal of Retailing, 80, 331-342

6) d'Astous, A., & Levesque, M.(2003). A scale for measuring store personality. Psychology & Marketing, 20, 455-469

7) Aaker, J. L.(1997). Dimensions of brand personality. Journal of Marketing Research, 34(3), 347-356

8) Das, G., Datta, B., & Guin, K. K.(2012). From brands in general to retail brands: A review and future agenda for brand personality measurement. The Marketing Review, 12(1), 91-106

9) Levy, M., & Grewal, D.(2023). Retailing Management(11th ed.). McGraw-hill

10) Levy, M., & Grewal, D.(2023). Retailing Management(11th ed.). McGraw-hill

11) Mourdoukoutas, P.(2019. 7. 27). Costco beats Amazon and Walmart. Forbes

사진 출처

사진 3.1 ⓒ 롯데백화점 홈페이지
사진 3.2 ⓒ 저자

상권과 입지

온라인 매장과의 경쟁에서 이길 수 있는 장점을 가진 오프라인 매장을 개설하기 위하여 입지의 선정은 어느 때보다 더 중요한 전략이 되었다. 매장 내외부와 상품구색은 추후에도 변경 가능하지만 입지만큼은 변경이 불가능하므로 최초의 입지 선정에서 고객의 라이프스타일과 동선, 주변 상권, 경쟁점의 입지, 임대료 수준 등을 종합적으로 고려하여야 한다.

이 장에서는 상권의 개념과 종류, 입지의 개념과 종류, 입지 분석, 소비자 특성에 따른 입지 전략에 관해 다룬다. 먼저 상업권역을 의미하는 상권의 특징과 종류를 알아보고 상권 규모를 추정하고 상권을 조사하는 방법을 제시한다. 점포 시설이 자리 잡는 공간을 의미하는 입지의 다양한 유형과 입지 선정 시 고려 사항도 파악한다. 또한 입지의 효율성을 분석하는 방법에 대하여 제시하고 다양한 소비자의 특성에 맞는 입지전략에 대해 설명한다.

젠트리피케이션 사이클

패션문화계의 주요 트렌드인 레트로retro 열풍은 과거의 시간이 묻어나는 것들에 대한 소비자의 애정을 일깨워 주었다. 이러한 현상은 패션컬렉션이나 화보뿐만 아니라 젊은 소비자층의 소비공간 선택에도 나타난다. 대형 글로벌 브랜드숍들이 즐비한 대로변 패션상권은 희소가치를 추구하는 힙한 젊은 층의 욕구를 수용하기에는 개성이 부족하다.

수년간 오래되고 더러운 건물 외관에 주차시설이 없는 불편함 때문에 골목상권은 날로 낙후되어 왔다. 그러나 최근 색다르고 이국적인 분위기로 탈바꿈한 개성 있는 소규모 점포들이 임대료가 낮은 골목상권에 입점하고, SNS를 통해 소비자들 사이에 입소문이 번지면서 골목상권이 다시 부활하였다. 서울 을지로, 우사단로, 이대 앞 거리 등 낡고 후미졌던 공간은 젊은이들을 사로잡는 빈티지 감성과 모던함이 결합된 공간으로 거듭났다. 낮은 임대료로 가성비 높은 제품과 서비스를 제공하여 다양성을 찾는 소비자층에 어필하며 골목상권은 발전했다.

골목상권의 발달은 투자자들의 관심을 끌고, 투자자들은 투자금을 회수하기 위해 임대료를 올리고 그동안 골목을 번성시킨 가게들은 높아진 임대료를 감당하지 못해 떠나는 악순환이 일어난다. 이러한 현상을 젠트리피케이션gentrification이라고 한다. 젠트리피케이션은 도심 인근의 낙후지역이 활성화되면서 외부인과 자본이 유입되어 발전한 후 임대료 상승이 일어나 원래 거주하던 원주민들이 외부로 밀려나는 현상을 말한다. 임대료가 급등하면 상권 이탈이 가속되고 상권이 침체되며 젠트리피케이션 현상이 일어난다. 한 번 올라간 임대료를 내리는 것은 어렵기 때문에 상권의 지속적 발전을 위해 상인들은 임대료 안정화에 노력한다. 홍대 상권의 확장으로 신촌 상권이 위축되자 '신촌상가번영회'는 임대료 동결 협약을 체결하고 이대 정문 골목길 상인들은 임대료 동결을 결의하기도 했다.

이태원 경리단길은 골목상권의 대표주자로 전국 각지에 생긴 '오리단길'의 원조가 되었지만 지금은 젠트리피케이션 현상으로 크게 위축되었다. 이러한 현상들로 인한 피해는 고스란히 소상공인들에게 돌아가므로 지자체도 여러 대책을 세우고 있다. 서울시는 보증금 임대료 연 5% 이상 인상 금지, 부산시는 리모델링비 최대 2,000만 원 지원, 전주시는 역세권 건물주와 세입자 상생 협약 추진 등을 시도했지만 젠트리피케이션을 막기에는 역부족이었다. 한때 서울 대표 쇼핑지였던 신사동 가로수길 상권 역시 활력을 잃고 공실률을 38%나 기록하면서 침체기에 들어섰다. 그러나 압구정로데오 상권은 임대인들이 나서 '착한 임대료 운동' 등을 통해 임대료를 내리는 등 노력으로 상권을 살리는 데 성공하여 앞선 침체기를 겪고 다시금 젊은 소비자들이 찾는 핫 플레이스로 거듭났다.

자료: 백윤미(2023. 5. 19). 압구정로데오 뜨자 가로수길 지고…"젠트리피케이션 사이클". 조선비즈; 안옥희(2019. 4. 17). '경리단길 해방촌…' 젠트리피케이션 할퀴고 간 이태원. 집코노미; 안효주(2019. 8. 20). '젊음의 거리' 종로 상권이 저물어간다. 한국경제

1

상권의 개념과 종류

1) 상권의 개념

상권이란 상점이 고객을 유인할 수 있는 지역으로, 상업시설에 대한 잠재적 구매자가 살고 있는 지역의 넓이를 의미한다. 상권의 크기는 상업시설이 취급하는 상품의 종류, 가격, 배송, 기타 서비스, 입지 조건, 교통편 등에 의해 규정된다. 도로 및 교통시설의 발달로 쇼핑 행동권역이 더욱 넓어지고 있으며, 효율적인 상권 구분과 입점할 상권의 선택은 소매업의 성패에 중요한 요소가 되었다.

상권 구분에 근본이 되는 동심원 이론Concentric zone theory은 도시 토지 이용의 분포를 체계적으로 설명한 최초의 이론이다. 버제스Burgess에 따르면 도시 성장 시 중심업무지구가 팽창하여 도시 외곽을 중심으로 지속적으로 확대되며 도시의 중심으로부터 동심원을 그려 구역상 특징별로 구분된다.[1] 도시는 이러한 동심원 구조를 기본으로 하되 철도 등 주요 교통시설, 주요 공공·오락·편의시설, 공장 및 상업지대의 집적화, 대중교통시설 변화, 도심 부지 가격 급증, 디지털 재택업무환경 증가, 법규의 변화 등에 따라 여러 개의 상업지구 발달 중심이 생기거나 사람들의 생활패턴이 바뀌면서 '변형된 동심원 구조'를 가진다고 할 수 있다.

2) 상권의 종류

이러한 기본적인 이론을 바탕으로 상권을 구분하면 다음과 같다. 1차 상권primary trading area, 2차 상권secondary trading area, 주변 상권tertiary or fringe trading area을 구분하는 방법으로 CSTCustomer Spotting Technique의 기법을 이용한 상권 구분 방법이 있다.[2] CST 기법은 자사 점포를 이용하는 고객들의 거주지를 지도상에 표시한 후 자사 점포를 중심으로 동심원을 그림으로써 자사 점포의 상권 규모를 시각적으로 파악하는 방법이다. 중심으로부터의 동심원에 따라 전체고객의 50~70%를 포함하는 상권을 1차 상권, 고객의 20~30%를 포함하는 상권을 2차 상권이라 하고 나머지는 주변 상권이라 한다. 주변 상권의 소비자들은 넓은 지역에 퍼져 있으며 쇼핑을 위해 장거리를 이동하므로 목적성 쇼핑destination shopping을 주로 한다.

상권 크기와 모양에 영향을 미치는 요소로는 인구 밀집도, 매장 접근성, 자연물과 인공물로 인한 장벽, 주변 경쟁 점포의 위치와 고객 흡인력 등이 있다. 인구 밀집도에 따라서 작은 지역에 많은 점포가 입점할 경우 상권의 물리적 크기는 작아진다. 한편 매장 접근성이 우수하거나 떨어지면 이에 대한 영향도 받는다. 그리고 산, 강, 도로, 공원, 교통시설, 공공시설 등의 위치에 따라서 상권은 원형의 동심원 형태가 아니라 지형을 따라 굴곡이 진 형태로 나타난다.

3) 상권 규모의 추정

상권 정보를 이용하여 상권의 규모를 추정함으로써 신규 점포 진출 시 예상 매출액을 산출할 수 있다. 먼저 전체 상권을 단위 거리예: 반경 1km, 5km에 따라 소규모 존으로 나누고, 각 존 내에서 유사 점포가 벌어들이는 매출액을 그 존의 인구 수로 나누어 존의 1인당 매출액을 구한다. 자사 점포가 입지하려는 지역의 상권 크기 및 특성이 유사 점포의 상권과 동일하다고 가정하고, 예상 상권 입지 내 각 존의 인구 수에 앞서 계산한 유사 점포의 동일 존에서의 1인당 매출액을 곱하여 신규 점포의 존별 예상 매출액을 구한다. 신규 점포의 예상 총 매출액은 각 존의 예상 매출액을 합하여 구한다. 주변 영향 요소에 따라 결과가 다를 수 있지만 신규 점포 입지 선택 전, 여러 입지의 예상 매출을 비교할 때 사용할 수 있는 방법이다.

표 4.1은 신규 점포의 추정 매출액을 구한 예시이다. 존 I의 경우 유사 점포의 주간 매출액을 인구 수로 나누면 1인당 매출액은 4만 원이다. 다음 신규 점포의 존 I에 대한 예상 매출액을 계산하면 유사 점포의 1인당 매출액 4만 원에 인구 수 4,800명을 곱한 값으로 1억 9,200만 원이 된다. 같은 방법으로 I~IV에 대해 구한 존별 예상 매출액을 모두 더하면 총 월별 매출액 추정치인 4억 3,860만 원이 나온다.

표 4.1 유추법에 의한 상권 규모 추정의 예

유사 점포의 자료

① 존	② 반경(km)	③ 고객의 %	④ 월간 매출액 (천 원)	⑤ 인구수	⑥ 1인당 매출액 (천 원)
I	0~5	40	200,000	5,000	40.0
II	5~10	30	120,000	8,000	15.0
III	10~15	20	80,000	11,000	7.2
IV	15~20	10	60,000	14,000	4.3

(계속)

신규 점포의 예상 매출액

①	②	③	④	⑤
존	반경(km)	1인당 매출액 (천 원)	인구수	각 존별 신규 점포 예상 매출액(천 원)
I	0~5	40.0	4,800	192,000
II	5~10	15.0	8,200	123,000
III	10~15	7.2	10,000	72,000
IV	15~20	4.3	12,000	51,600
총 월간 예상매출액				438,600

4) 상권 분석 시 대리지표의 활용

위에서 언급한 상권에 대한 정보 외에도 대리지표를 이용하여 상권의 정보를 파악하기도 한다. 주차되어 있는 차량의 가격 수준, 세탁소에 걸려 있는 의복 등을 통해 소득 수준 및 사회 계층 등을 추론할 수 있다. 다양한 인종이나 문화의 사람들이 거주하는지를 알아보기 위해 슈퍼마켓의 에스닉 푸드 파트에서 이국적 식재료의 다양성을 조사할 수도 있고, 해당 지역 아동 인구를 조사하기 위해 맥도날드처럼 슈퍼마켓의 우유 진열대 길이를 측정할 수도 있다.[3] 이처럼 패션유통업에서도 동종의 경쟁업체만을 조사할 것이 아니라 상권 특성을 이해하기 위해 다양한 대리지표를 활용할 수 있을 것이다.

2
입지의
개념과 종류

1) 입지의 개념

소매업에서 입지는 어떤 요소보다 중요한 성공 전략이다. 입지$_{location}$란 점포시설이 자리 잡는 지표상의 공간적 범위이며, 크게는 점포가 자리 잡게 될 지역을 의미한다. 대개 가지고 있는 예산 범위 내에서 최고의 상업지역을 물색하게 되는데, 잠재 고객이 자주 드나들고 눈에 잘 띄며 매장의 정체성을 드러낼 수 있는 입지 선택이 중요하다. 루빈벨트와 헤밍웨이[4]에 따르면 점포 전면의 가시성에 제한이 있고 도보 통행량이 적어 매출 잠재력이 감소한다면 임대료를 30% 절감하더라도 의미가 없다. 최상급 입지 전략은 체인화를 고려하는 사업체 초기 매장 개설에 꼭 필요하다.

2) 입지의 유형

(1) 단독점포 입지

독립된 점포가 들어서는 입지이다. 주변 상업지구의 특성에 따라 중앙상업지구central business districts, 2차상업지구secondary business districts, 근린상업지구neighborhood business districts로 구분할 수 있다.

중앙상업지구 도심downtown에 위치하며 도시의 큰 소매업 집적구역인 구매지역이다. 보행객이나 차량이 많으며 백화점과 전문점 등이 집적되어 있다. 서울의 명동, 부산의 광복동, 대구의 동성로, 광주의 충장로 등이 이에 해당한다.

2차상업지구 보통 2개의 주요 도로 교차점을 중심으로 점포가 집적된 지역이며 하나의 도시에 여러 개이고 전문점이 집적되어 있다. 강남구의 압구정역, 강남역, 삼성역 사거리 등이 이에 해당한다.

근린상업지구 인근 주민의 편의적 구매 요구를 충족하기 위한 전문점, 슈퍼마켓, 편의점 등이 위치하며 대로변이나 주거지역의 큰 도로변을 중심으로 분포되어 있다. 아파트 밀집지역을 중심으로 근린상업지구가 발달되어 있고 고가의 정장보다 캐주얼웨어, 이지웨어, 속옷 등의 판매가 활발하다.

(2) 대형 점포 내 입지

대형 점포 내 입지는 대형 쇼핑몰 내 입지 또는 백화점이나 할인점의 테넌트tenant, 그리고 여러 가지 소매점의 숍인숍Shop-in-Shop 형태를 포함한다. 계획적으로 설계된 대형 쇼핑시설 내에 입주하는 점포로서 관리 형태와 수수료율이 다양하다. 대형 점포는 고객의 관심이 높아 유동인구의 흡인력이 좋은 앵커 점포anchor store를 입점시켜 다른 점포들이 이 대표 점포의 고객 유입효과를 함께 누릴 수 있도록 하는 전략을 세운다. 미국의 쇼핑몰들은 제이시페니나 노드스트롬 등의 대표 점포격인 백화점을 유치하여 집객효과를 높이고, 한국의 쇼핑몰들은 자라, H&M, 유니클로 같은 글로벌 SPA를 대표 점포로 입점시키고자 한다.

대형 점포는 그 점포 안에서 다양한 상품구색이 이루어지도록 입점 점포를 결정하고 타깃 마켓에서 원스톱 쇼핑one-stop shopping을 즐길 수 있도록 환경을 제공해야 한다. 그러나 대형 점포 내 입지에 유사한 상품을 판매하는 점포가 밀집해 있으면 점포 간 과다 경쟁으로 판매가 부진할 수도 있다.

(3) 고립 입지

고속도로 주변이나 홀로 떨어진 입지에 쇼핑시설을 구축하는 것으로 낮은 임대료로 대형 매장을 구축할 수 있어 할인점, 테마파크형 쇼핑몰 등이 들어선다. 충분한 주차공간과 제품진열공간으로 목적 쇼핑객 유인에 적당하다. 프리미엄 쇼핑몰이나 대형 팩토리 아웃렛의 경우는 자체 상품이나 가격 경쟁력이 있어 이러한 입지를 선택하기도 한다. 고립 입지에 대형 쇼핑몰이 입점하여 주변 상권이 함께 발전하는 사례도 많다. 고립 입지를 선택할 경우 상품적·서비스적·환경적 측면에서 기존 점포와 차별화되는 장점을 가져야 성공할 가능성이 높다.

3) 입지 선정 시 고려 사항

다양한 소매 점포 입지를 비교할 때는 여러 가지 요소를 고려해야 한다. 상권이 해당 아이템의 점포가 입지하기에 적절한지, 입지 자체가 가지고 있는 불변의 요소들이 해당 점포에 적절한지, 비용이 어떠한지 등을 고려한다.

(1) 상권 특성

주변 상가나 점포의 아이템, 타깃 마켓, 가격대 등의 유사성이 높으면 긍정적이며, 주변 자연물이나 경관을 활용할 수 있는 입지도 그 목적에 따라 효과적일 수 있다. 예를 들어 공원을 바라보는 입지 등은 도심 속 휴식처의 느낌을 주며, 주변에 갤러리가 위치한 경우에는 문화·예술적 취향을 어필할 수 있다. 또한 주변에 대형 쇼핑몰이나 할인점, 대형 터미널이나 교차역 등 교통허브가 위치한 경우 유동인구가 많고 대형 건물의 주차시설을 이용할 수 있어 주변의 소형 매장 상권이 발달한다.

영등포의 경우 타임스퀘어 등의 쇼핑몰과 함께 주변 지상 및 지하도 상권이 발달하여 신흥 복합쇼핑몰 상권으로 각광받고 있다. 37만m²의 거대한 상업공간에 백화점, 대형마트, 영화관, 호텔 등이 들어서 유동인구를 확대시켰을 뿐만 아니라 유동인구의 연령도 낮추었다. 대형 쇼핑몰과 백화점의 주차시설과 생활편의시설을 이용하면서 쇼핑하는 인구가 주변 상권까지 확장시킨 예이다.

서울 인사동의 경우 한국문화 고유의 정취가 있어 천연염색 의상이나 한복점, 한국의 느낌이 묻어나는 친환경 의류 점포들이 입점하기를 원하는 상권이었다. 그러나 중국산 기념품 등이 범람하고 저가 화장품 체인점들이 늘어나면서 예전의 정취를 잃어 가자 소비자들이 전통과 현대문화를 융합한 삼청동으로 이동하였다. 최근에는 한국 전통미와 현대문화를 융합한 점포들이 소격동, 삼청동 주변으로 이동하면서 북촌 주변에 새로운 상권을 형성하였다.

강남상권에서 압구정동과 신사동 접경 지역인 가로수길은 한때 개성과 실험정신을 가진 편집숍과 디자이너브랜드숍들이 들어서면서 주변의 전통적 중심 상권인 압구정동과 연계하여 패션 중심 상권을 형성하였으나, 현재는 임대료가 상승하고 도산공원 주변 등에 대체 상권이 발달하면서 쇠락의 길을 걷고 있다. 한편 도산공원 주변에는 유명 편집숍들이 입점하고 압구정로데오 거리와 청담동 명품숍 거리 등이 다시 활기를 찾으면서 강남 패션 중심지 역할을 하고 있다. 그 외에도 잠실 롯데월드몰의 거대한 공간에 흥미로운 신흥 브랜드와 온라인 브랜드의 오프라인 플래그십 숍들이 입점하면서 패션상권으로서의 파워를 높여가고 있다.

홍대 주변은 젊은 소비자들의 스트리트 문화 중심지로서의 입지를 확고히 하며 스타일난다Style Nanda, 로미스토리Romistory 등 온라인 브랜드 플래그십 스토어나 아더에러Adererror, 로우로우Rawrow 등 온라인 편집숍을 위주로 성장한 스트리트 캐주얼 브랜드의 오프라인 점포가 들어서며 상권의 영향력을 보여 주고 있다. 홍대 상권은 명동, 강남역, 가로수길, 청담동 상권에 비해 임대료가 낮고 매출은 높은 편으로, SPA브랜드나 내셔널브랜드의 대형 매장도 입지하고 있다. 이러한 홍대 패션 상권의 활성화로 인해 주변 연남동 주택지 안쪽까지 상권이 확대되는 추세를 보이고 있다.

강북의 성수동 지역은 지난 10년간 가장 활발히 진화한 상권으로, 기존의 공장 및 창고의 넓은 공간을 개조하여 규모 있는 공간 연출이 가능한 건물이 많은 것이 장점이다. 2014년 건대 주변에 200개의 컨테이너를 연결하여 만든 구조물인

커먼그라운드에서 쇼핑, 다이닝, 공연 등의 서비스를 제공하며 주목을 받기 시작하였고, 현재 성수역부터 뚝섬역으로 이어지는 대형 상권을 형성하고 있다. 성수동은 다른 도심에 비해 비교적 넓은 공간을 가진 건축물들이 많은 지역적 장점을 잘 활용하여 다양한 브랜드의 플래그십 숍과 팝업스토어들이 입점하는 트렌디한 상권이 되었다. 성수동에는 버버리, 샤넬, 디올 등 명품 브랜드를 비롯한 다양한 업종의 브랜드 팝업스토어가 매주 열리며 온라인에서 팬덤을 쌓은 브랜드의 오프라인 진출도 활발하다. 마르디 메크르디Mardi Mercredi, 마리떼 프랑소와 저버Marithe Francois Girbaud, 마뗑킴Martin Kim, 세터Satur 등이 한남동과 성수동에 플래그십 스토어를 오픈하였다.[5][6]

한편 한남동과 이태원 상권도 활성화되었는데, 강남과 강북의 중간에 위치하여 접근성이 좋으며 고급 주택가가 위치하여 구매력이 뒷받침되는 장점이 있다. 유수의 갤러리와 현대카드 스토리지, 블루스퀘어 등 문화예술 시설이 많아 MZ세대 수요층의 니즈에 맞는 점포도 많이 입점해 있는 상권이다.[7]

사진 4 1
성수동의 편집숍과 팝업스토어

사진 4.2
청담동 상권에 입점한 명품 브랜드 샵

　　상권의 특성은 지속적으로 변화한다. 소비자의 라이프스타일 변화, 사회 기반 시설 변화, 임대료 변화, 건물 노후화 등에 따라 상권에 입점하는 매장의 특성에도 변화가 생기기 때문이다. 일례로 압구정로데오 거리와 도산공원 상권은 활성화된 반면 신사동 가로수길 부근의 상권은 침체기에 들어섰다. 한편 2020년 이후 코로나 팬데믹과 한한령限韓令: 중국 내 한류 금지령 등으로 중국 등 해외 관광객 방문이 급격히 줄어 명동 상권이 극심한 침체기를 겪었으나 2023년 이후 해외 관광객 유입의 증가로 다시금 활력을 되찾고 있다.

　　동대문 상권도 중요한 패션상권으로 그 황금기를 누려 왔다. 그러나 한한령 이후 중국 관광객이나 중국 보따리 소매상들이 줄어들었으며 온라인 쇼핑 활성화로 인해 내국인에게도 더 이상 차별적 가치를 제공하지 못하는 상권으로 전락하였다. 게다가 2019년부터 중국 정부가 개인 전자상거래 판매자들 모두 사업자 등록을 하여 이를 쇼핑몰에 공시하도록 하고 각종 세금을 납부하도록 하는 '전자상거래법 개정안'을 시행하면서 중국 보따리상들은 더욱 줄어들었다. 광저우 도매시장에서 한국 스타일의 옷을 더 싸게 생산하여 공급하는 구조가 구축된 것도 중국 소비자가 동대문을 찾지 않게 된 이유 중 하나이다.[8]

　　이처럼 상권의 성장과 침체는 시기에 따라 정도의 차이는 있지만 지속적으로 반복되는 경향을 보이므로, 다면적인 정보를 바탕으로 하는 상권 분석과 동향 예측이 필요하다.

(2) 매장 입지 특성

매장 입지의 특성으로는 매장의 규모와 모양이 적절한지, 건물의 상태가 양호한지, 인접해 있는 점포는 어떠한지, 가시성과 접근성은 어떠한지 등이 있다. 가시성은 매장이 얼마나 눈에 띄는지, 멀리서도 위치를 알아보기가 얼마나 쉬운지의 정도를 뜻한다. 매장 전면에 주 도로가 나 있으며 다른 구조물이나 가로수 등 자연물로 인하여 시야가 가려지지 않는 입지가 좋다. 하지만 가시성이 좋다고 해서 모두 접근성이 좋은 것은 아니다. 매장이 잘 보이는데도 불구하고 입구를 찾기 어렵다거나 건널목이 매장 입구와 멀다든가 주차시설이 미비하다든가 등의 다양한 이유로 매장으로의 접근이 힘들 수 있다.

접근성과 관련해서는 소비자 주거지와 가까운 곳에 입지하는 것이 무엇보다 중요하다. 단 5~10분의 거리 차이 혹은 건널목 하나를 더 건너야 하는 차이에 따라서 소비자들은 선호 점포를 결정하게 된다. 여주 프리미엄아웃렛의 경우 오픈 후 매출 상승세를 이어갔으나 불과 20km 거리에 서울과 더 근접한 이천 롯데아웃렛이 오픈한 이후 매출에 영향을 받았다.

접근성과 관련하여 충분한 주차공간 확보와 주차의 편리성은 매우 중요한 요소이며, 대중교통의 편리성, 도보 진입의 편리성도 충분히 고려되어야 한다. 쇼핑몰의 경우 적절한 주차비율은 1000ft^2$_{92.9m^2}$당 5.5대 정도이며 식품부를 포함한 대형 할인점은 1000ft^{2}당 15대 정도로 알려져 있다.[9] 상품의 타깃 마켓에 따라 도보 진입과 차량 진입의 편리성 중 어느 것에 더 중점을 둘 것인지도 결정할 수 있다. 학생이나 노인이 대상이라면 대중교통과 도보를 통한 진입을 중요하게 고려하고, 30~50대 가족이 타깃 마켓이라면 차량 접근성을 중시한다. 또한 차량 진입 시 사방에서 접근이 가능하도록 U턴 사인 등 교통 신호와 건널목 등 교통 시스템이 편리하게 구성될 수 있는지 고려한다. 다른 지역에서 찾아올 정도로 흡인력이 강한 점포라면 고속도로 진입이 편리한지도 고려 사항이 된다.

고속철도 개통 이후 소비자들은 자신의 주거지 외 다른 지역으로 쇼핑을 가는 빈도가 늘어나고 있으며 이를 아웃쇼핑$_{outshopping}$이라 한다. 고속철도를 이용하면 불과 1시간 만에 서울 지역으로 갈 수 있는 대전권의 경우, 서울로 아웃쇼핑을 하러 오는 소비자가 늘어나면서 지역 내 대형 백화점에 대한 수요가 줄어드는 경향이 나타나고 있다.

(3) 비용 및 제약조건

임대 및 구매비용은 매우 중요한 고려 사항이다. 소매점 점포 개설을 위한 리모델링이나 인테리어 작업 등에도 많은 비용이 소모되므로 이를 고려하여 장기적인 임대 및 사용 계획을 염두에 두고 결정해야 한다. 브랜드 이미지를 고양시키기 위한 플래그십$_{flagship}$ 점포의 경우는 임대료가 높더라도 브랜드 전체에 미치는 영향을 고려하여 높은 가격을 수용하기도 한다. 특히 우리나라에는 권리금 제도가 있어 점포를 임대할 때 임대료 외에도 권리금이라는 명목으로 추가금액을 지불하는 경우가 많다. 이는 전에 같은 업종의 점포를 하는 과정에서 축적한 입지에 대한 이미지나 기존 고객층을 이전시키는 대가를 지불한다는 개념인데, 이는 법으로 보호받지 못하는 경우가 대부분이므로 권리금 포함 여부와 수준도 확인해야 한다.

　대규모 유통시설 입점 시 정부나 지방자치단체에서 공원 등 공용시설을 제공하는 등의 부수적인 조건을 요구하는 경우도 많으며 주변 소규모 상권 관계자들의 협조를 구하기 위해 부수적인 지출이나 투자가 필요한 경우도 많아지고 있다. 따라서 매장 임대료나 시설 구축비용뿐만 아니라 예상되는 부대비용을 감안하여

표 4.2 매장 입지 선정 시 고려 사항

특성	고려 사항
상권 특성	• 소비자들이 그 구역을 해당 업종이나 상품군에 적합한 존으로 인식하는가? • 인접 점포들이 유사 또는 관련 상품을 취급하여 쇼핑객 유입에 도움을 주는가? 과도한 경쟁을 유발하지 않는가? • 교통체증이 과도하지 않은가? • 주변에 유동인구를 유발하는 공공·문화·오락시설 등이 있는가? • 주변에 주차장 등으로 사용할 수 있는 공용 또는 유휴공간이 있는가?
매장 입지 특성	• 건물의 상태가 양호한가? • 점포의 크기와 모양이 적절한가? • 차량·도보로 접근 시 매장 접근성이 우수한가?(교통신호, 건널목, 대중교통 이용 편이성 등 확인) • 매장 간판이나 입구 등에 대한 가시성이 우수한가? • 주차장 시설은 충분한가? • 매장 입구, 엘리베이터, 계단 등을 이용하기 편리한가? • 상품을 입·출고하기에 적절한 구조와 여유공간을 가지는가?
비용 및 제약조건	• 매장 임대료와 임대조건은 적절한가? • 추가적인 공사 및 시설비용이 요구되는가? • 매장 개설 후 지속적인 유지·보수, 시설 사용, 공동 프로모션, 기획상품 제공 등에 소요되는 비용이 적절한가? • 사전에 예상하지 못한 비용 발생 원인은 없는가?

자료: Levy, M., Weitz, B. A., & Grewal, D.(2018). Retailing management(10th ed.). McGraw-Hill

안정적으로 장기간에 걸쳐 공간과 시설을 사용할 수 있도록 계약 조건을 면밀히 따져야 한다. 그 외에 간판 사용이나 할인행사 과다 동원 등 제약조건들이 있는지 알아보아야 한다. 특히 백화점이나 대형 쇼핑몰 등 대형 점포 내 입지의 경우 유통업체의 스케줄에 따라 할인행사, 기념품 제공, 기획상품 출시 등을 필수적으로 해야 하는 경우가 있으므로 예상수익 산출 시 이러한 요소들을 고려해야 한다.

4) 새로운 입지 트렌드

(1) 교통허브 입지

유동인구가 많은 지하철 교차역 및 철도역 역세권, 주요 버스터미널 주변과 공항을 중심으로 지상과 지하를 연결하는 상권이 발달하게 된다. 이러한 교통허브 지역에서는 교통시설을 이용하기 위해 방문하는 사람들이 대기 시간에 쇼핑을 하거나 선물용 상품을 구매하는 경우가 많다. 서울역, 영등포역, 강남 고속버스터미널, 김포공항, 인천공항 등은 대표적인 교통허브 입지이다.

(2) 복합용도 입지

쇼핑몰이나 대형 할인점 내에 다양한 소규모 점포가 입점하는 것과 달리 건설시점부터 복합용도를 목적으로 입지하는 건축물들이 늘어나고 있다. 이 경우 쇼핑몰, 오피스 타워, 호텔, 컨벤션센터, 주거용 오피스텔 등이 한데 들어서면서 집적된 주상복합 상업시설을 이룬다. 이 구역 안에서 일하고 생활하고 즐길 수 있는 모든 것이 포함된 환경을 제공함으로써 고객의 편의성을 강화하는 것이다. 국내에서는 서울의 코엑스몰이나 부산 센텀시티 등이 대표적 사례라 할 수 있다.

(3) 숍인숍 입지

주변에 상주하는 인구의 집적이 크고 유동인구가 많으면 전문점, 편의점, 슈퍼마켓 등 편의품 중심의 점포가 활발히 들어선다. 카테고리 킬러 등 대형 전문점, H&B 스토어, 화장품 전문점, 의류브랜드 점포 등이 숍인숍shop-in-shop 형태로 체인을 확장한다. 무인양품이나 유니클로 같은 SPA 브랜드는 숍인숍 형태로 체인을 확장해 왔으며, 화장품 전문점 체인인 세포라도 숍인숍 형태의 유통으로 성장하였다.

(4) 임시 입지

임시로 단기간 개설하는 점포를 팝업스토어_{pop-up store}라고 한다. 팝업스토어는 기존 상업시설에 입점시키거나 홍보용으로 고립 입지에 개설할 수 있으나 상업 인가가 나지 않은 거리에서도 찾아볼 수 있다. 최근에는 자동차에 간이 매장을 만들고 이동 주차하여 원하는 자리에서 임시적으로 점포를 운영하는 사례도 늘고 있다. 축제, 행사, 운동경기 시 한시적으로 임시 점포를 개설하여 참가자들의 상품 구매 수요를 충족시키는 것이다.

RETAIL FOCUS

플리마켓의 진화

벼룩시장으로 불리는 플리마켓_{flea market}은 중고물품, 수공예품, 수제식품 등이 거래되는 장터이다. 과거에는 동묘 벼룩시장이나 서초토요벼룩시장처럼 오래전부터 중고품 거래터였거나 기관이 주도하는 벼룩시장들이 많았다. 그러나 최근 플리마켓이 전문 소상공인 제품이 거래되는 트렌디한 장소로 인식되면서 전문 플리마켓 사업자들의 영향력이 커지고 있다. 트렌디한 플리마켓 형태는 '홍대앞 예술시장 프리마켓'에서 시작된 것으로 알려졌는데 이를 운영하는 민간단체 '일상예술창작센터'는 청계천, 연남동, 신촌 등지에서 플리마켓을 기획해 왔다. 일상예술창작센터는 창작을 업으로 하는 창업자를 돕고 대안적 문화예술서비스를 지향한다.

SNS를 통한 홍보가 활발해지면서 플리마켓 전문 기획자들이 늘어나고 있다. 그중 '띵굴시장'은 유명 살림 파워블로그 '그곳에 그 집'을 운영하는 띵굴마님 이혜선 씨가 2015년에 시작한 것으로, 기획자가 좋아하는 브랜드들을 중심으로 플리마켓을 기획해 왔다. 서울, 부산, 대구, 제주 등 전국 각지에서 개최하는 오프라인 플리마켓과 며칠간만 제한적으로 운영하는 온라인 띵굴시장을 운영한다. 이러한 플리마켓이 큰 인기를 얻으면서 라이프스타일 편집매장 '띵굴 스토어'를 현대백화점과 롯데몰 등에 오픈하였고 온라인 상설 띵굴마켓을 운영하며 새벽 배송 서비스도 제공한다.

도쿄의 네이버스 마켓에 참여한 파타고니아 푸드 트럭

그 외에도 부산에 기반한 소상공인 중심의 '마켓움', '무소속연구소'가 기획하는 '연희동네 스몰마켓' 등 다양한 플리마켓이 지역, 문화, 예술, 소상공인을 연결하며 새로운 판로를 개척하고 있다.

해외에서도 여러 입지에 플리마켓을 활성화하여 소상공인의 판로개척과 브랜드의 신제품 홍보에 도움을 주고 있다. 이러한 플리마켓은 SNS를 통한 홍보와 판매, 온라인 마켓으로의 진출 등을 통해 다각도로 확장되고 있다.

자료: 띵굴마켓(thingoolmarket.com); 이택수(2018. 7. 9).
KB 지식 비타민: 소셜네트워크서비스로 날개를 단 한국의 '플리마켓'.
KB금융지주 경영연구소

이러한 임시 점포는 예상을 뛰어넘는 장소에서 특별한 체험공간을 제공하거나 독특한 아이디어를 표현하여 고객들의 입소문을 유도하고 비용 대비 우수한 홍보 효과를 누린다. 최근에는 온라인을 통한 구전 효과에 의한 홍보의 비중이 늘면서 리테일러들은 다양한 종류의 팝업스토어를 개발하여 이를 브랜드 홍보에 적극 활용하고 있다. 샤넬Chanel은 홍대 상권에 오락실 콘셉트의 팝업스토어 '코코 게임센터'를 오픈하여 샤넬 로고가 박힌 게임기 앞에서 샤넬 화장품을 볼 수 있게 하고 구슬 뽑기 게임기를 통해 샘플 제품을 제공하는 획기적인 팝업스토어 기획으로 이목을 끌었다. 지속적으로 새로운 컨셉과 타깃을 공략하며 주된 프로모션 도구로 팝업스토어를 활용하고 있는 샤넬은 뷰티 컬러 라인의 출시를 기념하며 성수동에 샤넬 코드 컬러 팝업을 진행하였다. 에르메스Hermes는 세탁소를 연상시키는 팝업스토어를, 버버리Burberry는 여행을 모티프로 한 팝업스토어를 공항에 개점하여 고객의 흥미를 끌었다. 백화점들도 팝업스토어를 위한 공간을 마련하고 있다. 롯데백화점은 팝업스토어를 위한 '더웨이브' 매장을 구성하고 소규모이지만 이슈가 되는 브랜드를 한시적으로 입점시켜 집객효과를 높였으며 성과가 좋은 브랜드는 추후 상설매장으로 유치하는 전략을 사용했다.[10]

최근 공간의 활용도를 높이고 지속적으로 변화하는 소비자 요구를 충족시키기 위하여 공간의 디스플레이, 이벤트, 용도, 제품믹스 등을 수시로 바꾸는 전략이 확산되고 있는데, 이를 주변 환경에 맞추어 계속 변화한다고 하여 '카멜레온 존'이라 부르기도 한다.[11] 벼룩시장을 뜻하는 플리마켓flea market도 임시 입지를 사용하는 대표적인 예이다. 장터나 스트리트뿐만 아니라 백화점, 전시장, 다른 매장 등여러 장소에서 한시적으로 열리는 매매장터인 플리마켓은 다양한 형태로 발전해 가고 있다.

(5) 휴양지 입지

산, 강, 바다 등에 접한 휴양지 주변 입지도 확대되는 추세이다. 늘어가는 등산객들을 대상으로 산 입구 등에 위치하는 아웃도어웨어 매장이 확대되고 있으며, 리조트 시설 주변에서 수영복이나 휴양 시 편하게 입을 수 있는 의상 및 액세서리, 혹은 지역 특산품을 중점적으로 판매하기도 한다. 북한산 등산로 입구에 위치한 아웃도어웨어 매장이나 소백산 콘도에 입점한 풍기인견 의류 전문점 등이 그 예이다.

(6) 대안 입지

기존 입지에 대한 신선함 부족과 임대료 상승으로 인해 대안 입지들이 개발되고 있다. 서울 외곽순환도로에 위치한 시흥 하늘휴게소는 기존에는 생각하지 못했던 고속도로 상단 부분에 구조물을 건축하여 일산 및 판교 방향 모두에서 접근할 수 있게 하는 새로운 입지 전략을 구사하였다. 이러한 전략의 결과물인 '브릿지스퀘어_{Bridge Square}' 1층에는 카페 및 스낵 매장을, 2층에는 패션·잡화·화장품 매장을, 3층에는 식당가, 푸드코트, VR 게임룸 등을 배치하였다.[12]

모바일 쇼핑이 성장하면서 SNS를 통해 점포의 특징과 위치를 공유하는 문화가 활발해졌다. 이러한 상황에서 가시성이나 접근성이 떨어지더라도 점포와 제품의 개성이 두드러지는 경우, 입지의 불리함을 넘어서는 사례가 늘어나고 있다. 특색 있는 골목상권이 발달하고 저렴한 임대료를 통해 가성비 높은 제품과 서비스를 제공할 수 있다는 장점을 활용하는 매장들이 많아졌다.[13]

한편 자동판매기 사업을 통해 새로운 입지를 활용하는 사례도 늘고 있다. 글로벌 화장품 편집숍 세포라_{Sephora}는 2009년부터 자동판매기 사업을 시작하였다. 인기 아이템 50여 종을 구비한 세포라 자동판매기는 미국 쇼핑몰이나 공항 등 유동인구가 많은 곳에 배치된다. 더바디샵이나 베네피트 등 다른 뷰티업체들도 자동판매기 사업을 시작하였으며, 국내 브랜드 이니스프리도 2017년 이후 '미니숍'이라는 자동판매기를 운영하고 있다. 패션브랜드 유니클로도 미국 샌프란시스코와 휴스턴 공항 등에 '유니클로 투 고_{Uniqlo-to-go}'를 설치하여 자동판매기 사업을 한다. 최근에는 사물인터넷 기술을 자동판매기에 적용하여 소비자의 구매 패턴을 분석하고 이를 바탕으로 기기별 공급 제품과 물량을 결정하는 사업이 늘고 있는데, '파머스 프리지_{Farmer's Fridge}'는 이러한 방식으로 샐러드를 판매한다.

무인양품_{Muji}도 식품류 등을 자판기 형태로 판매하는 무지포켓_{Muji Pocket}을 운영 중이다. 이랜드의 경우에는 팬티, 양말 등 기본 아이템을 중심으로 대형 점포 입점이 어려운 특수 상권에 스파오_{Spao} 자동판매기를 설치 운영중이다. 이러한 자판기 사업은 옥외광고의 효과와 MZ세대의 수요를 모두 잡을 수 있어 지속적으로 확장될 추세이다.[14]

이외에도 이동 트럭이나 이동 매대를 진화시켜 무인 시스템을 갖춘 이동 매장을 출시한 기업도 있다. 중국 상하이의 모비마트_{Moby Mart}는 무인 편의점과 자율주

정신적 회계와 입지별 지출 행동의 차이

2017년 노벨경제학상 수상자인 리처드 세일러Richard Thaler는 정신적 회계mental accounting의 개념을 제시했다. 정신적 회계란 사람들이 용도에 따라 다른 예산을 책정하고 소비하는 것을 말한다. 여행을 갔을 때는 돈을 흥청망청 쓰던 사람도 일상생활로 돌아오면 적은 돈도 신중하게 쓰는 경향이 있다. 이를 입지와 연결하여 생각하면 사람들이 친구들과 약속을 잡고 놀러가는 지역과 매일 오가는 집 주변은 정신적 회계상 다르게 취급된다는 것이다. 특별히 시간을 내어 멀리 쇼핑하러 가면 보다 많은 돈을 지출하기 쉽지만, 매일 오가는 집 주변에서는 비싼 옷을 사기 꺼려진다. 일반적으로 주거 지역은 예산 규모가 낮고, 오피스 지역은 예산 규모가 그보다 높으며, 번화한 중심 상권의 경우에는 예산 규모가 더 높은 경향이 있다. 따라서 입지 선정 시에는 지역 인구의 경제 수준과 그 지역 인구의 생활 패턴을 함께 고려해야 한다.

자료: 디 아이 컨설컨트, 에노모토 아츠시, 구스모토 다카히로(2019). 로케이션. 다산북스; Thaler, R.(2008). Mental accounting and consumer choice. Marketing Science, 27, 15-25

행차가 결합된 형태로 제품을 싣고 스스로 이동·운영된다. 미국 캘리포니아의 로보마트도 유사한 서비스를 개발했다.[15] 이처럼 온라인 쇼핑 활성화와 함께 오프라인 매장의 딜리버리 시스템 발달이 가속화되면서 더 많은 대안 입지들이 개발·활용될 것이다.

사진 4.3
대안 입지 개발의 예

모비마트의 무인 편의점

무인양품 자판기

1) 시스템을 활용한 정보 획득

(1) 통계지리정보서비스의 활용

통계지리정보서비스_{sgis.kostat.go.kr}는 국가통계 자료에 기반하여 사용자의 조건에 맞는 지역 정보를 제공해 준다. 여기서는 자연_{대기오염도, 녹지비율}, 주택_{공동주택비율, 아파트가격, 공시지가 등}, 지역 인구_{연령대별 인구비율, 유입인구비율 등}, 안전_{화재, 교통, 범죄 안전 등}, 생활 편의_{편의시설 수, 쇼핑시설 수, 외식시설 수, 대중교통 이용률 등}, 교육_{고등교육기관 수, 학원 수 등}, 복지문화_{유치원 및 보육시설, 병의원 및 약국, 사회복지시설, 문화시설 등} 정보가 제공된다. 이 서비스에 원하는 지역을 표시하고 이 지역에 대해 알고 싶은 내용을 조건으로 설정하면 통계 결과를 보여 준다. 이를 통해 특정 지역의 인구 구조, 주거 상태, 사업체 종사자, 주변 사업체, 대중교통 이용률 등을 알 수 있어 해당 지역에 특정 점포를 진출시키기에 적당한지 판단하기 위한 근거자료로 활용할 수 있다.

통계지리정보서비스 활용 사례: 중가 유아동복 편집숍의 입지 선정

통계지리정보서비스를 사용하기 위해서는 먼저 [대화형 통계지도] > [인구주택총조사] > [가구조건]에서 2세대 가구를 선택한다. 경기도를 기준으로 2세대 가구를 조사한다. 검색 결과를 보니 경기도 지역의 가구 수에서 '경기도 부천시의 2세대 가구 수'가 16만 6,205세대로 가장 많았다. 상세 검색 결과 '경기도 부천시 2세대 가구 수'는 부천시청 주변에 밀집되어 있으며 어린이 교육시설과 아파트 단지가 많았다. 따라서 부천시청 주변 아파트 단지 상가 중 입점이 가능한 곳을 알아보면 된다.

자료: 통계지리정보서비스(http://sgis.kostat.go.kr); 구수인

---

(2) 소상공인상권정보시스템의 활용

소상공인시장진흥공단은 소상공인상권정보시스템을 구축하여 누구나 사용할 수

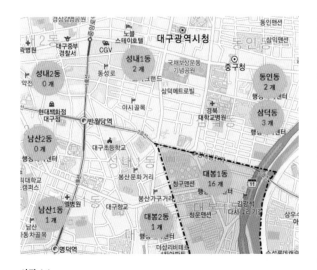

사진 4.4

소상공인상권정보시스템 활용 화면

대구 대봉동 주변 예복 웨딩드레스샵 분포를 보여 주고 있다.

있도록 제공하고 있다. 이 시스템의 서비스는 상권분석, 경쟁분석, 입지분석, 수익분석, 점포이력으로 구성되어 있다. '상권분석'은 특정 지역·영역·업종에 따른 매출, 인구, 지역에 대한 상권정보를 제공하고 업종별 상권의 추이와 창·폐업률, 유동·거주 인구, 지역별 접객시설, 학교, 교통 등에 대한 정보를 제공한다. '경쟁분석'은 업소별 경쟁 영역 내 거래 건수를 기반으로 경쟁 수준을 평가할 수 있는 지표를 안정·주의·위험·고위험의 4단계로 제공한다. '입지분석'은 특정 입지에 대한 표본업종별 예상 매출액의 평균값으로 평가한 입지등급 정보를 제공한다. '수익분석'은 특정 위치와 업종의 추정 매출액, 투자비 회수를 위한 목표매출 및 고객 수, 유사입지 및 유사 업종의 매출 현황과의 비교 분석 정보를 제공하며, '점포이력'은 특정 위치의 개·폐점 이력 정보를 제공한다. 이 시스템을 통해 관심 상권에 대한 인구 통계, 지역 특성, 경쟁 현황, 임대 시세, 매출 통계 등 구체적인 정보와 입력한 조건에 대한 '상권분석 컨설팅 보고서'를 얻을 수 있다.

(3) 서울시 상권분석 서비스의 활용

서울시는 소상공인 상권정보시스템과 별도로 서울시에 대한 상권분석 서비스를 제공하고 있다. 소상공인 상권분석시스템과 서비스 내용이 유사하나 서울 지역에 한해 상권을 골목상권, 발달상권, 전통상권으로 나누어 상세 정보를 제공한다.

사진 4.5

서울시 상권분석 서비스 메인 화면

상권의 조사

상권 정보

- 인구 규모: 5~10년간 인구센서스 및 주민등록, 통계청 통계지리정보시스템
- 도시의 면적과 토지 이용: 5~10년간 시·도 통계 연보와 토지대장
- 지가 분포: 최근의 국세청·국토교통부 공시지가와 매매 실태
- 교통량: 최근 국토교통부 교통량 조사와 도시별 교통 계획
- 도로 시설의 위치·이용 상황·정비 상황: 최근의 지자체 담당 부서 자료
- 상점 수·종업원 수·제조업의 매출액: 5~10년간 통계청 통계조사 자료
- 세대주·주택호수·주택 규모·건물 용도·구조·건축 면적·허가 면적: 최근의 인구센서스와 시·도 통계연보

- 토지의 자연적 환경과 택지 개발 상황 및 건축 동향: 최근의 시·도 통계연보와 도시 계획 자료, 5~10년간 지자체 담당 부서와 토지개발공사 및 주택공사 자료
- 법적 규제: 용도 제한, 도로 계획, 도시 계획 및 각종 건축 제한 관련 담당 부서

상권조사 항목

- 인구집적: 인구 분포, 소득 수준, 인구 특성, 주택 상황, 지가 동향, 주·야간 통근인구
- 교통상황: 교통수단의 편리성, 도로 상황, 교통 계획
- 시가지 특성: 보행자 통행량, 내점객의 특성, 상점가 이미지
- 상업 집적: 고객 흡인력, 매장 면적, 대형 점포율, 임대료 수준
- 주변 시설: 주변 지역 이미지, 용도 조성, 주변 유동인구 유발 시설, 주변 자연경관, 공해 유발 시설, 문화 시설

2) 상권 및 입지 분석 시 고려 사항

(1) 매장 확장과 입지 선정

매장의 입지를 선정할 때는 위의 상권조사 항목에서 조사한 대부분의 지표를 고려하여 종합적으로 가장 경쟁력이 높다고 판단되는 후보 입지를 선정하게 된다. 이때 후보 입지의 임대료, 임대 조건, 유지 비용 등 매장 개설 및 운영 비용이 적합한지, 주변 점포와 함께할 때 상호 시너지 효과를 내는지, 아니면 유동인구 규모에 비해 과도한 경쟁을 유발하는지, 자사의 주 고객층 및 발전 방향에 비추어 볼 때 전략적으로 적합한 입지인지, 그 입지 주변 상권이 발전하는지 퇴보하는지, 차량과 도보를 이용한 고객의 접근성과 매장의 가시성이 충분히 확보되는지 등을 고려하여 최적의 입지를 선정한다.

한정된 지역 내에 자사의 점포를 집중시키고 해당 시장에서 인지도와 고정 고객을 확보한 후 다른 지역으로 매장을 확대하는 것은 투자자본이 제한적인 신규

소상공인 상권정보시스템 활용 사례: 대구 중구 교동 주변 골목상권에 젊은 여성 소비자 대상 편집숍 입지 선정

이 지역 중심지인 카페거리를 중심으로 지역을 설정하여 상권 등급을 확인하니 2등급이었다. 상권평가지수는 9.76% 증가세를 보였고, 유동인구 비중은 성별 및 연령대별로 고르게 분포 되었다. 상권종합평가보고서를 통해 이 지역은 구매력과 성장성은 높고 집객력은 상대적으로 낮음을 알 수 있었다. 따라서 성장하는 상권임이 분명하나 유동인구 중 여성 집중도가 높지 않고 집객력도 높지 않아 개성이 강하고 콘셉트가 분명한 편집숍으로 구성하는 것이 효과적일 것이다.

상권평가지수

배점	점수	내용			
구매력 (20점)	17.6점	<상권 매출 규모 / 소비수준 / 건당 결제금액 레이더 차트>	상권 매출 규모(7.5점)	7.5점	선택지역 면적당 매출액
			건당 결제 금액(7.5점)	5.1점	선택지역의 평균 건당 결제금액
			소비수준(5점)	5.0점	주거인구, 직장인구, 월평균 소비 규모
			구매력지수 산출 항목 중 상권 매출 규모의 비중이 상대적으로 높다.		
집객력 (20점)	13.2점	<유동인구 / 배후 직장인구 / 배후 주거인구 레이더 차트>	유동 인구(10점)	9.7점	선택지역 내 면적당 유동인구 수
			배후 주거 인구(5점)	1.3점	선택지역 내 면적당 주거인구 수
			배후 직장 인구(5점)	2.2점	선택지역 내 면적당 직장인구 수
			집객력지수 산출 항목 중 유동인구의 비중이 상대적으로 높다.		
성장성 (20점)	18.2점	<매출증감률 / 예상성장률 / 상권 매출 비중 레이더 차트>	매출증감률(10점)	8.6점	작년 동월 대비 전체 매출 규모 증감률(5점)
			상권 매출 비중(5점)	4.6점	작년 동월 대비 전국 대비 선택지역 매출 비중 증감률
			예상성장률(5점)	5.0점	반기별 매출 증감 추이를 이용하여 향후 1년간의 매출을 예측한 지표
			성장성지수 산출 항목 중 매출증감률의 비중이 상대적으로 높다.		

자료: 상권정보시스템(http://sg.kmdc.or.kr); 홍기석

브랜드의 전략으로 적절하다. 이를 통해 물류센터와 배송 및 관리 비용을 절약할 수 있으며 한정된 시장 내에서 소비자들에게 더 많은 노출이 가능하다. 이를 허브 앤 스포크hub and spoke 확장모형이라고 하는데 먼저 안방시장을 장악한 후 인근 도시나 타 지역으로 확장하는 전략이다.[16] 이 전략은 한정된 지역의 주요 상권에 다수 점포를 집중적으로 개설하여 상표 인지도를 높이고 시장 지배력을 강화하기 위한 것이다. 한 시장에서 일정 수준의 고객을 확보한 후 다음 시장으로 진출하는 전략은 상품이나 서비스에 대한 차별이 적고 경쟁이 치열한 시장에서 더욱 효과적이다. 이러한 전략은 스타벅스 매장 확장 전략에서도 볼 수 있는데, 스타벅스는 서울 종로 지역 반경 2km 내에 61개의 매장서울 전체 매장 수의 15%이 있을 정도로 한정 지역 집중 출점 전략을 취하고 있다. 이는 브랜드 가시성을 단기간에 향상시키고 식자재 조달에서 유리한 근거리 물류망을 확보하여 효율성을 강화하는 것을 목적으로 한다. 스타벅스는 직영점 위주의 출점으로 인해 가맹점에 요구되던 '영업권 보장을 위한 출점거리 제한반경 500m'을 받지 않았기 때문에 가능한 일이었다. 한편 이것이 프랜차이징 커피 체인들에 대한 역차별이라는 지적하에 2014년 출점거리 제한 규제가 폐지되었는데, 그 후 무분별한 커피숍 출점으로 경쟁이 과열되고 있다.[17]

좁은 지역 내에 많은 수의 점포가 입지하면 자사 점포 간 경쟁이 과열된다. 이 경우 시장의 크기가 일정 수준 이상으로 성장하면 자기잠식cannibaliza-tion으로 이어지고, 매장 간 가격 할인에 의존한 프로모션 경쟁을 하기 쉽다. 특히 동일한 브랜드의 체인스토어들은 전체 체인의 이윤 최대화가 목표이므로 이윤이 증대하는 한 더 많은 점포를 개설하는 경향이 있다. 매장이 많을수록 고객은 더 쾌적하고 여유로운 환경에서 쇼핑할 수 있고 이는 유통체인의 긍정적인 이미지 형성에 도움을 주며 다른 체인스토어에 대해서는 그 지역 진출을 막는 진입장벽으로 작용한다. 그러나 과도한 점포 개설은 채산성 악화를 불러오므로 장기적으로는 적정 매장 수를 유지하게 된다. 롯데백화점과 홈플러스 등 대형 할인점들도 점포 수를 지속해서 늘리다가 이후 업태를 다변화하여 동종 점포 간 경쟁을 줄이면서 점포 수를 늘리고 있다. 예를 들어 롯데백화점은 중규모의 영캐주얼 중심인 영플라자점, 명품 중심의 애비뉴엘점, 김해·파주·이천 등에 오픈한 프리미엄아웃렛점, 서울역 등에 위치한 도심형 아웃렛점 등으로 점포 형태를 다변화하여 확장하여 왔다.

(2) 법적 규제

'대·중소기업 상생협력 촉진에 관한 법률'에 따르면, 대기업 등이 사업을 인수·개시·확장하여 중소기업의 경영 안정에 현저하게 부정적인 영향을 미치거나 미칠 우려가 있다고 인정될 때 중소기업단체는 사업 조정을 신청할 수 있다. 이런 규제를 통하여 백화점, 할인점, 슈퍼마켓 등 주요 유통시장의 대부분을 대기업 유통 브랜드가 장악하고 있는 상황에서 이들의 무분별한 체인 확장에 대해 중소기업 및 소상인들이 규제를 요청할 수 있다.

'유통산업발전법'은 대형 점포, 도매점, 재래시장, 체인점 등 유통업체 관련 법규로 이 중 입지 관련 내용은 대형 점포와 인근 지역 도소매업자 또는 주민 사이의 분쟁을 조정하기 위하여 시·도 및 시·군·구에 각각 유통분쟁조정위원회를 설치하여 운영하게 하는 것이다. 영세한 국내 유통시장의 기술 도입 및 경쟁력 강화를 위해 다국적 유통업체의 국내 진출을 허가하고 '외국인투자촉진법상'의 조세 감면 혜택을 부여하였다. 지방자치단체 차원의 건축 허가, 교통 및 환경 영향 심사 등에서 간접 규제를 통하여 유통업체 입지 규제를 시행하고 있으며 자연녹지 내 대형할인점 및 쇼핑몰 설치 촉진을 위한 제도를 마련하였다.

'유통산업발전법'에서는 영업시간의 제한을 받는 대규모 점포의 종류를 정하여 쇼핑센터 또는 복합쇼핑몰 등에 개설된 대형마트에 영업시간 제한 및 의무 휴업일을 적용하도록 하고 있다. 또한 대규모 점포를 개설하거나 전통상업보존구역에 대규모 점포를 개설하려는 자가 시장·군수·구청장에게 등록할 때에는 상권영향평가서 및 지역협력계획서를 첨부하도록 하되, 시장·군수·구청장이 상권영향평가서 등이 미진하다고 판단하면 그 보완을 요청하도록 하는 내용을 삽입하였다. 이를 통해 대형 점포에 대한 규제 강화와 이에 따른 지역 중소 소매상의 보호를 위해 노력하고 있다.

또한 '도시교통정비 촉진법'에 따라 인구 10만 명 이상 도시에서 각층 바닥 면적의 총합이 $1,000m^2$ 이상인 시설물_{단, 주택단지 내에 위치하며 도로변에 위치하지 않은 경우는 각층 바닥 면적 총합 3,000m² 이상인 시설물}에 '교통유발부담금'을 부과한다. '교통유발부담금'은 시설물 각 층 바닥 면적의 합계, 단위부담금, 교통유발계수 등을 반영해 산정하며 법령에서 정한 기준의 100%까지는 지자체가 조정할 수 있도록 규정한다. 이러한 '교통유발부담금'은 지방도시교통사업 특별회계에 귀속되어 도시 교통 정비에 사용된다.

'더현대서울'은 총 600여 브랜드가 입점한 서울 최대 규모 백화점으로, 바닥면적 8만 9,100㎡로 교통유발부담금이 연간 19억 4,590만원에 달한다. '더현대서울'의 부담금은 쇼핑시설 바닥면적 합계에 단위 부담금(3만 ㎡ 이상 기준 2,000원)과 교통유발계수(서울 영등포구 기준 10.92)를 곱해 산출한다. 쇼핑시설이 클수록, 교통이 혼잡한 지역에 입지할수록 부담금은 높아진다.[18]

1) 허프중력이론

4
입지 분석
이론

허프중력이론Huff Gravity Model은 '매장의 크기'와 '매장에 도달하는 데 걸리는 시간'이라는 두 가지 요인을 바탕으로 뉴턴의 중력이론을 응용하여 매장의 흡인력을 계산하는 방법이다. 이는 매장의 크기가 소비자 유인력에 정적으로 작용하고, 매장에 도달하는 데 걸리는 시간이 소비자 유인력에 부적으로 작용한다는 논리를 가진다. 즉, 매장이 크면 상품이 다양하여 고객들이 쇼핑하기 위해 방문할 확률이 높고, 매장이 멀면 시간 소비가 많아 고객이 방문할 가능성이 줄어든다는 것이다. 따라서 기존 매장의 위치와 매출액을 통해 신규 매장의 매출액을 추정할 수 있다. 허프중력이론에서 P_{ij}는 고객이 j 위치에 있는 i 매장에서 구매할 가능성, S_j는 j 위치에 있는 매장의 크기, T_{ij}는 고객이 j 위치에 있는 i 매장에 도달하는 데 걸리는 시간이다. 지수 λ는 매장 크기 대비 매장 도달시간의 상대적 영향 정도를 반영한다. λ가 1 이상이면 매장 도달시간이 더욱 큰 영향을 미치고 λ가 1 이하이면 매장 크기가 더 큰 영향을 미친다. 생필품 등을 구매할 때는 매장 도달시간이 더 중요하겠지만 의류 등 패션상품을 구매할 때는 매장의 크기가 더 중요할 것이다. 일반적으로 λ는 매장 고객의 쇼핑 패턴을 분석하여 통계적으로 산출한 수치를 사용한다.

$$P_{ij} = \frac{S_j \, / \, T_{ij}^{\lambda}}{\Sigma S_j \, / \, T_{ij}^{\lambda}}$$

예를 들어, A 지역에 사는 주민들의 시장 규모는 연간 5억 원이고 B 지역에 사는 주민들의 시장 규모는 연간 3억 원이다. 이때 기존 매장은 50평 규모로 총 매출액은 8억 원이며 이 중 5억 원은 A 지역 주민에 의해서, 3억 원은 B 지역 주민에 의해서 발생하는 매출이다. A 지역에서 기존 매장까지의 거리는 10분, B 지역에서는 5분이 소요된다. 신규 매장 후보지는 A 지역에서 5분, B 지역에서 15분 거리이며 매장의 크기는 100평이다그림 4.1. 기존 매장의 λ는 2라고 가정할 때 신규 매장의 매출 추정액을 구하면 다음과 같다. A 지역과 B 지역 주민들이 신규 매장에서 쇼핑할 확률은 다음과 같다.

$$P_A = \frac{100/5^2}{100/5^2 + 50/10^2} = 8/9 = .888$$

$$P_B = \frac{100/15^2}{100/15^2 + 50/5^2} = 2/11 = .182$$

이를 기반으로 추정한 신규 매장의 매출액은 다음과 같다.

$$.889 \times 5억\ 원 + .182 \times 3억\ 원 = 4억\ 9{,}910만\ 원$$

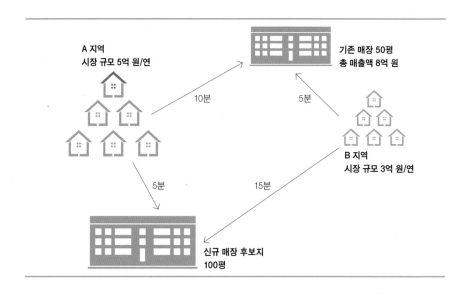

그림 4.1
신규 매장 후보지의 예

2) 다속성 비교모형

여러 입지 후보군에 대한 평가에 사용하는 방법으로, 사회과학에서 널리 사용하는 다속성 비교모형Multi attribute model을 이용하여 회귀분석을 실시하는 것이다. 각 속성의 평가 점수에 중요도를 나타내는 가중치를 곱해 이를 합한 총 합계 점수를 비교하여 상대적 우위 입지를 선택한다. 예를 들어 한 지역의 3가지 입지 대안을 놓고 고민한다면 표 4.3과 같이 중요한 입지 속성을 정하고 그에 대한 중요도 점수를 산정한 후 각 입지에 대한 속성별 평가를 실시한다. 평가 점수와 중요도 점수를 곱한 값의 합계를 비교하여 가장 높은 점수를 얻은 입지가 우수하다고 평가하는 것이다. 다속성 비교모형은 점포별 속성인 가격, 상품구색, 판매원, 분위기, 서비스, 품질 등에 따라 점포 이미지를 평가할 때도 사용된다.[19]

표 4.3 다속성 비교모형을 이용한 입지 대안 평가

속성	중요도 점수	입지 A 평가 점수	입지 B 평가 점수	입지 C 평가 점수
임대료	6.1	3.9	5.8	5.4
접근성	5.8	4.5	4.5	5.2
가시성	5.1	4.6	3.2	5.8
주변 상권 발달	4.8	4.8	4.6	5.1
주변 환경	5.2	5.1	5.1	3.2
SUM(중요도×평가)	-	122.91	126.4	133.8

참고 문헌

1) Burgess, E. W.(1925). The growth of the city. In Park, R., & Burgess, R. (eds.), The city. Chicago: University of Chicago Press, pp. 47-62

2) Applebaum, W.(1968). The analog method for estimating potential store sales. In Kornbl, C(ed.), Guide to store location research. Reading, Addison-Wesley

3) Rubinfeld, A., & Collins, H.(2005). Built for growth: Expanding your business the corner or across the globe. Upper Saddle River, Pearson Education, Inc

4) Rubinfeld, A., & Collins, H.(2005). Built for growth: Expanding your business the corner or across the globe. Upper Saddle River, Pearson Education, Inc

5) 이유정(2024. 1. 8). 팝업스토어 격전지된 '성수동'…임대료 '억' 소리에 기존 상인들 내몰려. The Public

6) 정민경(2024. 1. 7). [신년기획] 오프라인으로 쏟아져 나온 온라인의 열망. 어패럴뉴스

7) 백윤미(2023. 5. 19). 압구정로데오 뜨자 가로수길 지고…"젠트리피케이션 사이클". 조선비즈

8) 신현규, 이윤재(2019. 6. 25). 동대문 베낀 '광저우 옷'이 서울 점령…'K패션 생태계' 흔들. 매일경제

9) Levy, M., Weitz, B. A., & Grewal, D.(2018). Retailing management(10th ed.). New York: McGraw-Hill

10) 이택수(2018. 12. 31). KB지식 비타민: 오프라인 매장의 다양한 모색과 '플래그십스토어'. KB 금융지주 경영연구소

11) 문정원(2018. 11. 28). 소비자 머물게 하는 오프라인 매장 '카멜레존' 인기. 이데일리

12) Bridge Square(bridgesquare.co.kr)

13) 추동훈, 심희진(2019. 8. 16). SNS로 골목맛집 찾고 옷 사…스타벅스·나이키도 역세권 떠나. 매일경제

14) 문다애(2022. 9. 13). 패션유통 이랜드가 팬티 양말 자판기 사업에 뛰어든 이유. 이데일리.

15) 김기진(2019. 8. 9). 세계는 유통혁명-부르면 달려오는 편의점 '모비-로보마트' 배송 창고 정리 재공관리 로봇이 다 척척. 매경이코노미

16) Rubinfeld, A., & Collins, H.(2005). Built for growth: Expanding your business the corner or across the globe. Upper Saddle River, Pearson Education, Inc

17) 유예림(2023. 5. 2). 옆집 또 카페…"출점 제한" 외치는 점주들. 머니투데이.

18) 길소연(2021. 3. 3). '더현대 서울' 등장…'19.5억' 교통유발부담금 백화점 '1위'. 더구루

19) James, D. L., Durand, R. M., & Dreves, R. A.(1976). The use of multi-attributes attitude model in a store image study. Journal of Retailing, 52, 23-32

사진 출처

사진 4.1 ⓒ 저자

사진 4.2 ⓒ 저자

사진 4.3 무인 편의점 ⓒ 모비마트, 무인양품 자판기 ⓒ 저자

사진 4.4 ⓒ 소상공인상권정보시스템

사진 4.5 ⓒ 서울특별시

5

조직구조와 인사관리

매장에서 일어나는 매출로 기업이 움직이는 유통산업에서, 체계적인 조직구조와 효율적인 인사관리는 성공의 핵심 요건이다. 조직 피라미드의 하부로 갈수록 기하급수적으로 많아지는 조직 구성원을 잘 훈련시키고 이들이 기업의 철학을 기반으로 업무에 임하게 하는 일은 채용 단계에서부터 이루어져야 한다. 기업의 철학을 공감할 수 있는 인재를 선별·채용하고, 이들의 업무능력, 사고능력, 인성을 고루 배양할 수 있는 교육프로그램을 지속적으로 제공하고, 이들의 업무 실적 평가와 보상에도 조직원의 생각을 반영할 수 있는 양방향적 접근이 필요하다.

이 장에서는 패션유통기업의 조직구조와 인사관리에 대하여 다룬다. 패션유통기업의 조직구조와 관련하여 패션유통업 종사자의 특성을 파악하고 직무별, 업태별 조직구조의 특징을 사례 중심으로 알아본다. 그다음으로 유통업에서 인사관리의 중요성, 인사관리의 기능, 직무 만족 관련 요인, 유통업 인사관리의 특징, 인사관리의 최근 이슈에 대하여 알아본다.

데이터 기업으로 진화하는 패션 기업: 달라지는 직무역량 요구

빅데이터와 인공지능의 활용이 본격화되면서 고객 데이터를 기반으로 하는 맞춤 추천은 일반화되고, 맞춤 서비스는 고도화되어가고 있다. 이러한 데이터분석 시스템의 발달과 이의 활발한 적용은 패션 산업을 빅데이터와 접목하여 실질적 성과를 볼 수 있는 산업임을 확인시켰고, 온라인 기반의 비즈니스를 중심으로 하는 패션기업들은 이러한 변화의 최전선에 있다.

제품추천 서비스 구현을 위해 제품의 색상, 패턴, 재질, 브랜드, 가격뿐 아니라 고객이 표현하기 어려워하는 제품에 대한 모호한 생각까지 여러 변수들을 데이터화하여 분석해 활용해 왔다. 이 외에도 유행 및 수요 예측, 경쟁가격 비교와 가격 조정, 생산 및 판매 물량 예측 등에도 빅데이터 분석이 적극적으로 활용되면서 패션산업의 전 분야에 걸쳐 데이터 과학의 힘이 커지고 있다.

패션기업이 아닌 데이터 기업으로 자사를 재정의한 스티치픽스는 고객의 취향 데이터를 분석하여 이에 맞는 패션 아이템 5개를 배송하며 원하지 않는 경우 이를 반품할 수 있고, 구매를 원할 때는 먼저 지불했던 배송비를 차감해주는 방식으로 맞춤 제안 시스템을 운영한다. 고객 데이터가 쌓일수록 알고리즘이 정교해지면서 재구매율이 지속적으로 상승하고 있다. 이 데이터를 바탕으로 유행하는 요소를 조합하여 하이브리드 디자인 제품을 만들어 판매하기도 한다.

이처럼 데이터 중심의 제품 기획, 생산, 유통이 활발해지면서 기존의 업무역량에 데이터 분석 기술을 접목하는 역량이 중요해지고 있고, 이를 뒷받침해 줄 IT 시스템 구축이 중요해지면서 패션기업에서도 최고기술책임자CTO: Chief Technology Officer 영입이 활발해지고 있다. 온라인 패션플랫폼의 대표주자인 무신사는 배달의민족 출신의 CTO를 영입하며 커져가는 온라인 패션 플랫폼 시장에서의 IT 기술력 강화에 나섰다. 오늘의집이나 당근마켓 등 플랫폼 기업의 선두주자들도 IT 기술 인력을 대거 영입하며 IT 기술기반이 튼튼한 온라인유통기업으로의 기반을 강화하고 있다.

자료: 권영오(2020. 7. 17). 패션 기업인가 데이터 기업인가? 한국마케팅신문; 정석용(2022. 4. 5). 유통 유니콘, IT전문가 빨아들인다. 내일신문; 정은미(2023. 3. 6). "빅테크 기업이 놓친 IT인재 '오늘의 집'에서 모십니다". 데일리한국

1

패션
유통기업의
조직구조

1) 패션유통업 종사자 특성

패션유통업은 판매원 및 점포관리 인력이 큰 비중을 차지하는데, 본사에서 파견한 관리 인력과 매장 단위로 채용된 비정규 근무자들이 함께 일하는 것이 일반적이다. 패션유통업에서는 패션상품에 대한 이해도가 높고 고객 응대 능력이 우수한 인력이 매장에 배치되어 매장별로 적절한 상품물량을 분배하고 관리하는 일을 훌륭히 수행해 내는 것이 매출 향상에 중요한 역할을 한다.

패션유통업에서 요구되는 자질로는 열정으로 헌신하는 자세, 고객의 요구를 잘 듣고 이해하고자 하는 자세, 리더십, 창의성, 정확성, 협동성 등이 있다. 패션유통업 종사자에게 요구되는 기술에는 대인관계기술, 의사소통기술, 계수관리기술, 분석적 기술, 문제해결력 등이 있으며, 지식 수준으로는 패션트렌드 지식, 소비자 특성에 대한 지식, 신기술 지식, 섬유 및 가공 지식, 상품 개발 지식, 회계 지식 등이 있다.

대형 유통업체의 고용 실태

업체		성별	직원 수			평균 근속 연수	연간 급여 총액 (단위: 백만 원)
			기간의 정함이 없는 근로자	기간제 근로자	합계		
이마트		남	9,414	–	9,414	12.9	579,431
		여	14,430	–	14,430	11.5	510,921
		계	25,850	–	25,850	8.6	717,873
(주)신세계		남	830	3	833	12.9	91,197
		여	1,758	2	1,760	12.8	99,516
		계	2,588	5	2,593	12.9	190,713
현대백화점		남	1,331	–	1,331	12.4	126,865
		여	1,881	–	1,881	5.4	79,377
		계	3,142	–	3,142	8.4	206,242
롯데	백화점	남	1,697	1	1,698	15.6	142,115,942
		여	2,866	2	2,868	13.3	135,372,650
	할인점	남	3,446	–	3,446	12.9	228,739,552
		여	7,958	1	7,959	10.0	258,396,953
	기타	남	1,618	6	1,624	8.7	110,352,266
		여	3,083	45	3,128	6.3	102,384,885
계			20,668	55	20,723	10.7	977,362,247

자료: 금융감독원 전자공시시스템, 각 기업 사업보고서(2023년 6월 기준)

2) 패션유통업의 조직구조

유통업의 조직구조는 조직원들의 업무 활동을 정하고, 권한과 책임 경계를 결정한다. 유통업체는 일반적으로 전략관리, 머천다이징관리, 점포관리, 운영관리의 4개 부문으로 구성되어 있다.[1)]

전략관리 부문에서는 유통 전략을 개발하고 타깃 마켓을 명확히 하며 유통업태를 결정하고 조직구조를 설계한다. 상권을 분석하고 점포의 입지를 결정하고 개설 점포의 폐점이나 이전 등을 결정한다. 온라인 자사몰 런칭과 운영 전략, 그리고 타 쇼핑 플랫폼 입점 전략을 수립한다.

머천다이징 관리 부문에서는 상품 구매, 상품 재고관리, 가격관리를 주로 한다. 머천다이징 관리 업무는 패션유통업체의 가장 핵심적인 업무로 상품 공급처를 발굴하고 평가하며 공급처와 협상하고 주문관리 업무를 담당한다. 상품 관련 예산 계획을 세우고 상품을 오프라인 점포와 온라인 유통망에 분배하고 재고 상황을 수시로 점검하여 상품 공급 관련 업무를 총괄한다. 상품 가격을 설정하고 가격을 조정하는 업무 및 상품 추가 공급 등의 업무도 한다.

점포관리 부문에서는 점포 근무자에 대한 구인·채용·훈련을 담당하며 이들에 대한 업무 스케줄을 계획하고 업무 실적을 평가한다. 오프라인 점포 시설물을 유지·관리하며 상품을 전시·판매하고 상품에 대한 수선 업무를 담당하기도 한다. 선물 포장과 배송 서비스 제공, 고객 불평 관리, 매장 재고를 관리하여 품절을 예방하고, 필요한 상품을 본사나 타 매장에 요청하기도 한다. 매장에서 발생할 수 있는 분실·손실·도난 사고를 방지하는 업무도 한다. 온라인 점포관리 부문에서는 상품 사진 촬영, 상품 정보 페이지 작성 및 게시, 판매촉진관리, 재고관리, 배송관리, 고객클레임관리 등의 업무를 한다.

운영관리 부문에서는 홍보관리, 인적자원관리, 상품 분배, 재무관리를 담당한다. 홍보관리는 유통업체와 유통업체의 상품 및 서비스를 홍보하는 업무를 포함하는데, 커뮤니케이션 프로그램과 특별 프로모션을 계획하고 특별 진열과 PR_{Public Relation} 관리를 담당한다. 인적자원관리에서는 구인·채용·훈련과 관련된 정책을 결정한다. 상품 분배에서는 창고 입지를 결정하고 상품 입고, 적재, 점포 분배, 공급처에 상품 반송 업무를 한다. 재무관리에서는 재무 실적 관련 정보를 주기적으로

필요 부서에 공급하고 판매와 이윤을 예측하며 현금 흐름을 관리한다. 투자자로
부터 자본을 유치하는 업무도 담당한다.

3) 패션유통업의 업무역량

패션유통업의 세분화된 직무에 따라 매우 다양한 업무 역량이 요구된다. 그 중 가
장 중요한 역량으로 각 직무에 요구되는 기술역량을 들 수 있다. 각 직무에 따라
시장조사, 사업기획, 제품과 서비스 소싱 및 제공, 수익창출, 성과분석 및 발전전략
수립의 단계마다 데이터 분석 능력, 창의적 기획력, 계수관리 능력, 종합적 사고력,
시각적·언어적 표현능력, 커뮤니케이션 능력, 문제해결 등이 요구된다.

최근 들어 업무영역마다 다양한 고객 및 판매 데이터 분석에 기반하여 하는
전략 수립이 주를 이루면서 어떤 업무를 담당하든지 그 업무에 필요한 정보를 효
과적으로 수집하고 분석하여 이를 업무에 적용하는 디지털 기술도 중요해지고 있
다. 구글·네이버 트렌드분석, 챗지피티ChatGPT, AI 이미지 생성 프로그램 미드저니
Midjourney 들이 출시되고 업무영역에 적용되는 사례들이 늘어나면서 시장의 빅데이
터를 효과적으로 활용할 수 있는 디지털 역량도 중요해졌다. 이러한 AI 분석 및
활용 툴을 이용하여 시장의 트렌드 변화를 실시간으로 파악하고, 국내외의 많은
정보를 손쉽게 수집·정리하며, 프롬프트와 명령어로 AI 이미지를 생성하여 홍보
영상을 쉽게 만들 수 있다. 앞으로 더 다양한 빅데이터 분석 툴이 출시되어 업무
에 적용되는 사례가 계속 늘어날 것으로 전망되면서 디지털 역량에 대한 시장의
요구는 더욱 커질 것이다.

또한 기업의 지속가능성이 기업의 가치평가에 중요한 영향을 미치게 되면서
기업마다 ESG 가치에 맞
는 사업 실행과 조정이 필
요해졌다. 이제까지는 사회
의 ESG 경영 요구가 큰 것
에 비해 패션기업들의
ESG 경영 실행은 미흡했

사진 5.1
미드저니 생성 이미지 예시

다.[2] [3] 앞으로 기업의 환경보호적, 사회책임적, 지배구조개선적 방향성을 이해하고 세부 업무의 기획과 실행에 이러한 가치들을 접목하기 위해서는 ESG에 대한 깊은 이해를 바탕으로 사업설계와 보고서 작성의 업무, 부서별 컨설팅이 가능한 역량이 더욱 중요해질 것이다.

㈜이랜드리테일의 직무와 필요자질

그룹 본부

- **전략 기획**: 회사 전체를 총괄하며 각 사업부의 장단기 전략을 수립하기 위한 거시적·미시적 데이터를 분석하고 이를 바탕으로 사업부별 컨설팅을 실시한다. 전체 사업의 포트폴리오 설계를 하고 미래 변화를 예측하여 미래 시장에 대응하기 위한 신규 사업 아이디어를 발굴한다. 자격 요건으로는 자료 분석 능력, 경영 수치 분석 능력, 통찰력, 종합적 사고 등이 요구된다.

- **인사**: 신규 및 경력 직원의 채용, 훈련·배치, 직원들의 업무성과 평가, 보상, 승진, 이동, 재배치 등 회사 내 인적자원의 효율적인 관리를 위한 업무를 전담한다. 경영자의 인재 경영 관련 의사 결정을 돕고 해외 사업 확장 시 글로벌 인력관리 업무를 수행한다. 자격 요건으로는 개인의 능력, 자질, 기술에 대한 이해력, 계수 능력, 윤리의식 등이 있다.

- **재무**: 월별 재무제표 작성하여 요청 부서별 정보 제공, 재무제표를 작성하여 외부 감사기관으로부터 감사받고 공시, 신규 투자 및 M&A 시 기업가치평가, 월간 경영관리 보고서 작성, 세무신고 및 납부 등을 수행하게 된다. 자격 요건으로는 기업회계에 대한 이해력, 법인세·소득세·부가가치세법 등에 대한 지식, 재무관리/투자/M&A 관련 지식, 계수 능력, 컴퓨터 활용 능력 등이 요구된다.

- **자금**: 현금 유동성 관리, 즉 현금의 유입과 유출을 관리한다. 자금의 조달, 운용, 금융 손익 개선, 자금지표 관리, 차입금 관리 등의 업무를 담당한다. 원가 분석 능력, 통화 신용 정책, 이자율 등 금융 정보 수집 능력, 금융기관 및 투자자 교섭 능력이 요구된다.

- **법무**: 기업의 경영 계획과 사업 전반에 걸친 법률적 문제를 해결하는 일을 담당하는데, 글로벌 M&A 투자 계약, 합작 투자 협상, 지적재산권 관리, 브랜드 인수 계약, 라이선싱 계약, 국내외 제반 소송 관련 업무를 수행한다. 법률 지식, 소송 수행력, M&A에 대한 지식, 협상 능력, 지적재산권에 대한 지식, 외국어 능력 등이 고루 요구된다.

- **무역**: 수출입 관련 서류를 작성하고 관세법, 대외무역법, 외국환거래법 등 무역 관련 제반 법규에 대해 지속적으로 검토하여 필요한 부분을 적용한다. 소싱처, 물류 등 수출입 경로를 다변화하고 무역비용을 절감하기 위한 방안을 강구한다. 수출입 관련 국내법, 국제법, 규제 사항, FTA 관련 조항에 대한 지식, 글로벌 문화에 대한 이해, 외국어 구사 능력, 무역 서류에 대한 지식 등을 갖춘 인재가 필요하다.

- **부동산 자산 개발**: 신규 출점을 위한 부동산을 매입·임차하고 기업 소유 부동산을 관리하며 미래 시장 전망에 따라 투자 가치가 높은 부동산 입지를 발굴한다. 자격 요건으로는 수익 관점에서 수치 계산 능력, 미래 부동산 가치를 추정하는 통찰력 등이 필요하다.

- **시스템 운용**: 기능, 목적, 업무 단위의 데이터 분석, 빅데이터 분석을 통해 분석가능한 형태의 정보로 정리하여 요구하는 부서에 제공한다. ERP전사적 자원 관리, SCM공급자망 관리, CRM고객 관계 관리 프로그램의 효과적인 운영을 위한 IT정보기술 관리의 제반업무를 담당한다. SI시스템 통합 업무를 담당하며 각종 H/W, S/W, 네트워크 보안 구축 및 운영 업무를 담당한다. 데이터베이스, 개발 언어 등 IT 관련 기본 역량을 갖추어야 한다.

패션사업부

- **패션브랜드 매니저**: 패션브랜드의 제반 활동을 책임지며 매장주와 파트너 관계를 맺고 매장 수익, 상품 조달, 동선 조정, VMD 조정, 매장별 개별 마케팅 및 홍보 전략을 수립하고 정보를 매장에 전달한다. 영업 능력, 시장 조사 능력, 영업·마케팅·홍보 전략 수립 능력을 갖추어야 한다.

- **상품 기획**: 시장 조사를 통하여 소비자의 요구에 부합하는 상품을 기획한다. 특정 상품의 소재나 스타일 등을 결정하고 판매 예측과 예산 범위를 고려하여 생산량을 결정하고 상품 생산, 납기, 물류를 관리하여 적시에 생산되도록 한다. 원가 계산, 손익 계산, 매출 예측 등의 업무를 담당한다. 정보 수집, 분석, 예측 능력이 중요하며 패션제품에 대한 미적 감각과 수익적 판단력을 두루 갖추어야 한다. 엑셀 등을 이용한 문서 작성 능력과 기본적인 회계·재무 지식이 필요하다.

- **글로벌 생산**: 해외 자체 공장 혹은 외주 공장의 네트워크를 기반으로 이들의 생산력을 파악하고 본사의 스케줄에 맞도록 상품을 생산·납품하는 것을 관리한다. 원가 분석, 자재 발주, 자재 운송, 스케줄관리, 품질관리 등 해외 생산관리 전반의 업무를 수행한다. 수시로 생산 과정을 모니터링하고 문제 발생 시 즉각적으로 해결할 수 있는 능력이 필요하다. 섬유·의류 관련 전공자가 유리하며 어학 능력, 다문화 이해력, 문제 해결 관련 순발력 등이 필요하다.

- **의상 디자이너**: 자체 브랜드 콘셉트에 맞는 의상을 디자인한다. 소재, 컬러, 스타일 등을 결정하여 작업지시서 작성, 원부자재 구매, 샘플 제작을 한다. 상품 품평회를 통해 원가를 산출하고 패턴실에 의뢰하여 대량생산용 패턴을 제작한다. 창의력, 드로잉 능력, 패턴에 대한 이해, 소재와 피팅감 등에 대한 이해가 필요하다.

- **홍보/광고 기획**: 온·오프라인에 걸쳐 다양한 매체를 이용한 홍보 및 광고 계획을 수립하고 기본안을 작성한다. 대행사에 의뢰하는 경우 대행사를 섭외하고 후속 업무를 협의하여 홍보/광고안이 효과적으로 구현될 수 있도록 하며 사후 효과 검증을 실시한다. 트렌드에 민감성과 창의력, 드로잉, 그래픽 프로그램 활용 능력, 커뮤니케이션 능력 등이 필요하다.

유통사업부

- **경영 기획**: 유통 관련 미시적·거시적 자료를 수집·분석하여 장기적 관점에서의 사업 계획을 수립하고, 사업부/부서/지점의 장단기 전략을 수립하며, 장기 과제를 프로젝트로 세분화한다. 시장 변화 전망에 따라 신규 전략을 수립하여 이를 수행한다. 분석 능력, 수리력, 통찰력이 요구된다.

- **패션 플로어 매니저**: 백화점, 할인점 등 대형 유통업체의 층별 관리자를 의미하며 일별·월별·연간 매출 목표를 수립하고 매장별로 매출 향상을 독려하여 목표 달성을 추구한다. 고객 서비스관리, 매장에서의 문제 해결 등 업무를 담당한다. 리더십, 책임감, 서비스 마인드, 커뮤니케이션 능력 등이 요구된다.

- **유통 머천다이저**: 시장 조사, 상품 기획, 상품 선정, 구매처 선정, 발주 등의 업무를 담당하며 다양한 구매처에 대한 관리, 정보 교류, 상품 및 영업 실적 평가 업무를 수행한다. 상품별 판매 방법과 집기를 결정하며 담당자를 교육시키고, 시즌별·월별·이벤트별 스케줄 관리 업무를 한다. 정보 수집 및 분석력, 적극적 행동 능력, 협상 능력, 신뢰 구축 능력, 패션상품에 대한 지식, 커뮤니케이션 능력 등이 요구된다.

- **VMD 디자이너**: 신규 브랜드 론칭 및 리뉴얼 시 브랜드 콘셉트에 맞는 비주얼 머천다이징 패키지를 기획·구현한다. 브랜드 매장 VMD 매뉴얼을 제작하여 매장이 동일한 VMD를 구현하도록 하며, 매장을 순회하며 디스플레이와 매장 환경 상태를 점검·수정한다. 창의성과 미적 감각, 공간 지각력과 설계 능력, 그래픽 프로그램 활용 능력, 커뮤니케이션 능력이 요구된다.

자료: 이랜드그룹 채용 홈페이지(www.elandscout.com)

1) 유통업에서 인사관리의 중요성

오늘날의 조직구조는 계층적 구조에서 팀 중심의 수평구조로, 관리자는 감독자라 기보다는 동료적 코치로, 직무는 세분화에서 다차원적으로, 조직의 주축은 관리 자에서 창의적 전문가로, 조직을 이끄는 힘은 기능 중심에서 정보 중심으로 이동 하고 있으며, 리더에 대한 요구는 관리 기능보다 혁신성 중심으로 바뀌고 있다. 이 처럼 다이내믹하게 변화하는 기업 환경과 소비자 정보력 강화로 인하여, 좋은 인 재를 고용하고 이들을 효율적으로 관리하여 최상의 서비스를 제공하는 것이 유통 업체의 중요한 과제가 되었다. 과거에는 기술이나 자본력에 의존하여 기업을 확장 시켰지만 우리나라의 출산율 저하와 인구 노령화에 의한 인구구조 변화, 전반적인 교육 수준 향상에 따른 고급 일자리로의 쏠림 현상, 젊은 인재들의 중소기업 기피 현상, 시장 경쟁력 향상을 위한 인건비 절감 요구 확대, 직원 복지 요구 수준 증가, 잦은 이직문화, 기업의 글로벌화로 인한 고용자의 다국적화 및 다문화화 등으로 인해 기업마다 상황에 맞는 인사관리의 중요성이 높아지고 있다.

인사관리, 즉 인적자원관리HRM: Human Resource Management의 목적은 노동질서의 확 립, 근로자의 효율적 활용, 근로자의 욕구 충족을 도모하는 것이다. 노동시장 유 연화에 따라 비정규직, 파트타이머, 청소년층, 노인층, 외국인 노동자 등 기존에 그 비중이 작았던 집단이 노동시장에서 큰 비중을 차지하면서 이들의 다양성에 맞춘 인력관리가 사업 성공과 수익 향상의 매우 중요한 열쇠가 되었다. 아울러 근로자 자신도 욕구의 다양화와 생활의 질 향상 등을 통해 기존의 획일적이고 고용주 중 심의 문화가 아닌 내부 고객으로서의 근로자 보호와 존중의 문화를 기대하게 되 었다. 유통업에서는 고객을 대면하는 직원의 고객 대응 능력이 고객만족을 결정 하는 중요한 변수이다. 유통업은 이직이 활발한 산업이고 고의적 로스나 재고관 리 소홀 등으로 인하여 직접적인 손실을 입을 수 있는 여지도 많아 인적자원관리 는 매우 중요한 문제이다. 최근에는 고용주가 유발하는 윤리적 문제 외에 고용인 이 유발하는 윤리적 문제도 부각되고 있다. 입사 시 이력 부풀리기, 태업, 과도한 파업, 무리한 사업장 이동 요구, 고의적인 노동 문제 제기 등으로 고용주가 어려움 을 호소하는 사례도 많아지고 있다.[4] 따라서 고용주와 고용인이 모두 만족할 수 있는 인사관리를 통해 업무 효율성을 증진시켜야 한다.

2) 인사관리의 기능

인사관리에는 인적자원 계획, 직무 설계, 인원 배치, 훈련과 개발, 업적 평가와 검토, 급여와 보상, 보호와 대표제, 조직 개선이 포함된다. 인적자원관리는 고용관리, 교육훈련 및 능력 개발관리, 임금관리, 작업 조건관리, 복리후생관리의 영역을 포괄한다. 행동과학적 사고에 기초하여 '노동능률 = 노동능력 × 노동의욕'이라는 공식에 따라 노동능력과 노동의욕이 모두 높을 때 노동능률이 높아진다고 가정하고, 이를 위한 관리를 하는 것이 바로 인사관리이다.

(1) 인적자원 계획

기업의 목표 달성을 위하여 인적자원에 대한 요구를 분석하고 적절한 인적자원을 배치하고 유지하기 위한 계획을 수립한다. 사업 방향성, 노동시장 환경 변화, 필요 직무 능력, 현재 보유하고 있는 인적자원 구성 등을 종합적으로 고려하여 이에 수반되는 비용과 성과 예측을 바탕으로 종합적인 계획을 수립한다.

(2) 직무 설계

기업은 직무별 담당자가 수행해야 하는 과업을 명확히 하여 담당자가 바뀌더라도 그 역할을 수행할 수 있도록 매뉴얼화해야 한다. 각 직무의 책임, 권한, 의무를 명시하는 것도 필요하다. 시장과 사업의 글로벌화, 이직의 보편화, 기업의 효율성 중시문화에 따라 한 개인이 다양한 직무를 담당하는 경우가 늘고 있다. 직무 범위, 역할, 기능 등을 명확히 하는 것은 신규 인재 선발 시 직무에 적합한 인재를 채용하는 데 중요하게 작용한다.

(3) 인원 배치

조직 내 인원 배치란 신규 직원의 모집, 선발, 채용, 직무 할당 및 적응화를 포함하여 기존 직원의 직무 이동, 전직, 승진, 해고, 퇴직 등과 이에 따른 직무 재배치를 포함하는 개념이다. 전체 조직 구성원의 능력, 자질, 역량에 대한 체계적인 평가와 검토 체계를 가지고 있을 때 이를 바탕으로 효율적인 배치가 이루어질 수 있으며 직원의 만족도도 높아져 조직 생산성이 높아진다.

신규 채용 시에는 조직의 목표에 맞는 인적자원의 유형을 파악하고 이러한 인적자원을 확보하기 위한 전략을 도출한다. 이를 위해 희망하는 인적자원의 특성 파악, 모집 기준 결정, 모집 인원 결정, 모집 방법 결정, 선발 방법 결정, 모집, 선발, 결정, 배치 등과 같은 요소를 다룬다. 선발 과정은 여러 단계를 거치는데 입사지원서를 접수받아 기본 학력과 경력 사항 등을 점검하고, 서류 심사 합격자에 대한 직무 적성 검사, 성격 검사, 지능 검사 등을 실시하여 직무 적합성 판단 후, 1~3차에 걸친 면접 심사를 진행하며 실무진이나 임원진이 심사관으로 참가하여 직무에 대한 이해도와 능력을 평가한다. 지원자가 많아 면밀한 심사가 필요한 경우에는 합숙 면접, 심층 면접, 압박 면접 등을 실시하여 지원자의 능력을 세부적으로 심사·선발한다. 이러한 다단계 선발 과정을 거쳤음에도 적성과 업무능력의 적합성에 문제가 있는 직원이 나타나므로 장기적 상호 이해 과정을 거쳐 채용을 확정하는 인턴십 제도를 확대하고, 근무 중 좋은 평가를 받은 지원자를 위주로 하여 직원을 선발하는 추세가 강화되고 있다.

(4) 훈련과 개발

기술의 진보와 시장 변화의 가속화에 따라 직원들에 대한 교육 훈련과 능력 개발에 대한 투자가 늘고 있다. 새로운 직무를 시작하기 위해서는 효과적인 오리엔테이션과 함께 시장과 기술의 변화에 대응하는 지속적인 훈련과 개발 프로그램이 필요하다. 유통업의 경우, 특히 서비스 수준을 중시하는 백화점은 직원들에게 일정 시간 교육 프로그램을 이수하게 하며, 할인점과 전문점 체인도 직원 교육에 투자를 아끼지 않고 있다. 미국 최대 유통 기업 월마트는 직원의 교육 기회 확대를 위해 3곳의 비영리 대학에 진학하는 직원은 하루 1달러의 수업료만 내면 대학 교육을 받을 수 있도록 전면 지원하고 있으며, 가상현실VR: Virtual Reality 기술을 활용하여 현장 업무를 훈련시키는 교육 프로그램 도입을 더욱 확대하고 있다.[5] 월마트는 컬리지 커리어 프로그램을 실시하여 갓 대학을 졸업하거나 졸업예정인 학생들을 바로 교육에 투입하여 2년 이내에 현장으로 내보내 매장 매니저로 키우는 프로그램을 가동하고 있다. 이는 업종 간 인재 경쟁이 치열해지는 상황에서 좋은 인재를 우선 확보하고 적합한 교육을 통해 우수한 역량을 확보하기 위한 방안이다.[6]

(5) 업적 평가와 재검토

직원은 업무 실적을 제대로 평가받을 때 업무 효율이 높아진다. 그러므로 기업은 직원의 공헌과 성과를 다각적으로 평가하는 시스템을 마련하고 이를 바탕으로 피드백을 제공하여 훈련, 승진, 포상, 징계, 해고, 이동, 재배치 관련 결정을 내려야 한다. 예측 가능한 업적 평가 제도가 있고 이를 직원들이 알고 있다면 그들은 우수한 평가를 받기 위해 평가 규정에 맞는 성과를 내고자 노력하게 된다. 업적 평가 방법으로는 성과 기록법, 목표별 관리법, 평가 척도 체크리스트법, 감독자의 직관에 의한 평가법, 미스터리 쇼퍼를 통한 모니터링 등이 있다.

　이러한 업무 평가는 일방향적이지 않고 이의 신청이나 요청이 있을 때 재검토하는 프로세스와 연결되어야 직원들이 기업에 신뢰를 갖고 업무에 임하게 된다. 조직 단위의 성과를 내는 시스템의 경우, 조직별로 구체적인 달성 목표를 정하고 이에 대한 성과 달성치를 파악하여 보상하는 것이 효과적이다. 일본계 기업 대상 트코리아는 조직별 목표치에 따른 인센티브제를 적극 실시하여 실질적인 성과를 창출하고 있다.[7] 직원의 성과를 독려하기 위해서는 부문별 세분화를 통해 개인·팀·부서 간 부문별 관리로 책임 구분을 명확히 하여 각 책임자들이 이익관리를 철저히 하게 만드는 것이 효과적이다. 이렇게 하면 부문별 경쟁을 통해 전체 매출을 증진시킬 수 있다.

(6) 급여와 보상

기업은 급여, 인센티브, 기타 보상 체계에 대한 규정을 정하고 이행하게 된다. 개인과 조직의 성과를 최대로 끌어올릴 수 있는 급여 및 보상 체계를 수립하기 위하여 노동시장의 상황과 경쟁사의 급여 보상 제도에 대한 정보를 수집할 필요가 있다. 이직이 활발해지면서 급여 및 보상 체계는 우수한 인재의 확보와 유지에 핵심적인 사안이 되었다. 기업은 적정하고 공평한 직무 평가를 통해 직무 목표의 공헌도에 따라 적절한 임금 체계와 보상 계획을 확립하고 이를 준수해야 하며 이를 장기적인 관점에서 관리해야 한다.

　신규 인력의 수급 이상으로 기존 인력의 유지도 중요하다. 경쟁사의 대우 수준과 노동시장에서의 가치를 고려하여 적절한 보상을 제공해야 근로자가 만족하며 오랫동안 근무할 수 있다. 장기적인 인력 유지를 위하여 임금과 인센티브 외에도 우리 사주 배당, 근무 여건 개선 등 다면적인 체제를 결합·제공해야 효과가 크다.

(7) 보호와 대표제

조직원의 수가 증가하면 조직원 스스로의 자율권 행사와 조직원에 대한 보호를 위하여 대표제를 가지게 되는데, 노동조합이나 직원회 등이 이에 해당된다. 이들은 조직 구성원의 요구와 불만 사항에 대한 정보를 수집하고 이를 바탕으로 회사 측과 개선책이나 보상책을 요구하는 교섭을 한다. 임금 인상 시 전체 조직원의 임금 협상을 대리하기도 한다.

(8) 조직 개선

조직이 인적자원 관리 프로세스를 개선하여 조직원의 만족도를 높이고 업무 동기를 강화하여 조직의 생산성을 높이고자 하는 활동이다. 인적자원관리 시스템을 지속적으로 보완하여 주어진 인적자원으로 최대의 효과를 얻는 것을 목적으로 한다.

3) 직무 만족 관련 요인

(1) 직무 만족

패션유통업 종사자의 직무 만족에 대한 연구는 고객 응대를 주 업무로 하는 판매원을 대상으로 자주 이루어져 왔다. 직무 불만족 요인은 주로 인격적으로 무시당하는 것, 고객에 대한 복종을 강요당하는 것, 고객이 판매제품의 가치를 알아주지 않는 것, 휴무일에 쉬지 못하는 것, 판매를 강요당하는 것으로 나타났다. 이들이 호감을 느끼는 고객은 '판매원을 인격적으로 대하는 고객'일 만큼 인격적 대우에 대한 요구가 높다.

(2) 직무 스트레스

고객 응대가 중요한 유통업 종사자의 직무 스트레스 수준은 매우 높다. 직무 스트레스를 완화하는 방법은 공감·이해 등 정서적 지원, 직무를 도와주는 기능적 지원, 유익한 정보를 제공하는 정보적 지원, 직무 수행을 인정하는 평가적 지원 등을 행하는 것이다. 조직의 지원 및 물리적으로 좋은 환경에서 근무하게 하는 환경적 지원은 직무 스트레스를 낮춘다.

(3) 감정노동

감정노동emotional labor은 호크쉴드Hochschild가 제시한 개념으로 조직에서 표현해야 할 감정과 표현하지 말아야 할 감정을 정하여 관리하는 것이다. 장기간의 감정노동으로 인한 감정적 부조화는 심리적 안정에 부정적 영향을 끼쳐 약물 남용, 알코올 중독, 두통, 성기능 장애, 결근율 증가 등 좋지 않은 결과를 가져온다. 유통업에서는 특히 인사, 감사 표현, 미소, 눈의 응시를 중요한 규범으로 사용한다. 유통업체는 감시·감찰 등을 통해 감정노동 상황을 확인하고 이를 처벌과 보상의 근거로 보아 징계·포상 등 상벌제도를 운영함으로써 감정노동을 관리한다.[8] 최근에는 조직 차원에서 감정노동을 감소시키고자 조직원 간 공감 및 유대관계 강화와 교육 훈련 기회 확대를 위해 노력하고 있다.

고용노동부는 감정을 관리해야 하는 활동이 직무의 50%를 넘는 직종의 종사자를 '감정노동 종사자'라 부르는데, 여기에는 판매나 상담 등의 업무 수행자가 포함된다. 2022년 유통업 감정노동 실태조사 결과에 따르면, 폭언, 폭행, 성희롱, 직장내괴롭힘 경험률이 59%에 달하고 이로 인한 번아웃 경험률은 30%로 나타났다. 장시간 노동자들의 경우 다시간 노동자들에 비해 업무상 질병과 정신질환 유경험 비율도 12% 더 높은 것으로 확인되어 감정노동 폐해의 심각성을 알 수 있다.[9] 감정노동 문제가 사회의 중요한 이슈로 대두되면서 2018년 10월부터 '감정노동자 보호법'이 시행되었다. 이는 고객 응대 과정에서 일어날 수 있는 폭언이나 폭행 등으로부터 감정노동자를 보호하기 위한 목적으로 제정된 산업 안전보건법 개정안이다. 사업주는 폭언 등을 하지 않도록 요청하는 문구를 게시하거나 음성 안내를

감정노동 치료법

정신과에서 쓰이는 개인적 차원의 감정노동 치료법은 자기 감정 조절 훈련이 주를 이룬다. '나를 일부러 무시하는 것은 아니야'라는 생각에 적응하기, '지금 나는 연극을 하고 있어'라고 생각하는 분리, 스스로 위로하고 격려하는 자기 암시를 주는 인지적 기법, 관심 바꾸기, 용서, 심호흡 등 분노 조절 훈련, 생각을 중단하고 다른 긍정적인 생각으로 바꾸는 생각중단법 등 5가지가 있다.

자료: 배유미(2002). 여성 '감정노동'의 실태와 삶의 질 향상을 위한 복지 개선 방안. 태평양 여대생논문집, 5, 3-33

실시하고, 고객과의 문제 상황 발생 시 대처 방법 등을 포함한 고객 응대 업무 매뉴얼을 마련해야 한다. 또한 근로자 요청 시 업무의 일시적 중단이나 전환, 휴게시간의 연장, 폭언 등으로 인한 건강 장해 관련 치료 및 상담 지원이 가능하도록해야 하며, 고객 응대 근로자가 고객의 폭언 등을 이유로 고소, 고발, 손해배상 청구 등을 하는 데 필요한 증거물과 증거서류 제출과 관련된 지원을 해야 한다. 고객 응대 근로자는 고객의 폭언 등으로 인해 건강장해가 발생하거나 발생에 대한현저한 우려가 있는 경우, 사업주에게 업무의 일시 중단이나 전환을 요구할 수 있다. 이때 사업주가 고객응대 근로자의 요구를 이유로 해고나 불리한 처우를 하면1년 이하의 징역이나 1,000만 원 이하의 벌금형에 처해질 수 있다.[10]

RETAIL FOCUS

독일 슈퍼마켓 체인 에데카의 존중 캠페인

독일 슈퍼마켓 체인인 에데카Edeka는 2022년 12월 5일 행동강령을 발표하였다. 주된 내용에는 다양성에 대한 이해를 높이고 노동자들을 보호하기 위한 여러 조치들이 포함되었다. 이와 연계하여 여러 실무적 프로젝트들을 실행해 왔는데, 에데카의 그루벤도르퍼Grubendorfer 지점에서는 '안전하고 존중받는 직장 만들기' 운동인 리스펙스워크#RespectWork를 지지하는 캠페인을 진행했다. 이 캠페인을 통해 슈퍼마켓 내부에 판매원 존중과 관련된 홍보물을 게시하여 고객과 판매원들 간의 긍정적인 상호작용의 기회를 가졌다.

한편 윤리적 문제에 앞장서서 메시지를 전달하는 역할에 적극적인 에데카는 인종차별 금지 캠페인의 일환으로 매장 내 진열된 수입품들을 모두 회수하고 빈 매대를 보여주며 사회문제를 공론화하는 데 앞장섰다. 에데카 함부르크 지점에서 시작된 캠페인은 인종차별과 외국인 혐오의 편협한 시선의 위험을 알리고자 기획되었는데, 스페인산 토마토, 그리스산 올리브 등을 치우고 "다양성이 사라진다면 우리 슈퍼는 형편없어질 것입니다. 외국인이 없어지면 선반은 텅 비워질 것입니다."라는 안내문을 게시하였다. 이는 독일의 포용적 난민 정책을 반대하는 사람들에게 큰 비판을 받았으나 인종차별 반대주의자들은 큰 응원의 메시지를 보냈다.

자료: 김성현(2017, 8, 24). "인종차별 하면 이렇게…수입품 모두 치운 슈퍼마켓. YTN; 이정훈(2022). 유통업 감정노동 실태조사 연구. 서울시 감정노동종사자 권리보호센터

© Zeitung

© 에데카 Respecthork 홈페이지

감정노동자 보호법 시행은 감정노동 문제에 대한 사회적 공감대를 확인할 수 있는 계기가 되었지만 실제 상황이 발생했을 때 충분한 실효성을 거두지 못한다는 지적이 많다. 감정노동 상황 발생 시 고객에 대한 고소나 고발을 근로자 자신이 직접 진행해야 하고 회사는 지원하는 입장에 그친다든가, 판매원들이 하청업체의 비정규직 직원이므로 해당 법제의 보호를 받기 어렵다든가, 고객의 폭언이나 욕설 도중 고객의 말을 끊지 말고 3회 구두 경고를 하라는 내부 조항이 있다든가, 관리자가 고객의 폭언을 직청하고 난 후 관리자의 허락이 있어야 작업중지권을 요청할 수 있다든가 하는 이유로 실효성이 충분하지 않다.[11] [12]

(4) 소진과 이직

업무에 대한 육체적, 정신적 피로가 과도해지면 업무와 일상생활의 의욕을 잃는 소진, 영어로는 '번아웃burnout' 상태가 된다. 이것은 연료가 다 타버린 듯 움직일 힘도 의욕도 없어진 무기력한 상태를 뜻한다. 직무로 인한 소진은 경영학 등에서 사용하는 용어로 현대의 병리적 징후를 표현한다. 직무 소진의 영향은 충분한 휴식 없이 주어지는 과도한 업무량, 실적주의에 의한 평가에서 오는 스트레스, 충분한 보상 없이 끊임없이 요구되는 의무 등이 원인이다. 적정 인력의 확보 없이 과도한 업무를 부여한다든가, 매출 실적에 대한 과도한 압박을 준다든가, 고객 응대에 있어 심리적·신체적으로 수용이 어려운 고객 응대를 요구한다든가 하는 이유로 소진이 발생한다. 이러한 직무 소진은 불안감 및 우울감을 증대시키고 심장병과 스트레스 질환을 야기하는 등 부정적 결과를 초래하며, 직무에 대한 몰입도를 낮추어 성과에도 부정적인 영향을 미친다.

유통업은 인력 아웃소싱이 허용되는 업종으로, 외부 인력 공급업체로부터 파견된 직원이 근무하는 경우가 많아 유통업체 정규직 직원과의 보상 차별, 고용 불안정, 낮은 지위 등에 따라 이직하는 비율이 높다.

(5) 직장 내 괴롭힘

조직원 간의 괴롭힘이 사회적인 문제로 인식되면서 '직장 내 괴롭힘 금지'를 위한 근거법령이 마련되어 2019년 7월부터 시행된다. 이 법령에 따르면 사용자 또는 근로자는 직장 내에서의 지위나 관계의 우위를 이용하여 업무상 적정 범위를 넘어 다른 근로자에게 신체적·정신적 고통을 주거나 근무환경을 악화시키는 행위를 해서는 안 된다. 유통업에서도 동료 직원이나 파견 직원 간 지위에 따른 힘의 불균형이 존재하므로 직장 내 괴롭힘을 근절하고 예방하기 위한 업체의 노력이 필요하다. 그러나 '직장 내 괴롭힘 금지법'은 해당 사안 발생 시 괴롭힘을 당한 근로자가 감독 관청이 아닌 사업주에게 직접 신고하도록 되어 있고 처벌 조항도 없어 실효성이 매우 낮다는 지적이 있다.[13]

4) 유통업 인사관리의 특징

(1) 높은 비정규직 인력 활용 비중

대형 유통업체 종사 인력 중 약 30% 정도가 비정규직인 것으로 나타나고 있는데 이들은 경력단절 여성 등으로 지속적인 업무 경력을 쌓지 못한 경우가 많다. 이외에도 파트타이머로 근무하는 인력과 인력공급업체의 파견직까지 합하면 고용 안정성을 보장받지 못한 직원이 상당수에 이른다. 이러한 고용의 불안정성은 잦은 이직으로 이어져 직원들이 숙련도를 높일 수 없고 조직에 대한 소속감도 낮아져 서비스 품질이 저하될 가능성이 크다. 이러한 문제에 대한 개선 요구는 지속되어 왔으며, 최근 대형 백화점과 할인마트에서 계약직 직원의 정규직 전환을 위해 노력하고 있다.

유통업은 파견인력의 활용이 가능한 업종으로 특히 의류와 화장품 등을 다루는 곳에서 인력공급업체의 파견직원 활용도가 높다. 유통업체가 인력공급업체를 이용하면 필요할 때 필요한 만큼의 인력을 공급받을 수 있고, 직원의 채용, 훈련, 보상 등은 모두 인력공급업체가 책임지게 된다. 파견직원으로서 유통업체에 근무하는 경우, 고용 안정이나 적절한 대우를 받기는 어렵다. 이들은 동일한 일을 하면서도 유통업체에 소속된 직원과 비교할 때 대우나 직위의 차별을 경험하게 되며 산재사고 발생 시에도 유통업체가 아닌 인력공급업체에 보상을 요구해야 한다.

(2) 직업적 성장 경로의 제한

미국과 유럽의 유통업체에서는 매장관리직이 유통 분야에서 직업적으로 성장하는 경로의 시작인 데 비해, 우리나라는 이러한 경로가 매우 제한적이다. 미국과 유럽에서는 유통업체 본사에서 바이어나 전략 개발 등 전체를 총괄하는 직책으로 승진하기 위해 처음에는 매장 근무부터 시작해야 한다. 매장에서 고객, 상품, 서비스, 유통업에 대한 이해가 축적되었을 때 그 능력에 따라 점장으로 승진한 후 좀 더 넓은 권역의 점포들을 총괄하는 임원으로 승진하는 것이다. 그러나 우리나라 유통업에서는 채용 시부터 매장 근무자와 본사 근무자의 선발 기준을 차등하여 매장 근무자가 직업적으로 성장하여 더 중요한 업무를 맡거나 좋은 대우를 받게 하는 경로 설정이 매우 미흡하다.

백화점 등 대형 유통업체에는 중간관리제가 존재하는데, 이는 우리나라만의 특이한 제도이다. 숍마스터 중 경험이 많은 사람이 중간관리자의 역할을 수행하는 것인데, 여기서 중간관리자란 본사와 계약을 체결하여 담당 매장을 부여받고 이 매장에서 발생하는 비용과 매출을 책임지는 사람이다. 매장은 중간관리자와 계약을 체결하는 경우가 많아 이들이 채용한 판매직원들이 고용과 관련된 법적 보장을 받지 못하는 경우도 있다. 이러한 제도는 매장 근무를 통한 직업적 성장 경로를 제한하는 또 하나의 요인이다.

(3) 유통기업의 높은 윤리의식 요구

대형 유통기업은 매출 규모 면에서는 세계적인 수준에 근접하고 있으나 여러 측면에서 결여된 윤리의식이 나타나고 있다. 납품업체로부터 금품을 상납받는다거나 납품업체 직원을 무임금으로 노동시키는 '갑의 횡포'도 여전하다. 상생을 목적으로 중소 상권 보호를 위해 제정된 의무휴업일을 의도적으로 위반한다든가 경품 당첨자를 조작하는 등 고객의 신뢰를 떨어뜨리는 일들도 여전히 발생 중이다. 노동조합의 활성화가 두려워 노조 관련자를 감시하고 이들에 대한 압력을 행사하는 일도 비일비재하다. 이처럼 고객 서비스에는 최선을 다하면서 정작 내부 고객의 요구는 외면하는 윤리의식의 결여가 유통업 발전을 늦추고 있다. 이러한 윤리의식에 대한 사회적 요구가 커지면서 유통업체들은 다양한 윤리의식 강화를 위한 노력을 하고 있다. 쿠팡은 월마트 최고윤리경영책임자를 역임한 인사를 '최고윤리경영책임자CCO: Chief Compliance Officer'에 신규 영입함으로써 기업의 투명성과 임직원의 윤리의식이 유통업의 지속 성장에 중요한 열쇠라는 것을 인식하고 있음을 보여 주었다.[14]

2015년 3월 제정된 '부정청탁 및 금품등 수수의 금지에 관한 법률_{김영란법}'은 공직 사회의 기강 확립을 위해 발의된 법안으로 적용 대상이 공무원, 언론인, 사립학교 교직원 등이다. 이 법률에 따르면 부정 청탁의 대가로 금품이나 향응을 받은 공직자는 신고의 의무를 가지며 신고 의무 위반 시 형사 처벌이나 과태료 처분을 받게 된다. 이는 공직이나 언론인에게 선물을 통해 로비하는 것을 금지하기 위한 법이며, 사기업 종사자 간 부당 청탁이나 로비 등에 대해서는 회사별 윤리규정과 지침에 따라 처리한다.[15]

대형 소매유통 기업의 윤리의식 결여 사례

납품업체로부터 리베이트 상납

납품업체 7곳에서 억대 리베이트를 받은 혐의로 국내 대표 홈쇼핑 전·현직 임직원 4명이 구속되었다. 납품업체로부터 금품이나 접대를 받아 오던 관행이 드러난 것으로 이러한 사건 보도 시점에 계열사인 할인마트에서 출입기자들에게 골프 접대를 한 사실이 드러났다.

의무휴업일 위반

할인마트 점포가 설 명절을 앞두고 의무휴일 규정을 어기고 기습적으로 영업을 강행해 비난이 일었다. 두 영업점이 이날 하루 동안 올린 매출액은 평상시 12억 원의 2배가 넘는 30~40억 원에 달했다. 대형마트의 기습 영업은 전통시장과 중소상공인들을 보호하기 위한 유통산업발전법을 위반하는 것이나 과태료가 3,000만 원에 불과해 이름뿐인 규정이라는 것이 증명되었다.

경품 당첨자 조작

한 대형 할인마트가 경품 당첨자 조작으로 소비자를 우롱한 사실이 알려져 논란이 되었다. 1등이 나와도 당첨자가 상품을 찾지 않으면 상품 지급을 없던 일로 처리했고, 없는 물건을 경품으로 내놓았으며, 심지어 직원이 응모 프로그램을 조작하여 친구를 당첨시킨 뒤 당첨된 물건을 되팔아 되찾은 사실까지 드러났다. 할인마트 측은 문제의 직원을 고발 조치하겠다고 밝혔지만 경품 문제에 대한

신뢰는 회복하기 어려워졌다.

직원 사생활 침해와 노조 탄압

국내 최대 할인마트에서 사전 공지 없이 직원의 가방과 로커를 검사한 사실이 드러났다. 상품 도난 방지를 위함이라고 하나 노조 설립에 가담했던 직원을 CCTV로 사찰했다는 혐의로 검찰 조사를 받은 바 있어 이 역시 노조 설립에 가담한 직원에 대한 조사라는 비판이 일었다. 할인마트 대표의 지시로 노조에 가입한 직원들을 미행하고 감시하게 하는 부당 노동 행위가 자행 중이다. 노조 설립을 주도한 이들에게 장거리 발령, 직무 변경, 해고 등의 인사 불이익을 준 사실도 드러났다.

납품업체 직원 무임금 노동과 부당 거래

국내 최대 H&B 체인스토어를 운영하는 기업이 납품업체로부터 41억 원가량의 직매입 상품을 정당한 사유 없이 반품하고, 인건비를 부담하지 않고 납품업체 직원 559명을 자신의 사업장에 근무하게 하였다. 또한 판매촉진 행사 시 사전에 비용 분담 계약서를 서면으로 작성하지 않은 채 판촉비 3,500만 원을 부담시켰으며, 특약 매입 시 거래 대금도 법정 기한이 지난 후에야 지급하는 등 불공정 행위를 저질러 10억 원의 과징금 처분을 받았다.

자료: 세계일보, 시사포커스, 컨슈머타임즈, YTN 기사,
서울경제 기사 발췌 재구성

이외에도 2019년 4월부터 대형 유통업체의 갑질 행위에 대하여 납품업체 피해액의 최대 3배 손해 배상제가 도입되었다. 주요 갑질 행위로는 상품 대금 부당 감액, 부당 반품, 납품업체의 종업원 부당 사용이나 보복 행위가 있다. 그 외에도 공정거래위원회는 가맹점·대리점 분쟁을 지자체에서 조정할 수 있도록 지역별 분쟁 조정 협의회의 설치를 확대하고 있다. 또한 가맹본부나 임원이 위법 및 사회 상규에 반하는 행위로 브랜드의 명성과 신용을 훼손해 점주에게 손해를 입힌 경우 이에 대한 가맹 본부의 배상 책임을 가맹 계약서에 기재하도록 의무화하였다. 그러나 이러한 공정위의 제도가 시행되자 성과장려금_{납품업자가 자사 제품 매입을 장려하기 위해 대규모 유통업자에게 주는 금전} 수취를 중단하고, 대신 정보제공료 등 다른 명칭의 항목을 도입해 같은 방식으로 판촉비용 부당전가나 판매장려금 수령을 지속하고 있는 사례가 적발되고 있다.[16]

(4) 업무환경 개선 요구 심화 속 인공지능 기반 대체 인력 활용

주 52시간 근무제 실시와 지속적인 최저 임금 상승 등으로 인해 인건비 부담이 가중되면서, 유통업체들은 영업시간을 단축하거나 무인화 기계 도입으로 인력을 대체하여 부담을 줄이려고 하고 있다. 주 52시간 근무제는 일과 개인 생활의 양립을 통해 사회복지를 실현하려는 긍정적인 목적을 가지고 있으나, 퇴근 후 일을 집으로 가져와 집에서 초과 근무를 수행하거나 초과 근무 수당이 폐지되어 실질적인 임금이 감소하는 부작용도 존재한다. 업무의 양이 일정하지 않은 기업의 경우 '유연근로제' 등을 통해 일이 몰릴 때 더 많은 시간 근무하고 일이 적을 때 더 적은 시간 근무하는 제도를 병행하고 있다.[17] 향후 인공지능_{AI: Artificial Intelligence}과 사물인터넷_{IoT: Internet of Things}을 기반으로 로봇이나 디지털 기구들이 유통 환경에 적용되는 사례가 늘어나면 오프라인 매장의 인력 감축 경향은 더욱 가속화될 것이다. 현재까지 온라인 쇼핑 시장에서의 거래량 증가로 인해 온라인 리테일러의 인력 수요는 계속 늘어 왔지만, 인공지능 기반의 고객 맞춤 정보 시스템이 가동되고 고객 응대용 챗봇_{chatbot} 활용이 늘어나면서 고객 대응과 관련된 업무에서 인력 수요가 감소할 전망이다. 온·오프라인 판매 매장 외에도 물류, 제조, 기획, 영업 등 모든 업무 분야에 있어 효율적이며 가치 창출적인 인사관리가 미래 유통 비즈니스 환경에서 가장 중요한 이슈가 될 것이다.

챗GPT가 출시된 이후 이를 마케팅 문구 작성, 개인화 추천 서비스, 명품 정가 판정 등에 활용하는 등 다양한 활용 방안이 시도되고 있다. 현대백화점에서는 AI 카피라이팅 시스템 '루이스'를 도입하고 판촉 행사 등에 사용되는 마케팅 문구를 개발해 활용하고 있다. 이를 통해 통상 2주 걸리던 작업시간을 3~4시간으로 단축하여 업무 효율성을 제고하였다. 명품 쇼핑몰 트렌비는 명품감정 시스템 '마르스'를 개발하여 제품 감정 이력과 가품 의심사례 등의 데이터를 활용 중이다. 유통업에서의 AI 활용은 무궁무진할 것이라 기대하고 있는데 축적된 데이터 활용을 통해 판매할 아이템을 결정과 수요 예측, 인력채용 및 관리, 재고조사 및 관리 등에까지 널리 활용될 전망이다.[18] [19]

5) 인사관리의 최근 이슈

(1) 국제적 인사관리 필요성 증가

의류산업의 글로벌화가 가속되어 상품의 공급처가 해외로 확대되고 유통업체의 글로벌 체인이 늘어나면서 국제적 인사관리의 필요성이 증가하고 있다. 이를 위해서는 외국어 의사소통능력, 이문화 적응성, 글로벌 경영 지식, 기술 지도력, 국제 감각 등이 요구된다. 외국의 업무 대상자는 공장 근로자부터 파트너 기업의 CEO까지 다양하므로 이에 대한 순발력과 적응력이 우수한 인재를 활용하는 것이 좋다. 또한 국제적 경영 분쟁이 늘어나면서 국제 법률 혹은 현지 법률과 관습법에 대한 지식이 더욱 요구될 전망이다.

(2) 멘토제의 발달

직원의 커리어 발달 과정에서 상사나 선배의 진심 어린 지도, 조언, 상담 등이 필요하므로 이를 공식화하여 사내 멘토제로 활용하는 기업이 늘고 있다. 멘토는 그들의 경험, 지식, 네트워크 등을 통해 후배 직원의 커리어 개발을 돕는 역할을 하게 된다. 그러나 상하 간에도 경쟁이 치열해지는 현 상황에서 멘토링을 성공적으로 수행하는 멘토를 위한 보상 체계가 마련되어야 한다.

(3) 사회책임적 노동활동 요구

기업의 사회책임적 활동 참여가 늘어나면서 노동문제에 있어서도 기업의 사회 책임적 활동 요구가 늘어나고 있다. 기업의 사회책임CSR: Corporate Social Responsibility이란 기업이 지속적으로 성장하기 위해 이윤 추구 활동 외에 법령과 윤리를 준수하고, 기업의 이해 관계자의 요구에 적절히 대응하며, 사회에 긍정적 영향을 미치는 책임 있는 활동을 해야 한다는 것이다. 기업 활동이 사회에 미치는 영향이 클수록 기업의 사회책임적 활동에 대한 요구는 커진다. CSR을 4단계로 구분하면, 1단계는 '경제적 책임'으로 이윤 극대화를 통한 고용 창출의 책임을 다하는 것이고, 2단계는 '법적인 책임'으로 회계의 투명성, 성실한 세금 납부, 소비자 권익 보호를 위해 이바지하는 것이며, 3단계는 '윤리적 책임'으로 환경, 윤리경영, 제품안전, 여성, 현지인, 소수인종 등에 대한 공정한 대우를 하는 것이고, 4단계는 '자선적 책임'으로 사회공헌 활동이나 자선, 교육, 문화, 체육활동 등에 대한 기업의 지원 책임을 다하는 것이다.[20]

기업들은 내부고객인 직원들이 안정적이고 행복한 삶을 살 수 있을 때 일에 집중하고 성과도 높아진다는 점을 인식하고 외부 고객뿐만 아니라 내부 고객을 위한 사회책임적 활동도 활발히 하고 있다. 참여연대는 기업의 CSR에 대한 지표 50개를 개발하고, 기업 내부적 측면에서 노동과 관련한 CSR을 강조한 바 있다. 이에 따르면 가정과 일에 대한 건강한 양립을 돕는 '가족친화적 기업', 적정한 임금 및 복지 수준을 준수하는 '높은 삶의 질 제공 기업', 성별·연령·장애 유무에 따른 차별을 지양하는 '차별 없는 직장', 고용 확대와 고용 안정을 추구하는 '양질의 고용 창출', 근로자에 대한 교육과 자질 향상을 위해 투자하는 '사람 투자/존중기업', 평등법·근로기준법·노동법 등 관련 법규를 준수하고 인권을 보호하기 위해 노력하는 '법·인권 준수', 안전 규칙을 준수하고 산업재해 예방을 위해 노력하는 '건강하고 안전한 직장', 노동조합 인정과 쟁의행위 억제를 위한 '건전한 노사관계', 노동자의 기업 경영 참여 기회를 확대하는 '노동 참여 기업', 거래업체와 지역사회의 건강한 관계를 추구하는 '지역사회를 배려하는 기업' 등이 이에 포함된다.

표 5.1   참여연대의 기업 사회책임 노동지표

분야	영역/가치	지표
가족친화적 기업	자녀	출산 및 육아휴직 제도 운영
	자녀	직장탁아소 운영
	부부	일과 가정의 조화 지침 마련 및 관련 프로그램의 운영
	부모	부모 부양 지원제도의 활용
	경영지침	경영 및 인사방침에 일과 가정의 조화 명문화
높은 삶의 질 제공 기업	근로시간	법정 노동시간의 준수
	여가	연간 총 휴가일수 및 휴가사용일수의 확대
	보상	임금수준의 향상
	복지	1인당 복리후생비의 확대
	총평	이직률 감소를 위한 제도의 적극적 모색
차별 없는 직장	성	여성 관리자(과장급 이상) 비율의 확대
	연령	장기 근속자를 위한 고용안정 프로그램의 마련
	장애인	장애인 고용 비중의 확대
	비정규직	비정규직과 정규직의 임금 차별 철폐
	비정규직	비정규직에 대한 학자금 보조, 주택대출, 의료비 지원
양질의 고용 창출	채용	일자리 창출 및 정규직 신규인력 채용의 확대
	비정규직	비정규직 비중의 감축을 위한 노력
	근속	고용안정 및 장기근속의 확대
	구조조정	인위적 구조조정의 회피
	구조조정	외주화 억제 노력
사람투자/존중 기업	투자	노동자 1인당 교육훈련 시간의 확대
	투자	노동자 1인당 교육훈련 비용의 증액
	투자	전직훈련 프로그램의 적극적 도입 및 활용
	존중	종업원 의견 청취를 위한 프로그램의 활용
	존중	경영지침에 종업원 존중 명문화
법/인권 준수기업	평등법	종업원 간 차별 해소를 위한 제도의 도입 및 적극적 활용
	노조법	부당노동행위 근절 노력 및 구제제도의 도입
	근로기준법	부당해고 구제제도의 도입 및 적극적 운용
	성희롱 금지	성희롱 근절을 위한 교육 및 처벌 제도의 운용
	사생활	사생활 침해 방지를 위한 제도 도입
건강하고 안전한 직장	안전	산재 발생 시 적극적 보상제도 운영
	안전	중대 재해 건수의 공시 및 재발 방지 프로그램 운영
	안전	산업안전교육 및 훈련 프로그램 실시
	건강	인체공학적 작업환경개선을 위한 투자 확대
	건강	부가 건강진단 지원 및 실행
건전한 노사관계	균형	노동조합의 적극적 인정 및 파트너십의 공고화
	독립	쟁의행위로 인한 해고의 회피

(계속)

분야	영역/가치	지표
건전한 노사관계	균형	쟁의행위 방지를 위한 경영진의 적극적 노력
	독립	쟁의행위 억제를 위한 손해배상 및 가압류 활용 금지
	갈등 해결 노력	교섭기간 단축을 위한 적극적 노력
노동 참여 기업	형식	노사협의회의 실질적 노사협의 기구화
	실질	기업 경영진의 노사협의회 참여
	참여폭	이사회와 주주총회 근로자 대표(노조) 참여
	참여폭	고충처리 제도의 실질적 활용 및 활용의 제도화
	참여폭	회사경영 정보의 적극적 공개
지역사회를 배려하는 기업	하도급	하도급체 지원(연구, 경영기법, 생산기술 등)
	하도급	하도급체와의 장기적 거래관행 유지
	하도급	하도급 거래 대금 현금 결제 비중의 확대
	하도급	하도급체 종업원의 임금, 근로조건 개선에 대한 관심
	지역	지역사회에 대한 사회공헌 지출의 확대

자료: 노동부(2009). 노동사회위원회·참여사회연구소 주최, 기업의 사회적 책임(CSR)노동지표 개발을 위한 토론회(2008, 2. 18) 자료집, 119면, 백화점, 대형할인매장 등 유통산업 종사자 근로실태조사 및 근로자 보호방안에 관한 용역보고서

　　직업 환경에서 문화의 변화를 주도했던 밀레니얼세대[1979~1995년생] 이후 Z세대[1995년 이후 출생자]가 사회로 진입하기 시작했다. Z세대는 태어날 때부터 디지털 환경 속에 있었으므로 디지털 원주민 세대라고도 불린다. 이들은 회사의 윤리의식과 사회적 역할에 대한 큰 관심을 가지고 있으며 이를 실천하고 투명하게 소통하는 기업에 큰 가치를 부여하는 경향이 있다. 언스트앤영의 조사에 따르면 MZ세대는 다양성, 형평성, 사회적 책임에 우선순위를 두고 회사를 평가하며 직장선택에 있어서 DEI, 즉 다양성[Diversity], 형평성[Equity], 포용성[Inclusion]을 중시한다. 이들은 가치관 중심 동반자[Principled Partner]로서 회사를 바라보고 직장에서 성공하기보다는 자신의 가치에 부합하는 기업에서 일하는 것을 우선시하며, 진정성과 소속감을 느끼며 회사와 동반성장하고 싶어한다.[21] 이런 세대가 주도할 미래 산업 현장에서 기업의 사회책임에 대한 요구는 더욱 커질 전망이다.

현대백화점의 복리후생 제도

내부 고객인 직원들의 만족이 좋은 성과를 낳는다는 신념하에 많은 유통기업들은 다양한 직원 맞춤형 복리후생 제도를 시행하고 있다. 현대백화점의 경우 가족까지 행복한 회사, 직원들의 건강을 책임지는 회사, 직원들의 리프레시를 지원하는 회사, 능력을 키워주는 회사, 여성이 근무하기 좋은 회사라는 다섯 가지의 지향점을 가지고 있다. 첫째로, '가족까지 행복한 회사'를 만들기 위해 퇴근 시간에 자동으로 컴퓨터가 종료되는 PC오프 제도, 자녀 학자금 지원, 경조금 지원, 주택자금 지원, 만 8세 이

현대백화점의 복리후생제도

하 자녀를 둔 가정에 가사도우미 비용 지원, 가족과 함께하는 문화프로그램 실시, 난임수술지원, 초등입학 및 수능시험을 앞둔 자녀를 둔 가정에 선물증정, 가족사랑 캠프, 자녀학교 참여일 휴가 등 다양한 프로그램을 운영하고 있다. 두 번째로, 직원들의 건강을 책임지는 회사를 구현하기 위해 스트레스, 재무, 법무 관련 컨설팅을 해주어 업무에 집중할 수 있게 도와주는 EAP 프로그램을 시행하고 있으며, 템플스테이 등 힐링 프로그램, 건강검진과 단체보험을 지원한다. 세 번째로, 직원들의 리프레시를 지원하기 위해 차장금 이상의 임직원들에게 한 달의 안식월을 지원하고 국내외 휴양소 이용 지원, 휴가비 지급 등을 시행한다. 네 번째로, 능력을 키워주는 회사를 만들기 위해 글로벌 리테일 연수, 자기계발 프로그램, 동호회 활동을 지원하고, 장기근속 포상을 실시하여 사기진작을 돕는다, 마지막으로 여성이 근무하기 좋은 회사 구현을 위해 혼자 사는 여직원을 위한 무인경비 서비스, 여직원 안심 콜택시 지원, 육아휴직 지원, 임산부 케어 프로그램 지원 등을 실시하고 있다.

자료: 현대백화점 홈페이지

참고 문헌

1) Levy, M., Weitz, B. A., & Grewal, D.(2018). Retailing management(10th ed.). New York: McGraw-Hill

2) 이성노(2023, 10. 12). 소비자 85% ESG경영 요구…섬유패션업체 대비는 단 9.6%. 한스 경제

3) 정정숙. (2023, 10. 11). [ESG]섬유패션기업, 절반 이상 ESG 전담조직 없다. 한국섬유신문

4) 성수영(2019, 8. 16). 외국인 근로자 '실업급여 먹튀' 급증한다는데…한국경제

5) 남상욱(2019, 4. 29). 미 기업, 사내 교육으로 인력난 뚫는다. 미주한국일보

6) 월간 HRD(2022, 5. 17). 월마트, 매장 매니저 세대 교체 위한 교육 프로그램 실시

7) 임경량(2013, 2. 19). 직원이 행복해야 회사가 큰다. 어패럴뉴스

8) 감정노동(n.d.). 네이버 시사상식사전

9) 이정훈(2022). 유통업 감정노동 실태조사 연구. 서울시 감정노동종사자 권리보호센터

10) 감정노동 보호법(n.d.). 네이버 시사상식사전

11) 곽현아(2023, 5. 17). 고객응대근로자 65% "대처 매뉴얼 있어도 도움 안 돼". 데이터솜

12) 김이래(2023, 2. 24). "윗사람 바꿔" 감정노동자보호법 '유명무실'. 프라임경제

13) 박해영(2019, 2. 27). 새해 패션유통 업계가 주목해야 할 법규 및 정책. 어패럴뉴스

14) 안지예(2019, 3. 15). 쿠팡, 제이 조르겐센 최고윤리경영책임자 영입. 시사오늘

15) 김영란법(n.d.). 한경 경제용어사전

16) 조가영(2023, 6. 13). 불공정 말 많은 GS25, 공정위 직권조사로 민낯 드러나나. 일코노미 뉴스

17) 최승근(2018, 6. 25). 주 52시간 근무제 시행 D-6, 유통업계 "고민 많지만 준비는 착착". 데일리안

18) 김사묵(2023, 3. 10). 챗봇부터 매장 직원 관리까지…AI기술 반기는 유통업계. 루트노미

19) 김솔아(2023, 5. 30). "신메뉴 추천부터 품질 검증까지"…유통업계 'AI활용' 커진다. 오피니언뉴스

20) 기업의사회적책임(n.d.) 시사경제용어사전

21) 스텔라 김(2023, 7. 20). 6가지 MZ세대 커리어 유형: '가치관 중심 동반자'. LA중앙일보

사진 출처

사진 5.1 https://legacy.midjourney.com/showcase/recent/

6

물류관리와 SCM

리테일 바이어가 바잉한 제품은 소비자가 원하는 매장에, 적절한 시기에, 적절한 물량으로 공급되어야 한다. 따라서 정확하고 신속한 물류 배송은 고객만족은 물론, 판매 기회를 높이고 적정 재고 유지를 가능하게 한다.

최근 패션 트렌드의 빠른 주기 변화와 패스트패션과 이커머스 시장의 증가로 패션산업에서 속도가 매우 중요하게 되었으며, 이러한 속도를 뒷받침하는 물류의 중요성이 부각되고 있다.

효율적인 물류를 위한 시스템인 SCMSupply Chain Management은 제품의 생산과 유통 과정을 하나의 통합망으로 관리해 고객이 원하는 제품을 적재적소에 공급하고 재고를 줄이기 위한 시스템이다. 과거에는 SCM을 통해 재고와 리드타임을 줄이는 데 초점을 맞추었으나, 최근에는 점점 예측이 어려워지는 수요에 민첩하게 대응하고 공급량을 조정하는 능력이 무엇보다 중요해짐에 따라 정확한 수요 공급 예측 시스템 구축이 목표가 되고 있다.

무신사 로지스틱스의 패션 특화 **풀필먼트 서비스**

무신사의 물류 전문 자회사인 무신사 로지스틱스가 패션 브랜드를 위한 풀필먼트 서비스Fulfillment Service를 제공하고 있다. 무신사 로지스틱스는 패션에 특화된 물류 프로세스와 자체 주문 관리 시스템MOMS: MUSINSA Order Management System을 구축하여, 약 700개 브랜드를 취급하며 하루 최대 10만 건의 출고량을 처리한다. 또한 물류 프로세스를 지속적으로 개선 및 혁신하고 있는데, 그 결과 무신사 로지스틱스 여주1센터의 경우 당일 출고율은 98%까지 향상됐다.

무신사 로지스틱스의 풀필먼트는 패션 브랜드가 제품 생산과 마케팅에만 집중할 수 있도록 전문 인력이 상품 입출고부터 검수와 배송 후 반품 관리 등 브랜드 물류 운영 전반에 대한 서비스를 제공한다. 브랜드 요구에 맞춰 당일, 새벽, 익일 등 최적의 배송 서비스를 제안하고, 반품 시 새 상품으로 맞교환하는 하이브리드 배송과 맞교환 서비스를 제공하기도 한다. 무신사에 입점한 업체들은 풀필먼트 서비스를 이용하고 입출고량이 크게 상승하여 생산성 증대 효과를 얻었고, 빠르고 안정적인 배송 서비스로 고객 만족도를 높였다고 평가한다.

다른 물류기업과 비교해 패션에 특화된 인프라를 갖춘 무신사 로지스틱스만의 차별점은 무엇이 있을까?

- 의류, 신발 등에 전문화된 물류 설비를 구축해 상품 적재 시 편의성을 높이고, 자동화 기술을 기반으로 동 시간 처리 가능한 물동량을 확대해 물류 비용에 대한 가격 경쟁력을 확보했다.

- 합포장에 특화된 물류로봇인 합포장 로봇3D sorter을 도입해 인당 출고량을 획기적으로 늘렸다. 기존에는 사람이 직접 상품별로 주문자 정보와 주소지를 일일이 확인하고 상품을 분류했다면, 합포장 로봇은 사람이 올려둔 상품을 스캔하여 주소지 기준으로 자동으로 분류해주는 시스템이다. 합포장 상품 주문별 분류 효율은 로봇 도입 이전과 비교해 900% 이상 증대됐고, 1시간당 분류 처리 물량은 기존 600개에서 5,700개로 10배가량 늘어 업무 효율성이 획기적으로 개선되었다.

- 이렇게 분류된 상품은 자동 포장 로봇과 오토배거Auto-Bagger로 연동된다. 무신사 로지스틱스는 "패킹 효율도 300% 이상 증대됐다"며 "기기 도입 이전과 비교하면 동일한 시간에 4배가량 더 많은 상품을 분류하고 포장까지 할 수 있게 됐다"고 설명한다.

- 이밖에 상품 입고 시 검수, 반품 관리 체계 고도화, 데이터를 활용한 입점사 맞춤형 리포트 제공 등 차별화된 패션 상품 관리 시스템을 지원하고 있다.

- 글로벌까지 물류 서비스 영역을 확대하여, 인천 글로벌 프로세싱 센터를 통해 무신사 글로벌 스토어에서 판매되는 300여 개 브랜드를 대상으로 국제 운송과 통관 대행 등 해외 물류 서비스를 제공한다.

무신사로지스틱스 물류센터에서 운영 중인 합포장 로봇

자료: 김은영(2023. 5. 3). 무신사로지스틱스, 합포장 로봇 도입… 시간당 처리량 10배 늘어. 조선일보; 무신사 로지스틱스, 입점 브랜드 대상 패션 특화 '풀필먼트 서비스' 강화(2023. 1. 26). 무신사 홈페이지 보도자료; 최창원(2023. 5. 6). 무신사, 물류센터에 '자동화 로봇' 도입했더니…이런 변화가? 매일경제

물류_{Logistics}란 물적 유통_{Physical distribution}을 줄인 말로, 고객의 욕구를 만족시키기 위해 상품, 서비스, 정보를 발생시점에서 소비까지 효율적으로 흐르도록 이동과 보관에 대해 계획, 실행, 통제하는 것이다.[1] 물류관리_{Logistics management}는 원자재의 구매로부터 생산된 최종 제품을 소비자에게 전달하기까지의 물적 흐름과 이 과정에서 발생되는 정보 흐름을 관리하는 포괄적인 개념이다. 패션산업에서 물류는 기업 업무에서 지원활동으로 취급되는 경우가 많았으나, 최근에는 원가 절감을 위한 효율적 물류관리뿐만 아니라 다양한 고객욕구 만족을 위해 소비자가 원하는 제품을 얼마나 빨리 효율적으로 제공하느냐가 기업 성공의 관건이 되면서 그 중요성이 더욱 커지고 있다.

1) 물류의 기능 및 영역

물류는 조달, 생산, 판매 과정에서의 물적 흐름을 관리하는 활동으로, 조달물류, 생산물류, 판매물류로 영역이 나누어진다. '조달물류'는 원료 제조업자로부터 기업이 원자재와 제품을 구매하여 포장하고 단위화하여 자기 기업의 자재 창고에 어떠한 방법으로 수·배송할지를 다루고, '생산물류'는 자재 창고 출고에서부터 운반과 하역, 창고의 재입고에 이르는 과정을 말하며, '판매물류'는 생산 후 창고에 입고된 상품을 소비자에게 전달하는 일체의 활동을 포함한다. 일반적으로 리테일링은 이미 생산된 제품의 이동을 다루므로 '판매물류'가 중심이 된다.

그림 6.1
물류 프로세스

2) 물류관리의 목표

효과적인 물류관리를 통해 적절한 제품을 적절한 장소, 시간에 전달한다면 물류비용이 감소할 뿐만 아니라 소비자 욕구를 보다 잘 충족시켜 만족도를 높일 수 있다. 일반적으로 물류는 기업의 사업 수행을 위한 비용 중 마케팅 비용 다음으로 비중이 높은 분야로, 국내 기업의 경우 매출액 대비 물류비의 비중이 7.2% 정도이다. 업종별로 살펴보면 섬유·의복 기업의 경우는 5.1%, 가죽·가방·신발 기업의 경우는 7.1%, 도·소매업의 경우 7.8%인 것으로 나타났으며, 일반적으로 대기업_약 6.4%에 비해 중소기업_{약 7.4%}의 물류비 비중이 높은 편이다.[2] 물류는 고객 서비스, 주문 처리, 재고관리, 수요 예측, 운송, 창고, 자재관리, 소싱, 포장 등 여러 기능을 포함하여 이를 통해 주문을 어떻게 처리할 것인지, 어느 정도의 물량을 처리할 것인지, 제품을 어디에 어떻게 보관할 것인지에 대한 결정을 진행한다.

패션리테일 기업은 자산과 인력의 효율적 활용을 위해 물류 관련 업무를 물류회사에 아웃소싱하는 3자 물류_{3PL: Third Party Logistics}를 이용하기도 한다. 3자 물류는 고객 서비스 향상, 물류비 절감, 물류 활동의 효율성 향상을 위해 전문적인 물류사업자가 공급망의 물류기능 전체 혹은 일부를 대행하여 처리하는 것으로, 제조업체로부터 소매업체까지의 상품의 운송뿐만 아니라 창고, 주문 통합 처리, 문서관리 업무도 수행한다. 기존에 행해진 물류아웃소싱이 단순히 운송·보관 등의 물류기능을 대행·제공하는 것이라면, 3자 물류는 효율적인 물류 전략 수립 및 제안, 전국적인 물류망을 통한 물류 서비스의 제공 등 보다 긴밀한 전략적 제휴관계

3PL를 넘어 풀필먼트 서비스를 제공하는 '마이창고'

"입고에서 출고까지, 재고관리와 반품까지. One-Stop 물류 서비스를 제공합니다."

마이창고는 전자상거래를 위한 풀필먼트_{fulfillment} 서비스인 동시에 클라우드형 창고 플랫폼으로, 물류센터를 직접 운영하기 어려운 전자상거래업체에 물류 서비스를 제공한다.

마이창고의 물류센터는 수도권 주요 지역에 자리 잡고 있으며, 고객은 상황과 조건에 맞는 센터를 선택할 수 있다. 마이창고는 물류서비스에서 기본적으로 필요로 하는 창고관리시스템_{WMS}은 물론 클라이언트에게 제공할 MFS_{마이창고 풀필먼트 시스템}을 개발해 다양한 상품의 관리 편의성과 정확도를 제공하여 시스템으로 관리되는 풀필먼트 서비스를 제공한다. 상품이 입고되면 모든 상품에 바코드를 부착해 입출고 물량을 정확하게 파악하고, 자동출납관리로 한눈에 상품의 흐름과 현황을 파악할 수 있다. 또한 포장하는 과정을 고해상도 스마트샷으로 기록해 언제든지 확인할 수 있는 서비스를 제공해 최종 소비자와의 사이에서 발생할 수 있는 분쟁을 최소화할 수 있도록 돕는다.

물량이 작아 창고를 빌리거나 이용하기 어려운 소규모 온라인 셀러나, 기존에 창고가 있더라도 계절에 따라 변화하는 판매량에 따라 추가 물류센터나 물류인력이 필요한 경우에 이러한 풀필먼트 업체를 이용하면 효율적으로 물류를 처리할 수 있다.

자료: 3자물류? 이젠 풀필먼트로 모두 맡기세요(2020. 1. 20).
패션인사이트: 마이창고 홈페이지(https://mychango.com)

로 운영된다.[3] 최근에는 이러한 3자물류3PL 개념에서 확대되어 재고관리, 포장, 배송은 물론 교환 및 반품과 재고관리 데이터 제공까지 상품이 판매된 이후의 모든 서비스를 포함한 풀필먼트 서비스를 제공하는 업체들도 등장하였다.

3) 물류와 역물류

인터넷이나 모바일을 이용한 이커머스의 성장과 함께 반품 시장의 규모가 커지자 이제는 기존처럼 공급자에서 소비자로 이어지는 순방향 물류가 아닌 역방향 물류의 중요성도 커지고 있다. 역물류reverse logistics는 제품에 따른 적절한 처리로 가치를 되찾기 위해 소비지로부터 재생산지나 폐기 처리지까지 원재료, 중간재, 완제품과 관련된 정보들의 흐름을 효율적·효과적으로 계획·적용 및 조정하는 것을 말한다.[4] 즉, 소비자들이 더 이상 물건이 필요하지 않을 경우에 그 물건을 다시 회수하여 물건의 상태에 따라 적절한 처리를 수행하는 프로세스로, 공급자에서 소비자로 이어지는 물류의 반대 방향으로 진행된다.

역물류의 종류에는 반품물류, 회수물류, 폐기물류 등이 있다. '반품물류'는 고객이 제품을 구입한 후 수리나 교환, 반품 후 환불 등을 위해 구입한 제품을 판매자에게 되돌려 보내면서 발생하는 것으로, 인터넷 쇼핑몰에서 상품 구입 후 사이즈 교환을 하거나 마음에 들지 않는 상품을 환불하는 경우가 여기에 해당한다. '회수물류'는 고객이 신제품을 구입하면서 전에 사용하던 제품을 처리할 때 발생하는 것으로, 최신 가전제품을 구입할 때 이전 제품을 회수하여 처리하는 과정이 이에 해당한다. '폐기물류'는 고객이 사용한 후 폐기할 때 회수물류 대상이 되지 못해 버려지는 경우로, 오래되어 입지 않는 옷들을 버리는 경우에 발생한다. 패션

그림 6.2
역물류 프로세스

리테일링에서는 이 중에서 반품물류가 많이 발생하는데, 특히 이커머스 시장의 확대로 반품 시장의 규모가 성장함에 따라 그 중요성이 더욱 커지고 있다.

국내 온라인 쇼핑몰에서는 배송비만 부담하면 구입했던 대부분의 상품 반품이 가능하고, 심지어 반품 배송비마저도 받지 않는 쇼핑몰도 많아 소비자들은 오프라인에 비해 부담 없이 반품할 수 있다. 최근에는 반품된 상품만 전문으로 취급

미국 판매상품 반품률이 17%…반품 비용 증가에 따른 소매업체들의 대응은?

미국 유통협회NRF, National Retail Federation에 따르면, 미국 소비자들이 반품을 요청한 금액은 8,160억 달러로 전체 소매매출4,95조 달러의 16.5% 수준이다. 반품 중 10.4%인 849억 달러는 물품을 사용한 뒤 고의로 흠집을 내어 반품하는 사기반품fraudulent return으로 파악되고 있고, 소비자들 사이에는 색상과 사이즈 등에 따라 여러 벌을 구입한 후 하나만 사고 나머지를 반품하는 '브래킷 구매'bracket buying도 유행하고 있다. 반품되는 물품 중 재판매할 수 있는 물품은 5% 정도이고, 나머지 95%는 헐값에 청산 업체에게 넘기거나 폐기하게 된다.

일반적으로 무료 반품 정책은 강력한 마케팅 수단으로 고객의 신뢰와 충성도를 높이고, 고객들이 주문당 더 많은 돈을 쓰도록 유도할 수 있다. 소비자들은 반품을 정당한 권리로 인식하고 무료 반품이 어려운 물품의 경우에는 주문을 꺼리기도 한다.

코로나 팬데믹 기간 동안 많은 소비자들이 온라인 쇼핑에 눈을 돌리면서 미국의 많은 소매업체들은 유연한liberal 반품 정책을 유지하며 손해를 감수하면서도 높은 매출을 올릴 수 있었다. 미국소매협회NRF의 조사에 따르면 오프라인 구매의 4%가 반품되는 것에 비해 온라인 구매는 8%가 반품된다고 한다. 이러한 반품에는 반품을 위한 배송과 반품처리를 위한 비용이 동반된다. 상품 주문 시에는 물류 창고에서 물품을 찾아 포장한 뒤 배송업체에 넘기는 간단한 프로세스를 거치나, 반품은 보통 사람이 수작업으로 소비자가 보낸 포장을 해체하고, 소비자가 주장한 반품사유가 실제와 부합하는지, 제품의 상태는 어떠한지 확인하는 과정을 거치는데, 이를 위해 많은 시간과 비용이 소요된다.

반품으로 인한 배송비와 인건비의 증가로, 미국의 많은 소매업체들은 팬데믹 이후에는 보다 강경한 반품정책을 마련하고 있다. 먼저 반품할 수 있는 기간을 줄이고, 일부 업체에선 재고충당비용restocking fee도 청구하고 있다. 갭그룹Gap Inc.은 2022년 6월부터 자회사인 애슬레타Athleta, 바나나리퍼블릭Banana Republic, 올드네이비Old Navy 등의 반품 기간을 45일에서 30일로 축소했으며, 제이크루J.Crew도 반품 기간을 60일에서 30일로 줄였다. 미국 자라는 반품 시 상품은 모든 라벨이 부착된 구매 시 상태original condition 이어야 하고, 온라인의 경우 상품을 배송받은 날로부터 30일 이내에 반품해야 한다. 반품 가능 기간 축소 외에 제품이 판매 당시 상태가 아니면 반품이 불가하게 하는 등 반품 관련 규정도 대폭 강화하고, 반품 시 무료 배송 정책도 사라지고 있다. 예를 들어 자라는 2022년 여름부터 온라인 구매 상품을 우편으로 반품할 때 3.95달러의 수수료를 부과하고 있다.

자료: Free returns are never really free: Someone always has to pay. 3DLOOK; Peinkofer, S.(2023. 6. 20). The hidden cost of 'free returns' for Amazon US. Smart Company; National Retail Federation(2022. 12. 14). 2022 Retail Returns Rate Remains Flat at $816 Billion; 쇼핑시즌 앞두고 반품 까다롭다…판매상품 반품률 17%(2022. 11. 2). 미주중앙일보

하는 리퍼브_{refurb} 상점이 등장하기도 했다.[5] [6]

효율적인 역물류 프로세스를 구축하면 기업은 소비자들로부터 회수한 물건들을 폐기하지 않고 수리, 재판매, 재활용 등을 하여 제품의 가치를 일부 회수할 수 있으며, 시간에 따른 제품의 가치 하락을 막아 비용을 절감할 수 있다. 또한 반품 프로세스가 간편해지면 소비자 만족도가 증가하여 기업 이미지가 강화되고 충성도도 높아질 수 있다.

4) 패션물류의 특성

패션산업은 다른 산업보다 산업조직구조_{stream}가 길어 빠르고 효율적인 물류관리가 중요하다. 패션물류의 특성을 정리하면 다음과 같다.

- 패션제품은 타 제품에 비해 유행·계절에 따른 입·출하 수요의 기복이 심하다.
- 품목, 브랜드, 규격, 색상별 아이템들이 다양하고 복잡해서 자동화 시스템을 접목하기 어렵다.
- 유행·계절에 앞선 수요 예측을 바탕으로 한 바잉·기획 생산 시스템 기반으로 운영되어 이월재고 발생이 불가피하다.
- 유행·계절의 영향으로 이월된 재고 자산의 가치가 급속히 저하되어 효율적인 재고관리정책이 중요하다.
- 1차 매장에서 철수한 상품이 상설 할인 매장, 아웃렛 매장, 기타 여러 할인 행사장 등 유통 단계를 거치면서 물류비는 크게 상승하고 판매 가격은 타 상품에 비해 큰 폭으로 떨어지는 구조이다.

이러한 특성 때문에 타 산업에 비해 국내의 패션물류설비 자동화 비율이 낮으며, 상당수 업체가 전자동 출고 시스템이나 물류창고 관리 시스템을 도입하지 못하고 있다.

기업들은 최근 인공지능_{AI}이나 빅데이터를 활용하여 제품의 수요 예측 정확도를 높이고 있다. 계절이나 패션 등 다양한 변수가 영향을 미치는 패션제품의 경우에도 빅데이터와 AI를 활용하여 소비자 분석 역량을 강화하고 수요 예측의 정확도를 향상시키고 있다. 해외 글로벌 패션기업이나 국내 유통 대기업들의 경우 AI를 이용한 물류센터를 설립하며 치열해진 글로벌 패션시장에 대비하고 있다. 쿠팡은 수년 동안 쌓아온 고객들의 주문 데이터를 이용하여 누가 무엇을 살지 AI가 계산한 수요를 기반으로 천만 개가 넘는 품목을 직매입한다. 재고는 최종 고객과 가까운 인근 물류 거점에 배치해 전국의 쿠팡 풀필먼트센터에 나눠 보관한다.[7]

1) 제품 입고관리

배송센터 반입 시에는 대부분 공급업자가 운송비용을 지불한다. 따라서 공급업체로부터 제품을 납품받을 때는 운송 날짜와 시간, 수량에 따른 운반 단위와 방법을 결정하고, 이에 대한 관리가 이루어져야 한다. 합의된 운송 날짜보다 일찍 배송될 경우 공급업체는 대금을 일찍 받을 수 있으며 소매업체 역시 상품을 포장하고 보관하는 업무시간이 충분해지므로 유리한 점도 있다. 하지만 창고 보관비용과 창고 내 과부하 발생으로 문제가 발생할 수 있다. 반면 제품이 운송일보다 늦게 배송될 경우에는 제품 출고에 차질이 생기므로, 정확한 시기에 제품이 납품될 수 있도록 관리해야 한다.

공급업체로부터 제품 운송 시 운송 단위는 운반되어 온 상태 그대로 매장에 진열되는 것이 가장 이상적이므로, 가능한 각 매장에 출고될 상태로 품목별 색상, 사이즈, 수량이 적절히 배분되도록 계획·관리하는 것이 효율적이다.

(1) 제품 검수

발주 내역을 바탕으로 납품된 제품을 확인하고, 수량과 파손 및 불량 여부 등을 확인한다. 발주 내용과 다르거나 검수에 불합격한 경우에는 반품한다. 최근에는 RFID 전자 태그를 활용하여 검수 작업의 효율성을 높이고 있다.

(2) 마킹

검수를 마친 제품에 상품 태그tag를 다는 과정으로, 이 상품 태그에 스타일 번호, 사이즈, 색상, 가격 등이 입력된다. 마킹 작업이 끝난 제품은 창고에 보관한다.

2) 보관·재고관리

상품 수령 후에는 물류센터에 저장하거나, 소매점에 배송하기 위해 크로스도킹cross-docking한다. 크로스도킹은 상품이 수하장에 입고되었다가 주문에 맞추어 소매점으로 배송되는 하역장으로 바로 보내지는 것이다. 크로스도킹되는 경우 제품이 물류센터에 단 몇 시간만 머무르기도 하는데, 이러한 크로스도킹을 제외하면 상품은 창고나 물류센터 내 정해진 장소에 보관된다. 재고는 다음의 기능을 한다.

(1) 공급과 수요의 균형화

재고는 공급과 수요의 균형을 맞추어 준다. 계절 패션 제품을 예로 들면, 패션 리테일러가 모피와 가죽 같은 가을·겨울 제품을 일반적인 매입 시기에 앞서 미리 구매하면, 제조업자는 연중 생산할 수 있고 리테일러는 일반적인 매입 때의 가격보다 유리한 가격으로 매입하여 소비자에게 공급할 수 있다.

(2) 불확실성의 완화

재고는 예측보다 많은 수요의 발생이나 원자재 부족, 생산라인의 휴업에 따른 납기 지연과 같은 불확실성으로 인한 제품 부족을 완화시킨다.

3) 상품 출고관리

배송센터에서는 각 매장의 주문에 따라 상품을 배분하여 출고한다. 패션제품의 경우 출고시점, 아이템별 조합, 가격대별 조합 등 다양한 요소를 고려하여 매장별로 배분되므로 출고할 때에는 이러한 내용을 정확하게 반영하여 정확한 시점에 출고 및 배송하는 것이 중요하다. 특히 패션제품의 주기와 판매기간이 짧아짐에 따라 정확하고 신속하며 효율적인 제품 공급이 더욱 중요해지고 있다.

(1) 하역

물류센터에서는 날마다 당일 배송되어야 할 상품의 목록을 작성한다. 각각의 상품에 대한 주문서와 배송 라벨을 생성하고, 이 주문서를 바탕으로 출고될 상품을 선별한다. 하역은 제품의 피킹, 분배, 분류, 입출하검품, 상하차 등을 포함한다.

(2) 포장

물류센터에서 주문에 따라 피킹한 제품을 배송하기 위해 포장한다. 물류에서 말하는 포장은 제품의 안전과 보호가 목적이다. 입고된 상자 형태로 주문이 들어오는 경우도 있지만 패션제품의 특성상 제품의 스타일뿐 아니라 한 스타일 내에서도 색상, 사이즈별로 다른 제품이 주문되므로 새로운 상자에 매장별로 주문된 제품을 넣는 작업을 한다. 이렇게 작업된 상자에 배송 라벨을 부착하고 운송트럭이 있는 수하장으로 운반한다.

4) 운송관리

물류에서 운송은 제품의 가격, 배달 기간, 제품 상태 등에 영향을 미치는 중요한 요인이다. 비효율적인 운송관리는 과다한 재고 보유, 운송비용 증가, 판매시기 상실 등을 초래할 수 있다. 패션리테일러는 운송관리 시 창고에서 각 매장으로 배송방법과 배송 단위, 시기뿐만 아니라, 매장 창고와 매장 내에서의 이동 방법도 결정하고 관리한다. 운송은 일반적으로 수송과 배송으로 나누어지는데, 수송은 공장에서 물류센터로 운반해 주는 장거리 운송의 개념이고, 배송은 물류센터에서 각 점포로 제품을 운송하는 것을 말한다.

(1) 운송의 기능

제품의 이동 운송비용과 제품의 손실을 최소화하면서 원천지에서 목적지까지 제품을 이동시켜 준다.

제품의 보관 창고공간이 부족한 상황에서는 운송수단예: 트럭이 창고의 대안으로 활용되기도 한다.

(2) 운송수단의 유형

주요 운송수단으로는 철도, 해상운송, 트럭, 항공 등이 있다. 제품의 특성이나 배송시기, 긴급성에 따라 다양한 운송수단이 활용되며, 경우에 따라 두 가지 이상의 운송수단을 함께 이용하기도 한다.

해상운송 원유, 곡물, 광물과 같이 부피가 크고 저렴하며 부패성이 없는 제품 수송에 적합하다. 가장 속도가 느린 수단이며, 기상 조건에 큰 영향을 받는다는 단점이 있다. 패션제품 물류에서는 원자재나 해외 소싱 제품 운송에 주로 사용된다.

항공운송 부피가 작고 고가인 제품, 부패성이 높아 운송 속도가 중요한 제품의 운송이나 원거리 운송에 적합하나 비용이 높은 것이 단점이다. 계절이나 유행의 영향을 많이 받는 패션제품의 경우에는 운송 속도가 중요하므로 비용이 높음에도 자주 사용된다.

트럭운송 단거리 수송에 적합한 방법으로, 여러 지점을 연결할 수 있어 운송 스케줄 수립 면에서 다른 운송수단에 비해 유연하다. 국내 패션제품 물류에서 많이 쓰이는 운송 방법이다. 최근에는 이커머스의 비약적인 성장으로 인해 거대해진 물류 시장과 늘어난 배송 시장, 운전자 부족 문제, 자율주행에 따른 효율화 가능성을 반영하여 자율주행트럭 운행이 현실화하고 있다. 미국 캘리포니아주는 2024년부터 운전자가 차량에 운전을 완전히 맡기는 '레벨 4' 단계의 자율주행 트럭 상용화 시행을 앞두고 있으며, 일본도 부족한 트럭 운전기사 의존도를 줄이기 위해 일부 고속도로에 자율주행 트럭 전용도로를 만들고 있다.[8]

(3) 운송 시스템 결정

각 운송수단마다 비용, 적합한 제품, 운송기간 등의 장단점을 고려하고, 기업의 전략과 환경 및 상황을 분석하여 적합한 운송 시스템을 결정한다.

제품의 특성 제품의 가격, 크기, 부패 여부 등에 따라 운송 시스템이 결정된다.

소요시간 운송수단마다 소요시간이 다르므로 제품 특성이나 판매 시기를 반영하여 운송 시스템을 결정한다.

운송의 신뢰성 약속된 일자에 상품이 정확히 배달되어야 한다는 점도 고려한다. 항공은 매우 빠른 운송수단이지만 날씨로 인한 연발·연착으로 정확한 일자에 배송하지 못할 위험이 있다. 리테일러는 배송 일시, 제품의 상태 등 다양한 면에서 운송수단의 신뢰성을 분석하여 어떤 운송수단을 이용할지 결정한다.

비용 기업의 입장에서 가장 중요한 고려 요소 중 하나가 운송비용이다. 운송수단의 사용뿐 아니라 온도나 습도 유지와 같은 부가시설 사용에 따른 비용도 함께 고려하여 결정한다.

기업의 전략 기업의 전략상 새로운 시장 진출을 위해 안전하고 신뢰성 있는 제품 공급이 목표인 경우, 소비자의 요구에 빠르게 응대하여 만족도를 높이고자 하는 경우, 기업의 홍보 효과를 위해 긴급한 배송이 필요한 경우에는 비용을 고려하지 않고 회사의 전략을 충족시키는 운송 시스템으로 결정한다.

5) 정보처리

정보처리 활동은 물류센터와 거래처 간의 발주, 입고, 운송, 보관, 출고 등 모든 단계에서 발생하는 각종 데이터의 정보처리활동을 말한다. 최근 물류의 시스템화에 따라 원료조달에서 완제품이 소비자에게 인도되기까지 다양한 정보가 발생하는데, 이렇듯 기업의 물류활동에 따라 발생하는 정보를 효율적으로 수집, 처리, 공급, 관리하여 물류의 효율성, 경제성, 신속성, 안정성을 추구하는 것이다. 이는 입고, 운송, 보관 및 재고, 하역, 포장 등 다른 물류활동을 원활하게 하기 위해 필요하다.

도심 마이크로 풀필먼트센터의 성장

빠르게 성장하는 온라인 쇼핑, 이커머스 시장 확대에 따라 도시 외곽에 위치하고 있던 물류거점들이 언젠가부터 하나둘씩 도심 속으로 들어오고 있다. 온라인 쇼핑 주문 폭증에 따라 교외가 아닌 소비자와 인접한 도심 안으로 거점을 옮겨오는 셈이다. 특히 당일배송, 새벽배송 등 빠른 배송을 표방하고 있는 온라인 이커머스 시장의 팽창으로 지금까지 외곽 지역에 머물렀던 물류거점 위치를 도심 안으로 옮겨야 할 필요성이 커졌다. 이렇듯 빠른 배송에 대한 수요가 높아지면서 많은 기업들이 도심 내 물류 거점인 마이크로 풀필먼트센터_{MFC}를 추진하고 있다.

기존 택배사의 대규모 물류센터는 도심에서 벗어난 외곽지역이나 지방에 위치한 반면, MFC는 이런 대규모 물류센터보다 소규모지만 도심 내에 위치해 물류 수요가 많은 곳에 빠른 배송 서비스가 가능한 물류거점 역할을 한다. 빠르게 배송하기 위해서는 물류를 최종 목적지인 소비자에게 가까운 위치로 옮겨서 처리해야 한다. 이에 각 지점에서 발생하는 물량을 중심 거점_{HUB}으로 모은 후, 각각의 도착지로 다시 분류해 이동시키는 '허브 앤 스포크_{Hub and Spoke}' 방식의 물류거점을 도심 속에 마련해 배송 시간을 단축시키고 있다. 대형 이커머스 기업인 미국의 아마존은 빠른 배송인 라스트마일 배송을 위한 도심 내 딜리버리 스테이션을 급격히 확대하고 있고, 국내 쿠팡도 전국 30개 도시에 약 170개 이상의 물류 인프라를 구축하고 있다.

오프라인 유통기업의 경우 기존 유통 시설을 온라인 전용 물류거점 다크스토어_{dark store}로 변경하고 있다. '다크스토어'는 온라인 주문을 처리하기 위해 기존 매장을 지역형 물류거점으로 활용하는 형태로, 오프라인에서 온라인으로 이동하는 소비 트렌드에 따라 사람들이 자주 방문하지 않는 오프라인 매장을 활용한다. 또한 오프라인 매장 내 재고 공간을 온라인 주문에 대응하기 위한 공간으로 변경하여 물류 설비를 설치하는 '스마트스토어'로 전환하기도 한다. 국내 홈플러스와 롯데마트의 경우도 오프라인 매장 일부를 스마트스토어와 다크스토어로 전환하고 있다. 이러한 도심물류센터의 수요 증가에 따라, 정부도 도시 내 유휴부지_{고가 하부, 휴게소, 차량기지 등}, 주민센터 등을 도심물류센터로 활용한다는 방침을 세우고 있다.

자료: 권명관(2023. 4. 10). 물류의 변화, 도심 속으로 들어 온 물류거점. 동아닷컴; 정유림(2021. 6. 14). 배송 속도 전쟁 속 도심 소형 물류센터 구축 확산. 디지털투데이

3

통합적 물류 구축 및 관리

통합적 물류 시스템은 유통 경로상에서 여러 기능을 수행하는 데 따르는 비용을 전체적인 관점에서 관리한다. 기업은 패션제품의 구매, 운송 및 보관, 가격 책정, 촉진 전략, 유통활동 등을 하나의 총체적인 시스템으로 관리해야 하므로, 각 부서의 기능이 분리·운영되고 협력이 되지 않은 경우에는 통합적인 물류 시스템이 구축되기 어렵다. 일반적으로 물적 유통관리는 물류비용의 감축이 목표이나, 최근에는 단순히 비용의 최소화가 아닌 공급망관리, 즉 SCM_{Supply Chain Management}을 지향하고 있다. SCM은 제품 판매 반응에 따라 생산량을 조절하고 신속 정확한 물류 흐름을 만들어 줌으로써, 시장 변화에 능동적으로 대처하고 정확한 수요 예측을 바탕으로 효율적인 경영을 가능하게 한다.

1) 통합적 물류 구축을 위한 인프라

(1) POS 시스템

POS_{Point Of Sales}란 금전등록기와 컴퓨터 단말기의 기능을 결합한 시스템으로, 매상 금액의 정산뿐만 아니라 소매 경영에 필요한 각종 정보와 자료를 수집·처리해 주며 '판매시점관리 시스템'이라고도 한다. POS 시스템은 POS 터미널과 스토어 컨트롤러, 호스트 컴퓨터 등으로 구성되어 있으며, 상품 코드_{bar code} 자동판독장치인 바코드 리더가 부착되어 있다. 판매시점에 제품 포장지나 상품 태그에 부착된 바코드의 제품 품목, 가격, 수량 등 유통정보가 바코드 리더를 통과하면 제품의 판매 흐름을 단위 품목별로 파악할 수 있을 뿐만 아니라 제품 특성별 판매 경향과 시간대, 매출 부진 상품 등을 세부적으로 알 수 있다.

POS는 일일이 사람의 손을 필요로 했던 재고·발주·배송관리 체계를 단순화·표준화시켜 원가 절감을 기할 수 있고, 매출 집계 및 고객 분석에도 활용되며, 계산 업무의 생산성 향상 및 판매원의 부정 방지에도 효과적이다. 특히 POS는 다른 시스템에 비해 구축비용이 높지 않아 패션업계에 널리 보급되어 있다.

POS 시스템으로 수집한 구매 정보는 방대한 데이터베이스에 입력되는데, 이 데이터베이스에는 품목, 공급업체, SKU, 구매 시간 등 다양한 정보가 저장된다. 데이터베이스의 구매 정보와 고객 정보는 패션리테일러의 다양한 판매촉진활동에 활용된다.

(2) RFID

RFID_{Radio Frequency Identification}는 전파신호를 이용하여 멀리 떨어진 거리에서도 사람이나 물체를 확인할 수 있도록 하는 인식 기술이다. 주로 해외로 수출되는 컨테이너나 선적 상자에 자주 사용되며, 상품이나 라벨에 삽입되기도 한다. 안테나와 칩으로 구성된 RFID 태그에 알맞은 정보를 저장하여 제품에 부착하고, 이러한 정보는 RFID 리더_{reader}로 판독된다. 창고, 배송센터나 매장 입·출구에 설치된 RFID 리더 옆을 지나가면 각 팔렛, 상자, 케이스의 상품 정보가 모두 전송된다.

바코드에 비해 RFID 태그는 더 많은 정보를 저장하고, 저장된 정보를 업데이트할 수 있으며, 바코드를 인식할 수 없는 상황에서도 정보의 전송이 가능하다.

"쇼핑 바구니째로 통에 넣으면 단번에 계산됩니다"…유니클로 무인계산대

유니클로 매장에서 쇼핑객들이 상품이나 쇼핑한 바구니를 통째로 자동 계산대 안에 놓으면 상품이 자동 스캔되어 간단히 결제를 할 수 있다. 판매사원들이 개별 상품을 스캔하거나, 셀프계산대에서 고객들이 하나씩 상품을 스캔하거나 화면에서 가격을 찾아볼 필요가 없이, 그냥 구매하고자 하는 상품들을 계산통에 단순히 떨어뜨리면 자동 스캔되어 바로 결제할 수 있는 것이다.

유니클로 매장은 SPA 브랜드 특성상 상품 회전율이 높아 구매자들이 줄을 길게 늘어서 결제할 때가 잦다. 그만큼 매장 관리 인력이 많이 필요한데 무인계산대를 운영하면 추가로 인력을 고용하지 않아도 된다. 특히 이는 고물가 추세에서 SPA 브랜드들이 옷값을 올리면 경쟁력을 잃을 수 있는 유니클로가 가격 인상을 제한하는 동시에 수익성 개선에 나서는 조치로도 해석된다. 서적이나 공산품과 같은 제품과 달리 의류 매장은 소비자의 소통을 중시했던 터라 무인계산대 도입이 더딘 편이었다. 하지만 베이직하고 표준화된 제품을 대량으로 만드는 유니클로와 같은 SPA 브랜드들은 적극적으로 무인계산대의 도입에 나서고 있다.

이 무인계산대는 계산대 안에 있는 무선 주파수 인식 판독기_{RFID reader}로 작동하는데, 이 판독기는 가격표에 내장된 숨겨진 RFID 칩을 자동으로 판독한다. RFID의 가장 일반적인 사용 사례는 재고 관리였는데, 유니클로는 이를 자동 계산에 활용한 것이다.

RFID는 유니클로의 모회사인 패스트리테일링의 공급망을 개선하려는 노력의 일환이다. 띠어리_{Theory}와 헬무트 랭_{Helmut Lang}을 포함한 모든 패스트리테일링 브랜드는 2017년부터 RFID 칩을 가격표에 내장하기 시작했다. RFID 칩을 통해 리테일러는 공장부터 창고, 매장 내부까지 개별

품목을 추적할 수 있는데, 이를 통해 수집된 데이터로 유니클로는 매장 재고의 정확도를 높이고, 수요에 따라 생산량을 조정하며, 공급망을 더 잘 파악하는 데 활용한다. 유니클로는 실제로 RFID를 활용함으로써 매장 내 품절_{out-of-stock} 상품을 크게 줄일 수 있었고, 무인계산대를 출시한 이후 고객들이 계산대에서 기다리는 시간을 50% 줄였다고 한다.

이 외에 패션리테일 기업에서는 RFID가 어떻게 활용되고 있을까?

모조품 제품 방지

- 페라가모와 몽클레어 등 명품 브랜드에서는 모조품 방지를 위해 자사 제품에 RFID 칩을 삽입해 진위 여부는 물론 제품 추적까지 가능하게 했다.
- 나이키는 에어 조던 1 레트로 하이 OG '코트 퍼플'과 '파인 그린'에 RFID 태그가 삽입된 도난 방지 버클을 사용하여 정품 여부를 신속하게 확인할 수 있도록 하였다.

매장 내 쇼핑 개선

- 버버리 RFID 태그는 50개국에 걸쳐 퍼져 있는 500개의 상점에서 구매자의 휴대폰과 통신할 수 있으며, 아이템이 어떻게 생산되었는지 또는 어떻게 착용 또는 사용될 수 있는지에 대한 정보를 제공한다.
- 레베카 밍크오프_{Rebecca Minkoff} 매장에는 RFID 테이블과

RFID를 이용한 유니클로 무인계산대

RFID 칩이 내장된 뉴니클로 행택

아이패드가 설치되어, 고객이 구매하고 싶은 물건을 RFID 테이블 위에 올려놓으면 구매하고자 하는 물건을 식별하여 고객은 아이패드를 통해 기다릴 필요 없이 바로 셀프 체크아웃할 수 있다.

재고 관리 개선
- 자라의 모기업 인디텍스는 RFID를 재고관리에 활용한다. RFID 태그를 통해 재고가 어디에 있는지, 현재 재고가 얼마이고 언제 재입고되는지 등을 알 수 있어 직원들은 이전 재고관리 소요 시간의 1/6도 안 되는 시간으로도 효율적인 재고관리를 할 수 있다.

자료: 옷 살때도 무인계산…무인점포시대 성큼(2023. 1. 3). 매일경제; "이 매장선 계산대 줄 안서도 돼요"…통에 물건 넣으면 단번에 계산(2023. 11. 5). 매일경제; Lin, B.(2023. 4. 7). Uniqlo's Parent Company Bets Big on Tiny RFID Chips. The Wall Street Journal; Ryan, R.(2017. 10. 4). RFID Technology: 5 Ways Fashion Brands Are Using It. www.launchmetrics.com

또한 제품의 실시간 추적이 가능하고 바코드 인식을 위해 읽거나 체크하는 동작이 필요하지 않아 창고비용, 배송비용, 재고비용을 줄일 수 있고 효율적인 재고관리가 가능하다.

월마트, 타깃, 메트로Metro 등과 같은 할인점에서 RFID 프로그램을 시행하고 있으며, 유니클로도 2017년부터 전 세계 매장 제품에 RFID 태그를 붙여 실시간으로 재고관리를 하고 고객 데이터를 수집하며, 무인계산대에도 활용하고 있다.

(3) 전자문서교환 시스템

패션 제조업체와 소매업체 사이의 의사소통은 대부분 전자문서 교환으로 이루어진다. 전자문서교환 시스템EDI: Electronic Data Interchange은 컴퓨터 및 통신 회선을 통하여 상거래에 필요한 정보를 조직 간에 교환하기 위한 규약으로, 소매업체가 제조업체에 상품의 출고 요청을 전송할 수 있게 하는 시스템이다.

표 6.1 RFID 사용 시 장단점

구분	내용
장점	• 창고비용과 배송센터 인건비 감소: 팰릿, 케이스, 제품 상자에 RFID 태그를 붙여, 노동력이 필요한 제품 확인과정을 간소화 • 효율적인 재고관리: 매장이나 창고의 재고확인이 간편해지고, 재고관리 인건비 감소 • 제품 절도의 감소: 상품의 실시간 추적이 가능해져 재고의 오류를 줄이고, 운송, 물류센터, 매장에서 제품 절도 감소 • 모조품 방지: 개별 상품에 RFID를 부착하여 정품 여부를 확인 • 무인 자동계산 가능
단점	• RFID 태그의 가격: 태그의 가격은 최근 개당 4센트로 많이 낮아졌으나, 돌아오는 수익이나 가치가 높지 않을 경우 이 비용이 단점으로 작용 • 사생활 침해: 개별 상품에 부착된 경우 제품을 구매한 소비자들을 추적할 가능성 존재

전자문서교환 시스템을 사용하면 상품 주문과 상품 수령 사이의 공정과 시간을 줄일 수 있어, 정보가 더 신속하게 흐르고 재고 회전율이 높아진다. 또한 자동화된 시스템을 활용하여 주문 시 발생할 수 있는 실수를 줄이며, 문서 보존의 질을 높일 수 있다.

(4) 자동발주 시스템

자동발주 시스템CAO:Computer Assisted Ordering은 주문서를 자동 발행하는 시스템으로, POS 시스템의 판매 데이터를 기초로 주문서가 EDI를 통해 물류센터로 전송되어 자동으로 재고 보충이 이루어지게 된다. 사람이 상품 수량을 파악하고 주문 내역을 결정하고 주문서를 작성하여 물류센터로 전달하는 수작업 발주 시스템에 비해 자동발주 시스템은 판매 동향에 훨씬 빠르게 대응하며 판매 운영비와 물류비를 낮추고 적정 재고 수준을 유지할 수 있게 한다.

(5) 창고관리 시스템

창고관리 시스템WMS: Warehouse Management System은 물류센터에서 자재 또는 제품을 관리하기 위한 정보 및 자동화 시스템으로, 창고 내 실물과 정보가 일치하도록 해 준다. 이는 과거 창고업자의 판단에 의존하여 수행되던 입고관리, 재고관리, 재고위치관리, 출고관리를 통합적인 시스템으로 실수 없이 운영하도록 도와주어 창고 공간 효율 증대, 작업 인력 절감, 주문 포장 속도 증가, 선입선출에 의한 재고관리 등을 원활하게 해 준다. 최근 모바일 기기의 발달에 따라 현장에서 간편한 단말기로 통합 창고관리 시스템에 접근하는 것이 가능해져 실시간 재고 실사가 가능해지고, 주문 적재 및 픽업 업무도 자동화되었다. 이 시스템은 화물 입·출고관리, 재고관리, 보관위치관리시스템, 출고지시시스템과 피킹picking 시스템, 합포장 시스템digital assortment system, 인터페이스 시스템interface system 등으로 구성되어 있다. 또한 디지털 기술 등을 반영하여 효율을 높이고 있는데, 창고에서 많이 사용되는 디지털피킹 시스템과 디지털합포장 시스템은 최근 많은 기업들이 빠른 배송을 위해 로봇 등을 활용하여 자동화하는 분야이다.

디지털피킹 시스템　디지털피킹 시스템DPS: Digital Picking System은 물류센터에 보관된 상품 중 피킹해야 할 상품이 위치한 지점을 작업자에게 신호로 보내고, 해당 신호를 보고 피킹할 수 있도록 안내하는 시스템을 말한다. 물류센터의 선반마다 품목이 저장되어 있고, 작업자가 피킹하려는 주문의 고유번호를 입력하면 해당 주문을 위해 피킹해야 하는 품목이 있는 선반에 설치된 디지털 표시기$_{LED}$에 피킹 수량이 표시되며, 작업자가 별도의 전표 없이도 이들을 차례로 피킹하여 박스에 담아 주문을 완료할 수 있다.[9]

디지털합포장 시스템 디지털합포장 시스템$_{DAS: Digital Assorting System}$은 거래처별 박스가 놓여 있는 랙에 표시장치와 응답장치로 구성된 디지털 표시기$_{picking indicator}$를 사용해 피킹된 상품을 작업 전표 없이 분배할 수 있는 시스템이다. 선반의 각 칸에 고객사로 갈 빈 박스를 놓고, 출고될 모든 품목별 총 주문량을 먼저 뽑아서 DAS 지역으로 가져온 후에, 피커$_{picker}$가 품목의 바코드를 스캔하여 입력하면 해당 품목이 가야 하는 고객사의 위치에서 선반에 설치된 디지털 표시기$_{LED}$에 분배 수량이 표시되어, 피커가 별도의 전표 없이도 해당 품목을 가지고 이동하면서 표시 수량만큼 차례로 해당 박스에 집어넣는 방식이다.[10]

2) 통합적 물류 시스템

(1) 신속대응 시스템

신속대응 시스템$_{QR: Quick Response}$은 상품을 적시에 적당량만큼 공급하는 체제로, 소비자 반응을 생산과정에 반영하여 생산 및 유통기간을 단축하고, 재고나 반품으로 인한 손실은 낮추어 생산 유통을 합리화한다. QR은 1980년대 중반 미국 의류산업에서 시작되었다. 직물제조업체인 밀리켄$_{Milliken}$은 아동복 생산업체인 워런페더본 컴퍼니$_{Warren Featherbone Company}$, 대형 소매업체인 머칸타일스토어$_{Mercantile Store}$와 협력하여 공급 체인의 비효율성을 개선하고자 하였다. 조사 결과 제품이 기획되어 만들어지기까지 소요되는 리드타임이 66주로 조사되었는데, 55주는 창고에서 재고 형태로 기다리는 발주대기, 출하대기, 포장 및 마킹에 따른 기간이고, 운송기간은 11주로 밝혀졌다. 이러한 비효율성을 개선하고자 머칸타일스토어는 계절별 수요 예측을 개발하였고, 밀리켄은 예측에 따라 원단을 생산하고 주문 시 각기 다른 색으로 염색될 수 있도록 원재료 상태로 보유했다. 워런페더본컴퍼니는 소량의 제품을 만들어 머칸타일스토어로 보냈고, 머칸타일스토어는 이 제품의 판매 추이를 관찰하고 다른 두 회사와 공유하여 소비자의 반응에 따라 남은 원단을 염색하고 옷을 제작·판매하도록 하였다. 이러한 신속대응 시스템을 활용한 결과 소비자에게 인기 있는 상품을 제때 확보할 수 있어 효율성을 높일 수 있었다.

(2) 적기공급생산

적기공급생산_{JIT: Just In Time}은 일본 토요타 자동자 공장의 시스템에서 유래되었다. 생산 현장에서 부품 재고 수준을 최소한으로 유지하기 위해 공급업체가 자재를 필요한 시점에 필요한 양만큼만 납품하게 하는 시스템으로, 재고관리의 효율성을 강조하는 개념이다. 다품종 소량생산 체제의 구축 요구에 부응하여, 적은 비용으로 품질을 유지하고 적시에 제품을 인도하는 생산 방식이다.[11] JIT는 자재가 제때 공급되지 못하면 공정이 중단될 수 있으므로, JIT는 생산 체계가 착오 없이 움직일 때 가능하며 공급업체와의 신뢰 형성이 우선되어야 한다.[12]

(3) 전사적 통합경영 시스템

전사적 통합경영 시스템_{ERP: Enterprise Resource Planning}은 과거 개별적으로 돌아가던 생산, 판매, 자재, 인사, 회계 등 기업의 업무를 표준화된 체계로 통합 및 재구축하여 정보를 공유하고 올바른 의사 결정이 신속히 이루어질 수 있도록 돕는 경영 관리 프로그램이다. ERP에서 가장 중요한 것은 업무 프로세스를 글로벌 표준에 맞는 수준으로 개선하여 시스템을 설계하고 그에 맞게 현장 운영이 변하게 하는 것이다. 특히 많은 점포에 재고를 유통시켜야 하는 패션리테일에서는 과거에 분리 운영되던 영업, 재고, 회계 시스템을 동시에 통합 관리하여 정보가 공유되고 효율적으로 관리된다.

(4) 공급망관리

공급망_{supply chain}이란 고객-소매상-도매상-제조업-자재공급자 간 공급활동의 연쇄구조를 나타내며, 공급망관리_{SCM: Supply Chain Management}는 제품 생산에서 유통에 이르는 전체 프로세스에 걸쳐 협력업체와의 정보 공유와 협업을 통한 재고관리

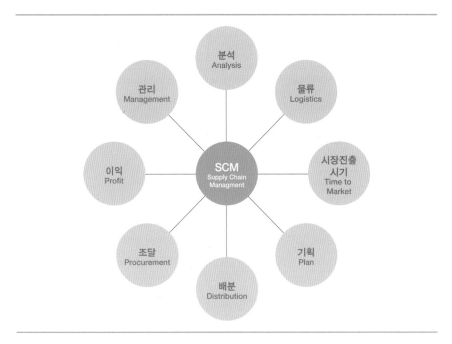

등 공급망 관련 의사 결정의 최적화를 추구하는 경영 기법이다.[13] SCM을 도입하면 과잉 재고와 재고 부족 위험을 없애고 매장의 재고를 적정선으로 맞출 수 있어 재고 비용이 절감되며, 업무 프로세스도 단축된다. 가트너가 선정한 2022년 SCM 선도업체 중 패션리테일 분야를 살펴보면, 나이키가 13위, 할인점 체인 월마트가 14위, 세계적 SPA 기업인 자라 인디텍스가 18위, 중국 온라인기업 알리바바가 25위, 할인점 체인 월마트가 14위로 나타났다.

3) SCM의 효과

SCM을 통해 제조업체는 부품 조달에서 생산계획, 납품 및 재고관리를 효율적으로 하여 생산 프로세스를 개선할 수 있으며, 유통업체는 생산자—도매업자—소매업자—소비자로 이동되는 모든 상품과 정보의 진행 과정을 개선하는 등 업무 프로세스를 효율화하여 경쟁력을 높일 수 있다.

표 6.2 2022 가트너 SCM TOP 25

2019		2022	
순위	회사명	순위	회사명
1	콜게이트 파몰리브(Colgate-Palmolive)	1	시스코(Cisco Systems)
2	인디텍스(Inditex)	2	슈나이더일렉트릭(Schneider Electric)
3	네슬레(Nestlé)	3	콜게이트 파몰리브(Colgate-Palmolive)
4	펩시(Pepsi Co.)	4	존슨앤드존슨(Johnson & Johnson)
5	시스코(Cisco Systems)	5	펩시(Pepsi Co.)
6	인텔(Intel)	6	화이자(Pfizer)
7	HP Inc.	7	인텔(Intel)
8	존슨앤드존슨(Johnson & Johnson)	8	네슬레(Nestlé)
9	스타벅스(Starbucks)	9	레노버(Lenovo)
10	나이키(Nike)	10	마이크로소프트(Microsoft)
11	슈나이더일렉트릭(Schneider Electric)	11	로레알(L'Oreal)
12	디아지오(Diageo)	12	코카콜라(Coca-cola Company)
13	알리바바(Alibaba)	13	나이키(Nike)
14	월마트(Walmart)	14	월마트(Walmart)
15	로레알(L'Oreal)	15	HP Inc.
16	에이치엔엠(H&M)	16	디아지오(Diageo)
17	쓰리엠(3M)	17	델 테크놀로지(Dell Technologies)
18	노보노르디스크(Novo Nordisk)	18	인디텍스(Inditex)
19	홈디포(Home Depot)	19	BMW
20	코카콜라(Coca-cola Company)	20	AbbVie
21	삼성전자(Samsung Electronics)	21	지멘스(Siemens)
22	BASF.	22	아스트라제네카(AstraZeneca0)
23	아디다스(Adidas)	23	제네럴밀스(General Mills)
24	악조노벨(Akzo Nobel)	24	British American Tobacco
25	BMW	25	알리바바(Alibaba)

자료: 가트너 홈페이지(https://www.gartner.com)

(1) 부가가치 창출의 기회

기업 부가가치의 60~70%가 생산과정 이외의 공급망에서 발생하므로,[14] 고객만족을 위한 부가가치 창출의 여지는 소싱, 주문 처리, 물류관리 등과 같은 공급망에서 더욱 크게 나타난다.

채찍효과

일반적으로 제품에 대한 최종 소비자의 수요는 그 변동 폭이 크지 않다. 하지만 공급망을 거슬러 올라가면 이 변동 폭이 커지는 현상이 발생한다. 이렇듯 소비자의 실제 수요에 대한 약간의 변화나 계절적인 변화가 소매상-도매상-제조업체-원재료 공급자로 공급망을 거슬러 올라가면서 변화 폭이 커져 공급량을 대폭 확대하게 되는 현상을 '채찍효과_bullwhip effect'라고 한다. 채찍을 흔들 때 손잡이 부분에 작은 힘만 가해도 채찍 끝 부분에서 큰 파동이 생기는 것에서 유래된 이름이다. 소비자 수요의 작은 변화는 제조업체나 원자재 공급업체에 전달될 때 확대되어 공급망의 조정이 잘 되지 않고 공급망 전체로는 재고가 많아져 공급망 수익성이 저하되는 결과를 가져온다.

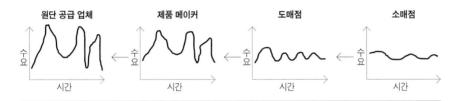

(2) 불확실성에 효과적으로 대처 가능

주문한 제품의 납기 및 수량에 대한 불확실성을 감안하여 기업에서 계획을 수립하고 공정을 진행하는 것은 리드타임 단축이나 적정 재고 및 주문량 유지 측면에서 어려움이 있으므로, SCM을 통해 이러한 불확실성에 효과적으로 대처할 수 있다.

(3) 글로벌화에 따라 발생하는 문제에 효과적으로 대처

패션산업의 글로벌화에 따라 지역 및 국가 간의 물류 여건, 물류 관련 비용, 환율, 관세나 수출입 관련 법규 등을 고려해야 한다. SCM을 이용하면 이러한 사항을 고려하여 합리적으로 계획, 관리 및 조정, 통제할 수 있다.

(4) 채찍효과의 감소

최종 소비자의 주문이나 수요에 관한 정보가 소매상, 도매상, 생산업체 등의 공급망을 거슬러 전달되는 과정에서 지연·왜곡되면 과잉 재고나 납기 지연 등의 문제가 발생한다. 공급망의 하류_예: 소비자에서 상류_예: 원단공급업체로 가면서 수요 정보의 지연 및 왜곡이 확대되는 채찍효과를 줄이기 위해서는 정보의 보유 및 전달, 상호 협력과 조정이 중요한데, SCM 도입을 통해 이를 개선할 수 있다.

1) 첨단기술과 SCM

급변하는 환경에 대응하기 위해 패션리테일 기업들은 IoT, 로보틱스, AI 첨단기술을 접목하여 공급망관리의 효율성과 정확성을 높이고 있다. 이전에도 바코드와 같은 입력장치를 활용하여 공급망관리의 효율성을 높였으나, 최근에는 첨단기술을 활용한 공급망 시스템 전체 개선을 통해 물류창고 자동화, 자동재고 추적, 자동발주 시스템, 적정재고량 산출, 매장관리 효율화 등을 이루고 물류·재고·매장관리에 드는 비용··시간 절감 및 효율화 추구 등 기업 경쟁력 제고에 힘쓰고 있다.[15]

기술을 기반으로 한 쉬인의 민첩한 공급망

미국 Z세대가 가장 많이 찾는 패션 브랜드는 울트라 패스트 패션_ultra-fast fashion_의 선두주자 쉬인이다. 쉬인은 본사는 싱가포르에 있지만 중국 난징에서 설립되었고 중국기업으로 알려져 있다. 2022년에 전 세계 150여 개국에서 230억 달러_약 30조 원_의 매출을 올린 온라인 패션기업_오프라인 매장은 없음_으로, 매출로는 H&M를 넘어섰고 자라를 바싹 뒤쫓고 있다.

쉬인의 가장 큰 판매 포인트는 10대와 20대 여성들을 위해 전 세계 150개국으로 배송되는 의류의 낮은 가격과 다양한 상품이다. 쉬인에서 소비자들은 수십만 개의 5.99달러 티셔츠와 9.99달러 드레스를 볼 수 있다. 쉬인이 1년 동안 새로 생산해 내는 스타일이 약 31만 5,000개라고 하니, 매일 신상품이 거의 1,000개씩 올라오는 것인데 어떻게 이게 가능한 걸까?

기술을 기반으로 한 '민첩한 공급망'

쉬인은 신상품을 처음에 100~200개씩만 주문해서 일단 팔아보고 시장 반응을 테스트한다. 온라인 사이트에 상품이 업로드되면 그때부터 고객 반응_클릭률, 즐겨찾기, 판매율 등_ 데이터를 실시간으로 취합한다. 이 데이터를 분석해 수요를 예측하는데, 이전 판매량, 제품 기능, 날씨 등 500개 이상의 변수를 반영하여 예측 정확도를 높이고, 이를 바

초저가 울트라 패스트패션 기업 쉬인의 홈페이지

탕으로 추가 생산을 주문한다. 사실 기업에서 추가 생산을 주문하더라도, 단기간에 제품을 생산할 수 있는 공장을 확보하는 것은 어려운 문제이다. 쉬인은 중국 전역에 약 6,000개의 협력 업체를 가지고 있으며, 이들 공장의 생산 가동 상황을 실시간으로 확인하는 시스템을 갖추고 있다. 이를 통해 특정 상품을 가장 빨리 생산할 수 있는 공급업체를 실시간으로 찾아 주문을 넣는다. 이러한 민첩한 공급망을 통해 시장의 반응에 기반한 상품을 빠르게 대량 생산하여 전 세계에 저가로 판매할 수 있는 것이다.

자료: '미친 속도+충격 가격=패션의 미래'라는 공식(2023, 7. 8), 동아일보; Is Supply Chain Agility a Company's Secret Weapon?(2023. 6. 15). Sourcing Journal

(1) 빅데이터를 활용한 적정 재고량 산출

판매 데이터나 고객 데이터와 같은 빅데이터를 AI로 분석하여 적절한 재고량을 산출한다.

(2) RFID나 IoT를 이용한 실시간 물류/재고관리

- RFID 태그의 가격이 하락하고 각종 센서 기술이 발달하면서 '실시간' 재고관리가 가능해졌다. 이러한 실시간 재고관리 시스템으로 인해 정확하고 효율적인 재고관리가 가능하다.
- IoT 센서로 매장에서 판매되는 정보를 실시간으로 수집하여 제품의 생산 및 공급 물량을 조절할 수 있다.
- RFID나 IoT 활용 시 자동으로 대량 판독이 가능하여 리드타임 없이 재고 파악이 가능하다.

(3) IoT, 로봇, AI를 활용한 매장관리

- 매장에 설치된 IoT 센서가 부착된 스마트 선반을 활용하면 실시간 재고 파악이 가능하여, 재고가 일정량 이하로 낮아지면 자동으로 상품을 주문할 수 있다.
- 로봇을 이용하여 매장 내 재고가 충분한지, 상품이 제 위치에 있는지, 상품에 정확한 가격표가 붙어 있는지 등을 확인하는 매장관리에 활용한다. 미국의 대형 할인유통업체 타깃_{Target}은 이동 로봇 '탤리_{Tally}'를 이용해 매장을 관리한다. 직원이 1~2만 개의 상품을 점검하는 데는 일주일에 20~30시간 정도가 소요되나, 탤리는 1시간에 1만 5,000개의 품목을 스캔할 수 있다고 한다.[16] 미국 케이마트_{Kmart}에서 사용되는 독일 메트랩_{MetraLabs}사의 토리_{TORY} RFID 로봇은 이동 중에 모든 RFID 태그 제품을 인식하고 기록한다. 실제로 케이마트 매장에서 사용한 결과, 의류의 재고파악 및 위치 정확도가 기존 60%의 정확도에서 95%로 크게 향상된 것으로 나타났다.[17]

(4) 스마트 공장 맞춤 생산

스마트 공장_{smart factory}이란 인더스트리 4.0이 가져오는 생산 공장의 혁신적인 변화로, 설계·개발, 제조 및 유통·물류 등 생산과정에 디지털 자동화 솔루션이 결합

월마트가 매장관리로봇 보사노바를 해고했다는데….

지난 수년간 비용 절감과 효율성 제고를 위해 자동화 기술에 투자해 온 미국 최대 소매 유통업체 월마트가 매장 내 재고 확인용 로봇을 철수시키기로 했다. 코로나19를 계기로 더 많은 기업이 자동화 기술 도입에 적극적으로 나서는 것과 대조적인 상황이 벌어진 셈이다. 어떤 사정이 있었던 걸까?

월마트가 2017년 이후 도입한 약 2미터 크기의 보사노바에 주어진 임무는 매장 통로를 따라 움직이면서 선반에 놓인 물품 재고량을 확인하고, 가격과 품목 배치의 오류를 점검하는 것이었다. 보사노바는 2D와 3D 카메라를 사용하여 빛을 비추고 사진을 찍는 것은 물론 라이다(LiDAR: Light Detection And Ranging, 빛을 통한 검출과 거리 측정) 센서를 사용하여 선반에 무엇인가가 비축되어 있는지 탐색하고 감지함으로써 상점 선반을 스캔하고, 이를 통해 품절된 상품, 잘못된 가격 등을 감지할 수 있다. 이렇게 파악한 정보는 중앙 서버로 전송되어 매장 직원에게 즉각 전달되고, 피드백을 받은 직원들이 재고 물품을 채워놓고, 가격 태그 오류를 정정함으로써 효율적인 업무처리를 가능하게 했다.

하지만 팬데믹 기간에 매장을 찾는 손님이 줄어들면서 배송이나 픽업 서비스를 요청하는 온라인 주문이 급증하게 되었고, 재고 확인 기능이 중심인 로봇으로는 주문에 맞춰 그때그때 매장을 돌아다니며 주문 물품을 찾고 재고량을 확인해 신속하게 채워넣는 일이 불가능해졌다. 또한 고객이 쇼핑하고 있는데 뒤에서 소리 없이 갑자기 나타난 로봇을 보고 놀라는 등 로봇에 대한 고객의 거부감도 있었으며, 로봇의 고장이나 프로그램 오작동으로 인한 직원들의 업무 증가도 문제였다. 결국, 팬데믹 기간 중인 2020년에 월마트는 '보사노바 로보틱스(Bossa Nova Robotics)' 로봇 업체

월마트의 매장관리 로봇 보사노바
(Bossa Nova)

와 협력관계를 마무리하고, 로봇 대신 멀티태스킹이 가능한 매장 내 직원을 늘리기로 하였다.

그렇다면 많은 리테일러들이 로봇 등 자동화 기술 도입에 적극적으로 나서는 것과 반대로 월마트는 자동화에 반대하는 것인가? 그렇지 않다. 월마트는 보사노바만 해고한 것이지 다른 로봇이나 자동화 기술 도입은 계속 진행하고 집중적으로 투자하고 있다. 특히 가격 경쟁력을 높이기 위해 물류비 감소가 중요하다고 판단하고 물류창고 로봇 자동화에 힘쓰고 있다. 현재도 작업자들이 트레일러에서 물건을 하역하는 대신 자율 지게차가 많은 부분을 대신하고 있으며, 자동화 시스템으로 상품을 분류하고 재고를 파악한다.

자료: 월마트, "물류창고 로봇이 공급망의 미래"—3년 내 65% 매장에 로봇 물류 시스템 도입(2023. 4. 6). 로봇신문; 월마트, 로봇 해고…"인간의 멀티태스킹 능력이 더 낫다"(2020. 11. 5). 한겨레

된 정보통신기술을 적용하여 생산성, 품질, 고객만족도를 향상시키는 지능형 생산 공장을 의미한다.[18] 공장 내 설비와 기계에 IoT를 설치하여 공정 데이터를 실시간으로 수집하고, 이를 분석해 목적한 바에 따라 스스로 제어하는 공장이다. 스마트 팩토리를 구현하면 개인맞춤형 상품을 합리적인 가격에 즉각적으로 생산할 수

있고, 대량생산으로 발생하는 재고의 불확실성을 낮출 수 있어 효율을 높이고 새로운 가치를 창출할 수 있다. 휴고 보스_{Hugo Boss}는 튀르키예의 즈미르에 4,000명의 근로자가 근무하는 최대 생산공장을 가지고 있는데, 이 공장은 2015년부터 스마트공장으로 전환되어 네트워크로 연결된 기계, 광범위한 데이터 분석 및 유연한 프로세스 등 첨단

사진 6.1
튀르키예 휴고 보스사
스마트공장 내 모습

기술을 보여주고 있다. 휴고 보스의 공장이 스마트공장이 되면서 세 분야에서 큰 변화가 일어났다. ① 디지털 전환: 직원, 기계, 프로세스를 서로 연결하여 공장의 "가상 쌍둥이_{virtual twin}"를 만들어 공장 전체에 설치된 1,600개 이상의 태블릿을 사용하여 생산 데이터를 실시간으로 추적함으로써 생산을 최적으로 관리한다. ② 로봇을 이용한 자동화: 프로세스 최적화를 위해 반자동화된 기계와 로봇을 개발하고 직원들을 지원하기 위해 새로운 기술을 도입한다. ③ 인공지능 활용: 공장에서 수집된 다양한 데이터를 분석하여 개선 가능성이 있는 곳, 위험 사항이 발생한 곳에 대한 정보 등을 디지털 예측을 활용하여 관리하고 있다.[19]

2) 글로벌 SCM 관리

(1) 글로벌 SCM

국내외에 많은 사업장 및 공장, 전문 협력사를 운영·관리하는 글로벌 기업들은 생산 경쟁력 강화를 위해 생산 현장의 흐름 및 현안을 적기에 파악하고 효율적인 의사 결정을 통해 경쟁우위를 유지하고자 한다. 이를 반영하여 공급망 내 정보 흐름과 활동을 자국 내에 제한하지 않고, 적기에 세계 각지에서 생산하여 적시에 어느 곳으로 판매할 수 있는 제조 운영체계, 즉 글로벌 SCM을 구성하고 있다.

글로벌 SCM이란 원재료부터 최종 소비자까지의 모든 제품 및 정보의 흐름과 활동을 국내로 제한하지 않고 2개국 이상의 국가에 걸쳐 물품을 조달하고 조립 혹은 생산하여 전 세계 시장을 상대로 완제품의 판매활동을 하는 것을 말한다.

자라의 글로벌 SCM 전략

글로벌 패스트패션 기업 자라는 SCM을 가장 잘하는 회사로 알려져 있다. 자라는 기획에서 출시까지 두 달 이내에 이뤄내며, 디자인이 선정된 후 3주 이내에 매장에 출시한다.

소비자 반응을 빠르게 반영하는 디자인 및 생산

자라는 전 세계 수천 개의 매장 POS 기기, 온라인 판매, 설문조사, PDA 기기, 의류에 부착된 RFID 등으로부터 수집한 일별 데이터를 데이터 분석 전문가들이 분석해 시장의 변화에 즉각적으로 대응하는 QR 시스템Quick Response System을 구축하였다. 전 세계 각 매장에서 보낸 정보를 디자인에 반영하되, 디자이너의 창의성뿐 아니라 매장 매니저와 소비자의 의견을 중시하는 구조로, 시즌 전에 10~15% 정도의 디자인만이 확정되고 나머지 디자인은 이러한 매장 판매 및 소비자 의견을 바탕으로 진행된다.

민첩한 공급망을 이용한 지연 전략

애자일agile은 우리말로 '민첩함'을 의미하는데 기업이 얼마나 신속하게, 낮은 비용과 높은 생산성을 유지하면서 시장 수요에 대응할 수 있는지를 말한다. 자라는 의류의 디자인 선정 이후 원자재 구매, 생산, 출고, 진열에 이르기까지의 공급망 리드타임Lead-time을 3주 전후로 획기적으로 줄인 애자일 SCM을 구축하여 통상적으로 6~9개월가량 소요되는 패션업계 리드타임과 비교해 매우 효율적으로 운영한다. 특히 패션업계는 색상, 사이즈, 디자인 등 취급하는 상품·스타일 수가 많으면서 복잡하고, 급격

한 트렌드 변화 등으로 수요 예측의 정확도가 타 업계 대비 떨어진다. 애자일 공급망의 장점은 리드타임 단축이나 효율적인 재고 관리를 가능하게 할 뿐만 아니라, 수요 예측을 수개월 전에 미리 진행하지 않고 시즌 중에 진행할 수 있게 한다는 점이다. 자라는 글로벌 네트워크를 통해 확보한 빅데이터를 분석해 시즌 전에 수요 예측을 하고, 애자일 공급망으로 고객 주문 전에 생산하여 재고량을 최소화하는 지연 전략postponement strategy을 취한다.

효율성을 높이는 수직계열화

자라는 소재 생산, 염색 및 프린트, 패턴 개발뿐 아니라, 많은 의류회사가 아웃소싱하는 창고관리나 유통, 물류까지도 직접 운영하여 효율성을 높인다.

효율적인 물류운영

효율성을 높이기 위해 공장의 50%는 본사가 있는 스페인 혹은 근방에 위치해 있으며, 생산된 제품은 지하 모노레일을 이용해 물류센터로 이송된다. 인디텍스의 주요 물류창고는 모두 스페인에 있는데, 물류센터로 도착한 제품은 다시 여러 국가로 배송된다. 또한, 인공지능을 이용해 판매데이터를 분석하고 재고관리를 효율적으로 운영한다.

자료: 임경량(2014, 2, 26). 단말기에서 시작되는 '자라'의 스피드. 어패럴뉴스; 자라, 재고자산회전율 25의 초우량 패션기업(2019, 5, 15). 패션인사이트; Ankita, V.(2017, 5, 25). ZARA's secret to success lies in big data and an agile supply chain. https://www.straitstimes.com; How the Zara supply chain taps into top clothing retail trends(2023, 11, 22). Thamasnet

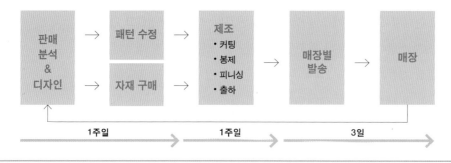

(2) 최근 글로벌 공급망 영향 요인

코로나 팬데믹으로 인한 글로벌 공급망 변화 코로나 팬데믹은 세계를 2년 넘게 혼란에 빠뜨렸으며, 수십 년간 세계화가 진행되며 구축된 글로벌 공급망의 취약성을 드러나게 했다. 특히 세계적으로 가장 큰 패션제품의 공급지인 중국이나 인도, 방글라데시 등에서 코로나 팬데믹으로 인한 주요 도시 봉쇄가 장기화되고 생산공장 가동중단이 발생하면서 이러한 국가의 공급과 연계된 다수 국가의 제품 생산이나 소비자 수요가 큰 영향을 받아 연쇄적으로 글로벌 공급망의 문제를 악화시켰다. 봉쇄가 완화되면서 패션제품에 대한 수요가 급증하였으나, 코로나로 인해 항만과 물류 인력이 부족하여 패션 물류 공급이 원활하게 이루어지지 않았다.[20] 이러한 운송과 물류의 어려움은 운송비용 상승으로 이어지게 되어 패션기업의 수익성이 악화되었다.

특히 패션의 경우 특정 지역에 편중되어 운영되던 공급망의 약점이 급작스러운 전염병 사태로 인해 여실히 드러나게 되었기에, 기업들은 공급망의 불확실성과 빠른 변화에 대처할 수 있게 공급망을 재설계하고 있다. 베네통Benetton의 경우 2022년 말부터 아시아의 생산량을 줄이고 세르비아, 크로아티아, 튀르키에, 튀니지, 이집트 등을 중심으로 새로운 공급망 개편 계획을 수립하였다. 동남아시아의 생산비용이 새로 이동되는 지역에 비해 20% 낮지만, 코로나 팬데믹과 같은 공급 장애가 발생했을 때 긴 운송시간이나 비용을 고려하면 생산·소싱의 비용이 다소 증가하더라도 공급망이 가까이 있어야 생산과정에서 발생하는 문제에 더 빠르고 유연하게 대응할 수 있다는 것이다. 미국 패션기업들은 소싱 다각화를 통해 중국 소싱 의존도를 낮추고 미국 내 생산지와 지역적으로 가까운 도미니카공화국-중미 자유무역협정CAFTA-DR국가의 비중을 늘리고 있다.[21]

글로벌 무역환경 변화 2001년 중국이 WTO에 가입한 이후, 자유무역을 통해 중국은 국제 통상에서 고속성장을 하였다. 2016년 당선된 미국 트럼프 대통령이 대중국 무역적자를 강조하고 미중무역관계가 미국에게 불리하다고 언급하면서, 2018년부터 미국과 중국은 상대국 제품에 높은 관세를 부과하는 등 패권경쟁을 벌이고 있다. 이러한 미국과 중국의 갈등은 지정학적 패권, 지적재산권, 시장진입, 첨단기술을 둘러싼 경쟁으로 확대되었다.[22] 또한 미국은 2022년 6월 위구르 강제

노동방지법~UFLPA~을 발효하면서 중국 신장 면화와 이를 사용하는 의류 및 섬유류를 전면 수입금지하고 있다. 이 법은 중국 내 다른 지역이나 제3국에서 가공·재생산된 제품이라도 신장산 면화를 포함하면 수입을 금지하는 내용이 포함되어, 글로벌 패션 제품 공급망에 큰 영향을 주고 있다. 2021년 기준으로 한국의 대중 수출은 전체 수출의 25.3%이고 대미 수출은 전체 수출의 14.9%로 이 두 국가의 경제적 갈등은 한국산업에 큰 영향을 미친다.

지속가능한 공정무역 추구 최근 선진국을 중심으로 지속가능하고 공정한 무역체계 구축을 추진하고 있다. 2023년 8월 유럽의회에서 통과된 유럽 연합~EU~의 "기업지속가능 실사지침~CSDDD, Corporate Sustainability Due Diligence Directive~"은 전 세계적으로 확산하고 있는 ESG 경영을 포괄적으로 입법화한 것으로, 기업의 경영활동 및 당해 기업의 공급망·가치사슬에 속한 기업들의 경영활동으로 초래될 수 있는 인권 및 환경에 대한 부정적 영향을 기업 스스로 확인하고, 방지 및 완화하도록 하는 것이 목적이다. 지침의 적용대상이 되는 기업은 EU에서 활동하는 대기업과 고위험 산업~섬유, 광물, 농업·임업·수산업~에 속하는 중견기업이다. 지침의 적용대상 기업은 자신뿐 아니라 자회사 및 가치사슬~value chain~, 즉 공급망에 속해 있는 기업들로, 이들은 경영활동 과정에서 초래할 수 있는 인권 및 환경에 대한 부정적 영향을 확인하고 이에 대응하기 위해 이러한 부정적 영향을 방지, 완화, 개선하기 위한 실행계획을 마련하며, 매년 1회 이상 실사 정책의 적절성을 점검하고 이 결과를 홈페이지에 공개하는 등 실사를 수행해야 한다.[23]

지침안의 적용을 받는 고위험산업에 섬유가 포함되며, 직접 적용대상은 되지 않더라도 적용기업의 가치사슬에 포함되어 있는 기업들도 간접적인 영향을 받게 되므로, 이러한 실사 기준을 선제 적용하는 등 공급망 점검과 대응 전략을 수립해야 할 것이다.

참고 문헌

1) Levy, M., & Grewal, D.(2023). Retailing Management(11th ed.). McGraw-Hill

2) 국가물류통합정보센터, 매출액대비물류비-2020년 통계. https://www.nlic.go.kr/nlic/KosGudeHtm. action#a

3) 이수동, 여동기(2011). 소매경영(2판). 학현사

4) 정영훈, 이홍철(2005). 온라인 유통 산업의 반품 회수 물류 네트워크에 관한 연구. 한국SCM학회지, 5(2), 29-42

5) "흠집 나도 괜찮아"…고물가에 떠오르는 '리퍼브' 상품(2023. 11. 24). 아시아경제

6) 나는 반품한다. 고로 존재한다(2016. 7. 15). 국민일보

7) 로켓배송 비밀은 AI물류센터…3시간 걸리던 포장 1시간에 뚝딱(2022. 9. 2). 매일경제

8) 미국의 자율주행 트럭 주요 기업으로 보는 유통 변화(2022. 5. 16). 국토교통부 (https://smartcity.go.kr); 정영효(2023. 12. 13). "택배 멈춘다" 비상 걸린 日…서둘러 '자율주행 트럭' 전용도로 깐다. 한국경제

9) 유강철, 강경식, 임석철(2012). 물류센터 오더픽킹 최적 설계를 위한 DPS와 DAS의 생산성 비교. 한국 SCM학회지, 12(2), 111-120

10) 유강철, 강경식, 임석철(2012). 물류센터 오더픽킹 최적 설계를 위한 DPS와 DAS의 생산성 비교. 한국 SCM학회지, 12(2), 111-120

11) 매일경제용어사전. http://www.mk.co.kr

12) 서성무, 홍병숙, 진병호(2002). 패션비즈니스. 형설출판사

13) 정호상(2008. 8. 20). 경쟁우위의 새로운 원천 SCM. CEO Information(688호). 삼성경제연구소

14) 이수동, 여동기(2011). 소매경영(2판). 학현사

15) 삼정KPMG 경제연구원(2017). 유통 4.0시대 리테일 패러다임의 전환. Issue.54

16) 삼정KPMG 경제연구원(2017). 유통 4.0시대 리테일 패러다임의 전환. Issue.54

17) Crozier, R.(2021. 4. 20). Kmart Australia and NZ will put a robot called TORY into every store. itnews.

18) 기획재정부(2017). 시사경제용어사전

19) Hugo Boss 홈페이지. https://group.hugoboss.com/en/newsroom/stories/smart-factory-in-izmir

20) Kelly, F.(2022. 1. 12). There Is A Massive Trucker Shortage Causing Supply Chain Disruptions And High Inflation. Forbes.

21) 송소영(November 24, 2022). 美, 패션 섬유/의류 산업 공급망 "다각화"와 "니어쇼어링". KOTRA-해외시장뉴스

22) 이정훈, 양원석(2022). 폭풍속으로: 글로벌 통상환경변화와 공급망의 재편이 한국산업과 경제에 미치는 영향 진단. Deloitte Insight

23) 김도연(2023. 9. 11). EU 공급망 실사 입법 동향…어디까지 왔나. KOTRA 해외시장뉴스

사진 출처

COVER STORY ⓒ 무신사 홈페이지

사진 6.1 ⓒ Hugo Boss 홈페이지

PART 3

머천다이징 관리

예산 및 상품구색 기획

리테일러의 주된 목적은 소비자에게 상품을 판매하는 것이다. 어떠한 제품을 얼마나 구입하여 매장을 구성할 것인지 결정하는 것은 패션리테일링에서 가장 중요한 업무이다. 이 장에서는 소매업체의 머천다이징, 즉 어떠한 제품을 얼마나 구입할 것인가를 다루는 예산 및 상품구색 기획에 관해 살펴보도록 한다.

인공지능 알고리즘을 이용한 상품기획

상품 기획은 패션리테일에서 패션상품을 기획하고, 구입하거나 생산할 물량을 결정하고, 가격과 유통, 판촉 이벤트를 계획하고 관리하는 것을 수반하는 중요한 과정이다. 최근 몇 년 동안 기술과 인공지능_{AI}의 발달로 리테일러들은 데이터를 중심으로 효율적으로 패션 트렌드와 수요를 예측하여 상품기획에 활용하고 있다.

인공지능 알고리즘을 이용한 트렌드 및 수요 예측

패션상품 기획 시 고려해야 할 중요한 사항은 패션 트렌드와 소비자의 수요 예측이다. 다양한 빅데이터 분석을 통해 패션 트렌드를 예측하면 각 패션 기업들이 지역 및 세계의 정보를 수집하고 분석하는 데 드는 소요하는 상당한 시간을 줄일 수 있다. 인공지능_{AI}이 점점 더 다양한 분야에서 이용 가능해짐에 따라 많은 패션 기업들은 이 기술을 트렌드 예측에 사용하고 있다.

- 휴리테크_{Heuritech}는 트렌드와 제품에 대한 예측 분석을 브랜드에 제공하는 패션 기술 회사로, 소셜 미디어에서 가져온 이미지를 AI로 분석하여 2,000개가 넘는 의류의 세부 정보를 인식하여 시장 수요를 예측하고, 트렌드를 가늠할 수 있도록 알려준다. 이를 통해 패션 기업이 시장의 수요가 있는 제품의 생산량은 늘리고 판매되지 않은 제품의 양은 줄일 수 있도록 지원한다.

- 지오스타일_{GeoStyle}은 지리 공간 이벤트를 식별하고 패션 트렌드를 예측할 수 있는 인공지능_{AI} 플랫폼이다. 사람들이 소셜 미디어에 업로드하는 사진은 전 세계에서 서로 다른 시간에 사람들이 어떻게 옷을 입는지에 대한 데이터 소스가 될 수 있다. 지오스타일은 인스타그램과 플리커를 통해 공개적으로 사용 가능한 이미지로 구축된 데이터를 활용하여 패션 트렌드를 예측하고, 사람들의 스타일에 영향을 미치는 시공간적으로 지역화된_{spatiotemporally localized} 이벤트를 식별한다

- 스티치픽스_{Stitch Fix}는 회원 가입을 통한 서비스 구독 및 피드백 중심으로 이루어지는 비즈니스 모델의 특성상 인공지능이 활용할 수 있는 방대한 소비자 데이터를 보유하고 있어 이를 바탕으로 트렌드 분석이 가능하다. AI 알고리즘은 소비자의 취향을 바탕으로 유행을 파악하고 스티치픽스의 재고 중 없는 디자인을 알아내며 새로운 디자인을 디자이너에게 제안하는 기능을 한다.

기술로 할 수 없는 상품 기획의 영역

이제 패션계를 포함한 산업 전반에서 AI 알고리즘의 이용은 비가역적 흐름이라고 보고 대기업뿐 아니라 소규모 기업들도 다양한 기술을 활

SNS에 소개된 휴리테크의 AI 분석 기술

용하고 있다. 인공지능을 이용해 트렌드를 분석하고, 수요를 예측하고 심지어 AI가 패션제품 디자인도 하는 시대에, 그렇다면 이러한 데이터에 기반한 인공지능 등 기술적인 요소가 있으면 성공적인 상품 기획이 이루어지는 것일까? 꼭 그렇지는 않다. 앞서 사례로 등장했던 스티치픽스는 데이터 분석을 기반으로 구독형 패션을 소비자들에게 공급했으나, 반품, 물류비, 구독자 감소로 주가도 폭락하는 등 어려움을 겪고 있다.

  AI 기반 트렌드나 수요 예측은 기존의 오류를 많이 줄일 수 있으므로, 인간이 도구로 활용하고 AI 활용으로 절약된 시간에 인간이 할 수 있는 일에 집중하여 효율적으로 일을 하는 것이 필요하다. 또한 패션 산업에서 데이터에 기반한 AI 알고리즘이 상품기획, 디자인과 마케팅 결정을 주도하면 패션이 개성적이거나 창의적인 면이 부족할 것이라는 우려가 있다. 사람들에게 놀라움을 주는 매력적인 디자인을 구현하고 소비자들에게 반향을 일으키는 매력적인 브랜드 이미지를 만드는 것은 상품 기획의 또 다른 중요한 측면이므로, AI는 비서처럼 활용하고 인간은 자신의 창의성을 키우고 브랜드 이미지를 강화할 수 있는 보다 복잡한 문제에 집중해야 할 것이다.

자료: 이숙영(2023. 7. 29). AI 대 인간 전쟁, 패션계는 안전할까? VOGUE; 김혜경(2023. 7. 20). 패션 트렌드 예측, 이젠 AI로 하세요! dito&dito; Ginsberg, B.(2023. 2. 21). Artificial Intelligence In Fashion. Forbes

1) 리테일 머천다이징의 개념과 기능

(1) 리테일 머천다이징의 개념

적절한 리테일 머천다이징은 기업의 재무목표를 충족시키면서, 적절한 상품을 적절한 가격에 적절한 수량으로 적절한 장소에서 적절한 시기에 제공하는 과정이다. 여기서 적절한 상품$_{right\ product}$, 가격$_{right\ price}$, 수량$_{right\ quantity}$, 장소$_{right\ place}$, 시기$_{right\ time}$의 5가지 요소를 '머천다이징 5요소'라고 한다. 이 '적절성'의 기준은 표적소비자에게 달려 있다. 표적소비자가 원하는 상품을 그들이 이용하는 장소에서, 지불할 여력이 있거나 지불할 의사가 있는 가격 수준에 제공하며, 수량은 지나치게 많아 재고가 쌓이거나 지나치게 적어 품절이 발생하지 않는 수준이어야 한다. 판매 시기가 짧은 패션상품의 경우 너무 일찍 매장에 놓으면 판매가 발생하지 않으며, 너무 늦으면 판매 기회를 충분히 활용하지 못하게 된다. 따라서 이 5요소를 관리하는 것이 머천다이징 활동이며, 리테일 머천다이저와 바이어는 이 활동이 원활하게 수행되도록 총괄하는 역할을 담당한다.

(2) 리테일 머천다이징의 기능

리테일 머천다이징은 이익을 얻기 위해 상품을 바잉하고 판매하는 데 필요한 모든 활동을 포함하며, 이를 크게 나누면 다음과 같다.[1]

기획 지난 판매 실적, 시장 트렌드, 성과 목표치 등을 분석하여 차기 시즌의 매출과 재고 수준을 예측$_{forecasting}$하고 기획$_{planning}$하는 기능이다.

바잉 바잉$_{buying}$ 계획, 제품 선정, 상품 발주 및 재발주, 벤더 관계 관리, 상품구색 관리, 가격 책정, 광고와 프로모션을 위한 협조 등을 포함한다.

상품 개발 상품 개발$_{product\ development}$은 리테일 자체브랜드$_{PB}$를 개발하는 기능으로, 디자인 사양 설정, 상품 소싱, 제품 생산업체와의 협상 등을 포함한다.

유통 유통$_{distribution}$은 각 점포의 재고 수준에 기초하여 상품을 할당하는 기능이다.

2) 리테일 머천다이징의 이익 개념

기업의 궁극적인 목표는 이익 창출이다. 리테일러는 상품을 기획·바잉하고 재판매하여 이익을 창출한다. 즉, 리테일러는 판매를 극대화할 수 있는 상품을 바잉하고, 이를 위해 예산 및 상품구색을 기획하며, 재고를 관리함으로써 이익을 극대화하기 위해 노력한다. 특히 머천다이징 부서는 매출, 재고, 마진관리를 통한 머천다이징 성과를 산출해야 한다. 본 장에서는 기업의 기본적인 재무 관련 정보에 대한 이해를 토대로 이익구조와 예산 수립 및 머천다이징 성과 산출에 관해 살펴본다.

(1) 대차대조표

기업 회계정보를 전달하는 가장 기본적인 수단은 재무제표financial statements이다. 재무제표는 기업의 경영 활동을 재무적으로 표현하는 여러 회계보고서를 통칭하는 것으로, 대차대조표balance sheet, 손익계산서, 현금흐름표, 자본변동표 등을 포함한다. 대차대조표는 기업의 모든 자산, 부채, 자본을 일정한 구분·배열·분류에 따라 기재하여 기업의 재무 상태를 총괄적으로 표시한 것이다. 표 7.1은 A사의 대차대조표로, 여기에서 자산은 부채와 자본의 합으로 나타난다.

$$자산 = 부채 + 자본$$

자산 자산assets은 기업이나 개인이 소유하고 있는 가치 있는 물적 재산이나 무형의 권리를 말한다. 자산은 고정자산fixed asset과 유동자산liquid asset으로 나눌 수 있다. 고정자산은 기업이 보유하고 있는 자산 중 토지나 기계·설비, 건물처럼 상대적으로 장기간 보유하고 있는 자산을 말한다. 이는 다시 형태에 따라 유형고정자산과 무형고정자산으로 구분되는데, 유형고정자산은 토지, 건물, 기계, 설비 등과 같이 그 형태가 있는 것을 말하며 무형고정자산은 특허권, 영업권처럼 형태는 없지만 경영에 실제로 보탬이 되는 것들을 말한다. 유동자산은 고정자산에 대응되는 개념으로 1년 이내에 환금할 수 있는 자산인 현금이나 예금, 일시 소유의 유가증권, 상품, 제품, 원재료, 저장품 등을 포함한다.

부채 부채liabilities는 기업이 개인, 회사 또는 기업의 외부조직에 대하여 가지고 있

표 7.1   A사의 대차대조표

대차대조표

A 패션리테일사	(2023년 12월 31일 현재)		(단위: 백만 원)
항목	**액수**	**항목**	**액수**
		유동부채	
		외상매입금	1,000
유동자산		단기부채	4,000
현금/예금	1,500		
기타유동자산	500		
상품재고	5,000	**고정부채**	
		장기부채	1,500
고정자산			
건물	4,000	**자본금**	
기타 고정자산	1,000	자본금	5,000
		잉여금	500
자산 총계	**12,000**	**부채·자본 총계**	**12,000**

는 금전, 재화 또는 용역을 제공할 채무나 의무이다. 유동부채란 대차대조표일로부터 1년 이내에 지급되리라 기대되는 부채로 단기부채라고 하고, 외상매입금, 지급어음 등이 여기에 포함된다. 고정부채는 결산일 또는 대차대조표일로부터 계산하여 지급기한이 1년 이내에 도래하지 않는 부채를 말한다.

자본   자본$_{capital}$은 자산에서 부채를 뺀 것으로, 자본금과 잉여금으로 구분된다. 자본금은 기업의 소유자가 사업의 밑천으로 기업에 제공한 금액이고, 잉여금$_{surplus}$은 일정 시점에 있어서 자본금을 초과하는 자기자본의 초과액을 말한다. 이익 잉여금은 영업활동 등 손익 거래를 통해 발생하는 잉여금을 말하고, 자본 잉여금은 주식의 납입이나 환급 등 자본 거래로 생기는 잉여금을 말한다.

(2) 손익계산서

영업 연도 중 발생한 기업의 모든 수익과 이에 대응한 비용을 기재·정리하여 그 기간 동안 발생한 이익이나 손실의 규모를 파악할 수 있도록 표시한 것이 손익계산서$_{profit and loss statement}$이다. 총수익이 총비용보다 많으면 이익이 발생하고, 반대로 총비용이 총수익보다 많으면 손실이 발생한다. 모든 기업은 1년마다 대차대조표와 손익계산서를 포함한 재무제표를 보고하며, 이익 발생 시 그 규모에 따라 법인세를 납부해야 한다.

표 7.2 A사의 손익계산서

손익계산서

항목	액수(계산방법)	%
A 패션리테일사 (2023년 1월 1일부터 2023년 12월 31일까지)		(단위: 백만 원)
① 매출액	20,000	100
② 매출원가	12,000(6,000+13,000−7,000)	60
기초상품재고액	6,000	
당기상품매입액	13,000	
기말상품재고액	7,000	
③ 매출총이익: ①−②	8,000(20,000−12,000)	40
④ 판매비와 관리비	5,000	25
⑤ 영업이익: ③−④	3,000(8,000−5,000)	15
⑥ 영업외 수익	400	2
⑦ 영업외 비용	700	3
⑧ 경상이익 : ⑤+⑥−⑦	2,700	13
⑨ 세금	540	3
⑩ 당기순이익: ⑧−⑨	2,160	10

총매출 vs 순매출

총매출gross sales은 매출 시 공급가액 총액을 의미한다. 총매출액에서 매출의 차감 항목인 매출 할인 등을 차감한 순수한 매출액을 순매출액net sales이라 한다.

매출액 매출액net sales은 상품의 매출 또는 서비스의 제공에 대한 수입으로, 총매출gross sales에서 소비자 반품 등을 제외한 순매출net sales을 의미한다. 리테일러의 상품 판매에 의한 최초 수입으로 이익 산출의 기준이 된다. 리테일 머천다이징에서 대부분의 비율은 순매출 100%가 기준이나, 소비자 반품률 산정의 총매출을 기준으로 계산한다.

매출원가 매출원가cost of sales는 판매된 상품의 구입원가이다.

상품 매출원가 = 기초 상품 재고액 + 당기 상품 매입액 − 기말 상품 재고액

매출총이익 혹은 총마진 매출총이익gross profit 혹은 총마진gross margin은 순매출액에서 매출원가를 차감한 금액으로, 비용을 고려하기 이전의 순수한 머천다이징 이익이다.

매출총이익 = 매출액 − 매출원가

판매비와 관리비 판매비selling와 관리비general administrative expenses는 상품의 판매활동

과 기업의 운영관리 활동에 필요한 제반 비용으로, 급여, 퇴직 급여, 복리후생비, 임차료, 보험료, 세금 및 각종 공과금, 감가상각비, 접대비, 광고와 프로모션비 등 일체의 운영 경비를 포함한다.

영업이익   영업이익$_{operating profit}$은 매출액에서 매출원가를 빼고 얻은 매출총이익에서 다시 판매비와 관리비 등 영업 비용을 뺀 것으로, 순수하게 영업을 통해 벌어들인 이익을 말한다.

영업이익 = 매출총이익 − 판매비와 관리비

매출이 비슷하더라도 관리비나 판매 관련 지출에 따라 영업이익은 크게 차이가 날 수 있다. 세계적 패스트패션 기업인 자라의 경우 영업이익률이 17%로 매우 높은 편이다. 표 7.3에 제시한 국내 기업의 2022년 재무재표를 살펴보면 패션 상장사 중에서 매출은 코오롱인더스트리가 5조 3,675억, 영원무역홀딩스가 4조 5,274억, 휠라홀딩스가 4조 2,208억, 한세실업이 2조 2,048억, LF가 1조 9,685억, F&F가 1조 8,091억으로 매출 상위 기업으로 나타났고, 이외에도 신세계 인터내셔날, 한섬, 코

표 7.3 2022년 주요 패션 및 수출 상장사 실적   (단위: 백만 원)

회사명	매출			영업이익			영업이익률	순이익		
	2022년	2021년	증감률	2022년	2021년	증감률	2022년	2022년	2021년	증감률
코오롱 인더스트리	5,367,473	4,662,050	15.13%	242,496	252,713	−4.04%	4.52%	197,785	203,824	−2.96%
영원무역 홀딩스	4,527,437	3,240,513	39.71%	1,014,183	570,492	77.77%	22.40%	897,506	446,829	100.86%
휠라홀딩스	4,220,819	3,793,958	11.25%	430,943	492,851	−12.56%	10.21%	472,148	337,809	39.77%
한세실업	2,204,761	1,671,997	31.86%	179,585	106,694	68.32%	8.15%	85,635	67,340	27.17%
LF	1,968,540	1,793,103	9.78%	185,160	158,865	16.55%	9.41%	177,302	136,154	30.22%
F&F	1,809,137	1,089,172	66.10%	522,447	322,683	61.91%	28.88%	386,495	231,925	66.65%
신세계 인터내셔날	1,553,877	1,450,778	7.11%	115,270	91,971	25.33%	7.42%	118,792	82,629	43.77%
한섬	1,542,222	1,387,401	11.16%	168,316	152,192	10.59%	10.91%	120,699	111,523	8.23%
코웰패션	1,193,039	673,980	77.01%	103,428	92,379	11.96%	8.67%	67,385	65,177	3.39%
태평양물산	1,083,940	892,927	21.39%	68,858	1,375	4907.85%	6.35%	26,832	−14,021	−291.37%

자료: 금감원 전자공시시스템; 59개 패션·섬유 상장사 2022년 실적(2023. 3. 21). 어패럴뉴스

웰패션, 태평양물산이 매출 1조 이상을 올리고 있는 것으로 나타났다. 영업이익은 영원무역홀딩스가 매출 4조 5,274억에 영업이익 1조 142억으로 가장 높았고 영업이익률$_{22.4\%}$도 가장 높은 것으로 나타났다. 다음으로 F&F가 5,224억, 휠라홀딩스가 4,309억, 코오롱인더스트리가 2,425억, LF 1,852억, 한섬이 1,683억으로 매출 1위 코오롱인더스트리보다 매출이 1/3규모인 F&F의 영업이익이 2배 이상 높은 것으로 나타나, 매출규모가 크다고 영업이익이 꼭 높은 것은 아니라는 것을 볼 수 있다. 매출액에 대한 영업이익의 비중인 영업이익률을 살펴보면, 매출이 높았던 코오롱인더스트리는 4.52%인 반면, F&F는 28.88%로 영업이익률이 훨씬 더 높은 것을 알 수 있다.

영업외 수익   영업외 수익$_{\text{non-operating income}}$은 기업의 본래 영업외 활동에 의해 벌어들인 수익으로, 이자수익, 배당금수익, 자산처분이익 등을 포함한다.

영업외 비용   영업외 비용$_{\text{non-operating expenses}}$은 기업의 주된 영업활동 이외에 발생하는 비용으로, 이자비용, 외환차손, 기부금, 자산처분손실 등을 포함한다.

경상이익   경상이익$_{\text{ordinary income}}$은 기업 운영을 통해 발생하는 수익과 비용으로, 일시적으로 발생하는 특별이익 등은 포함하지 않고 순수하게 기업의 실질적인 운영에 의한 이익을 나타낸다.

경상이익 = 영업이익 + (영업외 수입 − 영업외 비용)

세금   법인세는 법인이 얻은 소득에 대해 부과되는 조세로, 과세표준에 세율을 곱해 계산한다. 법인세는 과세표준금액이 2억 원 이하인 경우 9%의 세율이 적용되고, 2억 원 초과에서 200억 원 이하는 19%, 200억 초과에서 3,000억 이하는 21%, 3,000억 원을 초과하는 금액에 대해서는 24%가 적용된다$_{2023년 기준}$.[2]

당기순이익   당기순이익$_{\text{net income}}$은 기업이 일정 기간 얻은 수익에서 지출한 모든 비용을 공제하고 순수하게 이익으로 남은 순이익을 말한다. 당기순이익은 경상이익에서 특별손실과 법인세를 뺀 것으로, 매출액과 함께 회사의 경영 상태를 나타내는 대표적인 지표이다.

$$당기순이익 = 경상이익 - 특별손실 - 법인세$$

앞서 표 7.2에 제시한 ①~⑤의 매출액, 매출원가, 매출총이익, 판매비와 관리비, 영업이익은 리테일 머천다이징과 관련이 높다. 이익을 높이기 위해 리테일 머천다이징은 이 중 3요소인 매출, 매출원가, 판매비 및 관리비 등을 통제할 수 있다. 즉, 매출을 높이고 원가와 판매비 및 관리비를 절감하면 매출총이익과 영업이익이 증가할 것이다. 이를 위해 리테일러는 재고 투자 대비 매출 극대화와 판매비 및 관리비 절감을 통해 이익률을 높이려고 노력한다.

(3) GMROI 분석

소매업체 실적을 평가하는 좋은 방법은 투자수익률_{ROI: Return On Investment}을 살펴보는 것으로, 기업의 순이익을 투자액으로 나누어 산출한다. 예를 들어 같은 크기의 매장 두 곳을 운영하고 있는데, A 매장에 1억을 들여 수익 1,000만 원이 생겼다면 ROI는 10%가 된다. 또 다른 매장 B에는 1억 5,000만 원을 투자했는데 1,200만 원의 수익이 생겼다면 ROI는 8%이다. B 매장이 1,200만 원의 수익을 올려 1,000만 원의 수익을 올리는 A 매장보다 수익액은 많지만, A 매장이 ROI가 10%로 투자 대비 수익률이 더 높아서 효율적이다. 하지만 ROI에는 리테일 머천다이저들이 통제하지 못하는 자산과 비용이 포함되기 때문에 ROI만으로 리테일 머천다이저들의 실적을 평가하는 것은 적절하지 않다.

리테일 머천다이징 성과를 평가하는 데 유용한 방법은 재고 총이익률 혹은 총마진 수익률인 GMROI_{Gross Margin Return On Inventory investment}를 이용하는 것인데, GMROI는 재고투자 대비 매출로 회수한 총이익률을 말한다. 리테일의 가장 큰 투자는 매장이나 창고의 상품재고인데, 이러한 상품재고에 대한 이익회수율을 표기한 것이 GMROI이다. GMROI는 매출총이익률과 재고회전율의 두 개념으로 구성된다. 이 두 개념을 조합하면 GMROI 산출법은 '평균 재고액 ÷ 매출총이익'이 된다.

$$\text{매출총이익률} = \frac{\text{매출총이익}}{\text{매출액}}$$

$$\text{재고회전율} = \frac{\text{매출액}}{\text{평균재고액}}$$

$$\text{GMROI} = \text{매출총이익률} \times \text{재고자산 회전율}$$

$$= \frac{\text{매출총이익}}{\text{매출액}} \times \frac{\text{매출액}}{\text{평균 재고액}}$$

$$= \frac{\text{매출총이익}}{\text{평균 재고액}}$$

GMROI는 매출, 마진, 재고의 관계를 통한 머천다이징 성과를 보여 주는 지표로, 바이어의 재고투자금액 대비 벌어들인 수익이 얼마나 되는지를 측정한다. 매출총이익률과 재고회전율은 둘 다 높은 것이 바람직하나, 일반적으로 이 둘은 반대로 움직인다. 예를 들면 보석과 같은 귀금속은 매출총이익률이 높으나 재고회전율이 낮으며, 식품이나 생필품의 경우는 재고회전율이 높은 반면 매출총이익률은 낮다. 즉, 보석은 각 상품을 판매할 때마다 마진이 높지만 자주 판매되지 않고, 세탁 세제는 각 상품의 판매마진은 낮으나 판매 빈도가 높다. 따라서 어느 상품군이 리테일러의 재고 투자 대비 이익률에 더 기여하는지를 평가하기 위해서는 매출총이익률과 재고회전율이라는 두 요소를 함께 고려해야 한다.

대표적인 미국 패션리테일러의 GMROI를 살펴보면표 7.5, 백화점이나 오프프라이스 리테일러에 비해 전문점의 GMROI가 높은 편임을 알 수 있다. 의류상품 중에서도 디자이너브랜드 제품의 경우 재고자산 회전율이 낮지만 매출이익률이 높아 결과적으로 재고자산 이익률이 높을 수 있다. 중저가 캐주얼 패션제품의 경우에는 고가 브랜드에 비해 매출이익률이 낮으므로 재고자산 회전율을 높여야 재고자산 이익률을 높일 수 있다.

표 7.4 미국 유통업체 상품군별 GMROI

상품군	GMROI($)		
	2021	2022	2023
의류	3.45	3.24	2.80
보석	1.19	1.29	1.20
스포츠용품	2.10	2.07	1.60
화장품	2.68	3.88	3.40
전자제품	2.26	3.14	2.50
가구	2.50	2.77	2.40

자료: The retail owners institute(https://retailowner.com)

표 7.5 미국 리테일 업태별 GMROI

분류	매장	GMROI($)
백화점	Macy's	1.1
	Kohl's	1.4
	Nordstrom	1.4
할인점	Kmart	2.1
	Walmart	2.0
오프프라이스 리테일러	Burlington Coat Factory	1.0
	T.J. Maxx	1.1
전문점	American Eagle	2.7
	Ann Taylor	1.9
	GAP	2.3

자료: Donnellan, J.(2014). Merchandise: Buying and Management(4th ed.), p.220. Bloomsbury

또 다른 지표로 판매 면적당 매출 총수익률인 GMROS_{Gross Margin Return on Selling area} 분석이 있는데, 이는 매장 면적당 제품 재고 투자에 대한 수익성을 나타낸다.

$$GMROS = \frac{매출총이익}{매장 면적}$$

(4) 재고자산 회전율

매장에서 상품이 빨리 회전되면 매출량이 늘어나 상품 가격 하락을 방지하고, 새로운 상품 매입을 위한 현금을 많이 확보할 수 있다. 즉, 매장에 새로운 상품을 공급할 수 있고, 새로운 상품이 진열되면 고객의 점포 방문이 늘어나고, 오래 진열된 상품에 비해 신상품이 더 잘 팔리기 때문에 매출도 늘어날 것이다. 이와 반대로 재고회전율이 낮다는 것은 상품이 판매되지 않고 진열대에 오래 머문다는 것으로, 이러한 상품은 매장을 진부하게 만든다. 신상품이 없으면 고객의 점포 방문이 뜸해지고 매출도 줄어들 것이다. 특히 유행이나 계절성이 중요한 패션제품의 경우에는 상품의 가치가 빠르게 떨어지기 때문에, 상품이 빨리 판매되면 세일로 판매하는 상품의 규모가 줄어드므로 총이익이 증가한다.

재고자산 회전율_{stock turnover}은 특정 기간 동안 상품이 몇 번 회전하였는지 측정하는 것으로, 특정 기간 기업의 상품 매출액을 평균 재고로 나눈 것이다. 한 회전은 상품이 점포에 도착해서 고객에게 판매되기까지를 말하며, 재고회전율은 다음과 같이 계산된다.

팬데믹이 패션업체의 GMROI에 미친 영향

코로나 팬데믹으로 발생했던 글로벌 공급망 문제로 어려움을 겪었던 영국 의류 및 패션기업들이 팬데믹 이전 수준에 비해 57% 더 많은 재고를 보유하고 있는 것으로 나타났다. 언리쉬드$_{Unlished}$의 Manufacturers Health Check 보고서는 재고관리 소프트웨어의 데이터를 사용하여 영국 4,500개 이상의 중소기업$_{SME}$의 재고 가치, GMROI, 구매제품에 대해 지급한 가격 등을 조사하였다. 조사 기업 중 의류 및 패션 제조업체는 팬데믹 전인 2019년 같은 기간과 비교해 2022년 3분기 재고 수준이 많이 증가한 것으로 나타났는데, 이는 팬데믹 이전 수준보다 57%나 증가한 수치였다.

이 조사에 포함된 여러 산업 중에서 의류 제조업체들이 팬데믹 이후 GMROI$_{81.8\% 감소}$가 가장 크게 변화한 것으로 나타났는데, 이는 의류 제조업체들이 팬데믹 전보다 더 많은 재고를 보유하고 있고 이에 따라 전반적인 수익성이 하락하고 있음$_{GMROI 감소}$을 보여 준다.

언리쉬드의 CEO인 가레스 베리$_{Gareth Berry}$는 "팬데믹으로 인한 공급망 위기로 시작된 것이 개별 비즈니스 차원의 재고 위기로 발전된 것으로 보인다"며 이러한 재고 보유와 수익성 악화가 패션과 의류 제조업체들에게 현금흐름 압박을 주는 어려운 요인이 되고 있다고 지적했다.

자료: Abdulla, H.(2022. 11. 30). Clothing firms holding 57% more stock than pre-pandemic. Just Style

$$재고자산\ 회전율 = \frac{매출액}{평균\ 재고액}$$

$$평균\ 재고액 = \frac{월초\ 재고 + 월말\ 재고}{기간\ 내\ 월\ 수 + 1}$$

재고자산 회전율이 높으면 상품의 판매 및 보충 속도가 빠른 것으로 수익성이 높다고 할 수 있으며, 리테일러로 하여금 새로운 상품의 매입 기회를 제공하여 GMROI를 증대시켜 준다. 재고자산 회전율이 낮은 것은 ① 재고 보유기간이 길어 소비자 수요 변화에 민감하게 대응할 수 없고, ② 신상품을 보강하여 점포 내에 구색의 변화를 주기 어려우며, ③ 과잉 재고로 효율적인 자금 운용이 어렵고, ④ 재고 보관을 위한 창고 및 유지비용이 높다는 것을 시사한다. 예를 들어 같은 크기의 매장 두 곳이 연간 10억 원의 매출을 올린다고 하자. A 매장은 평균 재고가 2억 원이고, B 매장은 평균 재고가 2.5억 원이다. 일반적으로 이 경우에 A 매장은 재고자산 회전율이 5회이며 B 매장은 4회로 회전율이 5회인 A 매장이 더 효율적으로 자금관리를 하고 재고 보유기간이 짧아 소비자 수요 변화에 더 민감하게 대응한다고 볼 수 있다. 일반적으로 재고자산 회전율이 높은 것이 좋으나, 재고자산 회전율이 지나치게 높은 경우에는 재고 부족으로 품절 상품이 발생하기 쉽고 잦은 배송으로 물류비가 증가할 수 있으므로, 적절한 재고자산 회전율의 균형을 잡는 것이 중요하다.

(5) 재고평가

재고관리 단위를 뜻하는 SKU_{Stock Keeping Unit}는 상품 분류상 가장 작은 단위로, 이 단위에 상품 코드가 부여된다. 동일한 아이템도 색상, 사이즈별로 다른 SKU가 적용된다. 예를 들어, 캘빈클라인 라운드넥 반팔 티셔츠의 경우 3가지 색상에 4가지 사이즈가 있다면 12개의 SKU가 가능하다. 통상적으로 리테일 재고에는 최소 수천 개의 SKU가 있으며, 이 상품들은 각각 다른 시기에 입고되어 판매된다. 이 재고 흐름의 효율적인 관리는 리테일 머천다이징에서 매우 중요하다. 재고는 리테일의 가장 큰 투자이며 소매점의 재무제표에 영향을 끼치므로 특정 시점에 재고의 실제 가치를 정확하게 산출하는 것은 중요하다.

재고의 가치는 판매가격인 소매가격이나 매입가격인 원가를 기준으로 평가할 수 있다. 매입가 기준 방식_{cost method}은 상품의 매입 시 가격을 기준으로 재고가치를 평가하는 방법으로, 주로 고가격에 일일 판매수량이 적은 보석상 등에서 많이 이용한다. 일반적으로 소매점에서 많이 사용하는 판매가 기준 방식_{retail method}은 판매 가격에 기초한 재고 시스템으로, 실제 재고 조사를 하지 않아도 특정 기간의 기말 재고액을 추정할 수 있다. 매입가격 기준에 비해 계산이 복잡하다는 단점이 있으나, 매입가 기준 방식에서 알기 어려운 일정 기간의 재고액, 판매비, 결손액이 얼마인지 알 수 있다. 또한 시장 가치를 재고 가치에 반영할 수 있다는 장점이 있다. 재고평가_{inventory valuation}는 다음과 같이 한다_{표 7.6}.

- 1단계: 총판매가능상품을 판매가와 원가로 계산한다.
- 2단계: 총판매가능상품의 원가 비중을 계산한다.
- 3단계: 재고 가치를 판매가로 계산한다.
- 4단계: 재고 가치를 원가로 계산한다. 이후 매출총이익률을 계산하기 위해서는 다음 5~6단계를 진행한다.
- 5단계: 판매상품의 총원가를 계산한다.
- 6단계: 판매상품의 원가와 매출총이익률을 계산한다.

표 7.6 재고 평가의 예

구분	원가(천 원)		소매가(천 원)	
판매가능상품:				
초기재고(Opening inventory)		31,458		58,658
총매입	41,860		84,320	
생산업체로 반품	440		820	
순매입(Net purchases)		41,420		83,500
운송(Freight)		970		
리베이트(Rebate)		−180		
추가 마크업			360	
마크업 취소			−90	
순추가 마크업(Net additional markup)			270	
총판매가능상품		73,688		140,450
원가(%)		52.45%		
감가:				
총매출(Gross sales)			80,760	
고객 반품(Customer returns)			6,920	
순매출(Net purchases)			73,840	
가격 인하(Markdowns)			6,943	
가격 인하 취소(Markdown cancellation)			217	
순가격 인하(Net markdown)			6,626	
직원할인(Employee discount)			934	
총감가				81,400
장부상 기말재고정리액		30,973		59,050
매출원가총액		42,695		
현금 할인(Cash discounts-minus)	−621			
순매출원가(Net cost of merchandise sold)		42,074		
수선/작업장비용(Alteration/workroom costs-plus)	417			
총판매상품원가		42,491		
매출총이익		31,349		
매출총이익률		42.54%		

주: 순매입 = 총매입 − 생산업체로의 반품
　　순추가 마크업 = 추가 마크업 − 마크업 취소
　　순매출 = 총판매 − 고객 반품
　　순가격 인하 = 가격 인하 − 가격 인하 취소

1) 카테고리 관리

상품구색을 기획할 때는 카테고리$_{category}$가 기본 단위가 된다. 카테고리는 생산업체와 소매업체에서 항상 동일한 것은 아니다. 예를 들어 휴지의 경우 생산업체에서는 종이제품으로 분류될 수 있지만, 소매 점포에서는 위생제품으로 분류된다.

카테고리 관리$_{category\ management}$란 고객의 욕구를 만족시킬 수 있도록 카테고리를 기본 사업 단위로 하여 카테고리의 목표를 설정하고, 경쟁 및 소비자 구매행동을 고려하여 점포별로 해당 카테고리의 가격 설정, 머천다이징, 촉진, 제품 믹스를 관리하는 것이다.[3] 즉, 소비자에게 효율적으로 마케팅하기 위한 방법을 카테고리별로 파악하고자 하는 것으로, 상표 또는 제품 라인 대신 제품 카테고리를 기본 사업 단위로 한다. 예를 들어, 여름철 워터파크를 가기 위해 할인점을 찾은 소비자가 수영복 구입 후 물안경과 물놀이 상품을 찾는다면, 이 경우 수영복과 관련 있는 물안경, 수영모, 물놀이 상품, 선크림 등을 하나의 카테고리로 함께 관리하는 것이 효율적일 것이다. 카테고리를 잘못 관리하면 소비자가 원하는 상품을 찾기 위해 점포 내에서 많은 시간을 소비하게 되므로, 카테고리 관리는 제조업체나 소매업체보다는 소비자의 관점에서 설계되어야 한다.[4] 카테고리를 잘 관리하면 구색에 있어 소비자의 의견이 잘 반영된 품목들을 구성하고 효과적으로 진열함으로써, 더 많은 품목을 구비하고도 소비자의 구매 패턴에 따라 효과적으로 진열하지 못한 점포보다 경쟁력을 가질 수 있다.[5]

단일 브랜드 중심의 구색관리나 예: 신발 브랜드별 관리 특정 제품 중심 예: 운동화, 구두, 슬리퍼 등 제품별로 관리의 관리는 ① 점포 내 내적 경쟁에 대한 소모적인 노력과 같은 비효율적인 측면을 가져올 수 있으며, ② 관련된 다른 제품의 동반 매출을 유도하지 못한다는 단점이 있다. 예를 들어 특정 제품의 성공이 그 제품과 관련된 다른 제품의 침식효과$_{cannibalization}$로 이어진다면 성공적인 상품 기획이라고 할 수 없다. 하지만 브랜드나 제품 중심 관리를 진행하다 보면 비효율적인 점포 내부 경쟁이 발생하여 다른 제품의 침식효과를 초래할 수도 있

사진 7.1
카테고리 관리
유아용품과 유아복은 하나의 카테고리로 관리하여 효율적인 판매를 유도한다.

2
리테일
머천다이징
관리

다. 또한 개별 브랜드나 제품의 매출은 관련된 다른 제품구색의 매출과도 동반될 수 있는데예: 유아복과 유아용품의 매출이 동반되는 경우, 단일 브랜드나 특정 제품 중심으로 관리되는 경우에는 이러한 점을 효과적으로 반영할 수 없다. 따라서 효율적인 카테고리 관리를 통해 관련 카테고리나 제품 간의 교차 마케팅 전략을 실시하여 매출을 늘릴 수 있다.[6]

2) 상품 분류

(1) 기본상품

기본상품basic or staple merchandise이란 비교적 수요가 일정한 상품으로, 과거 판매 기록에 따라 각 스타일, 색상, 사이즈별로 양을 예측할 수 있다. 따라서 과거 판매 정보를 기준으로 수량을 예측하고 선기획 구매 전략에 따라 대량으로 미리 구매하여 원가 절감 전략을 세우는 것이 바람직하다.

(2) 패션상품

패션상품fashion merchandise은 예측이 어려운 유행제품을 말한다. 이러한 제품은 어떤 스타일을 많이 구매하고 어떤 스타일을 적게 구매해야 하는지 결정하기가 쉽지 않고, 유행을 많이 타므로 과거의 판매기록도 크게 도움이 되지 않는다. 따라서 선기획 시에는 예측이 빗나가 품절이나 과잉 재고로 인해 실패할 위험이 있으므로, 가능하면 시즌에 가까운 시점에서 스폿spot으로 기획·바잉하거나 선기획 시 소량으로 생산 또는 바잉을 한 뒤 소비자 반응을 보고 재주문reorder하는 전략을 이용하는 것이 효과적이다.

3) 상품의 다양성과 구색

상품구색 계획의 목표에 따라 균형 잡힌 상품 구성을 한 패션점포는 고객이 원하는 상품을 갖추고 있기 때문에 판매가 잘될 것이다. 그렇다면 균형 잡힌 상품 구성이란 무엇일까? 고객들이 매장을 새롭고 흥미롭다고 느끼도록 다양한 상품구색을 갖추는 것일까? 하지만 상품의 구색이 다양하다고 해서 반드시 많은 고객이 찾

자라 vs. 유니클로의 상품 전략

SPA 브랜드들은 최신 유행을 담은 옷을 일주일에 몇 벌씩 저렴한 가격으로 선보이고 있다. 대표적인 SPA 브랜드인 자라와 유니클로는 대조적인 전략을 활용하고 있다.

트렌디한 패션 제품을 선보이는 자라

기존 패션업계에서 1년을 4개 시즌으로 나누어 신제품을 내놓는 반면, 자라는 1년을 20~30개 시즌으로 나누어 2주에 한 번 새로운 제품을 공급한다. 자라의 디자이너들은 매년 3만 개의 디자인을 개발하고, 이 중 1만 2,000개가 실제 상품으로 제작된다. 이는 일반 의류 업체들과 비교하면 3~6배나 많은 것이다. 자라는 SPA 업체 중에서도 트렌드에 가장 빠르고 민감하며, 제품당 재고율이 20%가 채 안 될 정도로 회전율이 빠르다 보니 금주에 자라 매장에서 봤던 디자인의 옷이 다음 주에는 없을 수도 있다.

베이직한 상품에 주력하는 유니클로

일본의 유니클로는 자라와 완전히 다른 전략을 사용한다. 유니클로는 베이직 상품군을 주력으로 한다. 베이직한 상품을 대량생산함으로써 비용을 절감하여 품질은 좋으면서 가격이 합리적인 제품을 판매한다. 즉, 기본형 의류를 소품종 대량생산하는 전략인 것이다.

유니클로 vs. 자라

브랜드	표적고객	주력 제품	제조 방식	R&D
유니클로	전 연령	베이직제품	소품종 대량생산	기능성 의류
자라	젊은 연령	패션제품	다품종 소량생산	유행 의류

자료: 유니클로 홈페이지; 자라 홈페이지

아오고 매출이 증가하는 것은 아니다. 그렇다면 어떠한 상품으로 구성하는 것이 균형 잡힌 상품구색을 갖추는 것일까?

(1) 상품의 다양성

리테일러는 상품의 폭과 깊이, 상품군, 가격대를 조합하여 다양하게 상품을 구성할 수 있다.

상품의 폭과 깊이　상품의 폭은 상품 계열을 말하며, 동일한 성능을 가진 서로 관련성 있는 상품군으로 동종 종류에 속하는 상품 그룹이다. 상품의 깊이는 크기, 가격, 형태 또는 기타 특성에 따라 명확히 구별할 수 있는 상품 계열 내 하나의 품목 단위를 말한다. 상품의 폭을 확대하는 경우 상품구색이 확대되어 고객들이 다양한 종류의 상품을 한 매장에서 볼 수 있으므로 편리한 매장으로 인식될 수 있

사진 7.2
깊은 상품구색의 예
룰루레몬 매장에서는 요가와
피트니스복의 깊은 상품구색
을 살펴볼 수 있다.

다. 깊이를 확대하면 동일한 상품 계열 내에서 사이즈, 색상, 가격대를 다양하게 하므로 한 상품을 전문적으로 다루는 매장으로 인식될 수 있다.

상품의 폭을 넓히는 전략은 계열 구성이 확대되는 종합화 전략이라고 할 수 있으며, 상품 계열의 깊이를 확대하는 전략은 특정 상품 계열의 품목 구성이 확대되는 전문화 전략이라고 할 수 있다. 두 전략을 동시에 취하기는 어려우므로 표적 소비자의 특성, 환경 변화, 점포의 목표에 따라 효과적인 전략을 선택한다.

상품군 및 품목 여성복, 남성복, 스포츠복, 언더웨어, 유아동복, 잡화, 액세서리 등 패션리테일러가 다루는 상품군에 따라서 다양한 상품구성을 갖출 수 있다. 예를 들어 ABC마트의 경우 운동화와 구두 같은 신발류만을 다루어 신발이라는 특정 품목에 한정된 상품구색을 제공하는 반면, 백화점의 경우는 패션만 하더라도 여성복, 남성복, 스포츠복, 언더웨어, 유아동복, 잡화, 액세서리, 뷰티 등 다양한 상품군을 제공한다. 최근 백화점을 비롯해 많은 패션리테일러들이 패션뿐만 아니라 생활잡화에서 가구, 식품을 포함하는 라이프스타일 상품군을 강화하고 있다.사진 7.3.

가격대 패션리테일러는 가격대에 따라 상품을 다양하게 구성할 수 있다. 한정된 상품군을 다루는 매장이라도 여러 가격대의 상품을 제공함으로써 소비자들이 다양하다고 느끼는 상품구색을 제공할 수 있다.

(2) 상품구색 결정 요인

기업의 상품 전략 상품의 다양성과 구색을 결정하기 위해서는 먼저 패션리테일 점포의 전반적인 경영 전략 및 상품 정책을 고려해야 한다. 점포의 경영 전략에 따

른 표적 소비자층이나 점포의 포지셔닝에 따라 제품의 품질이나 특징, 제품의 가격대 등 상품 정책이 달라지기 때문이다. 예를 들어 '박리다매' 점포 정책을 가진 기업이라면, 초저가로 물건을 제공할 수 있도록 베이직 상품을 대량구매하여 단품 위주의 상품구색을 추진할 것이다. 반면 명품 위주의 '럭셔리' 점포 전략을 추구한다면, 고가의 차별화된 상품 매입과 럭셔리 이미지를 제공할 수 있는 상품 진열 계획을 고려해야 할 것이다.

점포의 물리적 특성   상품 전략은 소매점포의 공간과 같은 물리적 특성에 따라 달라진다. 다양한 상품구색을 갖추려면 이를 전시·보관하기 위한 공간이 필요하므로, 물리적 환경의 한계로 인해 한정된 상품구색을 취급하기도 한다. 최근에는 고객이 원하는 상품이나 사이즈, 색상이 없을 때, 매장에 설치된 온라인 주문 키오스크$_{kiosk}$를 통해 소비자가 해당 물건을 온라인으로 주문할 수 있도록 하여 한정된 공간으로 인한 상품구색의 한계를 극복하고 있다.

(3) 표준재고

머천다이저가 상품을 주문할 때 스타일, 색상, 사이즈와 같이 기준별로 수량 또는 그 비율을 제시한 리스트를 '표준재고' 혹은 '모델재고$_{model stock}$'라고 한다. 이 리스트는 한 품목에 대한 스타일, 색상, 사이즈, 가격대 등의 기준을 이용하여 작성한다. 표준재고

를 상세하게 작성하여 비율과 수량을 제시한 것은 상품구색 명세서$_{assortment}$ $_{distribution}$라고 한다.

표 7.7 표준재고 SKU 산출의 예

품목	표준재고	SKU 수량(산출 방법)
티셔츠	• 가격대 2가지 • 스타일 6가지 • 색상 5가지 • 사이즈 4가지	240 (2×6×5×4)
셔츠	• 가격대 2가지 • 스타일 4가지 • 색상 3가지 • 사이즈 4가지	96 (2×4×3×4)
스웨터	• 가격대 2가지 • 스타일 5가지 • 색상 3가지 • 사이즈 3가지	90 (2×5×3×3)

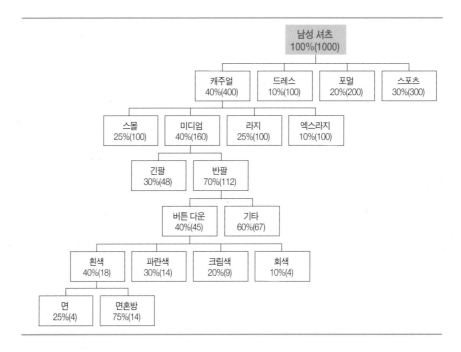

그림 7.1
남성 셔츠
표준재고의 예

MZ세대에 인기 있는 다이소

젊은 층 사이에서 다이소가 숨은 가성비 맛집으로 인기를 얻고 있다. 다이소에 따르면 전체 고객 가운데 20대 고객 비율이 30%로 가장 높고, 30대가 25%, 10대와 40대가 각각 20%를 차지해서 주요 소비자층이 소위 MZ세대_{밀레니얼+Z세대}이다. 다이소가 이들 세대에서 긍정적인 반응을 얻을 수 있는 이유로는 저렴한 가격, 전국 곳곳에 있는 오프라인 매장의 접근성, 트렌드를 반영한 상품을 꼽을 수 있다.

아성다이소가 운영하는 생활용품점 다이소는 모든 상품을 500원, 1000원, 1500원, 2000원, 3000원, 5000원 등 총 6가지 가격대에서만 판매하고 있다. 가격을 줄이기 위해 유통 과정을 최소한으로 줄이고 상품 패키지를 최소화한다. '최대 5000원'의 가격 정책은 박정부 아성다이소 회장이 1997년 천호동에 첫 매장을 열 때부터 고수해온 것으로, 일반적인 기업에서는 상품 원가에 마진을 더해 가격을 정하지만, 다이소는 '균일가'에 맞춰 상품을 기획한다. 즉, 박리다매 정책으로 수익성을 올리는 전략인데, 실제로 다이소는 2022년에 매출 2조 9,458억 원, 영업이익 2,393억 원을 기록하는 등 몇 년간 매출 2조 원대, 영업이익 2,000억 원대를 유지하고 있다.

많은 오프라인 매장을 통해 접근성을 높인 것도 고객 확보와 매출 성장의 한 요인이다. 고객과의 접점을 확

ⓒ저자

다이소 내 화장품 매대
중견 화장품 업체와 손잡고 최저 500원에서 최고 5,000원의 가성비 좋은 화장품을 판매하고 있다.

대하는 게 사업의 핵심 전략인 만큼 팬데믹 이후에도 오프라인 매장을 꾸준히 확장하고 있다. 또한 트렌드에 맞는 상품 기획력도 MZ 세대를 사로잡은 요인이다. 가격 대비 품질이 좋다고 입소문이 난 화장품이나 MZ세대에 인기 높은 애플의 워치스트랩, Y2K_{Year 2000, 복고} 트렌드에 맞춰 선보인 '폴꾸_{폴라로이드 꾸미기의 준말}'와 '다꾸_{다이어리 꾸미기의 준말}' 상품 등이 트렌드를 반영한 성공적인 상품기획의 예이다. 다이소는 SNS와 온라인 커뮤니티 등에서 반응이 좋은 제품이나 유행 트렌드를 기반으로 신제품을 기획한다고 한다.

자료: "여기 다 있대~" 'MZ 백화점' 된 다이소의 인기 비결
(2023. 7. 25). 한경 BUSINESS

3
리테일 머천다이징 기획

리테일 머천다이징 기획은 판매 예측, 예산 기획, 상품구색 기획을 포함한다. 예산 기획은 차기 시즌에 어느 정도의 매출을 목표로 하며, 이 매출을 달성하기 위해 어느 정도의 재고를 보유해야 하고, 세일 및 종업원 할인, 상품 로스 등으로 인해 어느 정도를 감가해야 할지, 새로운 제품을 얼마나 매입해야 할지 등을 예상하여 금액으로 설계하는 것이다. 예산 기획은 시즌과 월별로 기획한다. 상품구색 기획은 매출, 재고, 감가, 매입 목표를 달성하기 위해 어떤 상품을 어떻게 구성할지를 설계하는 것으로 머천다이징 기획이라고도 한다.

예산과 상품구색 기획에 앞서 매출 실적 분석, 기업 내부 환경 분석, 시장 환경 및 거시 환경 분석 등을 토대로 하여 제품의 수요를 가능한 한 정확하게 예측하는 것이 중요하다.

1) 매출 예측

패션리테일러는 소비자의 욕구, 시장 환경의 변화, 패션트렌드, 경쟁사의 동향 등을 바탕으로 소비자가 어떠한 제품을 원하는지, 제품에 상품성이 있는지, 얼마나 판매될지를 예측하여 이를 바탕으로 상품구색과 물량을 기획한다. 상품 판매 예측은 패션리테일러의 가장 중요한 업무이다. 최근 소비자 취향이 다양해짐에 따라 각양각색의 패션트렌드가 공존하고 있으며, 더욱이 기후 이상 현상이 발생함에 따라 유행과 계절에 영향을 많이 받는 패션제품에 대한 정확한 판매 예측의 중요성이 더욱 커지고 있다.

(1) 매출 실적 분석

정확한 판매 예측을 위한 기초 자료는 기업의 이전 매출 실적이다. 패션 소매업체의 과거 판매정보는 어떠한 제품, 색상, 사이즈가 어떠한 시기에 얼마나 판매되었는지를 알려준다. 이것은 다음 시즌에 어떠한 스타일, 색상, 사이즈의 제품을 어느 시기에 얼마나 구매·생산할 것인가를 결정하는 중요한 기준이 된다.

과거 판매정보 분석 제품 아이템별, 가격별, 스타일별, 색상별, 사이즈별, 소재별, 구매 빈도별, 반품 제품별로 판매 기록을 살펴 소비자 성향을 파악한다.

사입처별 제품 판매 반응 사입처별 판매 반응을 체크하여 차기 상품 사입처 선정에 참고한다.

시기별 판매동향 분석 시기별 구매·생산 수량 결정과 재주문이나 스폿 기획 시기 결정에 참고한다.

판매직원 보고 전산 판매 자료에 포함되지 않는 정성적인 자료_{qualitative data}를 매장 판매직원이나 숍마스터를 통해 정기적으로 수집하여 분석한다. 이러한 고객 접점에서 정성적으로 수집된 자료를 통해 인기상품과 부진상품의 원인, 반품 이유 등 매출 자료를 통해서는 알 수 없는 정보를 얻을 수 있다.

(2) 시장 환경 분석

리테일러는 경기 변동, 신기술 개발, 새로운 규제, 인구 동향 및 소비자 라이프스타일 변화 등의 거시 환경과 리테일 산업 및 시장 동향, 경쟁업체 동향, 표적소비자의 변화 등의 시장 환경 분석을 토대로 매출에 긍정적이거나 부정적인 영향을 진단하여 반영한다. 최근에는 AI 및 빅데이터를 활용하여 소비자 변화나 패션트렌드를 분석·예측하고 상품 기획에 활용하는 서비스를 제공하는 스타트업들이 등장하고 있다.

소비자트렌드 분석 신문이나 잡지와 같은 대중매체, 빅데이터 리서치 기관의 보고서, 기업의 정적·양적 시장 조사자료, 점포에서 판매직원이 수집한 소비자 관련 점포 보고서 등 다양한 리소스를 활용하여 소비자의 라이프스타일에 대한 정보나 구매행동의 변화를 분석하고, 이를 상품 기획에 반영한다.

패션트렌드 분석 패션트렌드 분석의 첫 단계는 정확한 패션 정보 수집이다. 패션트렌드 정보를 제공하는 패션 정보회사의 자료, 국내외 패션쇼나 박람회뿐만 아니라 빅데이터 분석, 패션에 관심 있는 국내·외 블로거나 인플루언서들의 온라인 정보 등 다양한 리소스를 활용할 수 있다.

부진상품 분석 방법: ABC 분석

ABC 분석은 실적을 분석할 때 흔히 사용되는 방법으로, 경제학자인 파레토$_{V. Pareto}$가 고안한 곡선을 사용하여 주력상품과 부진상품을 찾아내는 관리기법이다. 이 분석 방법은 전체 매출의 80%는 20%의 품목에서 나오고 전체 매출의 20%는 80%의 품목에서 나온다는 80:20 법칙을 바탕으로, 매출을 주도하는 주요 제품과 그렇지 않은 제품을 구분한다. 모든 상품을 매출액 순서대로 누계를 내어 비율에 따라 아래 그래프와 같이 상품군을 A, B, C 등급으로 분류함으로써 주력상품$_A$, 마케팅관리를 통해 판매를 촉진시킬 필요가 있는 상품$_B$, 철수나 거래선 관리가 필요한 상품$_C$으로 나누어 관리한다. ABC 분석 단계는 다음과 같다.

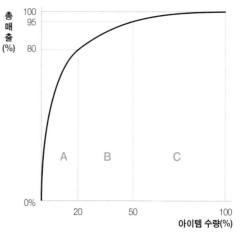

ABC 분석에 의한 그래프

- 1단계: 상품별 판매 실적이 큰 순서대로 나열한다.
- 2단계: 분석 대상 상품의 판매 매출 실적 합계를 산출한다.
- 3단계: 상품별 판매 구성비 및 누계 구성비를 산출한다.
- 4단계: 판매 구성비와 판매 매출 실적 누계 구성비에 따라 A, B, C 그룹으로 분류한다. 예를 들어 총매출의 80%까지는 A그룹, 95%까지는 B그룹, 그 이하는 C그룹으로 분류한다.
- 5단계: 분류된 A, B, C 그룹별로 구색 부족 방지와 재고 조정관리를 진행한다.

　　ABC 분석은 패션소매점의 유형이나 상품의 특성에 따라 달라지므로, 이를 고려하여 결과를 분석하고 상

품 구성에 활용한다.

- A그룹: 주력상품으로 기본적인 베이직 상품이 주를 이룬다. 구색 부족을 방지하고 계속적인 재주문을 통해 상품이 품절되지 않도록 재고관리에 힘쓴다.
- B그룹: 유행이 지난 트렌드 제품이 많이 포함된 그룹으로, 트렌드가 지난 제품은 주문량을 최소로 유지하고, 소비자의 반응이 계속 이어지는 경우 재주문을 진행한다. 만약 유행에 앞선 상품이어서 추후 판매가 잘될 것으로 기대된다면 A그룹과 함께 관리한다.
- C그룹: 이미 유행이 지나 판매가 부진한 경우에는 과감히 철수한다. 반면 유행에 앞선 상품이어서 추후 판매가 기대될 경우에는 최소 수량을 준비하여 소비자의 반응을 본 후, 다음 시즌에 반영한다.

2) 리테일 머천다이징 예산 기획

리테일 머천다이징은 전통적으로 봄·여름인 S/S와 가을·겨울인 F/W의 두 시즌으로 구분하여 진행한다. 각 시즌은 2~7월, 8~1월로 구분되며, 다시 3개월씩 두 계절로 구분되고, 필요에 따라서는 주 단위로 나누기도 한다. 가장 큰 난위의 시

즌 구분은 S/S와 F/W의 6개월로, 이에 따른 6개월 머천다이징 기획$_{\text{6 month merchandise}}$ $_{\text{plan}}$이 일반적이다. 하지만 소비자 수요가 다양해지고 패션의 주기가 단축되며 기업 간 경쟁이 치열해짐에 따라 업체마다 시즌 구분을 다양하게 하고 있으며, 선기획을 할 뿐 아니라 시즌 중에도 다양한 머천다이징이 진행되기도 한다.

어떤 시즌 구분이든 리테일 머천다이징 기획의 기본 요소는 시즌 동안의 월별 매출, 재고, 감가, 매입 기획을 포함한다. 이를 위해서는 차기 시즌의 매출을 예측하여 ① 시즌 매출 목표와 월 매출 목표 기획, ② 세일, 종업원 할인, 손실$_{\text{loss}}$ 등으로 발생할 수 있는 감가의 월별 기획, ③ 월 매출을 달성하기 위한 월 재고 기획, ④ 월 매출액, 월 재고액, 기존 재고액 등을 고려한 월 매입액을 수립해야 한다.

(1) 매출 기획

예산 기획의 첫 단계는 시즌 목표 매출액을 적절히 예측하는 매출 기획$_{\text{planned net}}$ $_{\text{sales}}$이다. 매출액은 재고, 상품 매입 등의 다른 계획 수립의 기초가 되는데, 매출액 예측에 가장 많이 활용되는 것은 해당 기업의 최근 매출 자료이다. 흔히 전년도 매출 자료를 바탕으로 시장을 분석하여 매출액을 계획하는데, 이 경우 전년과 달라진 점포 수의 변화나 명절 일자, 기업 광고나 판매촉진 계획 등도 고려한다. 전년 대비 매출 목표를 상향 또는 하향 조정할 것인지 결정하고, 조정한다면 얼마나 조정할지 그 폭을 결정한다.

매출 기획 시에는 먼저 시즌 총 매출액 목표를 결정하고, 이를 월별로 할당한다. 할당 시에는 유통업태나 취급 품목 등에 따라 월 매출이 다를 수 있다는 점도 고려한다. 예를 들어, 일반적으로 리테일러는 12월의 매출이 가장 높으나, 초콜릿이나 캔디를 취급하는 리테일러는 밸런타인데이가 속한 2월에 매출이 높으므로 매출 기획 시 이러한 품목에 따른 월 매출 변화도 고려한다.

매출액 = 전년도 매출액 × 월별지수

월매출 할당을 위해서는 월별지수를 활용한다. 월별지수란 월평균 매출액이 시즌 총매출액에서 차지하는 비중이다. 예를 들어 과거 2월의 매출비중이 S/S 시즌 중 약 13%인데, 이번 S/S 시즌 총매출 예측액이 20억 원이라면, 2월 매출액을 20억 원×13%로 계산하여 2억 6,000만 원으로 할당하여 기획한다.

6개월 상품 예산서 양식 (봄/여름 시즌)

부서명: _____

바잉 담당: _____

바잉 시즌: _____

	작년(LY)	계획(PL)	실적
매출액			
마크업 (%)			
마크다운 (%)			
매출이익률 (%) 매출 이익 (원)			
평균재고			
회전률			
비고			

구분		2월	3월	4월	5월	6월	7월	합계
매출액	전년도 실적 올해계획증감률 수정계획 실적							
판매 대비 재고비율	전년도 올해							
월초 재고	전년도 올해 계획 수정계획 실적							
가격 인하 (감가)	전년도 실적 올해 계획 매출 대비 비율 시즌 비율							
바잉 (매입)	전년도 실적 올해 계획 수정계획 실적							

그림 7.2
6개월 상품 예산서 양식

(2) 재고 기획

재고 기획_{planned inventory}이란 월별 매출 목표를 달성하기 위해 보유해야 하는 재고를 기획하는 단계이다. 여기서 '재고'란 판매를 위해 구매하여 창고나 매장에 대기시켜 둔 제품을 말한다. 재고 수준은 패션리테일링에서 소비자 만족에 영향을 미치는 중요한 물류 요소 중 하나이다. 재고를 충분히 확보하면 고객의 주문을 즉시 처리할 수 있으나, 많은 재고 확보로 인해 창고관리비용 및 유지비용이 증가할 수 있다. 반면, 적절한 재고관리가 이루어지지 못하면 원자재 부족이나 가격 변동, 생산라인의 휴업이 발생할 때 매장에 상품이 부족할 수도 있다. 과잉 재고와 재고 부족의 원인 및 손실에 대한 내용은 표 7.8에 제시하였다.

월매출을 달성하기 위해서는 월이 시작되는 시점, 즉 월초에 충분한 재고를 보유해야 한다. 따라서 재고 기획은 월초$_{\text{BOM: Beginning Of Month}}$를 기준으로 한다. 월초의 재고액은 그전 달의 월말 재고$_{\text{EOM: End Of Month}}$와 같다. 즉, 11월 1일의 월초 재고는 10월 31일의 재고와 같다. 따라서 월초 재고를 기획하면 전 달의 월말 재고는 저절로 산출된다. 다만 시즌 말, 즉 마지막 달의 월말 재고는 시즌 평균 재고로 산출한다.

리테일 매장은 매출목표를 달성해도 매장에 판매할 상품이 충분히 있어야 하므로, 재고액은 항상 매출액보다 높게 책정한다. 결국 재고 기획은 매출액보다 얼마만큼 더 높게 재고액을 잡을 것인가를 결정하는 것이다. 재고 기획에 주로 사용되는 방법은 기본상품에 적용되는 기본재고법$_{\text{basic stock method}}$과 패션상품에 주로 적용되는 판매 대비 재고비율법$_{\text{stock-to-sales ratio method}}$이 있다.

표 7.8 과잉 재고와 재고 부족의 원인 및 손실

구분	내용
과잉 재고	**과잉 재고의 발생 원인** • 상품 기획 시 매출 확대를 위해 과도하게 스타일 수나 물량을 많이 계획한 경우 • 제품의 수명주기의 단계를 잘못 판단하여 제품 출하시기를 적절히 맞추지 못한 경우 • 제품 생산이나 출고가 지연되어 판매 타이밍을 놓친 경우 **과잉 재고로 인한 손실** • 창고관리비 및 유지관리비용 부담 증가 • 재고 처리를 위해 가격을 인하하거나 아웃렛 매장으로 유통경로를 변경하여 판매함에 따른 수익 손실 • 기업의 유동성 악화 • 상품 회전 부족으로 인한 매장 진열의 신선도 하락 및 매출 감소
재고 부족	**재고 부족의 발생 원인** • 잘못된 판매 예측으로 인한 수량 계획의 오류 • 재주문 발주시기를 놓쳤을 경우 • 차기 인기품목을 찾지 못할 경우 • 공급처로부터 상품 공급이 지연될 경우 • 고객의 수요를 미처 예상하지 못한 경우 **재고 부족으로 인한 손실** • 판매기회 상실로 인한 매출 달성 기회 상실 • 구매 희망고객이 다른 경쟁매장으로 이동하여 발생하는 고객 이탈

기본상품의 경우 소비자 수요가 늘 일정하므로 매월 동일한 재고액을 월매출에 더한다. 이 경우 월 재고액의 차는 결국 월 매출액의 차이만큼 난다. 판매 대비 재고비율법은 소비자 수요가 일정하지 않은 패션상품에 적용된다. 이렇듯 일정하지 않은 수요를 반영하여 매월 판매 대비 재고비율을 이용해 월 재고액을 산출하는데, 월 판매 대비 재고비율은 기업의 이전 실적을 토대로 결정한다. 월 재고액은 다음과 같이 계산한다.

월초 재고 = 월 매출목표 × 월 판매 대비 재고비율

예를 들어 11월의 매출 목표가 1,600만 원이고 판매 대비 재고비율이 4인 경우에 월초 재고는 '1,600만 원×4'로 6,400만 원이 된다.

(3) 감가 기획

일반적으로 예산 기획은 소매가를 기준으로 수립한다. 그러나 시즌 가격 인하, 종업원 할인, 상품 손실 등 감가reduction가 발생하는 것이 일반적이므로 이를 예산 기획 시 반영하여야 한다. 특히 트렌드에 많이 영향받는 패션리테일업체는 상품성이나 유행이 떨어진 상품은 세일을 해서 판매하게 되고, 이러한 세일로 인한 가격 변동이 시즌 중에 몇 회나 진행될 수도 있다. 감가 기획 시에는 세일과 같은 가격 인하 외에도 상품 훼손이나 분실로 인한 손실loss도 반영하여 감가 규모를 결정해야 한다. 가격 인하는 소비자 반응이 좋지 않은 상품을 빨리 처분하여 현금 흐름

표 7.9 6개월 머천다이징 기획의 예 (단위: 백만 원)

구분	합계	2월	3월	4월	5월	6월	7월
월별 지수(%)	100%	13	20	17	20	15	15
전년도 매출	2,000	260	400	340	400	300	300
월별 감가 비율(%)	100%	8	12	15	15	18	32
월별 감가	150	12	18	22.5	22.5	27	48
월초 매출 대비 재고 비율	4.0	3.6	4.4	4.4	4.0	4.0	3.6
월초 재고	–	936	1,760	1,496	1,600	1,200	1,080
월말 재고	–	1,760	1,496	1,600	1,200	1,080	1,200
월별 추가 재고	1,900	582	154	466.5	22.5	207	468

자료: Levy & Weitz(2008), Retailing Management(7th ed.) 참조하여 재작업

을 원활하게 하기 위한 것이지만 매출 이익률을 낮추므로, 상품 기획 시 미리 가격 인하나 손실 요인을 반영하여 총 감가 요인의 총액을 미리 결정하고, 그 총액을 넘지 않게 관리해야 한다.

표 7.9에 제시한 바와 같이 감가 예산을 정하기 위해서는 우선 시즌 총매출액에 대한 감가 총액을 결정하고, 이 시즌 총감가 예산을 기업의 이전 판매자료 등을 바탕으로 결정된 월별 감가비율에 따라 다시 월별로 할당한다.

(4) 매입 기획

매입 기획planned purchases을 통해 월 매출을 달성하고 다음 달에 충분한 재고를 이전하기 위해 자금이 얼마나 필요한지 매월 새로 매입할 금액을 산출한다. 월 매입금액은 필요한 상품량에 이미 보유한 상품량을 뺀 것이다.

$$월\ 매입액 = 월\ 목표\ 매출액 + 월말\ 재고 + 감가 - 월초\ 재고$$

위의 식에서 월 목표 매출액, 월말 재고, 감가는 그달에 필요한 상품이며, 월초 재고는 이미 매장에 보유한 상품으로 월 매입액은 '필요한 상품량 − 보유하고 있는 상품량'으로 결정된다. 예산 기획은 소매가를 기준으로 산정하므로 먼저 소매가 기준 월 매입액을 산출하고, 이를 원가로 전환한다.

(5) 예산 기획의 조정: 매입한도

매입 기획에서 월 매입액은 '월 목표 매출액 + 월말 재고 + 감가 − 월초 재고'로 산출하였다. 그러나 실제 시즌 중에는 주문 중인 상품, 새로 입고되는 상품, 또는 판매된 상품 등으로 변화가 생기게 된다. 이러한 변화를 반영하여 특정 시점에 리테일러의 매입액을 산출하는 것이 바로 매입한도OTB: Open-To-Buy이다. 매입한도는 일정 기간의 구매 예산 중 쓰고 남은 예산으로, 현재 리테일러의 예산을 알려준다. 보통 매입한도는 브랜드별·품목별로 배분·관리되는데, 리테일러에게 할당된 매입한도보다 더 많이 구매하고자 할 경우에는 매출이 부진한 다른 품목이나 브랜드에 배당된 매입한도 예산으로 충당하기도 한다.

시즌 중에는 이러한 상품량의 변화를 산출하고 이를 반영한 신규 매입을 통해 기획목표를 점검하고 유지해야 하므로 매입한도는 조정의 기능을 한다. 따라서

상품 예산 매입한도 계산의 예 (단위: 천 원)

① 매출액	80,000
② 가격 인하(손실 포함)	2,400
③ 기말 재고 상품	+ 40,000
④ 필요한 상품 규모(① + ② + ③)	122,400
⑤ 기초 재고	− 30,000
⑥ 도착 예정 상품	− 25,000
⑦ 매입한도(OTB)(④ − ⑤ − ⑥)	67,400

특정 시점에 매입한도를 산출한 후 매입량 조절, 가격 인하로 판매량 증대, 주문 취소나 보류 등 다양한 머천다이징 결정을 통해 조정을 한다. 위에 제시한 예와 같이, 리테일러가 기간 중 매출 목표를 8,000만 원, 가격 인하와 상품 손실을 매출액의 3%인 240만 원, 다음 달을 위해 기말에 보유하려는 재고 수준은 4,000만 원으로 계획하고 있다고 하자. 이 경우 기간 중에 필요한 상품 총액은 '8,000만 원 + 240만 원 + 4,000만 원'인 1억 2,240만 원이 된다. 이때 이월된 기초재고가 3,000만 원이고, 이미 발주하여 기간에 도착될 예정이 상품이 2,500만 원이라고 하면, 매입한도는 '1억 2,240만 원 − 3,000만 원 − 2,500만 원'으로 6,740만 원이 된다.

참고 문헌

1) Easterling, C. R., Flottman, E. L., Jernigan, M. H., & Marshall, S. G.(2003). Merchandising Mathematics for Retailing(3rd ed.). Prentice Hall
2) 국세청 홈페이지(https://www.nts.go.kr)
3) Levy, M. & Grewal, D.(2023). Retailing Management(11th ed.). McGraw-Hill.
4) 김재일(1999). 카테고리 관리의 현황 및 도입. http://s-space.snu.ac.kr
5) 이수동, 여동기(2011). 소매경영. 학현사
6) 이수동, 여동기(2011). 소매경영. 학현사

사진 출처

COVER STORY ⓒ 휴리테크 트위터
사진 7.1 ⓒ 저자
사진 7.2 ⓒ 저자
사진 7.3 ⓒ 저자
사진 7.4 ⓒ 저자

바잉과 상품 개발

패션리테일러는 바잉이나 상품 개발을 통해 매장에
서 판매할 상품을 수급한다. 전통적으로 바잉을 통
한 상품 확보가 일반적이나, 매장의 이미지 확립 및
경쟁점과의 차별화, 수익 구조 개선 등을 위해 패션
리테일러가 직접 유통업자 브랜드제품을 기획·개발하
기도 한다.

　　최근 패션업계의 경쟁이 심화되면서 경쟁업체
와 차별화하고, 다양한 소비자의 요구를 수용하기 위
해 기존 내셔널 패션브랜드 업체에서도 해외에서 완
제품을 바잉하여 상품구색을 다양화하고 있으며, 백
화점의 경우 편집숍을 강화하면서 글로벌 바잉을 확
대하고 있다.

쿠팡의 CPLB 패션 상품 개발

2023년 6월 쿠팡의 자체브랜드PB 상품 전담 자회사 씨피엘비 CPLB: Coupang Private Label Brands는 아마존 출신의 산디판 차크라보티 시니어 디렉터, 카이루 유 시니어 디렉터를 각각 신임 대표에 선임했다. 이는 코로나 팬데믹 이후 고물가와 지속되는 경기 침체로 PB 상품의 인기가 높아진 데 따른 경쟁력 강화 차원으로, 아마존 출신 대표를 영입하면서 '아마존식 PB 확장'을 본격화했다고 분석된다. 아마존은 '아마존 에센셜' 등 PB 브랜드를 90여 개까지 확장, PB에서만 연간 약 4조 원 매출을 올리고 있는 것으로 알려졌다.

쿠팡의 PB 상품 전담 자회사 CPLB는 생활용품, 간편식, 가전, 패션 등에서 총 29개의 브랜드를 운영하고 있다. 설립된 2020년에는 16개 브랜드로 1,331억의 매출을 올렸는데, 이것이 2021년에는 1조 569억 원, 2022년에는 1조 3,570억원으로 크게 늘었다.

쿠팡은 2020년 PB 사업을 CPLB로 분사한 후 2022년부터 PB와 단독 상품을 확대하며 패션 분야에 주력해 왔는데, 여성 패션이 트렌드에 민감한 점을 고려해 고객들이 접근하기 좋은 비교적 저렴한 가격대로 다양한 디자인의 상품을 출시하고 있다. 다른 쇼핑몰들과 달리 쿠팡의 로켓배송과 무료교환 및 무료반품이 소비자들이 주저없이 상품을 구매하도록 하는 요인이다. CPLB 패션 브랜드는 쿠팡과 중소제조사가 협력하여, CPLB는 기획을 맡고 생산은 중소제조사가 맡아서 진행한다. 이렇듯 중소 제조사들과 협력하여, 좋은 품질의 제품을 합리적인 가격에 소비자들에게 소개한 것이 CPLB가 단기간에 성장한 요인이라고 평가되고 있다.

CPLB의 매출 대비 원가율은 87.7%로 쿠팡의 지난해 매출 원가율77% 보다 10%포인트 높은 것으로 알려졌다. 이는 쿠팡에서 판매하는 다른 공산품보다 마진율이 낮다는 것으로, 쿠팡 PB 상품의 경우 소비자는 더 싼 가격에 제품을 구매할 수 있게 된다.

쿠팡이 PB 상품 개발에 힘쓰는 이유 중 하나는 CJ제일제당이나 LG생활건강 등 대기업과의 제품 공급 갈등을 겪으면서, PB 상품이 이러한 공급업체와 갈등을 해결할 대체재로 부상하였기 때문이다. 쿠팡은 이러한 PB의 성장으로 중소업체의 매출이 크게 성장하여 대기업 제품과의 경쟁에서 밀린 중소기업들의 판로를 확대할 수 있다며 상생의 측면을 강조하고 있으나, 플랫폼을 운영하는 쿠팡이 시장에 직접 참여하면서 중소업체에게 과도하게 납품단가 인하를 요구하면 납품 중소기업의 권리 침해로 이어질 수 있다는 우려의 시각도 있다.

쿠팡의 Coupang Only CPLP 패션 브랜드

자료: 김민우(2023. 4. 13). 쿠팡 PB 자회사 'CPLB', 가격은 낮추고 매출은 늘렸다. 머니투데이; 노도현(2023. 6. 28). '쿠팡'이 뒤집은 유통의 역학…'밥그릇 싸움'에 소비자 등 터질라. 경향신문; 배동주(2023. 6. 15). PB 키우는 쿠팡…'아마존 출신' 2인 CPLB 신임 대표에. 조선비즈; 쿠팡(2023. 8. 3). 가벼운 지갑으로 무거운 장바구니를, 쿠팡 CPLB 총정리. https://news.coupang.com/archives/29561/

1

바잉

1) 사입처 선정

패션 소매점의 바잉_{Buying} 전략에서 가장 중요한 요소는 적절한 사입처 선정이다. 효과적인 상품 바잉을 위해서는 주요 사입처를 선정하고, 단순히 물건을 사고파는 관계가 아닌 소비자나 상품정보의 상호교환을 통한 신뢰관계를 형성해야 한다. 사입처 선정 시에는 상품뿐 아니라 사입처에 대해서도 살펴보아야 한다. 먼저 상품이 바이어의 상품 계획 및 이미지에 맞는지, 디자인이나 품질, 가격이 리테일 점포의 상품 계획에 얼마나 적합한지, 원하는 물량을 제공할 수 있는지 살펴본다. 이와 함께 안정적인 사업관계를 위해 사입처의 명성, 재정 상태, 상품 생산능력, 물류 및 배송능력을 확인해야 한다. 또한 사입처의 거래처 명단을 확보하여 경쟁사에 동일한 제품을 납품하고 있는지 알아보고, 소매점 공동 광고 지원과 같은 기타 지원이 있는지 등을 평가하여 선정한다.[1]

2) 바잉 진행

(1) 바잉 시기 결정
상품의 바잉은 초기 발주_{initial order}와 재발주_{reorder}로 나누어 살펴볼 수 있다. 초기 발주 제품의 판매 상황에 따라 스타일, 사이즈, 색상별로 재발주가 진행된다. 발주 시에는 제품의 재생산 및 운송에 따른 리드타임을 고려하여 바잉 시기를 결정한다.

(2) 바잉 주문 형태 결정
정규주문_{regular order}은 리테일러의 바잉 계획에 따라 주문하는 것이고, 재주문_{reorder}은 소비자의 반응이 좋은 제품을 품절되기 전에 재고 수준을 확인하여 추가로 바잉 주문하는 것이다. 주문하고자 하는 기일보다 미리 주문하는 선주문_{advance order}은 오래 보관이 가능한 제품이 활용되는 형태로, 제품 특성에 따라 비수기에 미리 주문하면 성수기 때 주문하는 것보다 유리한 조건으로 바잉할 수 있다.

(3) 바잉 조건 결정
상품 바잉 시 여러 가지 조건들을 명확히 하고 이를 주문서에 명기해야 한다. 고려해야 하는 조건으로는 가격, 거래 방법, 독점권, 물류 및 배송 조건, 판매 시 가격 조정 관련 조건, 공동광고 조건 등이 있다.

(4) 바잉 주문서 작성

패션리테일러의 바잉 주문서는 다음 내용을 포함하여 작성한다. ① 발주 일시, ② 상품 스타일, 색상, 규격, 가격, 주문량과 같은 바잉 내용, ③ 대금 결제 방법, 지불 조건, 배송 조건 등과 같은 바잉 방법, ④ 제품 배송지, 배송일시와 같은 상품 인도 관련 사항, ⑤ 운송 방법, 운송비 지불과 같은 상품 운송 관련 사항, ⑥ 포장 방법, 공동 광고나 제품 진열에 관한 기타 협의 사항 등을 포함한다.

3) 국내 소싱

국내 소싱의 경우 해외 소싱과 비교해 생산기술이 우수하고 생산업체와의 의사소통이 쉬우며 품질관리가 용이하다. 반면 해외 소싱처에 비해 높은 인건비로 인해 가격 경쟁력이 낮으므로, 대량으로 생산하는 베이직 제품보다는 디자인이 복잡하거나 높은 기술력이 요구되는 상품의 소싱처로 적합하다. 특히 해외 소싱에 비해 리드타임이 대폭 단축되고, 시장 변화나 소비자의 반응을 제품 수요에 반영할 수 있다는 장점이 있다.

(1) 브랜드 제품 바잉

패션리테일러는 바잉하고자 하는 제품을 전문적으로 생산하는 제조업체 혹은 프로모션업체, 수입업체 등을 발굴하여 제품을 바잉한다. 미국의 경우에는 내셔널브랜드 제품을 유통업자가 바잉하여 판매하는 형태가 대부분이나, 우리나라의 경우 각 내셔널브랜드의 대리점이나 백화점이 아닌 리테일러가 내셔널브랜드의 신상품을 바잉하여 판매할 수 있는 환경은 아니다. 일반적으로 브랜드 제품의 바잉은 제조업체나 프로모션 업체를 통하거나, 수입품인 경우에는 수입업체를 통해 국내에서 소싱할 수 있다.

(2) 도매상 바잉

도매시장 동대문시장과 남대문시장이 패션제품을 다루는 대표적인 도매시장으로 많은 온·오프 패션리테일러가 여기서 제품을 구입하여 소비자에게 판매한다. 동대문시장은 다양한 연령대의 성인 의류와 패션잡화를 많이 판매하는 도매시장이고, 남대문시장은 아동의류와 액세서리 도매가 중심이다. 코로나 팬데믹으로 크게 영향을 받아 팬데믹 이후에는 방문인구가 급격히 줄어들었다. 최근에는 온라인으로 도매업자와 소매업자를 연결하는 패션 사입 대행 플랫폼을 이용해 업무 효율성을 높이고 있다.

온라인 도매시장 도매시장을 방문하지 않고 온라인 도매시장을 이용해 제품을 검색하고 바잉할 수 있다. 주요 온라인 도매업체는 표 8.3에 제시하였다. 오프라인 도매시장에서 직접 상품을 구입하는 리테일러들도 패션 상품의 트렌드와 가격을 파악하는 시장 조사의 한 방법으로 이러한 온라인 도매시장을 활용할 수 있다.

RETAIL FOCUS

동대문 사입 플랫폼 '이지픽'

동대문 시장 도매 사업자 60%가 이용하는 플랫폼이 있다. 바로 의류 도소매 사업자를 연결하는 기업 간B2B 패션 플랫폼 '이지픽easypick'이다. 이지픽은 전자상거래 플랫폼 카페24가 자회사 제이씨어패럴을 통해 2019년 출범시킨 사입대행 전문 서비스이다. 전체 동대문 도매기업의 60%가 이지픽과 거래하고 있으며, 300여 개의 온라인 쇼핑몰이 이지픽을 통해 도매상으로부터 제품을 사입한다.

기존에도 의류 도매상과 소매상을 연결하는 사입 플랫폼은 있었으나, 기존 플랫폼이 단순히 상품정보를 업로드하고 제품을 나열하는 것이었다면, 이지픽은 상품 자동 추천과 샘플 당일 집배송 등 사업 업무에 필요한 기능을 시스템화여 차별화하였다. 이지픽은 동대문 도매상들에 특화된 서비스도 제공하여, 기존에 동대문에서 사용되던 수기 장부와 현금 결제, 미송 등의 결제방식을 개선하였다.

기존에는 소매상이 각 도매상에 일일이 제품을 주문하고, 계좌이체로 제품값을 치르고 세금계산서를 발행해야 했지만, 이지픽을 통하면 여러 곳에서 주문한 제품을 한 번에 정산하고 세금계산서도 쉽게 발행할 수 있으며 배송 현황도 실시간으로 확인할 수 있다.

자료: "도·소매상 연결, 주문액 2배 증가"…동대문 사입 플랫폼 '이지픽'(2023. 7. 31). 이코노미조선.

표 8.1 동대문 도매시장 상가별 취급 품목

시장 종류	상가명	주요 품목
서부 도매시장	평화	중년 여성의류, 운동복, 스포츠용품, 양말
	통일	중·장년 남성의류, 각종 의류 부자재
동북부 도매시장	동평화	브랜드의류 덤핑, 중년여성의류, 언더웨어, 양말
	신평화	여성의류, 무대/댄스복, 스포츠, 양말
	청평화	재고 상품 전문, 여성의류, 액세서리, 가방
	남평화	남성의류, 가방
	디오트	저렴한 가격의 여성의류, 남성의류, 영캐주얼
	혜양 엘리시움	아동복
	STUDIO W	수입의류, 잡화, 여성복, 남성복, 빅사이즈 의류
	벨포스트	남성복, 여성복, 잡화
	광희	모피·가죽 의류
동남부 도매시장	디자이너클럽	최신 패션 여성의류 및 남성의류, 정장, 캐주얼, 잡화
	유어스	20~30대 여성의류 및 남성의류, 액세서리, 신발, 잡화
	제일평화	여성복(고급 보세, 수입 보세)
	DDP 패션몰	서울시설공단이 운영하는 여성의류 전문도매상가 20~30대 여성의류, 패션 아카데미 패션창작 스튜디오
	TEAK204	구두, 잡화, 액세서리, 아동복, 파티복
	NUZZON	20~30대 여성의류 및 구두, 잡화, 수입구제, 명품관
	apM	세련되고 트렌디한 의류, 신발, 액세서리
	apM PLACE	여성복, 잡화, 액세서리
	apM LUX	개성있는 여성복, 잡화
소매시장	현대시티아웃렛	종합 도소매, 아웃렛
	두산타워(두타)	종합 백화점 형태의 다양한 패션 아이템
	밀리오레	종합 백화점 형태의 다양한 패션 아이템
	맥스타일	신진 디자이너 상품, 여성의류, 남성의류, 아동복, 잡화
	헬로apM	종합 백화점 형태의 다양한 패션 아이템

표 8.2 남대문 도매시장 상가별 취급 품목

시장 종류	상가명	주요 품목
의류	대도상가	여성의류, 아동복, 잡화
	중앙상가	수영복, 수영용품, 헬스용품, 침구, 커튼
	삼익타운	아동복 전문, 구두, 가죽
	케네디상가	여성의류
액세서리	삼호우주액세서리	액세서리, 액세서리 부자재
	장안액세서리	액세서리
	영창액세서리	액세서리

사진 8.1
동대문 도매시장

사진 8.2
중국 직사입 패션 B2B 플랫폼 어이사마켓

표 8.3 국내 주요 온라인 도매업체 및 특징

온라인 도매업체	특징
도매꾹 www.domeggok.com	• 국내 최대 온라인 도매시장, 약 1천만 정도의 구매 가능한 상품이 있으며, 일 평균 약 4만 상품이 업데이트, 일주일 평균 500만 상품이 거래 • 중개수수료 3~6% • 낱개로도 동일 가격 구매 가능 • B2B 상품 판매에 최적화된 상품을 추천해주는 '도매꾹 AI 추천 상품' 서비스
도매찜 www.domejjim.com	• 국내 최대 패션 도소매 플랫폼 • 도매 사업자가 등록한 패션 상품을 신용카드, 무통장 입금, 간편결제(신상캐시) 등 다양한 수단을 통해 의류 사입, 검수, 직배송까지 받을 수 있는 서비스 • 글로벌 쇼핑플랫폼 큐텐(Qoo10)의 글로벌 도매사이트 큐브(QuuBe)에 입점하여 해외 판로 개척
신상마켓 www.sinsangmarket.kr	• 생산전문 도매쇼핑몰 • 국내/해외 생산 의류, 신발, 잡화 • 다양한 가격대, 이미지 무료 사용 가능, 배송대행 가능
어이사마켓 www.uh2samarket.com	• 동대문을 거치지 않고 중국공장/광저우 도매시장에서 직사입하는 패션 B2B 플랫폼 • 저렴한 가격대, 제품 종류가 많음 • 업체별 최소 수량에 맞게 샘플 구매 가능 • 사입 완료 후 5~7일 후 배송 • 상세페이지가 중국어로 되어 있음 • 이미지 무료사용 가능, 낱장주문 가능, 배송대행 불가능

국내 최대 패션 도소매 플랫폼 '신상마켓'

10여년 전만 하더라도 동대문시장에는 새벽에 도매상에서 의류를 공급받는 소매상들로 불야성을 이루던 것이 일반적인 풍경이었다. 직접 도매상으로 물건을 사러 오지 못하는 소매상들은 도매상 물건을 대신 사다 날라주는 '사입삼촌'이라고 불리는 중간상을 통해 물건을 구매할 수 있었다. 하지만 요즘은 이런 모습을 보기 어렵다. 소매상이 직접 동대문시장에 오지 않고도 온라인상으로 신상품을 손쉽게 살펴보며 도매상에게 주문할 수 있고 배송받을 수 있기 때문이다.

신상마켓을 운영하는 김준호 딜리셔스 대표는 2013년에 동대문 상품 정보를 디지털화한 신상마켓을 만들었다. 신상마켓은 도매 매장과 소매 사업자를 연결해주는 B2B 서비스로, 소매상들이 직접 도매시장을 나가지 않아도 사입, 배송, 미송, 소통 등을 처리할 수 있다. 도매업체의 상품을 무료 업로드해 주고 주문과 거래처를 관리할 수 있게 해 주며, 소매업자들은 실시간으로 신상 패션제품을 확인할 수 있고, 소매자가 선택한 상품을 사입 및 배송을 대행한다. 최근에는 남대문시장까지 서비스 지역을 확대하여 남대문시장의 유명 상품인 아동복, 액세서리 제품도 다루고 있다.

신상마켓에서는 '신상초이스' 서비스를 통해 도매상들을 위한 사진 활용과 상품등록 서비스를 제공한다. 이 서비스는 신상마켓의 전문 스타일리스트가 직접 상품을 선택하고 스타일링하여 만든 모델 컷을 무료로 제공하는 것이다. 회원들은 신상초이스 사진을 다운로드하여 자유롭게 온라인 쇼핑몰에서 사용할 수 있다. 또한 동대문 B2B 거래 최초로 사업자 간 거래 시 현금처럼 사용 가능하도록 도입한 포인트 결제 시스템인 '신상캐시'를 통해 소매업자들의 간편결제 서비스를 제공한다.

2021년 신상마켓은 글로벌 쇼핑플랫폼 큐텐$_{Qoo10}$의 글로벌 도매사이트 큐브$_{QuuBe}$에 입점하여 글로벌 이커머스 도매시장에 진출하였다. 큐텐은 글로벌 유통 플랫폼을 통한 제품의 프로모션과 배송 서비스를 지원하고, 신상마켓은 상품 정보 및 상세 이미지 설명에 들어갈 데이터를 제공해 동대문·남대문 패션 아이템의 글로벌 도매화에 힘쓰고 있다.

자료: 신상마켓, 수수료 없는 송금서비스 출시(2022. 3. 5). 한국경제; [Hello CEO] 모바일로 '쏙' 들어온 동대문…이젠 해외 패션시장 도전할 차례죠(2019. 10. 17). 매일경제; 큐텐, 신상마켓과 함께 글로벌 이커머스 도매 시장에 동대문 패션 선보여(2021. 1. 7). 매일경제

4) 해외 소싱

패션리테일러는 세계 각지에서 상품을 조달하는 글로벌 해외 소싱을 통해서 우수한 상품을 합리적인 가격으로 공급받을 수 있고, 다양한 소비자의 욕구를 만족시키는 상품구색을 갖출 수 있다. 해외 소싱은 국내 소싱과 달리 소비자 수요를 즉각적으로 반영하여 바잉을 진행하는 것이 어렵고, 운송기간이 길며, 환율이나 관세 등도 고려해야 하기 때문에 이러한 점을 모두 감안하여 바잉 계획을 수립한다.

(1) 해외 소싱 협력사

해외 소싱은 소싱을 기획하는 패션리테일러와 소싱 제품을 생산하는 협력회사$_{contracting\ company}$를 중심으로 진행된다. 패션리테일러는 전 세계에 산재한 많은 해외 생산업체나 공장을 파악하여 상품 종류, 생산 가능 물량, 품질 수준에 따라 생산 의뢰 및 관리를 하기가 어렵기 때문에, 이러한 업무를 대행하는 바잉오피스$_{buying\ office}$나 바잉에이전트$_{buying\ agent}$를 통해 소싱 업무를 진행하는 경우가 많다. 바잉오피스는 바이어와의 주문에 적절한 벤더$_{vendor}$를 선정하여 연결시켜 주고, 생산관리를 하며 중간 역할 서비스에 대한 수수료를 받는다.

해외 소싱으로 주문된 상품을 공급하는 생산업체를 벤더라고 하며, 벤더는 국내나 해외에 있는 생산 공장을 이용하여 상품을 생산·공급한다. 국내 유명 벤더업체인 영원무역, 한솔, 한세, 세아상역은 국내뿐만 아니라 해외 패션리테일러의 글로벌 소싱제품도 생산한다.

해외 소싱의 확장 개념인 글로벌 소싱$_{global\ sourcing}$은 국가나 지역에 대한 경계 없이 글로벌 시장에서 가장 효율적인 소싱 활동을 하는 것으로, 일반적인 수출·수입의 개념에서 확대되어 전 세계로부터 바잉을 조절하고 통합하는 전략을 말한다. 세계적인 패션브랜드 갭$_{GAP}$이나 패스트패션 업체인 유니클로, H&M, 자라 등은 글로벌 소싱을 통해 경쟁력을 강화하여 성공한 기업들이다. 가격 경쟁력을 위해 인건비가 낮은 국가로부터 해외 소싱이 많이 이루어지나, 글로벌 소싱 시에는 인건비 외에도 관세, 품질관리$_{QC}$, 납기에 걸리는 리드타임과 운송비, 언어와 문화적 차이, 정치적 불안 등으로 인한 리스크 등 다양한 요인도 함께 고려해야 한다.

(2) 해외 소싱의 장단점

해외 소싱의 가장 큰 장점은 세계 각지에서 상품을 조달하는 글로벌 소싱을 통해 우수한 상품을 합리적인 가격으로 공급받고, 다양한 소비자 욕구를 만족시키는 상품구색을 갖출 수 있다는 것이다. 하지만 국내 소싱과 달리 소비자 수요를 즉각적으로 반영하여 바잉을 진행하는 것이 어렵고 운송기간이 길기 때문에, 리드타임과 수요의 가변성을 고려해야 한다. 또한 해외 출장, 의사소통 비용 및 관리비용이 증가하고, 해외 소싱한 제품은 대량 배송되어 물류센터에 오래 보관되어야 하기 때문에 창고 비용도 늘어난다$_{표\ 8.4}$.

표 8.4 국내 vs. 해외 생산 소싱의 장단점

유형	장점	단점
국내 소싱	• 리드타임 단축 • 품질관리 용이 • 생산업체와 커뮤니케이션 용이	• 가격 경쟁력 낮음 • 상품의 다양성 제한
해외 소싱	• 합리적 가격 • 다양한 상품의 바잉 가능 • 국내의 다른 점포와 차별화할 수 있는 구색 구성	• 긴 리드타임 • 패션 시장의 변화나 예기치 않은 마케팅 환경 변화의 즉각적인 반영이 어려움 • 소비자의 즉각적인 수요 반영(리오더) 시 관리 비용의 증가 • 반품이나 환불이 어려움

(3) 해외 소싱의 유형

해외 소싱은 완전소싱full package sourcing과 임가공, CMTCut, Make, Trim 소싱의 3가지 유형으로 나누어진다. 완전소싱은 협력업체가 의복을 만드는 데 필요한 모든 것을 제공하는 형태로 원부자재, 샘플 개발, 생산, 발송 등 전 단계를 협력생산업체가 진행한다. 국내 바잉오피스나 벤더를 통해 소싱하고 있는 미국의 글로벌 소매 유통점예: 월마트, 타깃, 콜스 등의 경우에는 대부분 완전소싱을 통해 미국으로 의류를 공급한다.[2] 임가공 방식은 리테일업체예: 월마트 본사에서 생산에 필요한 모든 원부자재를 공급하고 생산 공장에서 봉제 작업만 이루어지는 생산방법이다. 이 방식을 진행하기 위해서는 리테일업체 본사에 디자이너, 패턴사, 생산관리 담당자, 구매 담당자가 필요하다. CMT 소싱은 리테일업체에서 원단 등 중요한 원자재를 공급하고 이외 소요되는 부자재는 생산업체에서 구입하는 생산방식으로 협력생산업체가 재단, 봉제, 손질 마무리까지 담당하는 것을 말한다. 생산업체가 부담하는 비용은 부자재비와 생산공임으로, 일반적으로 부자재를 생산업체에서 핸들링하는 경우 부자재 구입비에 핸들링비로 5%를 추가한다.

(4) 해외 소싱 리소스

트레이드쇼 바잉업체가 최신 상품과 스타일을 보고 시장의 흐름 및 유행정보를 얻으며, 많은 공급업체와 서로 의견을 교환하는 기회의 장인 패션 트레이드쇼Trade show는 매년 세계 각지에서 1,300회 이상 개최된다. 이러한 전시회에서는 전 세계의 공급업체 상품을 둘러보고 공급업체와 제품에 대한 문의나 구체적인 바잉 관련 상담 및 계약을 할 수 있어, 해외 소싱의 가장 중요한 정보처라고도 할 수 있

다. 해외 전시관에서 상품 정보를 알아보거나 바잉 상담을 효율적으로 진행하기 위해 리테일러가 현지 바잉에이전트를 통해 통역이나 협상을 진행하기도 한다.

바잉에이전트   바이어인 패션리테일러를 대신해 글로벌 소싱 관련 업무를 전문적으로 대행하는 바잉에이전트는 바이어의 주문에 따라 공급업체를 선정하여 상품을 매입한다. 또한 바이어가 상품 생산을 원하면 생산업체인 벤더나 공장을 선정하여 바이어의 오더를 진행하고 제품 생산을 관리한다. 이러한 에이전트는 바이어인 패션리테일러와 공급업체 간 의사소통을 원활하게 하며 적절한 비용과 품질, 디자인을 갖춘 제품을 바이어에게 제공해 준다. 이를 위해 에이전트는 각지의 패션업체 및 공장, 원단, 원자재 생산업체와 긴밀한 네트워크를 형성하고 있다.

다수의 바잉에이전트가 일하는 바잉오피스는 외부 디자인 서비스 업체와 글로

표 8.5 주요 국제 패션 트레이드 쇼 및 소싱 페어

이름	장소	특징
ASD Market Week	라스베이거스	• 미주 최대 B2B 소비재 박람회 • 의류, 잡화, 액세서리 등 소매점 대부분에서 판매하는 소비재 포함
Chandigarh Mega Expo	뉴욕	신발
East China Fair	밀라노	패션 니트웨어
International Shanghai Apparel Fabrics	상하이	의류 소재 및 부자재
ISPO	뮌헨, 베이징, 상하이	• 세계 최대 규모의 스포츠 용품 및 의류 전문 박람회 • 원단 등 소재, 부자재, 제조 소싱 등
London Expo	런던	국제 의류, 소재, 액세서리 박람회
Magic Las Vegas	라스베이거스, 미국	남성 의류, 여성의류, 캐주얼, 스포츠웨어 전문 박람회
MICAM Milano	밀라노, 로마	신발
MODA	버밍햄	여성의류, 액세서리, 신발
MODA PRIMA	밀라노	니트웨어
Pitti Immagine Uomo	피렌체	남성 의류 및 액세서리
Pure London	런던	• 의류 및 원단, 부자재 • 남성의류, 여성의류, 아동의류
Premier Vision France	파리	• 유럽 최대 규모 박람회 • 의류, 가죽 및 가죽제품, 원단, 원사, 생활용품, 생산기기 등
Texworld Paris	파리	의류 원단 및 부자재
Texworld USA	뉴욕	의류 원단 및 부자재
WHO'S NEXT	파리	• 영캐주얼, 리조트 & 수영복, 스포츠웨어 • 액세서리, 잡화 등

벌 네트워크를 구성하고 R&D 기능을 강화하여, 해외 주요 트렌드 패션쇼의 자료, 소재 정보, 프린트 개발 등과 같은 트렌드 서비스, 기능성 원단 개발 및 소싱, 새로운 디자인 개발 서비스를 바이어인 패션리테일러에게 제공하기도 한다.

쇼룸　해외 패션업체나 디자이너브랜드의 쇼룸~show room~을 방문하여 상품을 둘러보고 주문한다. 디자이너브랜드의 경우에는 여러 브랜드를 하나의 쇼룸에 모아 바이어에게 전시하고 구매 상담을 진행하기도 한다.

5) 해외 바잉 프로세스

(1) 매입처 선정

국내 매입처 선정 시와 마찬가지로 제품과 매입업체 모두를 고려하여 결정한다. 해외 소싱의 경우 특히 업체의 명성과 신용도를 꼼꼼히 살피는 것이 중요하다.

(2) 발주

트레이드쇼나 소싱 페어에서 여러 회사의 전시된 상품을 보고 주문 상담 및 협상을 통해 계약을 진행한다. 럭셔리 상품의 경우는 수입하고자 하는 업체의 현지 쇼룸에서 계약을 진행하는데, 쇼룸에 전시된 상품을 보고 구입하고자 하는 스타일을 선정하여 스타일별 컬러, 소재, 사이즈, 공급가, 입고시기 등을 결정한다.

　　발주는 연 2회 진행되는 '시즌 발주'와 수시로 진행되는 '수시 발주'가 있다. 시즌 발주는 연 2회 6개월 전에 진행되는데, 연초에 그해 F/W 상품을 발주하여 빠르면 6월부터 입고를 시작하고, 7~8월에 그다음 해 S/S 상품을 발주하여 10월부터 상품을 입고하는 식이다. 이러한 시즌 발주의 경우 날씨의 변화나 소비자 트렌

해외 소싱 시 필요 서류

해외 소싱의 경우 선적, 상품대금 지불 및 통관 절차에 필요한 서류가 중요하다. 수입업자가 제품을 양도받으려면 송장, 선하증권, 포장명세서를 미리 수령해야 한다.

송장

수출업자가 수입업자에게 보내는 송장$_{Invoice}$에는 선적인, 피발행인, 선적항, 최종 목적지, 운송기관명, 예상 출항일, 상품 명세, 수량, 단가, 금액 등이 기재된다.

신용장

해외 바잉 시에는 신용장$_{Letter of Credit}$으로 대금을 지급한다. 신용장이란 바이어를 대신해 바이어가 거래하는 은행에서 공급업체에게 대금을 지급하겠다고 약속하는 증서이다. 공급업체는 신용장에 기입된 제품을 선적한 다음 신용장에서 요구하는 서류$_{송장, 선하증권, 포장명세서, 원산지 증명서}$와 함께 유효기일 내에 제출하면 물품대금을 지급받을 수 있다.

선하증권

선하증권$_{B/L: Bill of Landing}$은 해상운송계약에 따른 운송화물의 수령 또는 선적을 인증하고 그 물품의 인도청구권을 선주 또는 선장이 서명하여 문서화한 증권이다. 항공 운송 시에 화물이 수취되었음을 증명하는 운송서류는 항공운송장$_{AWB}$이다. 해상선하증권이 유가증권인 데 반해 항공운송장은 수취증에 불과하다.

포장명세서

포장에 관한 내용을 상세히 기재한 서류로, 포장 박스별로 품명, 수량, 포장일련번호 등을 기재해야 한다.

원산지증명서

원산지증명서$_{C/O: Country of Origin}$란 수출국 주재의 수입국 영사 또는 수출지의 상공회의소가 물품의 원산지 또는 제조원산지를 증명하는 공문서이다. 수출입 양국 간에 관세율 협정이 체결되고 있어 상호간에 낮은 세율의 관세 특혜를 받고 있는 경우, 이 특혜를 받기 위해서는 수입지 세관에 원산지증명서로 수출국의 원산지임을 증명해야 한다.

자료: 관세청 홈페이지; 미래와 경영 경제용어사전;
선박항해용어사전

드에 즉각적으로 반응할 수 없다. 이러한 점을 감안하여 해당 시즌의 점포 재고 수준에 따라 수시 발주를 진행한다. 수시 발주를 하면 재고 부담을 줄이고 매장을 효율적으로 운영할 수 있다는 장점이 있으나, 수입 상품의 입고에 소요되는 시간으로 인해 수시 발주된 상품이 판매 가능한 시즌 중에 도착하지 않을 수 있다.

(3) 대금 지급

공급업체인 매입처로부터 견적송장인 인보이스$_{invoice}$가 접수되면 송장에 병기된 조건대로 신용장$_{L/C: Letter of Credit}$을 열거나 전신환송금$_{T/T: Telegraphic Transfer}$을 한다.

(4) 입고 및 통관

상품이 입고되면 통관 작업을 거쳐 물류창고에
입고한다. 통관 시 갖추어야 할 서류는 수출증
명서, 상업송장, 포장명세서, 원산지증명서 등이
다. 검수를 통해 입고된 상품의 수량이나 파손
품을 꼭 확인하고 차이가 있는 경우는 공급사와
계약서에 명기된 바에 따라 처리하여야 한다.

신용장

무역 거래의 대급 지급 및 상품 수입을 원활하게 하기 위
해 발행하는 수입업자거래은행의 조건부 지급 확약서

전신환송금

무역 거래에서 가장 많이 사용되는 결제 방식. 수입대금
의 지급을 은행을 통해 전신 또는 텔렉스를 이용하여 송
금하는 방식. 신용장$_{L/C}$에 비해 수수료 등의 비용을 절감
하고 절차가 간소함

2

PB 상품
개발 및 소싱

많은 패션리테일러가 점포 차별화와 경쟁력 확보를 위해 자체 브랜드인 PB 개발을
활발히 진행하고 있다. 국내 PB 시장은 2008년에는 약 3조 6,000억 원 규모였으
나, 2023년 식품, 패션, 뷰티 등 전체시장을 고려하면 PB 상품의 시장은 10조 원대
이상의 규모로 추정되고 있어, PB 상품의 인기와 수요가 지속적으로 증가하고 있
음을 알 수 있다.[3]

1) PB 상품 개발

(1) PB 상품의 개념

PB_{private brand, 유통업자 자체브랜드}상품이란 유통업체가 소매점 점포 차별화를 위해 상품
을 직접 개발하여 유통업체브랜드를 내걸고 판매하는 상품이다. 유통업체가 직접
개발하기 때문에 비용이 절감되어 다른 제품과 비슷한 품질을 유지하면서 가격이
낮아, 합리적인 가격과 그 패션 점포만의 차별화된 상품구색을 도모할 수 있다.

패션유통점 간에 경쟁이 심화되고 시장이 포화상태에 이르면서 백화점이나
홈쇼핑 패션리테일러들이 브랜드 중복으로 고민하고 있다. 어느 백화점에 가도 같
은 브랜드를 판매하는 국내 현실에서 소비자들은 특정 패션리테일러에 가야 할
필요와 흥미를 느끼지 못하게 된다. 이러한 브랜드 중복을 극복하기 위한 방법으
로 PB가 활용되고 있다. 소비자들은 단순히 가격 때문에 PB 상품을 구입하는 것

표 8.6 PB 상품의 장단점

구분	내용
장점	• 높은 이익: 중간 마진이 제거된 70~80% 선의 저렴한 가격으로도 30~40%의 높은 이윤을 남길 수 있으며, 자사 유통업체에서만 판매하여 광고비 지출이 높지 않다. • 점포의 차별성: 자사 점포만의 독창성을 제시할 수 있는 상품구색을 갖출 수 있다. • 패션리테일러의 파워 강화: 소비자의 필요나 욕구를 파악하고 이를 충족시킬 수 있는 제품을 개발하며 이를 합리적 가격으로 제공하여, 기존 패션제조업체 중심의 유통시장에서 리테일러들의 파워를 키울 수 있다.
단점	• 낮은 인지도: 대규모 광고를 진행하는 내셔널브랜드 상품보다 소비자 인지도가 낮다. • PB 상품에 대한 부정적 인식: 저가·저품질이라는 부정적 인식이 있다. • 재고 부담: 판매 부진 시 패션리테일러가 재고를 책임져야 한다.

표 8.7 PB 개발 형태별 장단점

개발 형태	운영 방법			장점	단점
	기획	생산	판매		
자체 개발형	패션 리테일러	패션 리테일러	패션 리테일러	• 패션리테일점 자체 기획 생산으로 지속적인 브랜드 이미지 구축 • 중간 마진 배제로 높은 수익률	자체 생산에 따른 시설, 인력 고용으로 인한 인건비 지출 등 투자 및 비용 증가
자체기획 외주생산형	패션 리테일러, 협력업체, 디자이너 등	협력업체	패션 리테일러	• 협력업체의 상품 개발 역량 활용 • 협력업체는 패션리테일점의 판매망 이용 • 품목별로 역량이 뛰어난 협력체와의 협업을 통해 다양한 상품 개발 가능	패션리테일업체와 협력업체 간 의견 조율 어려움
해외 도입형 (독점수입, 라이선스)	브랜드 소유업체	협력업체	패션 리테일러	• 독접 수입/라이선스를 통해 상품구색의 차별화 가능 • 유명 브랜드의 인지도의 활용 • 라이선스의 경우 적절한 가격의 상품 개발 공급 가능	직수입의 경우 지속적인 상품 수급 어려움

이 아니라 합리적 소비성향, 차별화된 상품과 다양한 상품구색에 대한 욕구를 충족하기 위해 PB 제품을 구입한다.

협력업체를 이용한 PB 개발 시 관련 법규 - 하도급거래 공정화에 관한 법률

'하도급거래 공정화에 관한 법률'은 공정한 하도급거래질서를 확립하여 원사업자예: 패션리테일점·백화점와 수급사업자예: 협력업체/하청업체가 대등한 지위에서 상호보완하며 균형 있게 발전하는 것을 목적으로 한다.

하도급 거래

원사업자가 수급사업자에게 제조위탁·수리위탁·건설위탁 또는 용역위탁을 하거나 원사업자가 다른 사업자로부터 제조위탁·수리위탁·건설위탁 또는 용역위탁을 받은 것을 수급사업자에게 다시 위탁한 경우를 말한다.

부당한 특약 금지

원사업자가 계약서에 기재되지 않은 사항을 요구함에 따라 발생된 비용, 원사업자가 부담하여야 할 민원 처리, 산업재해 등과 관련된 비용, 원사업자가 입찰 내역에 없는 사항을 요구함에 따라 발생된 비용을 수급사업자에게 부담시키는 약정은 넣을 수 없다.

부당한 하도급 대금의 결정 금지

부당하게 하도급 대금을 결정하여, 일반적으로 지급되는 대가보다 낮은 수준으로 하도급 대금을 결정하거나 하도급을 받도록 강요해서는 안 된다. 부당한 하도급 대금의 결정행위의 예는 다음과 같다.

- 정당한 사유 없이 일률적인 비율로 단가를 인하하여 하도급대금을 결정하는 행위
- 원사업자가 일방적으로 낮은 단가에 의하여 하도급대금을 결정하는 행위
- 원사업자의 경영적자, 판매가격 인하 등 수급사업자의 책임으로 돌릴 수 없는 사유로 수급사업자에게 불리하게 하도급대금을 결정하는 행위

부당반품 금지

원사업자는 수급사업자로부터 납품을 받은 경우에 수급사업자에게 책임을 돌릴 사유가 없는 경우에는 물품을 부당하게 반품해선 안 된다. 부당반품의 예는 다음과 같다.

- 원사업자가 자신의 거래 상대방으로부터의 발주 취소 또는 경제 상황의 변동 등을 이유로 반품
- 검사의 기준 및 방법을 불명확하게 정함으로써 부당하게 불합격으로 판정하여 반품
- 원사업자가 공급한 원재료의 품질 불량으로 인한 불합격품으로 판정되었음에도 이를 이유로 반품
- 원사업자의 원재료 공급 지연으로 납기가 지연되었음에도 이를 이유로 반품

자료: 법제처 국가법령정보센터

---

(2) PB의 유형

국내 개발형 PB

- 자체개발형: 유통업체가 직접 패션비즈니스 부서를 두고 전문인력을 고용하여 상품 기획은 물론 제조 판매에 이르는 전 과정에 참여하고 개발하는 PB 개발 형태를 말한다.

- 자체 기획 외주생산형: 기획은 유통업체가 하고 생산은 협력업체를 통해 주문자 상표를 부착하는 방식으로 개발된다. 협력업체와의 원활한 커뮤니케이션과 공조가 이루어져야 한다. 최근 TV 홈쇼핑을 중심으로 나타나고 있는 국내외 유명 디자이너, 스타일리스트와의 협업으로 기획·생산되는 공동 PB 브랜드가 이러한 예이다.

해외 도입형 PB

- 독점 수입형: 해외 브랜드와 독점 계약을 체결하여 완제품을 수입하는 형태로, 타 점포와 효과적으로 차별화시킬 수 있다.
- 라이선스형: 세계 유명 업체의 브랜드나 기술의 제휴를 통해 국내에서 생산·공급하는 형태이다. 다른 점포에 없는 라이선스 브랜드를 제품을 활용하므로 점포를 효과적으로 차별화시킬 수 있다.

(3) PB 브랜드 상품 개발 프로세스

그림 8.1
PB 브랜드 상품 개발 과정

PB 브랜드 상품 개발 과정은 그림 8.1과 같다.[4]

1. 기본 구상	PB 상품 개발의 목적과 목표를 명확히 하고 다양한 아이디어를 아이템으로 구상한다.
2. 협력업체 선정	PB 상품 개발에 대한 개념 이해와 함께, 기술력과 개발력, 생산 체재, 상품관리 체재, 재무상황 등을 고려하여 협력업체를 선정한다.
3. 개발 계획	표적고객층을 비롯해 수요 예측, 매출목표, 판매 계획, 상품원자재, 원가, 개발 일정 등을 구체적으로 논의한다.
4. 상품 콘셉트 결정	개발하고자 하는 상품이 어떤 고객들을 대상으로 어떤 가치를 제공하는지를 표현하는 상품 콘셉트를 결정한다.
5. 상품 사양 결정 및 비용 산출	상품의 소재, 성능, 제조 방법, 용량, 포장, 상표명, 디자인 등을 결정하고, 결정된 디자인과 사양에 따라 협력업체에서 제시한 상품원가에 목표이익을 더하여 판매가격을 설정한다.
6. 샘플 작성	샘플을 작성하여 품질 및 내구성 검사나 고객 착장 테스트 등을 실시한다.
7. 제조/물류 공정 관리	생산일정을 조정하여 소매업체의 판매 계획에 맞추어 생산이 가능한지에 대한 검토가 실시된다. 수/발주 시스템, 리드타임, 반품 처리 문제 등도 생산업체와 논의한다.
8. 상품화 결정 및 계약	납품가격, 판매가격, 매출목표, 물류 방법, 반품 처리 등 거래조건에 대해 서면 계약을 작성한다.
9. 판매 방법 결정	판매 시 광고·판촉 방법, 진열 방법 등을 결정한다.

2) 패션유통업체 PB 현황 및 트렌드

(1) 백화점

백화점에서는 과거 단품 위주의 저가 브랜드 중심에서 나아가 백화점의 고급화 전략 및 VIP 마케팅 전략에 발맞추어 고품질, 고가격의 차별화된 PB 개발에 초점을 맞추고 있다. 최근에는 독점 수입 브랜드 형태의 PB 유형 중심으로 백화점 내 편집숍을 운영하는 형태도 많아지고 있다. 현대백화점은 한섬을 인수하여 패션브랜드 제조와 유통을 연결하여 수직적 계열화와 수입 브랜드를 확대하고 있으며, 롯데백화점은 친환경 소재를 활용한 PB 브랜드 'OOTT_{오오티티, Only One This Time}'을 통해 친환경 제품뿐 아니라 친환경 브랜드와의 컬래버레이션 상품들을 선보이고 있다. 신세계백화점의 프리미엄 뷰티 편집숍 '시코르_{CHICOR}'는 신세계 백화점 고객들의 현장 반응을 반영한 데이터를 기반으로 자체 뷰티라인인 '시코르 컬렉션'을 통해 보디, 색조 및 베이스 메이크컵, 향수 제품을 선보이고 있다.[5]

사진 8.4
롯데백화점의 친환경 PB 브랜드 OOTT

(2) 대형마트

대형 할인점들은 기존의 최저가 이미지를 추구하던 전략에서 나아가 라이프스타일 매장으로의 변화를 시도하면서 패션 부문 사업을 강화하고 있다. 이들은 프로모션 사업 형태로 운영하며 단품 위주로 구성했던 기존의 PB 방식에서 벗어나, 대형 할인점 자체 내에 상품 기획 파트를 갖추고 복종별·콘셉트별로 차별화된 PB 브랜드를 전개한다. 특히, 코로나 팬데믹 이후 고물가로 인한 경기침체 상황에서 이마트, 롯데마트, 홈플러스 등 주요 할인점의 패션 PB 상품에 대한 수요가 증가했다. 홈플러스는 소속 디자이너들이 시장을 조사하고 직접 소싱하여 원가를 낮춘 자체브랜드 'F2F'를, 이마트는 여성·남성·아동의 다양한 카테고리 상품군을 보유한 '데이즈'를 운영하고 있다.

사진 8.5
이마트 PB 의류 브랜드 데이즈

사진 8.6
'셀럽샵 에디션'의 구스다운
CJ 온스타일의 PB 제품으로, '에르메네질도 제나'의 고급 원단을 사용하였으며 최초가 139만원에서 시작하는 고가 제품이다.

(3) TV 홈쇼핑

소비자들의 TV 시청이 줄어들고 온라인 쇼핑채널이 강화되면서 팬데믹 이후 매출과 성장성이 줄어든 홈쇼핑 업체들은 차별되는 PB 상품의 라인업을 강화함으로 경쟁력으로 높이고 있다. 홈쇼핑 패션 PB는 패션 분야 전체 매출의 50~70%를 차지할 만큼 비중이 크고, 각 쇼핑몰의 인기 상품 1위 모두가 패션 PB 브랜드 상품이다. 홈쇼핑 업체들은 베이직 위주의 상품에서 벗어나 표적고객과 콘셉트에 따라 세분화된 PB 개발을 적극적으로 진행하고 있다. 이들은 홈쇼핑·디자이너·패션 제조사 간 협업 비즈니스 모델 구축에 주안점을 두고 공동 브랜드를 개발한다. 또한 TV 홈쇼핑에서는 디자이너와 공동 브랜드를 가지고 해외 패션 컬렉션에도 참가하는 등 그간 홈쇼핑에서 판매되는 의류제품이 단품 위주, 합리적인 가격대, 베이직 디자인 제품이라는 기존 관념을 깨고 유명 디자이너와의 컬래버레이션을 통해 트렌디한 디자인의 패션제품예: 지춘희 디자이너의 지스튜디오이나 고품질 고가의 프리미엄 PB 제품을 선보이고 있다.

(4) H&B 스토어

사진 8.7
올리브영 메이크업 PB 브랜드 '웨이크메이크'

H&B 스토어 간 경쟁이 심해지면서 각 스토어들은 자체 개발한 PB 제품과 단독으로 유치한 브랜드 등으로 차별화해 왔다. 그러나 코로나 팬데믹으로 화장품 소비가 줄자 업계 2위였던 랄라블라와 롭스가 시장에서 철수하면서 올리브영이 H&B 시장에서 70%가 넘는 점유율을 차지하고 있다. 2007년부터 PB 브랜드를 운영 중인 CJ올리브영은 2023년 1분기 기준 전체 매출의 10%를 PB 상품에서 올리고 있다.[6] 대표적인 PB 상품으로는 '바이오힐보', '웨이크메이크', '브링그린', '라운드어라운드', '필리밀리', '드림웍스', '컬러그램' 등으로, 가성비 좋은 기초화장품부터 고기능성 스킨케어, 색조 화장품에 미용 소품까지 다양하다.

(5) 이커머스

코로나 팬데믹으로 소비자들은 오프라인 소비를 할 수 없었기에 소
비 전반을 모두 온라인으로 할 수밖에 없었으며, 팬데믹 이후 온라
인 시장이 크게 성장하였다. 국내 대표 이커머스 업체인 '쿠팡'은 오
랜 적자 끝에 코로나 팬데믹 이후인 2022년에 흑자로 전환하여 국내
이커머스 시장뿐 아니라 국내 유통시장의 최강자로 자리매김하였다.
쿠팡은 PB 패션 상품들과 외부 업체를 통해 국내에 독점 수입·판매
하는 '쿠팡 온리$_{Only}$' 패션 브랜드를 21개 보유하고 있다. '쿠팡 온리

사진 8.8
쿠팡의 베이직 의류 PB '베
이스알파 에센셜'

$_{Only}$' 패션 브랜드는 홈웨어부터 스포츠웨어, 캐쥬얼까지 다양한 품목을 다루고 있
으며, 이 중 엘르파리스$_{ELLE\ Paris}$, 엘르걸$_{ELLE\ Girl}$, 로또$_{Lotto}$는 쿠팡에서만 구입할 수
있고, 나머지 18개 PB 브랜드는 쿠팡 자체 브랜드 CPLB$_{Coupang\ Private\ Label\ Brands}$가 디
자인, 소싱 등의 작업을 담당하고 있다.

(6) 패션 플랫폼

여러 브랜드나 쇼핑몰을 입점시켜 수수료를 챙기는 중개사
업에 집중하던 온라인 패션 플랫폼이 PB 사업에 진출하는
것은 이들이 더 이상 업체들의 상품을 제공하는 유통 플랫
폼에만 머무는 것이 아니라 패션제품 생산과 유통을 겸비
한 하이브리드 플랫폼으로 진화하고 있다는 의미이다. 대
형 패션 플랫폼이 PB사업으로 확장하고 경쟁력을 유지할
수 있는 것은 기존에 수집된 플랫폼 고객데이터를 바탕으
로 실시간으로 고객들이 어떤 제품을 선호하고, 어떤 가격
대가 경쟁력이 있는지를 파악하여, 소비자의 수요에 맞는

사진 8.9
무신사스탠다드 성수점
무신사의 PB '무신사스탠다
드'는 온라인 플랫폼뿐 아니라
오프라인에서도 판매된다.

제품을 고객들이 원하는 가격이나 판매조건에 맞춰 출시할 수 있기 때문이다.[7]
패션플랫폼 'W컨셉'에서는 입점 브랜드 제품의 판매뿐 아니라 자체브랜드 '프론트
로우$_{Frontrow}$,' '프론트로우맨'과 'frrw'를 운영하고 있으며, 무신사는 '무신사 스탠다
드'를 통해 PB 브랜드 경쟁력을 높이고 있는데, 가성비 좋은 제품으로 입소문을
타며 MZ세대를 중심으로 큰 호응을 얻고 있다.

3

공급업체와의 협상

1) 협상 요건

(1) 가격 및 할인 조건

상품 가격 협상 패션리테일러는 낮은 가격에 구매하길 원하고, 공급업체는 가능한 한 높은 가격으로 리테일러에게 팔려고 한다. 매입단가는 구매하는 상품의 물량이나 일정에 따라서도 차이가 있으므로 이런 점도 고려하여 협상한다. 또한 추후 진행될 할인 조건에 대해서도 논의한다. 공급업체가 유통업체를 위한 다양한 지원예: 제품의 광고·진열 시 지원 등을 제시한다면 가격 조건을 좋게 만드는 것이므로 가격 협상 시 같이 논의할 수 있다.

입점비 협상 입점비slotting allowance란 공급업체가 소매업체의 점포 사용에 따른 비용을 지불하는 것이다. 이러한 입점비는 상품의 특징, 소매업체의 영향력, 공급업체 상품의 브랜드 인지도에 따라서 차이가 난다. 영향력이 큰 리테일러의 경우 높은 입점비를 요구하는 경우가 있으며, 높은 인지도의 상품 공급업체인 경우에는 입점비를 면제받기도 한다. 리테일러의 입장에서는 입점비를 통해 가격에서 확보하지 못한 마진을 확보할 수도 있으므로 가격 조건과 함께 입점비에 대한 협상을 진행하기도 한다.

국내에서는 장려금 명목으로 유통업체가 공급업체에게 입점비를 요구하기도 한다. 공정거래위원회는 '대규모 유통업 분야에서 판매장려금의 부당성 심사에 관한 지침'을 통해 유통업체가 판매촉진활동과 관계없이 제조업체에서 받아 온 기본 장려금을 전면 금지하고, 신상품 입점·진열 등 판촉 목적의 장려금은 예외적으로 허용했다표 8.8.

할인 조건 협상

- 현금 할인cash discount: 공급업체에 유리한 현금 결제 시 일정 비율을 할인해주는 것이다.
- 수량 할인quantity discount: 구입 수량에 따라 일정한 비율을 공제해 주는 경우를 말한다. 예를 들면, 20매를 구입하면 개당 1만 원, 21~40개를 구입하면 개당 9,700원, 40개 이상을 구입하면 개당 9,400원으로 가격을 낮추어 주는 방식을 말한다.

표 8.8 공정거래위원회의 장려금에 대한 지침

항목	인정여부	근거
기본장려금	불인정	• 대규모유통업자가 납품업자로부터 상품 매입금액의 일정비율 혹은 일정금액을 받는 형태의 판매장려금 • 납품업자의 매출 증가 여부와 상관없이 상품 매입금액의 일정 비율을 획일적으로 수령한다는 점에서 판매촉진 목적과의 연관성이 없으므로 불인정
성과장려금	인정	• 대규모유통업자와 납품업자가 합의하여 전년동기 대비 납품액(납품단가×납품물량) 신장목표에 도달하였을 때, 대규모유통업자가 납품업자로부터 지급받는 형태의 판매장려금 • 대규모유통업자는 다양한 판촉노력을 통해 당해 상품의 판매액을 증가시켜야 약정된 목표를 달성할 수 있으므로 인정
신상품입점 장려금 (출시 후 6개월 이내)	인정	• 대규모유통업자가 납품업자의 신상품을 매장에 진열해주는 대가로 납품업자로부터 받는 형태의 판매장려금 • 신상품이 대규모유통업자의 매장에 진열되면 해당 상품의 브랜드 인지도를 향상시키고 상품에 고객 접근성을 높이게 되므로 인정 • 출시 후 6개월 이내의 상품이 원칙
매대(진열) 장려금	인정	• 대규모유통업자가 상품을 매출증가 가능성이 큰 자리(매대)에 진열해주는 서비스에 대한 대가로 납품업자로부터 받는 형태의 판매장려금 • 특정 상품을 고객 접근성이 보다 높은 위치에 진열하게 되면 해당 상품 판매가 촉진될 가능성이 높아져 납품액 증가로 이어질 수 있으므로 인정

자료: 공정거래위원회 홈페이지; 법제처.
대규모유통업 분야에서 판매장려금의 부당성 심사에 관한 지침

- 거래 할인trade discount: 유통채널의 기능에 따라 할인을 달리하는 것이다. 예를 들면, 공급업체가 소매상과 도매상에 다른 가격으로 판매하여, 소매상보다 도매상에 크게 할인해 주는 경우이다.
- 계절 할인seasonal discount: 계절에 따라 제철이 아니거나 비수기에 제품을 구입하면 할인을 해 주는 것을 말한다. 리테일러가 여름에 롱패딩과 같은 겨울 제품을 구입할 때 롱패딩 공급업체가 가격을 할인해 주는 것이 그 예이다.

(2) 대금 결제

유통업체 입장에서는 매입한 상품 대금을 장기간에 걸쳐 지불하고자 하고, 공급업체의 경우에는 상품 배달 후 바로 현금으로 지급받고자 하므로 이에 대한 협상이 필요하다. 대금 결제 방법과 기간 외에 대금 결제일을 초과할 경우의 지연이자 등에 관한 내용이 포함되며, 우리나라에서는 업체 간 거래 시 어음으로 결제하는 경우

어음

발행인이 일정한 시기에 일정한 장소에서 일정한 금액을 지불하겠다고 약속한 유가증권

가 있으므로 어음 할인료 수급에 관한 내용도 협상에 포함될 수 있다. 해외 소싱의 경우 외환 지불 조건을 신용장 거래로 할 것인지, 서류상 환불로 할 것인지 등을 협상한다.

(3) 독점권

리테일러는 독점 공급 상품에 대해 더 높은 마진을 취할 수 있으므로 공급업체와의 독점계약을 통해 경쟁업체와 차별화하고자 하며, 협상 시 이러한 독점권을 논의한다.

(4) 광고비용

소매업체는 공동 광고를 통해 광고비용을 분담하므로, 이에 대한 협상이 필요하다. 협상에 따라 공급업체가 비용을 전부 혹은 일부 부담하기도 한다. 공정거래위원회는 백화점의 특약 매입 거래에서 발생하는 입점업체들의 피해를 막기 위한 기준을 마련하여, 광고 및 판매촉진 단계에서는 개별적인 브랜드 광고를 제외한 대규모 유통업체가 실시하는 방송이나 전단지 등을 통해 발생하는 광고비용, 점포 내 일정 금액 이상 구매자에게 지급하는 사은품이나 상품권 비용을 입점업체에 부담시킬 수 없게 하였다. 또한, 우수 구매고객 대상 사은품·상품권 지급과 같이 대형유통업체와 입점업체가 공동으로 실시하는 판매촉진 행사비용의 경우 입점업자의 분담비율이 50%를 넘지 못하도록 정했다.[8]

(5) 운송비용

공급업체에서 소매업체까지의 운송비용을 누가 부담할지에 대해서도 협상한다. 가까운 거리는 큰 문제가 되지 않기도 하나, 해외 소싱의 경우 운송을 누가 책임지는지에 따라 운송비와 보험료, 관세가 달라지므로 중요한 협상 사안이 된다.

2) 공급업체와의 계약

공급업체와의 계약은 주문서를 통해 성립되므로 주문서는 바잉에서 매우 중요한 서류이다. 주문서에는 발주일자, 자세한 상품 정보, 주문 수량, 샘플 수령 및 승인

해외 운송 조건 용어

패션리테일러가 해외에서 패션제품을 수입하거나, 국내에서 상품 운송 시 사용하는 운송 용어에 관해 알아보자.

본선인도

본선인도FOB: Free On Board에 따르면 상품이 선박에 적재되기 이전까지는 매도인인 공급업체가 수출 통관 등 모든 책임을 지며, 선박 난간을 넘어간 이후부터는 비용, 위험, 운송계약, 수입 통관 등에 관한 책임이 매수인인 리테일러에레 이전된다. 하지만 원래의 뜻과는 달리 인도 조건으로 해석하고 본선인도 목적지FOB destination, 본선인도 공장FOB factory 등으로 사용하기도 한다.

- 본선인도 목적지: 목적지까지 도착해야 상품이 소유권이 이전된다. 즉, 도착지까지 상품의 소유권이 공급업체에게 있으므로 운송에 드는 모든 비용은 매입처인 공급업체가 부담한다.
- 본선인도 공장: 소유권은 상품이 공장에서 운송차량에 적재될 때 이전된다. 운송차량에 적재된 상품이 리테일러에게 있으므로 리테일러가 운송비를 부담한다.

운임보험표 포함인도

운임보험표 포함인도CIF: Cost Insurance Freight는 본선인도FOB와 더불어 가장 많이 사용되는 방식으로, 매도자가 상품의 선적에서 목적지까지의 원가격과 운임·보험료의 일체를 부담할 것을 조건으로 한 무역계약이다.

관세지급 반입인도

관세지급 반입인도DDP: Delivery Duty Paid에 따르면 매도인이 제품 인도지점까지 관세, 조세 및 기타 물품 인도비용을 포함하여 모든 비용과 위험을 부담하여야 하며 수입통관도 해야 한다. 즉, 공급업체가 공급업체의 공장에서부터 패션소매업체의 물류센터까지 모든 관세, 국제 및 국내 운송비와 보험료를 지불해야 한다.

공장인도

공장인도Ex-factory 시 매수인인 패션 소매업체는 공급업체의 공장에서부터 자신들의 물류센터까지 이르는 모든 운송비를 지불해야 한다. 즉, 수출지의 내륙운송에 따른 비용과 위험의 부담, 그리고 수출통관수속 등 모든 절차를 매수인인 패션리테일러가 부담한다.

자료: 한국무역협회 무역용어사전(www.kita.net)

에 관한 설명, 원가 및 할인 조건, 물류센터 입고일 및 납품 관련 특이 사항, 기타 거래 조건 등 다양한 내용이 포함된다.

3) 사후 공급업체 평가

패션리테일러는 주기적으로 각 공급업체를 평가하여 비즈니스 관계를 계속 유지할지 검토해야 한다. 이때 공급처별로 매입 총액, 빈도, 마진 등을 분석하여 공급업체별 수익 구조를 살펴본다. 이외에도 자료에 포함되지 않은 공급업체와의 납기나 운송 관련 문제, 상품 품질, 독점 관계 등도 고려하여 평가한다.

4

바잉 관련 윤리적 문제

1) 뇌물

뇌물은 소매업체의 바잉 결정에 영향을 주기 위해 공급업체가 바잉 담당자에게 제공하거나, 바잉 담당자가 공급업체에게 요구하는 경우 발생한다.[9]

뇌물의 형태는 단순히 금전적인 것뿐만 아니라 선물, 골프 접대, 여행 등 다양하다. 국내 유명 TV 홈쇼핑의 납품 뇌물 사건은, 홈쇼핑의 방송 편성상 편의 제공 등의 청탁 명목으로 업체들로부터 수억 원의 뇌물을 수수했던 건이었다. 이러한 문제점을 피하기 위해 소매업체들은 자사 직원들이 공급업체로부터 일체의 뇌물을 받지 못하도록 윤리강령codes of conduct을 만들어 뇌물, 커미션, 보상, 선물, 여행, 취업 알선 등 다양한 형태의 뇌물에 대한 가이드라인을 명확히 제시하고 있다.

2) 위조상품

위조상품counterfeit이란 합법적으로 보호되는 상표, 저작권, 특허의 권리 없이 만들고 판매하는 상품으로, 타인의 상표를 불법 도용하여 진품인 것처럼 생산·판매하는 것이다. 국내 상표법 108조에 따르면 위조상품은 "제3자가 정당한 권리 없이 등록 상표를 그 지정 상품과 동일, 또는 유사한 상품에 사용하여 상표권 또는 전용사용권을 침해하는 상품"이며, 부정경쟁방지법 제2조에 따르면 "국내에 널리 인식된 타인의 상표와 동일 또는 유사한 상표를 사용하여 타인의 상품과 혼동을 일으키는 상품"을 말한다.[10]

위조상품은 낮은 품질로 소비자에게 물질적 피해를 안겨 주고, 상표에 대한 소비자의 신뢰를 떨어뜨려 진품 생산업자 및 유통업자의 영업 활동에 해를 끼친다. 이러한 위조제품이 성행하면 국가의 지적재산권 보호 수준을 낮추어 국가 경쟁력을 저하시키고 외국과의 통상 마찰을 야기할 수 있다.

국내에서 위조품의 제작과 판매는 법적 처벌을 받으므로, 리테일러는 거래명세서 등 관련 서류를 확인해 권한 있는 제조업체인지 판단해야 한다. 또한 수입상품의 경우에는 공급업체의 수입신고필증을 확인하고 진위 여부가 의심스러울 경우에는 과세청 홈페이지를 확인한다.

패션리테일 기업의 윤리행동 지침 사례

○ 정직하고 투명한 경영 활동

이해관계자로부터의 사례 수수 금지

- 이해관계자로부터의 사례는 이유여하를 불문하고 받아서는 안 되며, 이해관계자가 사례를 제시하는 경우에는 정중히 거절하거나 돌려줘야 합니다.
- 임직원의 가족 또한 이해관계자로부터 임직원의 업무와 관련하여 제공되는 것으로 여겨지는 사례를 받거나 요구해서는 안 됩니다.
- 사례에 해당하는 기본적인 유형들은 아래와 같으며, 기타 일반적 상식에서 직위를 이용해 부당한 이익을 얻는 행위라 인정되는 모든 행위를 포함합니다.
  - 금품(유가증권을 포함한 금전 및 선물 등), 향응 및 접대, 편의 제공
  - 차용, 염가바잉 및 고가매도
  - 부채 상환, 보증 및 금전대차
  - 미래에 대한 보장(고용 및 취업 알선 약속, 거래 체결 약속 등)

이해관계사에 대한 지분 참여 및 이해관계자와의 공동 투자 금지

- 이해관계사에 대한 개인적 투자나 이해관계자와의 공동 투자는 회사와의 거래관계에 영향을 미칠 수 있으므로 엄격히 금지됩니다.

회사관련 정보의 조작 및 허위 보고 금지

- 회사의 경영상황 및 의사결정과 관계있는 모든 재무적 · 비재무적 정보(이하 '회사관련 정보'라 함)의 기록과 보고는 정확하고 정직하게 이루어져야 합니다.
- 은폐 축소, 과장, 허위의 내용 등 조작된 내용을 기반으로 문서를 작성 또는 보고하거나, 내·외부 이해관계자와 공유하지 않아야 합니다.
- 모든 회사관련 정보와 문서는 국제회계기준 등 관련 기준에 따라 투명·정확하고 완전하게 작성하여 주주 등 이해관계자에게 보고되어야 합니다.

○ 공정한 거래 및 경쟁

협력회사와의 공정한 거래 및 경쟁

- 협력회사와의 거래에 있어 '독점규제 및 공정 거래에 관한 법률'을 엄격히 준수해야 합니다.
- 협력회사를 선정할 때에는 공정하고 투명한 원칙에 근거하여 최상의 파트너를 선정해야 하며, 이러한 원칙은 대량 구매 계약뿐만 아니라 간단한 서비스 계약까지를 포함한 모든 거래에서 준수돼야 합니다.
- 거래 관계에 있는 협력회사와 거래 조건의 조정이 필요한 경우에는 명백하고 타당한 사유와 투명한 절차에 의해 진행해야 합니다.
- 거래상 우월한 지위를 이용한 부당, 불평등 거래 행위가 있어서는 안 됩니다.

부정청탁 및 사례 제공 금지

- 임직원은 업무를 수행함에 있어 각 국가의 반부패 관련 법규 및 국제 협약을 엄격히 준수해야 하며, 사업상 부정한 이익을 대가로 공무원 등에게 금품 등을 제의하거나 제공해서는 안 됩니다.
- 반부패 관련 법규 위반으로 해석될 가능성이 있는 사항에 대해서는 즉시 경영진에 보고하고 법무 담당부서와 충분한 협의를 거쳐 처리해야 하며, 자의적인 해석에 따라 의사결정해서는 안 됩니다.
- 반부패 관련 법규 위반으로 해석될 가능성이 있는 사항에 대해서는 즉시 경영진에 보고하고 회사 내 법무 부서와 협의를 거쳐 처리해야 합니다.

○ 건강한 조직문화 조성

- 임직원은 건강한 조직문화를 조성하기 위해 항상 서로를 존중하고 배려해야 하며 폭언, 욕설, 폭력, 성희롱 등 개인의 기본 인권을 침해하는 행동을 해서는 안 됩니다.
- 인종, 국적, 성별, 연령, 학벌, 종교, 출신지역, 장애, 결혼여부, 성정체성, 정치적 견해차이 등을 이유로 차별

하지 않습니다.

- 세대, 국가/지역, 성별 간 정서적·관습적·문화적 차이를 이해하고 존중하며 이를 바탕으로 창의성과 혁신적 아이디어가 발현될 수 있는 근로환경을 유지해야 합니다.
- 언어적 또는 신체적 폭력, 따돌림, 협박과 같이 구성원의 인격을 모독하거나 인간의 존엄을 훼손하는 온·오프라인 상의 모든 직장 내 괴롭힘 행위를 금지합니다.
- 의사소통 과정에서 진심이 왜곡되거나 불필요한 오해를 사는 일이 없도록 합니다.

○ **회사 자산의 보호**

- 회사의 자산은 회사의 사업 활동 및 승인된 목적으로만 사용돼야 하며 임직원은 자산의 분실, 오용 및 도난에 대비할 책임이 있습니다.
- 회사의 자산을 본래의 목적에 맞지 않게 사용하거나 개인 용도로 활용하는 행위, 사전 승인 없이 외부로 반출하는 행위 등은 엄격히 금지됩니다.

자료: 코오롱 홈페이지(https://www.kolon.com/kr/sustainability/ethic/introduce)

3) 회색시장

회색시장gray market은 원래 합법적 시장white market과 암시장black market의 중간에 있는 시장을 일컫는데, 지식재산권 분야에서는 병행상품parallel goods이 거래되는 시장을 지칭한다.[11] 회색시장의 제품은 가짜나 모조품이 아닌 진품으로, 이러한 시장이 생기는 이유는 한 제품이 두 개의 서로 다른 시장에서 다른 가격으로 산정되었기 때문이다.

글로벌화로 인해 많은 기업에서 표준화된 제품을 여러 시장에 동시 판매하고 있다. 기업의 입장에서는 한 번 설정된 가격을 환율이 변동할 때마다 매번 바꾸기 어려워 가격불균형이 생길 수 있는데, 이러한 가격불균형으로 인해 회색시장이 발생한다. 또한 기업이 제품 차별화 없이 같은 제품을 판매하면서 시장에 따라 다른 가격 전략을 사용하는 경우에도 회색시장이 발생된다. 이러한 회색시장은 가격이 상대적으로 낮은 국가에서 병행수입되는 상품으로 인해 발생되는 사례가 많다. 예를 들어 국내 정식 수입업체에서 수입해서 판매하는 클락스Clarks의 동일 제품을 가격이 저렴한 미국에서 대량 구입해서 국내에 판매할 경우에 회색시장이 발생하게 된다.

병행수입

외국에서 적법하게 상표가 부착되어 유통되는 진정상품을 제3자가 국내 상표권자 또는 전용 사용권자의 허락 없이 수입하는 것을 말한다. 우리나라는 1995년부터 수입공산품의 가격 인하 유도를 위해 병행수입을 공식 허용하였다.

4) 재판매가격 유지

재판매가격 유지resale price maintenance란 상품을 생산 또는 판매하는 사업자가 그 상품을 판매함에 있어서 재판매하는 사업자에게 거래 단계별 가격을 정하여 그 가격대로 판매할 것을 강제하거나 이를 위하여 규약 기타 구속 조건을 붙여 거래하는 행위를 말한다. 재판매가격 유지제도는 제조업체에서 소매업체의 부당한 가격 인하 판매를 방지하려는 것이 본래의 취지이나, 오히려 제조업체가 높은 가격을 유지하는 방법으로 역이용되고 있다. 우리나라에서 재판매가격 유지행위는 독립 사업자들의 자유로운 판매가격 책정을 구속하여 가격 경쟁을 제한하는 반경쟁적 행위로 공정거래법에 의해 원칙적으로 금지되나, 화장품 판매시장, 도서 판매시장, 제약회사 등에서 관행으로 지속되어 문제가 되고 있다.[12] 예를 들어 화장품 수입 업체가 수입한 화장품을 소매점에 공급하면서 미리 정한 판매가격을 준수하지 않을 경우에는 계약해지 등 불이익을 주겠다는 거래 조건을 명시하는 경우가 재판매가격 유지행위에 해당한다.

참고 문헌

1) Levy, M., & Grewal, D.(2023). Retailing Management(11th ed.). McGraw-Hill

2) 손미영(2007). 글로벌 패션 마케팅. 창지사

3) 임춘한, 구은모(2023, 6, 16). PB 전성시대…전 세계 유통기업의 '관심사'. 아시아경제

4) 이수동, 여동기(2011). 소매경영. 학현사

5) 강소슬(2023, 7, 17). 신세계 '시코르', PB출시 7년…매년 두 자릿수 이상 성장. 매일일보

6) 김보라(2023, 7, 20). CJ올리브영·시코르, 잘 키운 'PB화장품'으로 웃는다. 데일리한국

7) 정호상(2022) e-Commerce 산업의 디지털화 전개와 향후 과제. 물류산업의 디지털 전환과 국제경쟁력 강화. 한국개발연구원 서시브경제연구시리즈, 2022-02, 169-191.

8) 공정거래위원회 홈페이지(https://www.ftc.go.kr/www/contents.do?key=101)

9) Levy, M., & Grewal, D.(2023). Retailing Management(11th ed.). McGraw-Hill

10) 법제처 국가법령정보센터(www.law.go.kr)

11) 산업통상자원부(2010). 지식경제용어사전

12) 공정거래위원회 홈페이지(https://www.ftc.go.kr/www/contents.do?key=101)

사진 출처

COVER STORY ⓒ 쿠팡 앱

사진 8.1 ⓒ 저자

사진 8.2 ⓒ 어이사마켓 홈페이지

사진 8.3 Claudia Lanius/Wikimedia Commons

사진 8.4 ⓒ 저자

사진 8.5 ⓒ 이마트

사진 8.6 ⓒ CJ 온스타일 홈페이지

사진 8.7 ⓒ 저자

사진 8.8 ⓒ 쿠팡 홈페이지

사진 8.9 ⓒ 저자

가격 전략

패션시장의 경쟁이 심화됨에 따라 가격 전략의 중요
성이 커지고 있다. 가격 전략은 기업이 매출을 높이고,
새로운 고객을 확보하고, 기존 고객을 유지하며, 시장
점유율을 높이는 데 중요한 핵심 요소 중 하나이다.
본 장에서는 리테일러가 가격 결정 시 고려해야 할 요
인, 가격 책정과 가격 조정, 다양한 가격 전략에 대해
살펴보도록 한다.

계속 오르는 명품 가격…
명품은 비싸서 산다?

2010년 2,850달러약 370만 원, 환율 1달러 1,300원으로 계산, 2013년 4,400달러약 572만 원, 2017년 5,300달러약 689만 원, 2020년 12월 6,800달러약 884만 원, 2023년 9,600달러약 1,248만 원.

프랑스 명품 브랜드 샤넬Chanel의 '클래식 비디엄 백'의 글로벌 가격이다. 13년 만에 약 3.4배가 되었다.

글로벌 명품 브랜드들의 가격인상이 도를 넘었다. 한 해에만 2~3차례 가격을 인상하는가 하면 연간 인상률이 20%를 넘어서는 사례까지 등장했다. 특히 명품 보복 소비가 몰린 코로나 팬데믹을 기점으로 럭셔리 패션브랜드의 가격 인상은 일상이 되었고, 인기 상품을 구매하기 위해 매장 문이 열리기 전에 백화점 앞에서 수십 명이 줄서서 기다리는 모습은 익숙한 풍경이 되었다.

명품 브랜드의 가격 인상은 아시아권에서 더 두드러지는데, 전문가들은 이러한 가격 인상의 배경으로 코로나 팬데믹 이후 악화된 글로벌 실적 때문으로 해석한다. 유럽 등 서구권에서 줄어든 매출을 수요가 높고 성장성이 높은 아시아 시장에서 가격을 인상함으로써 보완하려는 전략이라는 것이다. LVMH 제품의 프랑스 판매 가격과 지역별 평균가격의 차이로 살펴보는 '지역별 가격 프리미엄'을 살펴보면, 중국의 경우가 가장 높아 프랑스에 비해 판매가가 평균 33% 더 높았으며, 일본은 30%, 한국은 28%, 홍콩은 20%로 가격 프리미엄이 12%인 미국이나 3%인 영국에 비해 아시아권의 주요 국가에서 판매되는 명품 가격이 본국에 비해 20~33% 높은 것을 알 수 있었다. 명품 브랜드 가격 인상에 대해 브랜드 측에서는 제작비와 원재료비 상승, 환율 변동 등을 고려하여 가격이 조정된 것이라고 설명하고 있다.

가격이 인상되면 수요는 줄어드는 것이 일반적인 경제논리이나, 명품의 경우에는 수요가 오히려 증가하는 모습을 보인다. 이러한 현상은 어떻게 설명될 수 있을까?

최근 명품 리세일 시장이 성장하면서, 럭셔리 제품은 나중에 손쉽게 현금화할 수 있는 유동성을 제공하는 수단이 되었다. 온라인 중고품 거래 플랫폼인 번개장터에서 샤넬 클래식 플랩백, 에르메스 버킨백 등의 중고가는 신제품 가격의 90% 이상으로 거래된다. 매년 가격이 10% 이상 오르는 상황에서, 명품은 제품의 가치가 떨어지지 않고 중고로 판매하면 더 수익이 나는 투자 상품이 된 것이다.

라스베이거스 시저스팰리스 내 샤넬 매장

경제 전문가들은 이에 대해 국내 명품 시장은 더 이상 일반적인 상품 시장의 논리로 설명하기 어렵다고 분석하고 있다. 최근 소비자들은 과거와 달리 리세일 가격을 꼼꼼히 살피는 등 명품 구매를 '소비'가 아닌 '투자'로 보는 시각이 있어, 소비자 입장에서 보면 가격이 올라도 앞으로 더 비싸질 것으로 예상되므로 수요는 오히려 더 늘어나게 된다는 것이다. 또한 공급자 입장에서는 가격이 계속 오를 것이란 기대가 있어야 수요가 늘어날 것이기 때문에 가격을 계속 올릴 수밖에 없고, 공급량을 늘리면 희소성이 떨어져 가격 하락 요인이 되므로 수요가 많다고 공급량도 늘리고 있지 않다는 것이다.

자료: 김하경(2021. 12. 9). 명품 가격, 올해 5차례까지 올려… "한국 소비자만 덤터기". 동아일보; 남민우 (2023. 2. 24). '비싸도' 사던 명품…이젠 '비싸서' 산다, 왜. 조선일보

가격이란 상품이나 서비스를 소유하거나 사용하는 대가로 소비자가 지불해야 하는 금전적인 가치를 포괄하는 개념이다.[1] 즉, 상품이나 서비스에 대한 상품의 교환 가치, 제품이 소비자에게 가져다주는 가치에 대응하여 지불하는 비용이다. 패션리테일러의 관점에서는 유일한 수입원이고, 기업의 재무 성과를 결정하는 직접적인 요인이자 주요 경쟁 수단이다. 고객의 입장에서는 상품 획득의 대가이자 상품에 대한 가치 판단의 기준이다.

소비자의 가치value는 고객들이 리테일러로부터 받은 상품이나 서비스의 혜택perceived benefit과 지불해야 하는 비용price의 비율로 나타낼 수 있다.[2] 패션리테일러는 소비자들이 지각하는 혜택을 높이거나, 지불하는 비용인 가격을 내리는 방법을 통해 소비자들이 느끼는 가치를 높인다. 고객에 따라 높은 혜택을 원하는 소비자도 있을 수 있고, 제공하는 혜택보다 저렴한 가격에 가치를 느끼는 소비자도 있다. 고객에 따라 같은 가격이라도 그에 대해 느끼는 가치가 다르며, 같은 제품이라도 가격에 따라 판매 여부가 달라지기도 하므로 효과적인 가격 전략의 수립은 매우 중요하다.

1) 패션리테일 가격의 구성

패션소매점 제품의 가격은 원가에 마크업mark up을 더하여 결정된다. 원가는 리테일러가 제품을 매입buing하여 판매하는 경우에는 매입원가 또는 제조업체의 출고가이며, PB 제품을 기획하여 판매하는 경우에는 제품제조원가를 말한다. 마크업은 관리비와 영업비, 재고 손실, 할인 등과 함께 이익을 포함한다. 제품판매가는 제품구매비용에 마크업을 더하여 결정한다.

2) 가격 결정 시 고려 요인

가격 결정은 제품이나 서비스의 가치를 평가하는 것으로 소비자의 주관적 가치 판단이 들어가기 때문에 동일한 제품, 동일한 가격이라도 소비자마다 느끼는 제품에 대한 가치와 만족도에 차이가 생긴다. 따라서 가격을 결정할 때에는 가격에 영향을 미치는 다음 요인에 대한 충분한 검토가 필요하다.

(1) 제품의 원가

소매업에서는 제품을 도매상이나 공장에서 매입하는 데 들어가는 총비용을 제품 구입비, 제품구매비용이라고 한다. 제품의 정확한 원가 구조를 파악하는 것은 가격 결정에 중요한 첫 단계로, 패션업계에서는 일반적으로 원가나 매입가 대비 배수_{예: 3배수, 5배수 등}나 마크업률_{예: 35%, 50%} 등을 적용해 제품 가격을 결정한다.

(2) 소비자 가격탄력성

가격은 고객이 느끼는 가치에 따라 달라진다. 고객이 느끼는 가치는 상황에 따라 변화할 수 있으므로, 가격 결정 시 이를 고려해야 한다. 예를 들어 지금 제품이 다급히 필요한 소비자라면 가격이 비싸더라도 구입하겠지만, 그렇지 않은 상황에서는 시간을 두고 가격을 비교해서 가격이 비싸면 구매하지 않을 수 있다. 따라서 해당 제품에 대한 소비자들의 반응이나 느끼는 가치가 어떠한 상황에서 언제 높은지 파악한 후 그 반응시기에 따라 가격을 조정하는 것도 하나의 전략이다.

소비자가 특정 상품의 가격을 평가할 때 기준으로 삼는 가격을 준거가격 reference price이라고 하며, 소비자들은 상품을 선택할 때 준거가격을 토대로 구매할지 판단한다.[3] 소비자들은 이러한 준거가격을 특정 가격_{예: 55,000원}이 아닌 일정한 범위로 인식하여_{예: 50,000~59,000원}, 특정 상품을 구매할 때 이 범위 내 가격을 수용한다. 수용할 수 있는 가격 범위 중 최소가격은 가격이 너무 저렴해서 품질에 의심을 갖게 되는 가격을 가리킨다. 반면 가격 범위 안에서 가장 높은 가격을 최대가격이라고 하는데, 이는 가격이 너무 높아 소비자가 구매할 의사가 없어지는 한계가격을 말한다.

일반적으로 소비자의 가격민감성을 측정할 때는 수요의 가격탄력성을 활용한다. 수요의 가격탄력성은 상품의 가격이 변동할 때, 이에 따라 수요량이 얼마나 변동하는지를 나타내는 것으로, 수요의 변동률을 가격의 변동률로 나눈 것이다.[4] 예를 들어 가격이 1% 올라갈 때 판매량이 2% 줄었다면 이 재화의 수요가격탄력성은 −2가 된다.

$$\text{수요의 가격탄력성} = \frac{\text{판매량의 변화율(\%)}}{\text{가격의 변화율(\%)}} = \frac{\dfrac{\text{변화 후 판매량} - \text{변화 전 판매량}}{\text{변화 전 판매량}}}{\dfrac{\text{변화 후 가격} - \text{변화 전 가격}}{\text{변화 전 가격}}}$$

그림 9.1에서 가격이 P_0에서 P_1로 인하되었을 때 D_i의 수요곡선에서 수요수량은 Q_1^i에서 Q_0으로 줄어드는 반면, D_e의 수요곡선에서는 Q_1^e에서 Q_0으로 줄어들어 수요가 더 큰 폭으로 감소하는 것을 볼 수 있다. 즉, D_i 기울기는 $P_1 \sim Q_1^i$만큼 수요가 변화되었지만, D_e의 기울기는 $P_1 \sim Q_1^e$만큼 수요가 변화하여, 보다 완만한 기울기를 가진 D_e가 D_i에 비해 탄력적임을 알 수 있다.

가격탄력성의 절댓값이 1인 경우는 단위가격탄력성이라고 한다. 가격탄력성의 절댓값이 1 이상인 경우예: 가격을 1% 인상하면 판매 감소량이 2% 증가할 때 가격에 민감하다고 판단한다. 수요가 가격에 민감하게 변화하는 제품을 탄력적인 제품이라고 하며, 주로 패션상품과 같은 경우가 이에 속한다. 반면 가격탄력성의 절댓값이 1 이하인 경우예: 가격을 1% 인상하면 판매 감소량이 0.5% 증가할 때는 수요가 가격 변화에 덜 민감하게 변화하는 비탄력적인 제품이라고 하며 주로 생필품과 같은 제품이 이에 속한다.

같은 패션제품이라도 대체재가 많을수록 가격탄력성이 높다. 베이직한 디자인의 라운드 티셔츠는 거의 모든 캐주얼 의류 매장에서 구입할 수 있으므로 가격탄력성이 높을 것이다. 반면 대체재가 없는 상품은 가격이 비탄력적일 것이다. 예를 들어, 패션점포 고유의 독특한 그래픽이 들어간 티셔츠는 다른 제품으로 대체가 어려우므로 가격이 비탄력적일 것이다. 즉, 가격 변화에 둔감하여 가격이 오르더라도 다른 곳에서 구하기 어려운 상품이므로 오른 가격이라도 소비자들이 구입할 것이다. 따라서 리테일러는 표적고객의 수요가 가격의 변화에 따라 얼마나 증감되는지를 고려하여 가격을 결정해야 한다.

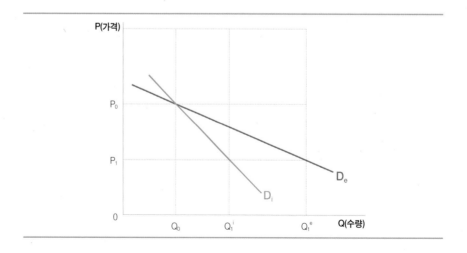

그림 9.1
수요의 가격탄력성

유통점 세일 시 패션상품이 주로 등장하는 이유는 무엇일까?

백화점 정기세일에 참여하는 브랜드는 주로 패션상품들이다. 패션상품은 유행을 타기 때문에 수요를 예측하기가 어렵고 철이 지나면 구매 수요가 크게 감소하므로 판매되지 않은 상품을 세일을 통해 처분하기 위함이다.

또 다른 이유는 패션제품이 가격변화에 수요가 크게 변화하는 제품이기 때문이다. 세일의 대상이 되는 상품은 주로 가격탄력적인 경우가 많다. 가격에 탄력적인 상품은 가격이 떨어지면 상대적으로 수요가 크게 늘어나게 되므로, 재고가 쌓인 가격탄력적인 상품은 가격할인을 통해 소비를 늘릴 수 있다. 패션상품은 다른 생필품에 비해 가격탄력적인 제품군이라고 볼 수 있다. 반면 생필품은 가격에 비탄력적이다. 예를 들어 쌀 가격이 싸다고 해서 식사량을 두 배로 늘리지는 않고, 쌀이 비싸다고 해서 끼니를 거르며 하루 한 끼로 줄이는 경우도 거의 없다. 이렇게 가격에 비탄력적인 생필품은 싸게 팔지 않아도 가격에 큰 상관없이 꾸준히 소비가 되기 때문에 세일에 민감하지 않은 편이다. 반면 탄력적인 패션상품의 경우에 세일을 하면 수요가 크게 늘어나 매출을 올릴 수 있다.

(3) 제품의 특성

모든 제품은 수명주기가 있으며, 도입기에서 시작해 성장기와 쇠퇴기를 거쳐 소멸한다. 특히 패션제품은 수명주기가 다른 제품에 비해 짧아 수명주기상 어느 단계에 위치하느냐에 따라 가격 차이가 크다. 비교적 경쟁이 없는 도입기에는 가격을 높게 책정하다가, 성장기에 들어서면 경쟁제품이 많이 등장하고 수요층도 가격이 민감한 중간 소비자층까지 확대되므로 가격을 낮추는 것이 일반적이다.

제품의 품질도 가격에 영향을 미치는 요소이다. 보통 품질이 좋은 제품은 가격이 높은 편으로 가격대는 대개 품질과 동일시된다. 물론 가격과 품질이 반드시 비례하는 것은 아니지만, 소비자들은 제품의 가격이 비싸더라도 그만큼 제품의 품질이 우수하다면 그 가격을 인정하고 신뢰하는 편이다. 따라서 제품의 품질이 우수하면 그만큼 높은 가격을 책정할 수 있다.

(4) 경쟁 및 관련 업계 동향

제품의 가격은 원가와 고객이 지각하는 가치 수준 외에 경쟁사의 가격과 경쟁 상황도 고려하여 결정해야 한다. 경쟁이 심할수록 가격은 내려가며 경쟁이 심하지 않거나 독점성이 있는 경우는 그만큼 가격을 높게 책정할 수 있다. 따라서 제품을 경쟁사와 차별시켜_{예: 의류 제품의 성능이 차별화된 제품, 디자인이 차별화된 제품 등} 독점이나 과점과 같은 상황이 된다면, 리테일러는 그 제품의 가격을 높게 책정할 수 있다. 그러나 일반적인 베이직한 패션상품은 기능적으로 차별화가 어려운 제품이어서 경쟁사가 가격을 어떻게 변동시키느냐에 크게 영향을 받으므로 경쟁사의 가격 동향을 주시하고 이를 반영하여 대응하는 것이 유리하다.

(5) 가격 규제 및 관련 법규

가격과 관련된 규제로는 가격의 결정·유지·변경과 관련된 '공정거래법'이 있다. 공정거래법상 부당공동행위_{담합}에 해당하지 않도록 다른 리테일러와 공동으로 가격을 결정, 변경하는 등의 합의를 통해 부당하게 경쟁을 제한해서는 안 된다. 가격표시에 관련된 법규로는 '물가안정에 관한 법률'과 '물가안정에 관한 법률 시행령'이 있다. 리테일러는 먼저 판매하려는 제품이 판매가격표시에 해당하는지 단위가격표시에 해당하는지를 판단하고, 규정에 따라 제품의 판매가격을 소비자가 알기 쉽도록 표시해야 한다.

패션리테일 관련 법규

Q. 세일 때 판매가격을 표시하지 않으면 가격표시제 위반인가?

A. 중소백화점에 입점한 여성복 브랜드 S가 야외 매장에서 티셔츠, 블라우스, 바지, 반바지를 각각 1만 원, 2만 원, 3만 원, 5만 원에 균일가로 판매하고 있었다. 전국에서 모여든 물량이 워낙 많다 보니, 판매가격을 제품 태그에 다 표시하지 못해 일부 제품에는 실제 판매 가격과 다른 가격표가 붙어 있었다. S사는 세일 때 매장 앞에 인하 가격을 적어 놓고, 팔 때 할인해서 판매하였다. 그렇다면 S사의 경우처럼 판매대 앞에 인하가격을 적어 놓고 손님에게 알려 주면 안 되는 것일까? 정답은 '가격표시제 위반'이다. 예를 들어, 정가 10만 원 제품에 30% 세일한다고만 붙여 놓은 것은 정확한 가격을 써 놓지 않은 것으로 가격표시제 위반이다. 가격표시제에 따르면, 각 상품마다 변경된 가격인 7만 원으로 표시해야 한다.

자료: 법제처 국가법령정보센터 홈페이지; 공정거래위원회 홈페이지

---

3) 가격 결정 방법

가격 결정에 절대적인 원칙이나 방법은 없다. 기업의 대내외적 상황, 소비자의 변화, 제품의 성격, 경쟁사와의 관계 등을 고려하여 소비자와 기업 모두에게 적절한 가격을 결정해야 한다.

(1) 원가 중심 가격 결정

원가 중심 가격 결정은 구입원가 또는 제조원가에 판매비와 일반 관리비 및 이익 등을 가산하여 책정하는 것으로, 패션업계에서는 일반적으로 제품원가를 기초로 하여 거기에 일정 마크업률이나 배수율을 붙여 가격을 책정한다. 패션리테일러는 마크업률이나 배수율을 제품에 일괄적으로 적용하기보다는, 제품의 희소성이나 수명주기, 시장의 수요 등을 고려하여 차이를 두는 것이 바람직하다. 패션리테일러가 제품을 매입하는 데 들어가는 제품 구입비를 원가로 볼 수 있으며, 이 제품 구매 비용에 마크업을 더한 것이 소매가가 된다.

원가 가산에 따른 가격 결정　소매가는 원가와 마크업을 합한 것으로, 소매가를 구하는 식은 아래와 같다. 예를 들어 티셔츠를 매입하여 판매할 때의 매입원가가 6,000원이고 마크업이 8,000원이라면 이 티셔츠의 소매 판매가격은 14,000원이다.

소매가 = 원가 + 마크업

패션리테일러들은 가격을 결정할 때 모든 상품에 동일한 마크업을 적용하기보다는 상품군이나 품목에 따라 다른 마크업을 적용하는 것이 일반적이다. 예를 들어 고가의 보석류나 패션제품의 경우는 75%, 베이직한 상품의 경우는 50%로 마크업률을 적용하는 것이다.

배수법에 따른 가격 결정　배수법은 원가에 배수를 곱하는 것으로, 소매가를 구하는 식은 아래와 같다. 예를 들어 A사에서는 4배수법을 이용하여 판매가격을 결정한다고 하면, 티셔츠의 매입원가가 6,000원일 때의 판매가격은 6,000원의 4배인 24,000원이 된다.

소매가 = 원가 × 배수

배수법에 따라 가격을 결정할 때도 상품의 특성이나 품목에 따라 다른 배수법을 적용해야 한다. 예를 들면, 트렌디한 계절상품이나 희소성이 있는 디자인의 제품에는 7배수를 적용하고, 매 시즌 꾸준히 판매되는 상품에는 5배수를, 단기적인 매출을 올리기 위한 판촉제품의 경우에는 3배수를 적용하는 것이다.

(2) 경쟁자 중심 가격 결정

경쟁사의 가격을 기준으로 가격을 책정하는 방식이다. 많은 소비자들이 제품을 살 때 비교 구매를 하게 되는데, 소비자가 가장 쉽게 비교할 수 있는 요소가 바로 제품의 가격이다.

경쟁사 대비 고가격 전략 기업의 경영 전략에 따라 경쟁사보다 고가격 정책을 펼치는 것으로, 고품질·고가 프리미엄 브랜드 이미지를 소비자에게 전달하기 위해 주로 사용된다.

경쟁사 대비 저가격 전략 경쟁사보다 저가격 정책을 취하는 전략으로, 합리적 가격에 더 큰 가치를 제공하는 이미지를 소비자에게 전달한다. 인지도가 높은 브랜드를 벤치마킹한 후발 브랜드의 경우에도 벤치마킹 대상 경쟁사보다 저가격을 책정하는 전략을 사용하는 경우가 많다.

경쟁사 유사가격 전략 시장 내 경쟁이 심하여 한 점포의 가격 변화에 소비자가 민감하게 반응하는 시장에서는 경쟁사와 유사한 가격대를 유지하는 '경쟁사 유사가격 전략'을 사용한다. 특히 상품이 개인적인 관심도가 낮고, 잘못 구매하더라도 큰 위험부담이 없어 습관적으로 구매하는 저관여 제품일 경우에는 경쟁사와 비슷한 가격을 취하는 것이 유리하다.

(3) 소비자 중심 가격 결정

제품 생산비용과 관계없이 소비자가 지각하는 제품의 가치 및 수요를 기준으로 제품 가격을 결정하는 방법이다. 소비자 중심으로 가격을 결정하는 경우에 브랜드 인지도가 높거나 새로운 기능이나 혁신적인 디자인을 지닌 제품, 희소성 있는 전문적인 제품에 고가격 전략을 활용하는 경우가 많다. 다만 소비자 중심 가격 결정을 위해서는 소비자들이 제품에 어떠한 가치가 있다고 생각하고, 그 가치에 얼마나 지불할 것인가를 알아내는 것이 관건이다. 명품 브랜드 제품의 경우 제품 제작을 위한 원자재ㅏ 공임을 포함한 원가가 아닌, 소비사들이 명품에 대해 부여하는 가치를 고려하여 가격을 책정하며, 소비자들은 명품 제품이 비싼 가격에도 그

만한 가치가 있다고 지각하여, 큰돈을 주고 기꺼이 구매한다.

(4) 가격 최적화 소프트웨어 사용

가격 최적화는 항공사나 호텔처럼 재고가 정해져 있는 일부 산업에서 실행에 오다가 최근 기업 내·외부에서 가용할 수 있는 데이터가 증가하고, 머신러닝기술이 발전하면서 다양한 분야에서 활용하게 되었다. 패션 유통분야에서 아직 광범위하게 사용되는 방법은 아니고 매우 고가의 소프트웨어로 알려져 있으나, 사용한 기업에서는 매출이나 재고관리에 효과적인 것으로 나타났다. 가격 최적화 소프트웨어 프로그램은 과거 및 현재 상품 판매 가격과 경쟁사의 가격을 분석하고, 가격과 매출 간의 관계를 추정한 다음, 상품의 최적가장 수익성이 높은 초기 가격과 가격인하마크다운의 적절한 규모와 및 시기를 결정하는 일련의 알고리즘을 사용한다. 이를 위해서 먼저 전반적인 재고상황을 파악하고, 고객고객의 선호도, 행동, 구매 패턴 등, 비용생산 비용, 영업 비용 등, 소매유통 수요POS 정보 등와 같은 기업 내부 데이터와 시장상황, 경제추세, 고객 심리, 경쟁사 가격 및 프로모션 등와 같은 외부 데이터를 준비하여 활용한다.[5]

4) 가격 라인 결정

가격 라인 결정Price Lining은 구매자가 가격에 큰 차이가 있는 경우에만 이를 인식한다고 가정하여, 선정된 제품 계열에 한정된 수의 몇 가지 가격대로 설정하는 방법이다. 일반적으로 선매품 가격 결정 시 많이 이용되며, 가장 잘 팔리는 가격대를 몇 개로 구분한다.

2

가격 전략 수립

1) 가격 책정

(1) 가격 책정 시 기본 개념

원가 원가$_{cost}$는 패션리테일러가 상품을 매입하는 과정에서 지출한 비용이다. PB 브랜드 제품을 기획·생산하는 경우에는 원가에 제품의 제조원가로 원부자재비용이나 임가공비와 같은 변동비와, 생산시설의 감가상각비와 같은 고정비가 포함된다.

마크업 마크업은 원가와 소매가 간의 차이를 말한다. 마크업에는 원가 외에도 판매하기 위해 들어가는 비용, 즉 운영비·관리비·임대료 등의 비용 및 재고 부담, 가격 인하 등의 비용과 원하는 이윤이 충분히 포함되어 있어야 한다. 모든 제품에 동일한 마크업을 적용하는 것은 아니나, 일반적으로 전체 품목의 마크업 총액을 매출액으로 나누어 구하는 경우가 많다. 마크업률을 계산할 때는 소매가를 기준으로 하여, 소매가를 100으로 하였을 때의 마크업 비중으로 나타낸다.

$$\frac{\text{마크업}}{\text{소매가}} \times 100 = \text{마크업률}$$

소매가 소매가$_{retail\ price}$는 원가와 마크업을 합한 것으로, 소매가를 구하는 식은 다음과 같다. 소매가를 100%로 보았을 때, 40%가 원가율이라면 마크업률은 60%가 된다.

$$\text{소매가} = \text{매입원가} + \text{마크업}$$

$$\text{마크업률(\%)} = \left(\frac{\text{소매가} - \text{매입원가}}{\text{소매가}} \right) \times 100$$

예를 들어, 아웃도어 제품을 판매하는 매장에서 등산 모자를 20,000원에 구매해 50,000원에 판매한다면, 마크업과 마크업률은 얼마일까?

$$\text{마크업} = \text{소매가} - \text{원가} = 50,000 - 20,000 = 30,000$$

$$\text{마크업률} = \left(\frac{\text{소매가} - \text{원가}}{\text{소매가}} \right) \times 100 = \left(\frac{50,000 - 20,000}{50,000} \right) \times 100 = 60\%$$

이 경우 등산 모자의 마크업은 30,000원이고, 마크업률은 60%가 된다.

초기마크업과 실현마크업　초기마크업_initial markup_은 리테일러가 달성하려고 계획하였던 마크업이고, 실현마크업_maintained markup_은 소매점이 실제로 달성한 마크업이다. 상품 판매 기간 동안 정상가격인 처음 소매가격에 모든 제품을 판매하기는 어렵기 때문에, 대부분의 패션소매점은 정기 세일이나 판촉 행사를 통한 할인이나 가격 인하를 진행한다. 또한 급격한 원자재가격 인상으로 제품의 가격이 처음 소비자가격보다 인상되는 경우도 있다. 이러한 가격 변동을 반영한 마크업을 실현마크업이라고 한다. 실현마크업률은 영업비, 매출액, 감가액 등에 대한 계획과 실제의 차이를 반영한 값으로, 각 회기 말에 실제로 얻게 되는 마크업률을 말한다.

$$\text{실현마크업} = \text{최초마크업} - \text{가격 인하}$$

$$\text{초기마크업률} = \frac{(\text{실현마크업} + \text{인하율})}{(100\% + \text{인하율})}$$

$$\text{실현마크업률} = \frac{\text{실현마크업}}{\text{순매출액}} = \frac{(\text{순매출액} - \text{매출원가})}{\text{순매출액}}$$

(2) 손익분기점

손익분기점_break-even point_은 일정 기간의 수익과 비용이 꼭 같아서 이익도 손실도 발생하지 않는 매출액이나 수량을 말한다. 매출액이 손익분기점을 초과하는 순간부터 이익이 발생하며 투자비를 회수할 수 있는 매출액이 얼마인지를 알 수 있어서, 투자 시 중요한 판단기준이 된다. 변동비는 상품 1개를 준비하는 데 필요한 단위변동비_예: 원부자재, 임가공비, 영업비 등_에 판매수량을 곱한 것이다. 손익분기점은 판매량이나 매출액을 기준으로 산출할 수 있다.

$$\text{손익분기점}(Q: \text{판매량}) = \frac{\text{총고정비}}{\text{판매가격} - \text{단위당 변동비}}$$

$$\text{손익분기점}(P: \text{매출액}) = \frac{\text{총고정비}}{1 - \dfrac{\text{단위당 변동비}}{\text{판매가격}}}$$

예를 들어 A사에서 판매하는 셔츠 한 벌을 1만 2,000원에 판매할 때, 셔츠 한 벌당 변동비가 5,000원이고 총고정비로 1,400만 원이 소요되었다면 손익분기점이 되는 판매량은 2,000벌이다.

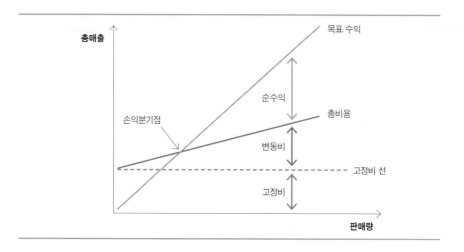

그림 9.2
손익분기점 그래프

2) 가격 전략

(1) 신제품 가격 전략

초기 고가 전략 초기 고가 전략_{skimming pricing}이란 패션리더나 혁신자_{innovator}계층을 대상으로 높은 가격을 책정하는 전략을 말한다. 특허로 제품이 보호되거나, 경쟁자의 진입이 용이하지 않거나, 대체품에 비해 신제품의 가치가 현저히 높은 경우에 사용하는 방법이다. 초기 고가 전략 후 가격에 민감한 일반 세분 시장의 수요를 자극하기 위해 점차 가격을 인하하는 것이 일반적이다.

시장 침투 가격 전략 시장 침투 가격 전략_{penetration pricing}은 짧은 기간에 큰 시장점유율을 확보하기 위해 상대적으로 낮은 가격을 책정하여 총 시장 수요를 자극하는 전략이다. 낮은 가격으로 인해 단위당 이익은 낮지만, 대량판매에 의한 원가 절감을 통해 높은 총이익을 확보할 수 있을 때 사용한다. 시장의 성장률이 높아 단기적인 매출 증대보다는 초기 시장점유율 확보가 유리하다고 판단하는 경우, 소비자가 제품의 가격에 민감하게 반응하는 경우에 적합하다.

(2) 가격대 활용 가격 전략

EDLP 전략 EDLP_{Everyday Low Price}는 대형마트나 아웃렛 같은 소매업체들이 사용하는 가격 전략으로, 모든 제품을 언제나 싸게 판매하는 정책이다. 일반적으로

고물가에 초저가 다이소 '3,000원 티셔츠', '5,000원 경량패딩' 출시

균일가 매장 다이소가 여름철에는 2,000원~5,000원대의 냉감의류 '이지쿨', 겨울철에는 5,000원대 플리스와 발열내의, 경량패딩 등 초저가 의류를 출시하고 있다. 다이소는 양말, 티셔츠, 와이셔츠 등 간단한 의류용품을 판매해 오다 2022년 7월부터 스포츠웨어, 이지웨어, 홈웨어 등으로 패션 카테고리를 확장했다. 의류상품 아이템 수는 전년에 비해 80% 증가했으며 2023년 의류용품 매출은 전년 동기 대비 180% 신장한 것으로 나타났다.

500원~5,000원으로 판매하고 있는 초저가 화장품의 경우에 10대들 사이에 인기가 많으며, 앰플 제품인 "리들 샷"의 경우 올리브영에서 판매하는 제품과 큰 차이가 없고 가격이 훨씬 싸다는 소비자 입소문으로 출시 2주 만에 초도 물량이 완판되기도 하였다.

다이소 제품이 타 의류업체들의 제품과 품질이 동일한 수준이라고 보장할 수는 없다고 하더라도, 물가가 많이 올라 소비자들이 경제적으로 부담을 느끼는 시기인

ⓒ다이소이미지

만큼 초저가의류의 가성비 전략이 효과적일 것으로 보고 있다. 이러한 초저가 전략에 대응하여 롯데마트도 '반값 청바지'를 1만 9,800원에 출시하고 11번가는 '9,900원 샵'을 여는 등 초저가 가격 경쟁이 불붙고 있다.

자료: 송혜진(2023. 11. 3). '화장품 500원' 다이소 배출 160% 늘자…옆 매장서 벌어진 일. 조선일보; 이하린(2023. 11. 12). 유니클로 보란 듯…다이소 '5천원짜리 플리스' 선보인다. 매일경제

EDLP 전략을 활용하면 고객들에게 낮은 가격으로 판매하는 곳이라는 인식을 확신시키고, 광고비와 운영비를 절감하여 고객 서비스를 개선하고, 고객 충성도를 높일 수 있다. 하지만 항상 최저가를 유지하기는 어려우므로 저가격 보상 정책을 채택하여 차액을 환불해 주는 경우도 있다. EDLP 가격 전략을 통해 고객들이 낮은 가격으로 판매하는 곳이라는 것을 확인하고 나면 지속적으로 방문하여 구매하므로, 리테일러는 별도로 낮은 가격에 대한 광고를 할 필요가 없어진다.

하이로 전략   하이로$_{high-low}$ 전략은 EDLP 전략보다는 높은 가격을 책정하고, 필요한 시기가 되면 적극적으로 낮은 가격에 판매하기도 하는 것이다. 가격에 민감하지 않은 고객들은 높은 가격에, 가격에 민감한 고객들은 세일까지 기다려서 낮은 가격에 상품을 구매한다. 이 가격 전략은 재고 처리가 용이하고, 동일한 제품군에서 다양한 소비자와 접촉할 수 있다는 장점이 있지만, 할인을 알리는 광고 비용이 많이 들고 가격대 변동에 따라 재고관리가 복잡해진다는 단점이 있다. 또한 세일을

빈번하게 진행하면 고객들이 구매를 미루고 세일할 때까지 기다리게 되어, 결국에는 수익이 줄어들 수 있다.

다이내믹 프라이싱　다이내믹 프라이싱Dynamic Pricing은 제품·서비스 가격을 일률적으로 정하지 않고 실시간 수요와 공급을 반영하여 유동적으로 바꾸는 전략을 말한다. 한글로 번역하면 '동적 가격설정' 또는 '탄력가격제'라고 할 수 있다. '다이내믹 프라이싱'은 실시간으로 가격이 변화하는 항공권 예매 금액이나 호텔 숙박 비용과 같이 여행산업에서 주로 활용해 왔다. 여행 산업 외에도 시간대에 따라 가격이 다른 대리운전, 스포츠·콘서트 예매 가격 변화 등도 다이내믹 프라이싱의 예이다. 일반적으로 소비가 활발히 일어나는 리테일 분야에서는 가격표를 보고 물건을 구매하는 형태이므로 다이내믹 프라이싱을 찾기 어려웠는데, 최근 정보통신 기술의 급격한 발전으로 판매에 영향을 미치는 많은 데이터를 빠르게 분석하고 온라인 유통 플랫폼에서 실시간으로 수요와 공급을 파악할 수 있게 되면서 다이내믹 프라이싱의 도입이 가능하게 되었다.

　　세계 최대 이커머스 업체 '아마존'이 다이내믹 프라이싱을 도입하여 동일 상품에 대한 경쟁사 가격을 실시간으로 모니터링해 판매가를 끊임없이 변경하고, 가장 잘 팔리는 제품의 가격을 공격적으로 낮춰 경쟁력 평판을 유지하면서도 가격 변동이 적은 상품 가격을 인상해 마진을 확보하는 전략을 취했다. 이 전략을 통해 아마존은 매출을 약 27% 증가시켰다.[6] 아마존은 현재 평균 10분에 한 번씩 수백만 개에 달하는 제품의 가격을 변경하고 있다. 오프라인 매장에서도 다이내믹 프라이싱을 적용하려는 사례가 늘고 있다. 월마트는 2024년까지 500개 이상의 매장에 수시로 가격을 수정할 수 있는 전자 가격표를 도입할 계획이다.

3) 가격을 이용한 판매촉진 전략

(1) 선도 가격

선도 가격leading price은 상품 흐름이나 판매를 증진시키기 위해 정상가보다 낮은 가격으로 상품 가격을 결정하는 것을 말한다. 이러한 선도 가격을 적용해 소매상이 고객을 유인하기 위해 원가보다 싸게 팔거나 일반 판매가보다 훨씬 저렴한 가격으로 판매하는 상품을 미끼상품이라고 한다. 이러한 미끼상품만으로는 소매점이 손해를 보고 큰 수익을 얻을 수 없으나, 미끼상품으로 인해 점포를 방문한 소비자들이 다른 상품까지 구입하게 되어 전체적인 매출이 늘어나게 된다.[7]

(2) 단수 가격

단수 가격_{odd pricing}은 일반적으로 가격의 끝자리 몇 개를 9로 표시하는 것을 말한다. 보통 1만 원을 받는 제품의 가격을 9,990원으로 내려서 표시하면 가격이 한 자릿수 줄어 소비자들에게 상당히 저렴하다는 심리적인 인상을 준다. 이를 이용하여 소매점들이 의도적으로 판매를 촉진시키기 위해 가격을 정하는 것을 단수 가격 전략이라고 한다. 미국 등에서 제품 가격의 끝자리를 2달러나 20달러가 아닌 1달러 99센트나 19달러 99센트처럼 9나 99로 만든 데서 유래하였다. 가격에 민감한 소비자 대상으로는 단수 가격을 적용하는 것이 유리하지만, 가격민감성이 높지 않은 시장에서는 단수 가격 전략이 도리어 소매업체의 이미지를 낮출 수 있으므로 유의해야 한다.

사진 9.1
단수 가격의 예

(3) 세일 행사

백화점이나 가두점 등 패션소매점에서 일정 기간 취급하는 품목을 할인가로 판매하는 방법을 말한다. 단기적 매출 증대와 이를 통한 상품 회전 및 재고 감소가 목적이다. 하지만 너무 자주 세일할 경우 소비자들이 정상가로 구매하지 않고 세일 때까지 기다리기도 하며, 제품 품질을 의심할 수도 있다. 예를 들어 2000년대 초반 이후 국내 뷰티 산업 성장을 견인한 '미샤', '이니스프리', '더페이스샵' 등 로드샵 뷰티브랜드들은 극심한 경쟁과 경기 침체로 매출이 갈수록 하락하자 거의 전 브랜드에서 매달 '50% 할인'을 진행하는 세일 행사를 하였다. 하지만 이러한 세일 행사가 매달 수년째 지속되다 보니 소비자는 반값을 정상가격으로 인식하게 되었으며, 세일하지 않는 시기에는 제품을 구입하지 않는 경향이 생겨났다.[8]

3
가격의 조정

생명주기가 짧은 패션제품의 경우, 정상가로 판매되는 비율은 보통 30%에 불과하며, 다른 상품에 비해 가격 조정이 다양하게 진행된다. 가격 조정에는 가격 인상과 가격 인하가 있는데, 패션제품의 경우 대부분의 가격 조정은 가격이 낮아지는 가격 인하로 진행된다. 패션리테일러는 정확한 예측을 통해 정상가 판매율을 높이는 것이 중요하나, 상품의 판매 상황과 소비자 반응을 고려하여 부진상품의 가격 조정을 통해 매출과 수익률을 높이는 것도 중요하다. 또한 원자재의 가격 인상이나 환율 변화, 관세의 부과 등을 반영하여 가격을 인상하기도 하며, 고가 명품의 경우에는 차별화된 명품 이미지 확립을 위해 전략적으로 매년 가격을 인상하기도 한다.

1) 가격 조정 필요성과 원인

(1) 가격 조정의 필요성

일반적으로 패션리테일에서 가격 조정이란 가격 인하를 말한다. 패션리테일러는 가격 인하를 통해 제품에 반응을 보이지 않은 소비자를 점포로 유인하고 구매욕구를 자극하여 판매 부진상품을 조기에 처분한다. 이렇게 올린 매출을 통해 다음 시즌을 위한 신상품 구매 자금을 확보하고, 부진 재고를 처분하여 매장 내 신상품 도입 공간을 확보한다. 이외에도 원자재 가격 변동으로 원가가 인하된 경우나 기업의 자금 사정이 악화되어 재고를 빨리 회전시켜야 할 때, 또는 경쟁사와의 경쟁에서 이기고 시장점유율을 높일 필요가 있을 때 가격을 인하한다.

(2) 가격 조정의 원인

패션제품은 계절상품이자 트렌드를 반영하는 유행상품으로 일정 기간이 지나면 가격을 인하하게 된다. 패션제품의 가격 조정은 정기 세일이나 시즌오프와 같은 기업의 정책에 따라 실시되거나, 판매 부진 제품의 소진을 위해 진행된다. 그렇다면, 판매 부진 제품은 어떤 원인에 의해 발생하는 것일까?

제품 기획·매입 원인 시장 분석과 수요 예측이 잘 이루어지지 않아 물량을 너무 많이 기획·매입하여 재고가 많이 남은 경우, 또는 소비자나 트렌드 분석의 부족으로 패션트렌드나 소비자 선호를 잘 반영하지 못한 스타일 및 소재, 색상 때문에 판매가 부진할 경우에는 가격 인하를 통해 상품을 처분한다.

가격 원인 소비자들이 구매하기 부담스러운 가격인 경우, 또는 경쟁점과 비교하여 가격 경쟁력이 없는 경우에는 가격 인하를 통해 판매량이나 경쟁력을 높일 수 있다.

사진 9.2
시즌오프 세일 중인 여성복 매장
가격은 정기 세일이나 시즌오프와 같은 기업의 정책에 따라 조정된다.

상품 입점 시기의 지연 예를 들어 5월부터 무더위가 시작되는 등 갑작스러운 날씨 변화에 따라 상품 기획·주문 시 생각했던 입점 시기가 맞지 않게 되어 정상가 판매 기회를 놓치는 경우가 있다. 이외에도 상품 기획 시기를 잘못 맞추거나, 운송 지연 등으로 계획했던 입점 시기가 늦어지는 경우에도 정상가 판매 기회를 놓치므로 신속히 가격 인하를 진행해야 한다.

매장관리 문제 매장에서의 상품 회전이 적절히 이루어지지 않으면 부진 재고가 누적되어 신상품 입점 시 공간 부족이 발생하므로, 가격 인하를 통해 상품 회전율을 높이고 매장 내 적절한 재고 수준을 유지해야 한다.

2) 가격 조정 시기와 정도

(1) 가격 조정 시기

패션제품은 계절과 유행에 민감하므로 가격 인하의 적절한 시기 선정은 재고 물량을 줄이는 데 결정적인 역할을 한다. 적절한 가격 인하 시기를 잡아내기 위해 리테일러는 항상 상품의 판매 동향을 체크해야 한다. 가격 인하 시기를 너무 앞당기면 정상가에 판매할 수 있음에도 인하된 가격으로 판매하게 되어 점포 수익률이 떨어진다. 또한 이른 가격 인하는 이미 정상가에 구매한 소비자의 불만을 초래하여 패션 점포에 대한 부정적인 이미지를 야기할 수 있다. 반면 판매 부진에도 불구하고 가격 인하 시기를 잘 판단하지 못해 가격 인하를 연기하면, 재고를 빨리 처분할 수 있는 시간이 부족해서 악성재고가 생기는 결과를 초래할 수 있다. 가격 조정 시기를 판단하는 방법은 다음과 같다.

- 판매 속도가 떨어지는 경우는 제품을 필요로 하는 사람 대부분이 구매를 했다는 징후이므로, 가격을 낮춰 소비자의 구매욕구를 자극한다.
- 같은 스타일의 제품 중에 유독 판매가 부진한 색상이 있다면, 그 색상 제품의 가격 인하를 빨리 진행하여 재고를 소진한다.
- 고객이 관심은 많이 보이나 구매 결정을 내리지 못하는 상품이 있다면 가격이 너무 높게 책정되었기 때문일 수 있으므로, 고객의 반응을 살피면서 가격 인하

업택은 패션업계의 고질적인 병폐인가?

업택uptag이란 실제 판매 가격보다 비싼 가격표를 붙여 할인 판매를 하는 것을 말한다. 즉, 표시 가격을 높게 써 놓고 가격을 대폭 할인해 주는 것처럼 하는 것이라, 소비자들은 제값을 다 주고 물건을 구매하면서도 마치 큰 혜택을 본다는 착각을 하게 된다. 예를 들면, 기획상품으로 해외에서 저렴하게 만든 패딩 점퍼의 공급가가 10만 원이라면, 소비자 가격을 원래 가격의 5배인 50만 원으로 정하고 50%를 할인해 준다고 하면서 25만 원에 판매하는 것이다. 업택은 국내 가두점 중심 브랜드의 고질적 병폐로 꼽혀왔다. 프리미엄아웃렛에서도 고가 브랜드의 이

월 상품이 아닌 저가 기획 상품을 신상품으로 출시하여 높은 가격표를 붙여 놓고, 이를 할인해 주는 업택 제품이 만연한 것으로 나타났다.

패션브랜드 중 이러한 업택의 문제점을 개선하고자 '노 세일' 전략을 펼치고 세일 없이도 구매할 수 있는 품질과 가격을 제시하는 전략을 펼치는 곳도 있으나, 불경기에 결국 깎아서 사는 게 일반화된 판매 현장에서는 고전을 면치 못한다고 한다.

자료: 이민형(2015. 4. 21). 우후죽순 아웃렛… 소비자 불신
커져간다. 데일리한국; 조은혜(2017. 12. 11).
기자의 창-'업 택'의 딜레마. 어패럴뉴스

를 진행한다.

- 새로운 패션이나 제품이 등장하거나 낮은 가격의 제품이 등장하면서 기존 제품에 대한 고객의 관심이 줄어들었다면, 가격 인하를 고려한다.

(2) 가격 인하 정도

가격 인하를 얼마나 할 것인가도 중요하다. 패션제품은 제품별 특성이 다르고, 가격 인하의 원인도 다르기 때문에 어느 정도로 가격을 인하할지 결정하기가 쉽지 않다. 가격 변동이 미미하면 소비자가 가격 인하를 인식하지 못해 판매율에 영향을 미치지 않을 것이며, 가격 인하를 큰 폭으로 하면 수익률이 떨어질 것이다.

가격 인하 정도를 결정할 때에는 가격이 변하더라도 동일하다고 인식하는 가격수용범위latitude of price acceptance를 고려한다. 소비자들은 이 범위를 기준으로 생각하는 가격보다 실제 가격이 조금만 높아도 손실이라고 느끼는 반면, 실제 가격이 기준보다는 많이 낮아야 이익이라고 인지하는 비대칭적 구조를 가지고 있다. 따라서 가격 인하 시에는 이 범위를 벗어나는 정도로 충분히 가격을 낮추어야 소비자가 가격이 낮아졌다는 것을 인지하고 구매욕을 느끼게 된다. 하지만 '도대체 원가가 얼마이기에 이렇게 저렴하게 판매할까?'라고 생각할 만큼 너무 많이 가격을 인하하면 소비자들이 제품에 불신을 품게 되어 브랜드 이미지에 부정적인 영향을 미

친다. 가격 인상의 경우 가능하면 소비자가 가격이 변했더라도 동일하다고 인식할 만한 범위 내에 변동된 가격을 책정해야 가격 인상에 대한 저항을 줄일 수 있다.

참고 문헌

1) 안광호, 황선진, 정찬진(2018). 패션마케팅(제4판). 수학사
2) Levy, M., & Grewal, D.(2023). Retailing Management(11th ed.). McGraw-Hill
3) 이유재(2008). 서비스마케팅(4판). 학현사
4) 안광호, 황선진, 정찬진(2018). 패션마케팅(제4판). 수학사
5) Levy, M., & Grewal, D.(2023). Retailing Management(11th ed.). McGraw-Hill
6) 김영혁(2017. 11. 3). Dynamic Pricing이 확산되고 있다. LG경영연구원
7) Levy, M. Weitz, B. & Grewal, D.(2014). Retailing Management(9th ed.). McGraw-Hill/Irwin
8) 김영주(2019. 3. 20). 매장선 구경만, 주문은 온라인으로…속타는 화장품 로드숍. 중앙일보

사진 출처

COVER STORY ⓒ flikr
사진 9.1 ⓒ 저자
사진 9.2 ⓒ 저자

커뮤니케이션 전략

패션리테일 커뮤니케이션은 패션리테일러와 고객 간에 의미를 공유하고 소통하도록 만들어 이들 간의 교환이 원활히 이루어지는 데 도움을 주는 마케팅믹스 구성 요소이다. 이를 통해 소비자들이 패션리테일러들에게 제공하는 제품 혹은 서비스를 식별하게 하고, 타 점포의 제품/서비스와 차별화하며, 제품/서비스의 특징에 대한 정보 제공 및 소비자들로 하여금 매장 방문과 구매를 권유한다.

'앰배서더' 마케팅 공들이는 패션업계

국내 K팝 스타들이 명품 브랜드의 앰배서더로 활동하며 명품 패션시장에 존재감을 드러내고 있다. 원래 '대사'를 뜻하는 용어인 '앰배서더ambassador', 과연 패션 앰배서더는 무엇일까?

'앰배서더' 마케팅은 브랜드의 인지도 향상과 매출 증대를 위해 브랜드를 대표할 수 있는 유명 인사나 전문가 집단 등을 선정해서 다양한 홍보 활동을 펼치는 마케팅 방법이라고 할 수 있다. 기존의 스타 마케팅이 단순히 유명 인사를 앞세워 홍보하거나 화보를 찍는 방식이었다면 앰배서더는 직접 브랜드를 홍보하고 활동하는 방식으로, 패션 브랜드의 앰배서더는 해당 브랜드의 컬렉션에 직접 참여하고 자신의 인스타그램에 해당 브랜드와 관련된 게시글을 업로드하며 평소에도 브랜드 제품과 서비스를 사용하고 즐기는 모습을 보여준다. 이렇게 하면 스타 마케팅 방식보다 진정성도 느껴지고, 해당 브랜드 소비자들과 더욱 깊은 유대감을 형성할 수 있다.

명품 브랜드는 그들이 지닌 고유의 가치와 이미지를 표현하기 위해 앰배서더를 기용하고, 앰배서더들은 국내외 광고 캠페인이나 패션쇼, 화보, SNS상에서 해당 명품 브랜드의 아이템을 자연스럽게 노출한다. 앰배서더를 기용할 때 해당 유명인이 얼마만큼 영향력이 있고 트렌디한지, 그리고 자사의 브랜드를 얼마나 자연스럽게 표현할지 등을 고려한다는 점에서, 앰배서더는 단순한 광고모델과는 차이가 있다. 앰배서더에 선정된 유명인은 해당 브랜드의 의류를 착용하고 화보를 찍고 브랜드 쇼에 참여하며, 이런 활동을 주로 자신의 소셜미디어에 노출한다. 브랜드는 이를 자사 SNS에 공유하며 알린다. 광고 모델은 광고 캠페인에서 단 하나의 제품을 홍보하는 데 초점을 두지만, 홍보대사인 앰배서더는 브랜드의 대표 소비자로서 이미지와 분위기를 브랜드에 부합시키면서 이미지 자체를 대중에게 전달하고 브랜드와 소비자의 관계를 강화하는 역할을 한다.

이전에는 주로 할리우드 배우들이 맡았던 글로벌 브랜드 앰배서더 역할을 최근 많은 K-POP 아이돌이 하게 되었다. 할리우드 배우보다 K-POP 아이돌이 앰배서더로 더 주목받는 이유는 그들이 가진 다양한 소통 채널 덕분이다. 단편적인 광고 인쇄물이나 캠페인에 국한되지 않고 자신이 가진 다양한 글로벌 채널을 통해 다양한 국적과 연령대 사람들에게 제한 없이 브랜드를 노출할 수 있기 때문이다.

과거에는 앰배서더 마케팅이 명품브랜드의 전유물처럼 여겨졌으나, 최근에는 국내외 다양한 패션 브랜드들이 앰배서더 마케팅에 나서면서 국내 내셔널 패션브랜드에서도 앰배서더 마케팅이 보편화되는 추세다. 특히 주요 소비층으로 떠오른 MZ세대의 주목도를 높이는 데 열중하고 있다.

디올의 글로벌 앰배서더인 블랙핑크의 지수
아이돌의 SNS 영향력을 활용하는 명품 브랜드 앰배서더는 SNS 시대의 대표적 광고 전략이다.

자료: 이승연(2021. 10. 7). 명품브랜드가 사랑한 그들…'앰배서더'가 뭐길래? 매일경제; 이유진(2023. 4. 1). 모델도, 협찬도 아나…우리는 '앰배서더'. 경향신문

1

패션리테일 브랜드 이미지

1) 패션리테일 브랜드 이미지의 중요성

패션리테일 관점에서 브랜드는 소비자에게 패션리테일 점포에서의 구매에 확신을 주고 소매업체의 서비스 만족을 증진시키는 역할을 한다. 강력한 브랜드는 소비자의 구매 결정에 영향을 주고, 점포를 다시 방문하게 하고, 재구매로 이어지게 하며 나아가 점포 충성도를 구축할 수 있게 해 준다.

브랜드 이미지 구축이 충분히 이루어지지 못하면 고객의 소매점 방문을 유도하기 위해 세일이나 각종 판매촉진 전략을 이용하게 된다. 따라서 성공적인 브랜드 이미지를 구축하면 적은 마케팅 노력으로도 새로운 소매업태로 확장할 수 있고, 각종 판매촉진 비용을 낮출 수 있어 궁극적으로 소매점의 수익을 높일 수 있다.

2) 패션리테일 브랜드 자산 구축

패션리테일 업체는 브랜드 자산 구축을 통해 브랜드 인지, 긍정적인 브랜드 연상, 지속적인 브랜드 이미지 강화를 이룰 수 있다.

(1) 브랜드 인지

브랜드 인지란 고객들이 특정 소매업체, 상품, 서비스 군에서 자사의 브랜드명을 인지하거나 상기하는 능력을 말한다. '최초 상기top-of-mind awareness'는 브랜드 인지 중에서 가장 높은 수준으로, 특정 소매업체나 상품, 서비스 중에서 가장 먼저 떠오르는 브랜드명을 말한다. 예를 들면 패스트패션 업체를 물었을 때 자라를 가장 먼저 떠올렸다면, 자라가 '최초 상기'가 된다. 일반적으로 소비자들은 제품을 구매할 때, 최초로 머릿속에 떠오르는 업체를 우선적으로 고려하게 된다. 반면 '비보조 인지unaided awareness'는 소비자에게 특정 점포의 브랜드명을 제시했을 때 그 브랜드명을 알고 있는 것을 말한다. 많은 패션리테일러들은 자신의 브랜드를 고객들이 가장 먼저 떠올리는 최초 상기 수준으로 끌어올리기 위해 친근감 있고 기억하기 쉬운 브랜드명, 로고나 심벌, 사운드 등을 만들고자 노력한다.

(2) 브랜드 연상

브랜드 연상은 브랜드와 관련된 모든 생각과 느낌, 연상의 총칭을 말한다. 예를 들어 '이마트'라는 단어를 들으면 '마트'라는 단어에서 할인점과 관련된 연상을 할 것이며 장을 볼 때 이마트를 떠올릴 것이다. 때로는 부적합한 브랜드 연상으로 브랜드명이 바뀌기도 한다. 롯데쇼핑㈜의 할인점 사업 부문은 처음에 '마그넷magnet'이라는 브랜드로 시작하였으나, 마그넷이라는 브랜드명이 기억하기 어렵고 소비자들이 쉽게 할인점과 연관 지을 수 있는 이름이 아니어서 할인점 이미지와 부합하지 않는다는 지적에 따라 브랜드명을 '마그넷'에서 '롯데마트'로 바꾸었다.[1]

(3) 지속적인 브랜드 이미지 강화

패션리테일러의 브랜드 이미지는 제품의 특성, 가격, 매장 인테리어, 홈페이지, 광고, 판촉 활동 등에 의해 지속·강화된다. 기업은 통합적 마케팅 커뮤니케이션IMC: Integrated Marketing Communication 프로그램을 통해 효과적인 브랜드 이미지 강화를 위한 일관적인 이미지 형성에 힘쓴다.

2 통합적 광고 마케팅 커뮤니케이션

1980년대 중반 이후 미국 시장에서 브랜드 간의 경쟁이 심화되고, 기업들의 마케팅 활동이 세계화되며 유통업자들의 시장 지배력이 확대되는 등 시장환경과 소비자들의 변화에 따라 매스마케팅과 매스커뮤니케이션이 더 이상 효과적이지 않게 되자, 그 대안으로 제시된 것이 통합적 광고 마케팅 커뮤니케이션이다. IMC란 미국 노스웨스턴 대학의 슐츠 교수가 1991년 처음 제안한 것으로, 각각 부분적이고 개별적으로 취급되었던 광고, 홍보, 인적판매, 판매촉진 등의 커뮤니케이션 믹스를 통합적인 관점에서 배합하고 일관성 있게 메시지를 전달하여 표적 고객층의 행동에 직접 영향을 줄 목적으로 수행하는 마케팅 커뮤니케이션을 말한다.[2] 즉, IMC는 기업 조직과 제품에 대한 명확하고 일관성 있고 설득력 있는 메시지를 전달하기 위한 다양한 커뮤니케이션 수단들의 전략적인 역할을 비교·검토하여 통합하고 조정하는 개념으로 단기적으로는 재무 수익을 높이고, 장기적으로는 브랜드의 가치를 창출한다.[3]

IMC에 대한 관심과 요구도가 더욱 높아지는 것은 마케팅 환경의 변화 때문이다. 매스 미디어가 중심이었던 때에는 TV와 신문이 주요 매체였고, 소비자가 제품이나 서비스의 정보를 얻을 수 있는 수단이 많지 않았기 때문에 이러한 매스 미디어의 영향이 매우 컸다. 그러나 소비자와 커뮤니케이션할 수 있는 매체인 커뮤니케이션 수단이 다양화되면서 전통적 매체인 TV나 신문의 영향력은 급격히 감소하고 있으며, 소비자와 상호작용이 가능한 온라인 매체의 등장은 IMC의 필요성을 더욱 증가시켰다. 오늘날 IMC는 많은 광고비용을 투자해서 불특정 다수에게 일방적으로 커뮤니케이션을 하는 것이 아니라 목표로 하는 소비자에게 가장 알맞은 커뮤니케이션 방법을 이용해 메시지를 전달함으로써 매체의 효율성을 극대화한다.[4]

일관되고 통합적으로 다양한 프로모션을 믹스한다는 점에서 IMC는 다음 요건을 갖추어야 한다.[5]

- 명확성clearness : 메시지가 전달되는 모든 커뮤니케이션 요소에서 명확성을 갖추어야 한다.
- 일관성consistency : 메시지가 전달되는 모든 매체에서 메시지의 일관성을 유지해야 한다.
- 이해가능성comprehensiveness : 각 요소들에서 전달되는 모든 메시지는 쉽게 이해될 수 있어야 한다.

3
패션리테일 커뮤니케이션 전략 믹스

1) 광고

(1) 광고의 목적 및 특성

전통적인 광고의 정의는 광고주에 의해 매체를 통해 수행되는 유료의 비인적 커뮤니케이션nonpersonal communication이다. 하지만 급변하는 광고미디어 환경을 반영하여 최근에는 '광고주체가 미디어플랫폼를 통해 제품이나 브랜드 콘텐츠 메시지를 소비자에게 전달하거나 상호작용함으로써 소비자 행동에 영향을 미치기 위한 전략적 마케팅 커뮤니케이션'으로 새롭게 제시되고 있다.[6] 패션리테일러는 다양한 매체의 광고를 통해 기업과 패션브랜드의 인지도와 호감도를 증진하고자 하며, 패션광고를 통해 패션제품에 대한 인지, 지식, 호의, 선호도, 구매의도 등을 형성하고자 한다.

IMC에 따른 광고 업무에서는 ATL과 BTL 모두를 대상으로 하여 기업, 브랜드, 캠페인 단위에서 마케팅 커뮤니케이션 전체 계획을 수립하고 집행한다. ATL$_{Above\ The\ Line}$은 전통적 광고 매체인 TV·신문·잡지·라디오 등과 다양한 인터넷 매체 등에 노출되는 광고나 마케팅으로, 광범위한 영역에 광고를 내보내 표적화$_{targetting}$에 부족한 면이 있으며 직접적이고 단방향이라는 특징이 있다. ATL 광고의 대안으로 등장한 BTL$_{Below\ The\ Line}$은 전통적인 광고 매체를 제외한 소비자 커뮤니케이션 활동 업무를 말하는 것으로, DM, 이벤트, 전시, PR 등을 통해 소비자가 직접 영향을 받지 않으면서 제품을 경험하고 활동에 참여할 수 있도록 한다. 소비자의 관심을 끌어 참여할 수 있게 유도하여 자연스럽게 구매를 유도하거나 브랜딩 효과를 얻을 수 있는 마케팅 방법으로 간접적이고 양방향이라는 특징이 있다.

(2) 광고 매체

광고 매체$_{media}$란 광고 메시지를 전달하거나 노출시키는 전달자로, 광고는 광고 매체를 통해 고객들에게 전달된다. 어떤 매체를 통해 광고가 전달되는지에 따라 광고 효과가 크게 달라질 수 있으므로 어떤 매체를 선정하여 어떻게 활용하는가가 중요하다. 광고 매체의 유형은 인쇄 매체, 방송 매체, 디지털 매체, 옥외 매체$_{OOH:\ Out\ Of\ Home\ media}$로 구분된다. 인쇄 매체에는 신문, 잡지, 우편$_{DM:\ Direct\ Mail}$, 전단 등이 있고, 전파 매체에는 지상파 TV, 라디오, 케이블/종편, IPTV 등이 있다. 디지털 매체로는 PC, 모바일 등이 있고, 옥외 매체에는 옥외, 극장, 각종 교통 매체가 포함된다.

2022년에 모바일과 PC가 포함된 디지털 매체를 이용한 광고비는 8조 5천억 원으로, TV 및 케이블 등을 포함한 방송 매체와 인쇄매체 및 옥외매체 광고비를 합한 것보다 높아 디지털 매체의 성장이 두드러지고 있음을 알 수 있다.$_{표\ 10.1.}$ 특히 모바일 광고 시장의 성장은 맞춤형 광고기술의 향상과 이에 따른 다양한 광고 상품을 이용한 동영상 및 검색 광고의 성장 때문으로 분석된다.[7] 패션 광고의 경우도 모바일 매체가 주도적인 광고 플랫폼으로 성장하여 모바일을 기반으로 한 개인화, 동영상 광고가 증가하고 있다.

표 10.1 매체별 광고비 및 성장률

구분	매체	광고비(억 원)			구성비(%)		성장률(%)	
		2020	2021	2022	2021	2022	2021	2022
방송	지상파TV	11,613	13,659	14,415	9.8	9.4	17.6	5.5
	라디오	2,181	2,250	2,301	1.6	1.5	3.2	2.3
	케이블/종편	18,916	21,504	22,507	15.4	14.7	13.7	4.7
	IPTV	1,029	1,056	1,085	0.8	0.7	2.6	2.7
	위성/DMB 등	1,521	1,533	1,475	1.1	1.0	0.8	−3.8
	방송 계	35,260	40,002	41,783	28.6	27.3	13.4	4.5
인쇄	신문	13,894	14,170	14,350	10.1	9.4	2.0	1.3
	잡지	2,372	2,439	2,488	1.7	1.6	2.8	2.0
	인쇄 계	16,266	16,609	16,838	11.9	11.0	2.1	1.4
디지털	PC	29,142	36,165	40,560	25.9	26.5	24.1	12.2
	모바일	27,964	38,953	44,661	27.8	29.2	39.3	14.7
	디지털 계	57,106	75,118	85,221	53.7	55.8	31.5	13.4
OOH	옥외	3,378	3,880	4,200	2.8	2.7	14.9	8.3
	극장	601	355	800	0.3	0.5	−41.0	125.3
	교통	3,581	3,926	4,000	2.8	2.6	9.6	1.9
	OOH 계	7,560	8,161	9,000	5.8	5.9	7.9	10.3
총계		116,192	139,889	152,842	100.0	100.0	20.4	9.3

출처: 2021년 국내 광고 시장 20.4% 성장···14조 원 육박-2021년 대한민국 총 광고비 결산(2022. 2. 10). Cheil magazine(https://magazine.cheil.com/50681)

광고 매체는 매체마다 비용이 얼마나 드는지, 얼마나 많은 정보를 게재할 수 있는지, 소비자가 정보를 얼마나 오래 보관할 수 있는지, 광고효과는 얼마나 크고 도달 범위는 어느 정도인지가 다 다르므로, 하고자 하는 광고의 목적·대상·예산 등을 고려하여 매체를 선정해야 한다. 매체별 특징은 다음과 같다.

방송 매체

- 텔레비전: 장점은 시각과 청각을 다양하게 활용하여 창의적인 광고 메시지를 전달할 수 있다는 것으로, 이를 잘 활용하면 패션리테일러의 이미지를 효과적으로 부각하면서 메시지를 전달할 수 있으며 브랜드에 대한 소비자의 감정을 자연스럽게 유지할 수 있다.
- 라디오: 개인에게 가장 직접적으로 다가가는 매체로 다른 매체보다 섬세한 광고 정보 제공이 가능하다. 패션업계에서 많이 활용되는 매체는 아니나, 라디오는 특정 직군이나 연령층에서 충성적인 청중을 보유함으로써_{예: 운전 기사, 출퇴근 하는 사}

람 등 청중이 세분화되어 이들에게 광고를 노출하고자 하는 광고주에게는 유익한 매체이다.

인쇄 매체

- **신문:** 매체가 다양화되고 사람들이 인터넷이나 스마트폰으로 뉴스를 보게 되면서 광고 매체로서의 비중이 급격히 낮아졌다.

- **잡지:** 연속되는 여러 쪽에 한 회사의 여러 가지 브랜드를 게재하는 카탈로그형 잡지 광고는 특히 패션상품에 적합한 유형이다. 잡지 매체에서 가장 중요한 것은 표적고객의 선별성과 광고의 도달 범위, 그리고 광고 상품을 사실적인 색상으로 표현하는 능력이다. 하지만 디지털화에 따른 인쇄 매체 이용 감소로 인해 많은 패션지들이 폐간하여 잡지 광고 시장이 전면 축소되었다. 기존 잡지사들은 디지털 채널을 연계·확대함으로써 인쇄 매체에서 모바일 매체로 변화하여, 웹사이트와 소셜미디어를 통해 최신기사, 화보, 동영상, 스타일가이드 등 다양한 콘텐츠를 제공한다.[8]

- **전단:** 일정 지역의 소비자를 표적으로 배포하는 인쇄물로 지역 상권의 소비자를 대상으로 사용할 수 있는 효과적인 방법이다. 비교적 비용이 저렴하며 패션리테일러가 원하는 사이즈나 표현 방법을 활용할 수 있어 신상품 소개, 점포 개점, 정기 세일, 이월제품 특별 할인 등에 이용된다.

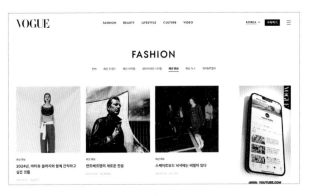

사진 10.1
디지털 매체로 변화한 보그 코리아

디지털 매체

- **인터넷_{PC}:** 인터넷 이용자와 이용시간이 늘어남에 따라 광고 매체로서 인터넷의 매력도 크게 증가하였다. 기존의 전통적인 인쇄나 방송 매체에 비해 적은 비용으로 언제나 수정할 수 있고 차별화된 광고가 가능하며 광고주와 소비자가 상호작용할 수 있을 뿐 아니라 광고의 빈도나 효과를 측정하기가 용이하다. 하지만, PC 매체의 경우 고객이 컴퓨터 사용자로 제한된다는 단점이 있다.

- **모바일:** 최근 광고 시장에서 그 비중이 가장 크게 성장하고 있는 매체이다. 모

바일 매체의 가장 큰 특징은 다른 매체들과는 달리 지극히 개인적인 미디어로 개인별 정보에 따라 표적 소비자에게 1:1 접근을 할 수 있다는 점이다. 이 매체는 시간·공간적 측면에서 적절한 시점에 광고할 수 있고 휴대가 쉬우며, 모바일 광고를 보고 상품에 대한 궁금증이 생기면 바로 전화하거나 구입할 수 있다는 것도 장점이다. 최근에는 단편적인 광고에서 벗어나 위치 기반 서비스Location Based Service 광고나 소비자의 TPOTime, Place, Occasion에 따라 행동을 유도할 수 있는 양방향 형태의 광고 등으로 다양하게 발전하고 있다.[9]

- 직접우편DM: Direct Mail: 패션리테일러가 신상품 정보, 고객 프로모션, 세일 공지 등의 내용을 전달할 때 활용하는 것으로, 예전에는 우편을 많이 이용하였으나 최근에는 대부분 이메일, 스마트폰 등을 통해 온라인으로 전달한다.

옥외 매체

- 옥외OOH: 옥외에 설치된 광고는 24시간 노출이 가능하다. 옥외 광고는 설치 위치에 따라 광고비와 주목률이 달라진다. 일반적으로 짧은 문구나 큰 일러스트레이션 중심으로 광고가 제작되며, IT기술의 발달로 다양한 화면 구성을 이용한 동영상 광고물도 많이 볼 수 있다. OOH 광고시장은 디지털 옥외광고와 아파트 LCD 등 생활 접촉 매체의 수요 증가로 인해 증가하고 있다.

- 교통수단: 다양한 대중교통수단의 발달과 이용객의 증가에 따라 버스, 전철 등이 광고 매체로 활용되고 있다.

사진 10.2
옥외 광고

건물 외벽의 옥외 광고

지하철역 내 옥외 광고

표 10.2 광고 매체별 장단점

매체		장점	단점
방송	TV	• 시청자의 높은 흥미 유발 • 시청자 범위가 넓음 • 이용 비용은 높으나, 도달되는 청중의 범위가 넓어 청중별 비용은 높지 않음	• 절대적인 이용 비용이 다른 매체에 비해 높음 • 표적화가 어려움
	라디오	• 저비용 • 지리적, 인구통계학적 표적 청중 선별 가능 • 표적 청중에 효과적으로 전달됨	• 표적 청중이 한정적 • 시각적 효과를 표현할 수 없어 패션 광고를 효과적으로 전달하기 어려움
인쇄	신문	• 많은 정보 전달 가능 • 전국지의 경우 독자층이 넓음 • 지방지의 경우 표적으로 하는 지역에 맞게 전달 가능	• 광고의 수명이 짧음 • 인쇄의 질이 낮아 패션광고가 효과적으로 전달되기 어려움
	잡지	• 소비자의 특성에 구독자들이 세분 • 표적 청중에 효과적 전달이 가능 • 인쇄의 질이 높아, 패션 광고가 효과적으로 표현 • 광고 수명이 길고, 긴 수명 동안 계속 정보를 전달	• 표적 청중에 효과적으로 전달되나, 독자의 범위가 한정적 • 광고 게재까지 시간이 많이 소요 • 잡지 구독자 감소
디지털	인터넷 (PC)	• TV 등 타 매체에 비해 저비용 • 시간적, 공간적 한계 극복 • 세분화·표적화하기 좋고 일대일 맞춤형 대응 가능 • 상호작용성 높음 • 멀티미디어를 이용하여 시청각을 자극하는 광고를 제작 가능	• PC 사용자에만 제한 • 사용자가 너무 많은 광고에 노출되어 광고 효과가 높지 않음
	모바일	• 개인별 정보에 따라 표적 소비자에게 1:1 접근이 가능 • 시간, 공간정보에 따라 표적 소비자에게 광고 가능 • 휴대하기 쉽고 저장이 가능	• 작은 화면으로 제한된 메시지의 양 • 추가적 통신료 부담
OOH	옥외광고	• 24시간 반복적으로 광고 노출 • 장소에 따라 주목률이 매우 높을 수 있음 • 비교적 저비용	• 표적화 어려움 • 특정 장소를 지나는 순간 메시지 전달이 완료되어야 하기 때문에 많은 정보 전달이 어려움

(3) 패션리테일러의 공동 광고

리테일러는 공급업체나 타 리테일러 등과 공동으로 광고를 진행하기도 한다. 이러한 공동 광고_{cooperative advertising}는 당사자 둘 이상이 함께 진행하며 그 비용도 당사자 둘 이상이 부담한다. 공동 광고는 리테일러가 누구와 협력하느냐에 따라 다음과 같이 두 가지로 분류할 수 있다.

수평적 공동 광고　광고주가 동업자나 관련 산업계의 여러 기업 또는 같은 상권 내 상점가의 여러 점포 업주들과 협동하여 실시하는 광고를 수평적 공동 광고horizontal cooperative advertising라고 한다. 수평적 공동 광고는 개별 점포가 각각 광고를 했을 때보다는 규모의 경제를 이루어서 비용이 적게 들고 대규모 매체와의 협상력을 높일 수 있다는 장점이 있으며, 같은 상권의 점포가 함께 진행하는 경우 상권을 살린다는 취지에 부합할 수 있다.

수직적 공동 광고　리테일러가 자사 점포에 상품을 공급하는 패션제조업체나 도매업체와 공동으로 하는 광고를 수직적 공동 광고_{vertical cooperative advertising}라고 한다. 공급업체 입장에서는 광고비를 보조해 주는 대신 광고 내용을 공급업체의 의도에 맞게 하거나, 기존의 광고와 일관성 있게 제작할 수 있다는 장점이 있다.

2) 홍보

(1) 홍보의 목적 및 특성

홍보_{publicity}란 비용을 들이지 않고 리테일러나 제품에 관한 정보를 신문, 잡지, TV와 같은 매체의 기사나 뉴스를 통해 알림으로써 호의적인 기업·상표 이미지를 형성하고, 자사제품의 인지도를 높이고, 궁극적으로는 자사 제품 구매와 같은 소비자 반응을 자극하는 것이다. 패션리테일러는 점포의 상권 내 지역 주민이나 점포의 표적고객층이 접할 수 있는 대중 매체에서 점포와 관련된 호의적인 기사나 뉴스가 많이 다루어질 수 있도록 매체의 지면과 시간을 확보하기 위한 노력을 기울인다. 그러기 위해서는 매체에서 다룰 만한 사건이나 이벤트 등을 정리한 홍보자료를 만들어 매체에 알리는 것이 중요하다.

홍보는 광고에 비해 장기간에 걸쳐 구전되면서도 비용이 들지 않는 이점이 있다. 하지만 ① 언론 매체에 의해 메시지의 게재 여부와 내용이 결정되므로 리테일러가 기사의 게재 여부나 내용에 관해 통제할 수 없고, ② 단기적인 효과를 기대하기 어려우며, ③ 공식적으로는 비용이 들지 않으나, 언론 매체와 호의적인 관계를 유지하기 위한 비용이 소요된다는 단점이 있다.[10]

최근 인터넷과 소셜미디어가 보편화되면서 기업에 대한 부정적인 뉴스가 실시간으로 전 세계로 전파되고, 이메일이나 채팅 룸을 통해 악성 루머가 순식간에 퍼질 수도 있어 기업의 위기관리는 한층 어려워졌다. 위기 발생 시 홍보담당자는 피해 당사자와 적극적인 커뮤니케이션을 하고 공감대를 형성하면서 커뮤니케이션 채널을 일원화하여 통일된 메시지를 전달해야 한다.

위기관리를 위한 커뮤니케이션

- 위기 상황으로 피해를 입은 피해 당사자나 피해 지역 주민들과 적극적인 커뮤니케이션을 전개해 위기 상황 해결 방안에 대한 공감대를 형성한다.

- 위기 상황이 발생하면 기업이나 조직은 일단 위기 상황을 적극적으로 해결하겠다는 의지를 공식적으로 표명해야 한다.

- 위기 상황이 발생하면 기업이나 조직의 모든 커뮤니케이션 채널을 하나로 통합하여 통일된 메시지를 전달해야 한다.

- 외부에 배포하는 메시지는 요점을 명확하고 정확하게 전달해야 한다.

- 위기 상황에서 외부에 배포할 메시지를 제작할 때는 쉽고 간단한 언어를 사용하고, 일반인들이 이해하기 힘든 전문용어는 피하는 것이 좋다.

- 위기 상황에서는 항상 사실에 근거한 정확한 정보를 제공해야 한다.

- 기업이나 조직, 또는 개인이 위기 상황에 빠졌을 때 위기를 불러온 사건이나 사고의 원인은 정확한 조사를 마친 후, 그 결과에 근거해 발표해야 한다.

- 위기 상황에서 언론 매체나 피해 당사자들을 대상으로 '노코멘트'라고 대답하는 것은 가급적 피해야 한다.

자료: 최진봉(2015. 5. 20). 위기 관리 커뮤니케이션 유형

(2) 패션리테일 홍보 유형

보도 자료와 매체보도 자료집   매체에서 다룰 만한 사건이나 이벤트 등을 정리한 홍보자료를 만들어 알리는 것이 중요하다. 이때 홍보하고자 하는 자료를 보도 자료press releases나 폴더 형태로 제작된 매체보도 자료집Press kit을 만들어 매체에 배포할 수 있다. 또한 기자 간담회를 개최하여 언론인, 블로거, 인플루언서 및 스타일리스트를 초청해 브랜드나 신상품을 소개하는 행사를 진행하기도 한다.

사진 10.3

무신사 인스타그램
패션기업은 기업의 SNS 계정을 통해 많은 홍보 활동을 펼친다.

기업의 웹사이트와 SNS를 통한 홍보   많은 소비자들이 정보 수집이나 교환을 위해 인터넷을 사용하므로, 패션리테일러는 기업의 웹사이트와 SNS를 통해 신상품 소개나 이벤트 등의 내용을 홍보한다.

서포터즈 홍보   서포터즈란 자신이 좋아하는 기업을 지지하는 소비자로, 최근 서포터즈의 개념이 기업이나 브랜드를 좋아하고 관심을 가진 사람들에서 직접 그 기업이나 브랜드를 알리기 위해 홍보활동을 펼치는 홍보대사로 확장되고 있다. 서포터즈의 활동은 각종 SNS를 통해 전파되어 자연스러운 홍보가 가능한 것이 장점이다. 서포터즈는 실제 제품이나 서비스를 체험

김영란법 시행 이후 홍보 활동은 기자보다는 SNS 인플루언서에게?

김영란법으로 불리기도 하는 '부패청탁 및 금품 등 수수의 금지에 관한 법률_{이하 부패청탁금지법}' 대상에 언론인이 포함되면서 홍보·론칭 행사 등 기자간담회를 열 때면 등장했던 기념품은 사라지거나 축소되고, 식사도 가벼운 다과로 간소화되었다. 뷰티업계의 신제품 론칭 행사를 하더라도 신제품 가격이 5만 원을 넘으면 기자들에게 기념품으로 제공할 수 없으므로, 법에 저촉되지 않도록 자체 샘플을 제작하기도 한다.

부패청탁금지법은 기업 홍보 시 언론인이 아닌 인플루언서들의 존재감을 더욱 커지게 하였다. 관련 업종 종사자나 언론 종사자에게는 협찬이나 제품 제공이 어려워진 반면, 개인 블로거나 유튜버, SNS를 운영하는 인플루언서는 부패청탁금지법의 적용을 받지 않기 때문이다. 이에 따라 기업에서는 언론을 배제한 채 SNS에서 활동하는 인플루언서를 홍보행사에 초청하고 신제품이나 기념품 등을 전달하는 방식으로 홍보활동을 전개한다.

자료: 법제처 국가법령정보센터; 임수연(2018. 7. 5). 뉴미디어와 청탁금지법은 영화마케팅을 어떻게 바꿨나. 시네21

하고 후기를 알리는 체험 서포터즈, 제품이나 서비스에 대한 아이디어를 기업에 제안하여 상품에 반영하는 실무 참여형 서포터즈, 기업의 사회봉사활동을 함께하는 봉사형 서포터즈 등 다양하게 운영된다.

사회·문화 활동 최근 기업의 사회적 책임에 대한 소비자들의 관심이 높아지면서 패션기업들이 다양한 사회·문화 활동을 펼치고 있다. 단순한 물품이나 금전적인 기부보다는 지역사회나 공익단체를 위한 후원이나 기부 프로젝트, 참여 행사를 진행하여 공익성 캠페인을 통해 기업의 인지도를 높이고 있다.[11]

패션 행사 참가 다양한 패션 행사에 참가하는 것은 브랜드를 알리거나 인지도를 높일 수 있는 기회이다. 이러한 행사에 참가할 때에는 브랜드에 대한 소개와 이미지를 첨부한 보도 자료를 발표하여 언론에 알린다.

스타 마케팅과 PPL 유명인들의 협찬을 통한 스타 마케팅을 하면 간접광고효과를 볼 수 있어 많은 패션리테일러들이 연예인이나 운동선수, 인플루언서에게 협찬을 하거나 컬래버레이션 프로젝트를 진행한다.

표 10.3 인적 판매의 장단점

구분	내용
장점	• 개별 소비자에게 필요한 서비스와 정보를 충분히 제공할 수 있다. • 쌍방 커뮤니케이션으로 구매자와 판매자 사이에 발생하는 의견 차이를 조율·협상할 수 있다. • 확인된 구매자를 파악하여 체계적으로 접근하므로 광고에 비해 효율적이다.
단점	• 많은 소비자와 커뮤니케이션을 할 수 없다. • 고비용 커뮤니케이션 수단이다. • 인적 판매 자원을 확보하기가 어렵다. • 판매원에 대한 부정적 이미지를 소유한 소비자가 많다.

3) 인적 판매

(1) 인적 판매의 목적 및 특성

인적 판매personal selling는 판매원이 직접 고객과 대면하거나 전화 혹은 화상 등 다양한 수단을 통해 자사의 패션제품이나 서비스를 구입하도록 권유하는 커뮤니케이션 활동을 말한다. 다른 커뮤니케이션 활동과는 달리 고객과 직접 접촉하여 기업과 소비자 간에 가교 역할을 하고 소비자의 반응에 따라 융통성 있게 운영할 수 있다.

(2) 인적 판매 과정

인적 판매 과정은 크게 준비 단계, 설득 단계, 고객관계관리의 3단계로 이루어진다. 이는 다시 세부적으로 ① 고객 예측, ② 사전 준비, ③ 접근, ④ 상품 소개, ⑤ 소비자에 대한 대응, ⑥ 판매, ⑦ 사후관리 단계로 나누어진다.

표 10.4 인적 판매 단계

단계		내용
준비	고객 예측	잠재고객을 탐색한다.
	사전 준비	고객에 대한 추가 정보를 수집한다.
설득	접근	잠재고객의 주의를 끌고 고객과 대면한다.
	상품 소개	제품에 대한 정보를 전달하여 구매욕구를 자극한다.
	소비자에 대한 대응	고객들의 제품에 대한 의견을 경청하고, 고객이 불안해 하는 요인이나 질문에 답변한다.
	판매	구매 결정을 도울 수 있는 정보를 제공하여 판매를 종결한다.
고객관리	사후관리	고객과의 지속적인 관계를 통해 제품을 잘 사용하는지 파악하고 사용 과정에 발생되는 문제점을 해결한다.

4) 판매촉진

(1) 판매촉진의 목적 및 특성

미국마케팅학회$_{AMA}$에서는 판매촉진$_{sales\ promo\text{-}tion}$을 "고객의 구매를 자극하고 유통의 효율성을 향상시키기 위한 제반 마케팅 활동"이라고 정의하면서 "고객의 시용$_{trial}$과 수요를 촉진시키고 유통에서의 제품 취급률을 향상시키기 위하여 한정된 기간 동안 소비자와 유통에게 가해지는 마케팅 압력"이라고 설명한다.[12] 다른 커뮤니케이션 활동에 비해 판매촉진은 상품이나 서비스의 판매 증가를 위해 단기적으로 행해지며 고객들에게 추가적인 혜택을 제공함으로써 구매를 자극하는 마케팅 활동이다. 대부분의 판매촉진은 소비자를 대상으로 진행되는 '소비자 판매촉진'으로 소비자의 즉각적인 구매행동을 유도하는 전략이다. 반면, '중간상 판매촉진$_{trade\ sales\ promotion}$'은 제조업체가 유통업체로 하여금 적극적인 판매활동을 하도록 자극하고 유통업체가 제조업체의 제품을 더 많이 취급하도록 유통업체를 대상으로 행해지는 판매촉진을 말한다.

(2) 패션리테일 판매촉진의 유형

소비자 판매촉진　소비자 대상 판매촉진 활동은 가격 할인이나 할인쿠폰 등과 같이 소비자에게 가격적인 혜택을 제공하는 가격지향 판매촉진$_{price\ promotion}$과 이벤트나 시연과 같은 비가격지향 판매촉진$_{value-added\ promotion}$을 모두 포함한다.

- 가격 할인: 리테일러가 정기적으로 시행하는 정기 세일이나 시즌 말에 진행되는 시즌오프가 대표적인 가격지향 판매촉진 활동의 예이다. 이외에도 구매액수가 높은 우수 고객을 대상으로 고객 우대 할인을 진행하여 일반 고객들과 차별된 혜택을 제공하는 것도 이에 포함된다.
- 수량 할인: 동일한 제품을 대량으로 구매할 경우 가격을 할인해 주는 것으로 규모의 경제를 활용하는 것이다. 흔히 패션리테일러들이 1+1으로 판매하는 것이 그 예이다.
- 할인 쿠폰: 쿠폰에 표시된 액수만큼 제품 가격에서 할인해 주는 형식으로 전단이나 DM, 메일 등을 통해 고객에게 배포한다. 쿠폰은 소비자 점포 방문을 증가

RETAIL FOCUS

복잡한 전철에서 받는 모바일 쿠폰이 효과가 더 크다?

패션기업에서 스마트폰으로 할인쿠폰을 보낼 때, 소비자가 집에 혼자 있을 때와 붐비는 지하철에 있을 때, 어디서 받은 쿠폰이 제품 구매로 이어질 가능성이 클까?

정답은 붐비는 지하철에 있을 때이다. 붐비는 지하철 안에서 스마트폰은 사람들에게 심리적 위안을 주는 피난처가 되므로, 사람들은 주의를 집중해서 자신의 스마트폰에 더 몰두한다. 혼잡한 상황에서 발송된 모바일 쿠폰의 사용 가능성은 혼잡하지 않은 상황에서보다 2배가량 높을 수 있다고 한다. 따라서 출퇴근 지하철이나 버스처럼 붐비는 장소에서의 모바일 쿠폰 사용률이 높다.

그럼 시간대에 따라서도 쿠폰 사용률에 차이가 날까? 일반적으로 모바일에서의 구매율을 보면 실용적 제품은 아침에, 쾌락적 제품은 오후에 구매율이 높으므로 이를 고려하여 모바일 판촉활동을 할 수 있다. 또 주중에는 쇼핑 목적과 관련 있는 광고, 주말에는 무작위 광고가 더 효과적이다.

자료: Ghose, A.(2018). Tap: Unlocking the mobile economy. MIT press

시키고, 신규 고객을 창출하는 효과가 있다. 특히 모바일 쿠폰은 온·오프라인의 다양한 상품 할인 쿠폰을 모바일로 발행하여 고객에게 전송하고 모바일 쿠폰을 전송받은 고객이 매장에서 상품 구매 시 할인을 받는 형태로, 고객들의 위치정보를 활용하여 고객 주변 매장의 쿠폰을 전송할 경우 더 큰 효과를 얻을 수 있다.

- 경품: 제품을 구매한 소비자에게 상품이나 상금을 얻을 수 있는 기회를 제공하는 판매촉진 방법이다. 보통 제품을 구매한 소비자들에게 간단한 문제의 정답을 써서 경품에 응모하도록 하고, 정답을 맞힌 소비자들을 대상으로 상금이나 상품을 지급하는 형태로 진행된다.

- 이벤트: 계절적인 이벤트나, 문화, 스포츠 이벤트를 활용하여 패션리테일러가 단순히 상품을 판매하는 곳이 아닌, 재미와 즐거움이 있는 장소라는 인식을 소비자에게 줄 수 있다. 국내 백화점에서는 다양한 고객층을 대상으로 하여 콘서트, 영화 시사회, 뮤지컬 공연, 강연 등 여러 문화 이벤트를 실시하고 있다.

사진 10.4
샤넬 브랜드의 가방 제작 시연
장인이 직접 가방이 만들어지는 과정을 시연하여 제품의 특별함을 강조한 예이다.

- 콘테스트: 패션리테일러는 고객들을 대상으로 제품 디자인 콘테스트나, 착용 사진 콘테스트 등 다양한 경연대회를 실시한다.

- 점포 내 시연: 홈쇼핑에서는 쇼핑호스트들의 제품 착용, 코디 설명 등 다양한 시연을 진행한다. 최근에는 명품 매장을

중심으로 해외에서 온 명품 장인이 직접 매장에서 제작하는 시연을 진행하면서 브랜드의 헤리티지와 제품의 특별함을 강조하기도 한다.

- 팝업스토어: 인터넷 창에서 순식간에 생겼다가 사라지는 '팝업Pop-up'에서 비롯된 것으로, 짧게는 하루 이틀에서 길게는 1년까지 한시적으로 영업하는 이벤트성 매장을 말한다. 트렌드에 민감한 소비자들이 많이 모이는 번화가에서 신규 브랜드나 한정판 상품을 소개·판매하고 체험행사도 진행하여, 소비자에게 제품과 브랜드를 오감으로 느끼게 하는 체험공간이 되기도 한다. 보통 설치와 철거가 손쉬운 가건물이 이용되며, 소비자의 관심이 높고 하루 평균 매출이 높은 편이어서 일반 매장보다 효율이 좋다.[13]

사진 10.5
성수에서 진행된 버버리 팝업 스토어

- POP 판촉물 및 VMD: 패션점포가 소비자들이 패션상품을 실제로 구매하는 장소라는 점에서 POP$_{point-of-purchase}$ 판촉물을 활용한 매력적인 점포 구성과 상품 상품 진열은 소비자의 점포 방문과 구매 결정에 영향을 미칠 수 있다. VMD$_{visual\ merchandising}$는 패션상품의 기획의도를 시각적인 요소에 의해 연출하고 이를 관리하는 통합적인 시각적 상품표현활동을 말한다. VMD에 관해서는 CHAPTER 12에서 자세히 다루도록 한다.

기업 간 판매촉진 제조업체가 유통업체와의 관계 강화와 판매 증진을 위해 실시하는 판매촉진으로, 중간상 판매촉진은 제조업자의 푸시 정책 중 하나다. 중간상 판매촉진은 유통업체의 판매활동을 독려하고, 경쟁업체의 공격적인 촉진활동에 대한 방어 도구로 활용되기도 하며, 장기적으로는 유통업체와 파트너십을 형성하는 것을 목적으로 한다.

- 판매원 인센티브: 패션 소매업체의 판매사원이 소비자들에게 특정 업체의 제품을 구입하도록 권유하는 것은 그 제품의 매출에 큰 영향을 미친다. 판매원 인센티브란 소매업체 판매사원들이 특정 공급업체 제품을 추천하면 그들에게 인센티브를 지급하는 것을 말한다.
- 판매원 교육: 공급업체가 패션 소매업체의 판매사원들에 대한 교육을 실시하여

제품 정보 및 성능, 활용 방안 등을 숙지시킴으로써 자사 제품에 대한 판촉활동을 강화시킬 수 있는 방법이다.

- 공동 판매촉진 행사: 공급업체와 패션 소매업체 간, 혹은 패션 소매업체와 타 기업 간에 공동으로 고객 대상 사은품, 상품권 지급 등 판매촉진행사를 진행할 수 있다. 공정거래위원회에서는 대형유통업체_{예: 백화점}와 입점업체_{예: 백화점 입점 패션브랜드}가 공동으로 실시하는 판매촉진행사 비용의 경우 입점업자의 분담비율이 50%를 넘지 못하도록 했다.[14]

4

스마트 미디어 시대의 패션리테일 커뮤니케이션

스마트 미디어란 스마트폰 운영체제를 탑재하여 소비자가 인터넷을 통해 다양한 애플리케이션을 다운로드받아 활용할 수 있는 미디어로, 디지털 케이블, IPTV, 인터넷, DMB, 스마트폰, 스마트 TV 등이 여기에 포함된다. 스마트 미디어 광고는 상호작용이 가능하고, 특정 고객을 대상으로 할 수 있으며, 언제 어디서나 접근 가능하다. 또한 이러한 스마트 미디어 광고는 구현되는 위치와 형태가 기존 광고와 달라 다양한 마케팅 수단으로 활용될 수 있다.[15] 최근 이러한 상호작용성과 개인화 특성을 활용한 스마트 미디어 광고가 증가하고 있다.

스마트 미디어 시대에 광고는 정보에 과잉 노출된 소비자에게 제품에 관한 정보와 재미를 전달하여 브랜드를 기억시키고 호감도를 높여 구매를 유도한다. 특히 스낵처럼 부담 없이 언제 어디서나 간단하게 즐길 수 있는 콘텐츠를 소비하는 현대인들은 바쁜 일상에서 하나를 깊게 알기보다는 다양한 것을 빨리, 많이 보고 싶어 하는 특징이 있다. 또한 디지털 플랫폼이 보편화되고 SNS를 통한 콘텐츠의 공유와 확산이 자연스러워지면서 소비자들은 자신의 관심사와 관계없거나 필요하지 않은 상업적인 콘텐츠와 메시지에 관심을 두지 않게 되었으며, 다양한 주체가 생산하는 콘텐츠의 질도 높아지고 있어 기업의 마케팅 커뮤니케이션 콘텐츠에 대한 기대가 그만큼 커지고 있다.[16]

1) SNS 인플루언서 마케팅

인플루언서_Influencer_는 소비자의 구매 결정에 큰 영향을 주는 사람 혹은 매체를 나타내는 말로, 온라인상의 의견 선도자_opinion leader_와 같은 개념이다. 소셜미디어상에서 인플루언서란 다른 사람들에 비해 유난히 더 많은 영향력을 발휘하는 소비자로, 인플루언서가 인터넷에 공유하는 특정 제품 또는 브랜드에 대한 의견이나 평가는 다른 소비자들의 인식과 구매에 큰 영향을 미치고, 만들어내는 콘텐츠는 기업의 광고나 홍보활동 이상의 영향력을 발휘한다. 이들은 페이스북이나 인스타그램, 유튜브와 같은 SNS에서 자신이 사용하는 제품 혹은 브랜드를 보여 주며 상품을 소개하고 사용기를 공유하면서 소비자들에게 거대한 영향력을 행사한다.[17] 인플루언서의 영향을 많이 받는 이들은 주로 2030세대다. 시장조사전문기업 엠브레인의 조사에 따르면 인플루언서 계정을 구독하고 있는 이들은 10대는 60%, 20대 53.5%, 30대 42.5%, 40대 31%, 50대 27.5% 순으로 10~20대 젊은 층에서 가장 많았다.[18]

인플루언서 마케팅은 기업이 대중을 표적으로 많은 경비를 지출하며 마케팅 활동을 벌이는 대신, 선정된 소수의 타깃인 인플루언서를 활용하는 것으로, 인플루언서들에게 좋은 리뷰를 유도함으로써 그들이 남기는 긍정적인 리뷰와 상품 소개를 통해 팔로워들에게 영향을 미치는 것을 목적으로 한다. 기업들의 인플루언서 의존도도 높아지는 추세나, 영향력에 비해 책임감과 도덕성 등의 검증이 쉽지 않다는 점에서 크고 작은 피해가 발생하고 있는 점은 유의해야 한다.

2) 브랜디드 콘텐츠

소비자들이 상업적인 광고를 회피하고 즉각적인 콘텐츠를 소비하는 성향이 강해지면서 광고 자체를 콘텐츠화한 것이 바로 브랜디드 콘텐츠_branded contents_이다. 브랜드의 목적을 달성하기 위해 제작되는 모든 콘텐츠가 브랜디드 콘텐츠로, 콘텐츠 안에 자연스럽게 브랜드 메시지를 담는 것이 특징이다. 브랜드가 원하는

사진 10.6

현대백화점 계열 한섬의 브랜디드 콘텐츠, 웹드라마 '어른애들'

설득적 메시지를 일방적으로 전달하는 것이 아닌 소비자에게 정보, 오락, 문화적 가치를 제공할 수 있는 콘텐츠에 브랜드를 담아내는 방식으로 제작된다. 현대백화점그룹 계열 한섬은 자사 공식 유튜브 채널 '더한섬닷컴 HANDSOME'에서 브랜드디드 콘텐츠인 웹드라마 '어른애들'을 통해 MZ 고객과 소통을 강화하였다. '어른애들'은 패션업계 30대 여성 직장인들의 다이내믹한 일상과 직장 생활의 애환을 그린 드라마로, 짧은 영상에 익숙한 MZ 시청자들을 대상으로 편당 10여 분 길이로 제작되었다. 웹드라마 방영 이후 온라인몰 '더한섬닷컴'의 2030 고객 수는 20% 이상 증가하고, 일부 제품의 판매량도 급증한 것으로 나타났다.[19]

3) 디지털 사이니지

사진 10.7
디지털 사이니지를 이용한
지하철 광고

지하철역 플랫폼에 지하철이 들어오는 순간, 기둥에 설치된 광고판의 샴푸 광고모델의 머릿결이 휘날린다. 이것은 디지털 사이니지_digital signage를 이용한 인터랙티브 광고이다. 디지털 사이니지는 네트워크를 통해 원격제어가 가능한 디지털 디스플레이_예: LCD, LED 등를 공공장소나 상업공간에 설치하여 정보, 엔터테인먼트, 광고 등을 제공하는 디지털 미디어이다. 디지털 사이니지는 단순히 디지털 정보를 제시하는 수준이 아니라 양방향 커뮤니케이션이 가능한 정보 매체로, 사용자에 따라 맞춤형 광고를 노출하고 이용자와 쌍방향 의사소통도 가능하다. 또한 카메라가 인식한 소비자를 분석하여 타깃을 구분할 수도 있다.

4) 위치 기반 서비스 활용 커뮤니케이션

위치 기반 서비스_LBS: Location-based Service는 위치정보를 활용해 업무 생산성 개선 및 다양한 생활편의를 제공하는 서비스이다. 스마트폰에서 활용 가능한 LBS 애플리케이션은 자신이 위치한 장소의 정보, 날씨, 교통 상황 등을 파악하고, 배달 중인 물품의 위치를 추적하며 지인 또는 장소를 찾는 것도 가능하다. LBS를 활용한 광고인 위치 기반 광고는 소비자가 광고와 접촉하는 장소에 기반하여 전달되는 광고주의 통제된 광고 메시지를 의미하는 것으로, 위치정보 시스템$_{GIS}$을 이용하여 모바일 광고의 범주를 소비자 밀착형이면서 다매체가 연동된 형태로 확장하고 있는 것이 특징이다.[20] 최근에는 지오펜싱$_{Geofencing}$이라는 위치 추적 기술이 마케팅에 활용되고 있다. 지오펜싱은 GPS를 활용한 위치 추적 기술 중 하나로 '지리적'을 뜻하는 'geographic'과 '울타리'를 뜻하는 'fencing'이 결합한 합성어이다. 원하는 지역을 대상으로 가상의 울타리 즉, '지오펜스$_{Geofence}$'를 지정하는 것을 의미하며, 사용자가 해당 구역 내에 들어가면 출입정보를 파악하는 방식이다.[21] 예를 들어, A 백화점을 중심으로 반경 10m에 지오펜스를 설정했다면, 소비자가 A 백화점의 지오펜스 내에 들어왔을 때 A 백화점에서 사용 가능한 할인 쿠폰을 제공한다.

5) 증강현실을 활용한 커뮤니케이션

증강현실$_{AR: Augmented Reality}$은 현재 영상을 취득하여 수치적으로 해석하고 그 속에서 특정 정보를 추출하여 정합된 위치에 3차원 정보를 실시간으로 출력시킨 디지털 공간을 말한다.[22] 이는 모든 환경을 컴퓨터의 3차원 이미지로 제작하는 가상현실$_{Virtual reality}$과 달리, 실세계의 영상 위에 가상으로 만들어진 영상을 덧입히는 방식의 혼합현실$_{Mixed reality}$이며, 특히 현실에 가까운 혼합현실이 바로 증강현실이다. 증강현실 광고는 3차원 입체영상이라는 공감각적 체험을 제공하여 소비자들의 인지 능력을 확장시키고, 자연스럽게 광고 대상에 대한 몰입을 유도하며, 이러한 몰입을 통해 쌍방향적 커뮤니케이션을 유도하여 광고의 효과를 극대화한다. 즉, 소비자들은 증강현실 광고나 판촉활동에서 재미와 더불어 제품에 대한 정보를 습득하고, 나아가 재미로 인해 발생된 관심과 흥미가 제품은 물론 기업의 브랜드에도 긍정적인 이미지를 갖게 만든다.[23]

가상현실$_{VR: Virtual Reality}$은 인간의 상상에 따른 공간과 사물을 컴퓨터에 가상으로 만들어, 실제처럼 체험할 수 있도록 하는 기술을 말한다. 롯데홈쇼핑이 VR 기술을 활용해 실제 매장에 있는 것처럼 느끼며 쇼핑할 수 있게 한 'VR 스트리트'에서는 소비자들이 가상세계에서 실제로 걸어다니듯 매장 곳곳을 살펴보고 원하는 상품의 정보를 확인한 후 구매할 수 있다.

증강현실을 활용해 상품을 착장할 수 있는 구찌의 AR 앱

예전 명품 브랜드들이 '톱다운' 방식으로 브랜드 스토리와 제품을 고객에게 제시하고 고객이 받아들이게 했다면, 이제는 고객들이 뭘 원하는지 파악해 개개인이 브랜드와 개인적인 친분이 있는 느낌을 받도록 하여 충성고객 확대에 힘쓰고 있다. 구찌의 AR 앱도 이러한 노력의 하나로, 소비자들은 AR 앱을 통해 구찌의 슈즈 컬렉션을 출시 전에 경험할 수 있다.

구찌 AR 앱은 글로벌 명품 브랜드 구찌가 운영하고 있는 스마트폰 애플리케이션으로 소비자가 고른 구찌 신발이 실제 신은 것처럼 발을 따라 움직이기 때문에 신발이 앞뒤 좌우로 어떻게 보이는지, 입고 있는 옷과 잘 어울리는지를 직접 눈으로 확인할 수 있다. 구찌 AR의 이용 방법은 다음과 같다. ① '구찌 앱' 화면에서 원하는 구찌 에이스 스니커즈를 고른다. ② 스마트폰 후면 카메라로 자신의 발을 비춘다. ③ 스마트폰 화면을 통해 해당 신발을 착용하고 움직이는 모습을 확인한다.

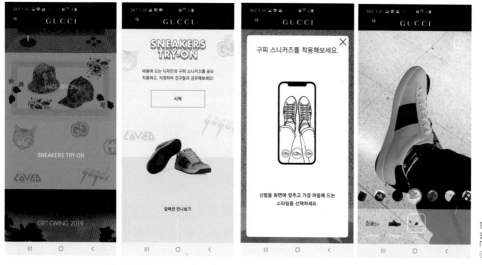

ⓒ 구찌

자료: 김경진(2019. 8. 29). 구찌 신상 운동화 스마트폰으로 미리 신어본다…일상 파고 드는 증강현실. 중앙일보

6) 온라인 퍼스널 쇼퍼, 챗봇

챗봇Chatbot은 사용자를 대화 상대로 하여 텍스트나 음성 기반의 대화를 수행하는 소프트웨어이다. 애플의 시리나 삼성의 빅스비가 대표적이다. 유통에서는 주로 고객 서비스나 정보 수집 용도로 운영된다. 특히 온라인 유통 분야에서 챗봇이 많이 활용되고 있는데, 그 이유를 살펴보면 ① 방대한 양의 소비자 질문을 빠르게 처리할 수 있고, ② 콜센터 직원들의 업무를 분산하며, ③ 고객 입장에서 신속한 서비스를 받을 수 있다는 장점 때문이다. 야간·새벽·휴일 등 취약 시간대 전화

주문과 상담사 대기 시간을 줄여 주는 음성 대화형 챗봇뿐만 아니라 상담 의도와 고객 성향을 분석해 즉석에서 상품을 추천해 주는 챗봇도 많아지고 있다.

현대백화점 인공지능$_{AI}$ 챗봇 상담 서비스 '젤뽀'는 24시간 365일 운영되는 AI 기반 일대일 고객 상담 서비스로, 현대백화점과 공식 온라인몰 '더현대닷컴' 상담 안내 서비스를 제공한다. 현대백화점 각 지점 쇼핑 혜택, 팝업스토어, 신규 오픈 브랜드 등 영업 정보를 비롯해 주차 사전 정산, 온라인 상품 주문 조회, 배송 현황 등도 확인할 수 있다.[24]

참고 문헌

1) 마그넷, 롯데마트로 이름 바꿔(2002, 5. 27). 동아일보

2) 김성영, 라선아(2017). 마케팅 커뮤니케이션 관리. KNOU Press

3) 안광호, 이유재, 유창조(2014). 광고관리. 학현사

4) 양윤직(2006, 11). 통합 마케팅 커뮤니케이션과 미디어 믹스. 광고정보

5) 김성영, 라선아(2017). 마케팅 커뮤니케이션 관리. KNOU Press

6) 김병희(2023, 10. 20). 광고의 새로운 정의와 광고산업 통계조사의 새로운 기준. 한국광고총연합회 광고 정보센터 매거진

7) 이혜미(2019, 3. 11). 2018년 총 광고비 분석과 2019년 전망. 제일기획매거진

8) 유재부(2018, 7. 17). 잡지계의 왕국 콘데 나스트, W 매거진 폐간하나? 패션엔; 이혜미(2019, 3. 11). 2018년 총 광고비 분석과 2019년 전망. 제일기획매거진

9) 홍종필(2011). 위치 기반광고, 모바일 커머스와 만나다. 통신연합, 56, 52-61

10) 김광규(2007). 소매유통경영. 형설출판사

11) 김은영(2014, 7. 18). 패션기업 사회공헌 활동은 '진화중'…연중 캠페인으로 확대. 패션엔

12) Shimp, T. A.(2008). Advertising promotion and other aspects of integrated marketing communication(8th ed). Cengage Learning

13) 진화하는 팝업스토어(2011, 8. 1). 패션비즈

14) 대규모 유통업분야 특약매입거래 부당성 심사지침(2014). 공정거래위원회

15) 김정현(2011). 통합적 커뮤니케이션 시대의 스마트 미디어 광고효과 연구. 한국방송광고공사

16) 김혜경(2018, 10. 23). 뉴미디어 시대에 따른 콘텐츠 마케팅의 변화 및 트렌드. SKT Insight

17) 김혜경(2018, 10. 23). 뉴미디어 시대에 따른 콘텐츠 마케팅의 변화 및 트렌드. SKT Insight

18) 엠브레인(2021). 연예인만큼이나 영향력 큰 '인플루언서', 이제 인플루언서의 사회적 영향력도 고민해 야. 2021 SNS 이용 및 인플루언서 영향력 관련 인식 조사. https://www.trendmonitor.co.kr/tmweb/trend/allTrend/detail.do?bIdx=2075&code=0101&trendType=CKOREA

19) 한섬, 콘텐츠 전략 통했다… 웹드라마 히트(2023, 7. 18). 패션비즈

20) 홍종필(2011). 위치 기반광고 모바일 커머스와 만나다. 통신연합(Spring), 52-61

21) 김현우(2020, 12. 30). [디지털피디아] 지오펜싱(Geofencing). 디지털투데이

22) 김태민, 김태균(2010). 증강현실이 적용된 광고의 개발 방향에 관한 연구. 디자인융복합연구, (24), 49-59

23) 백승국, 이주희, 안효정, 채지선(2011). AR 광고콘텐츠의 문화기호학적 접근. 한국프랑스학논집, 73, 295-312

24) 현대백화점, AI 챗봇 상담 서비스 '젤뽀' 도입(2023, 1. 29). 전자신문

사진 출처

COVER STORY ⓒ 지수 인스타그램

사진 10.1 ⓒ 보그 코리아 홈페이지

사진 10.2 ⓒ 저자

사진 10.3 ⓒ 무신사 인스타그램

사진 10.4 ⓒ 저자

사진 10.5 ⓒ 저자

사진 10.6 ⓒ 유튜브 '더한섬닷컴' 채널

사진 10.7 ⓒ flickr

PART 4

매장관리

매장관리의 이해

매장관리는 매장 내의 인적·물적 자원에 대한 전반적인 관리 업무이다. 과거에는 매장을 청결히 하고 동선을 관리하며 판매원 근무 상태를 관리하는 일이 중요했다면, 오늘날에는 온·오프라인 매장의 경계가 없이 매장 내 모든 상황을 점검·통제하여 효율을 높이는 방향을 고민하는 보다 넓은 개념의 매장관리가 중요해졌다. SPA 브랜드가 세계적으로 규격화된 시설, 서비스, 상품을 통해 고객의 신뢰를 얻고 패션시장의 매출을 독식하게 된 데에는 매뉴얼화된 매장관리 시스템의 공이 크다. 세계 모든 매장에 같은 관리 프로그램을 적용하여 고객들에게 예측 가능한 수준에서 구매경험을 제공하는 것이 가능해졌다. 또한 온라인 매장이 확대되고 온·오프라인 통합 서비스가 강조되면서 온라인 매장의 매장관리도 중요해지고 있다.

이 장에서는 매장관리의 범위, 고객 서비스, 매장 환경관리, 재고관리, 매장관리 시스템에 관해 알아보고 효과적인 매장관리를 위한 자료 수집 방법 및 매장관리를 통한 ROI 증대 방법을 살펴보도록 한다.

알고리즘
리테일
매장 관리

리테일 테크놀로지의 활용으로 매장관리에 혁신적 변화가 일어나고 있다. 매장의 고객 동선과 입점 고객 데이터를 수집하는 데도 여러 가지 디지털 디바이스들이 사용된다. '아마존 GO'를 비롯한 스마트 매장 운영업체들은 고객의 지문, 홍채, 정맥, 신용카드 등으로 신분을 확인하여 매장 입장을 하도록 하여 어떤 고객이, 언제 점포를 방문하여, 어떤 제품을 구매하는지에 대한 실시한 데이터를 축적하고 있다. 이탈리아 알맥스사가 개발한 '아이시$_{EyeSee}$' 같은 특수 마네킹은 눈에 장착된 소형 카메라로 고객의 특징과 움직임을 파악하고, 체온 감지 열지도를 통하여 매장 내 트래픽을 모니터링하기도 한다.

이탈리아의 쿱$_{Coop}$ 매장에서는 고객이 제품에 접근하거나 들어올리면 벽면에 제품에 대한 정보와 동영상이 디스플레이되고 블록체인 기술을 이용하여 제품의 전 생산과정에 대한 이력을 파악할 수 있다. 제품 이력 정보를 변경하지 못하도록 하는 블록체인 기술을 마이크로 칩에 적용하여 의류 태그에 부착함으로서 고객이 생산지와 생산과정을 확인할 수 있고, 모조품인지, 도난품인지 등의 정보도 확인할 수 있다. 매장 내에서는 증강현실 거울을 이용하여 실제로 입어보지 않고도 착장 테스트가 가능하다.

스마트카트의 보급으로 매장 내에서 고객이 직접 물건을 들고 다닐 필요가 없어지고, 리테일러는 고객이 카트에 담은 상품 정보를 파악하고 결제 시간도 단축할 수 있다. 카퍼$_{Carper}$ 사에서 개발한 스마트카트는 현재 카트에 부착된 리더기에 제품의 바코드를 스캔해야 하지만, 향후 이미지 인식 및 중량 센서 기술을 강화하여 카트에 담은 제품의 종류와 중량을 자동 인식하여 결제까지 단번에 진행된다. RBR런던의 연구에 따르면 이러한 기술을 적용하여 모바일 셀프스캔과 계산대 없이 운영하는 매장이 2021년 250개에서 2027년에는 1만 2천 개에 이를 것이라고 예측된다.

고객이 제공한 데이터를 기반으로 알고리즘 분석에 의해 고객의 구매 습관을 이해하고 매장구조를 최적화한 동선을 제안하여 매출을 높이는 전략도 구사하고 있다. 리테일 정보의 알고리즘을 바탕으로 고객에게 추천상품을 제공하고 관련 홍보 문자를 보내는 활동이 보편화되어가는 추세이다.

의류매장의 RFID 셀프계산시스템

자료: 아마존고와 경쟁하는 스마트 쇼핑카트 서비스 Carper(2019, 1, 14). Digital Retail Trend;
이정민(2019, 5. 7). 5G시대, 패션 레볼루션 어디까지. 패션비즈;
Singh Y.(2023, 7. 21). "관건은 고객 경험" 리테일 기업의 혁신 기술 트렌드 3가지. CIO Korea

1
매장관리

1) 매장관리의 범위

매장관리란 매장 인력을 관리하고, 매장 상품을 적절히 진열하여 구매를 유도하고, 고객 응대 서비스를 제공하며 고객의 상품 선택 과정을 돕는 것이다. 온·오프라인 매장에서의 브랜드 정체성 제시, 제품의 선택과 진열, 제품의 입·출고 및 재고관리, 프로모션과 시각적 사인물signage 관리 등의 업무를 통해 고객만족도를 높이는 것이기도 하다. 여기에는 제품의 재고 확인, 교환, 환불, 지점 간 제품 이송 요청 등의 업무가 수반된다. 또한 매장의 인적·물적 자원 관리와 재고 로스 절감 등을 통해 매장 운영 비용을 줄이는 데 기여한다. 온·오프라인 매장 방문 고객 데이터를 기반으로 고객을 위해 적절한 서비스를 제공하는 일도 매장관리자의 주요 업무이다.

매장관리의 범위

- 매장인력관리: 채용, 훈련, 동기 부여, 평가, 보상
- 고객 서비스: 응대, 판매, 교환, 환불
- 매장 환경관리: 상품 진열과 연출관리
- 재고관리: 입·출고 관리, 재고 확인, 품절 예방을 위한 재고 확보
- 매장관리 시스템 활용: 판매액관리, 비용관리, 매장 효율성관리

---

2) 고객 서비스

(1) 매장 내 고객심리

고객의 구매심리는 주의, 흥미, 연상, 욕구, 비교, 확신, 구매, 만족의 8단계로 이루어지며 매장 내에서의 구매심리도 이러한 단계를 따른다. 고객은 상품의 외관, 매장 내 광고 문구, 판매원의 제안 등에 따라 특정 상품에 주의를 기울이고 대상 상품이 자신의 가치와 맞다고 판단하면 흥미를 느낀다. 이 상품에 현재 자신이 느끼는 필요성, 기존에 갖고 있는 의상과의 조화, 가격 및 품질 적정성에 대한 요소를 연상하며 자신의 구매욕구를 발전시킨다. 이들은 여러 가지 대안 상품을 비교하는 과정에서 상품 구매 의도에 대한 확신을 가지고 실제 구매행동을 하게 된다. 그리고 나서 기대와 사용 후 결과를 비교하며 만족 혹은 불만족을 느끼게 된다.

(2) 판매기술

판매원이 너무 급하게 판매하려고 노력하다 보면 설득조로 말하거나 강압적이 되어 고객의 거부감·경계심·의심을 살 수 있으며, 구매로 이어지더라도 불만족이나 후회감을 느끼게 하여 재방문을 주저하거나 반품을 원할 확률이 높아진다. 따라서 판매 시에는 고객의 심리를 자극하여 스스로 사고자 하는 마음을 정리하도록 도와 주는 역할을 하는 것이 좋다. 경쟁심리, 차별화심리, 우월심리, 우선심리, 동일화심리 등을 자극하여 고객이 스스로 욕구를 자극하고 상품을 원할 수 있도록 지원해 주는 역할을 하는 것이 구매 후 만족감을 높이고 고객과의 장기적 관계를 형성하는 데 도움을 준다.

고객 응대의 핵심 목표는 고객에게 빨리 제품을 사고자 하는 마음이 들도록 돕는 것이다. 먼저 매장에 들어온 고객에게 환영의 눈인사를 건넨 후 고객의 개인 공간personal space을 확보해 주고, 판매원이 어떻게 해 주길 원한다는 의사를 고객이 표시할 때 비로소 고객에게 다가가 도움을 주는 것이 좋다. 최근에는 언택트 마케팅un+contact: '접촉하지 않는'이라는 뜻의 신조어에 대한 요구가 늘어나면서 리테일 환경에도 무인 시스템 도입이 늘어나고 있다. 하지만 매장 내에서 판매원에게 도움이나 조언을 얻기를 원하는 고객층이나 상품군도 지속적으로 존재하므로 이에 대한 적절한 대응이 필요하다. 이니스프리는 매장 입구에 '쇼핑 중 도움을 원하는지 아닌지'에 관한 의사를 표시하는 두 가지 종류의 바구니를 설치하여, 도움을 원한다는 표시의 바구니를 들고 쇼핑하는 고객에게만 판매원이 접근하는 선택적 서비스로 관심을 끌었다.[1] 팬데믹을 거치면서 비대면 서비스는 더욱 확장되어 셀프계산대를 설치하거나 자동판매기를 설치하여 판매하는 기업들이 늘어나고 있다. RFID 기술까지 더해지며 바코드 스캐닝 없이 상품을 패널 위에 올려놓으면 여러 벌의 의상이 한 번에 계산기에 입력되어 결제할 수 있는 셀프계산시스템 도입도 활발하다.

사진 11.1
GU의 RFID기반 셀프계산
시스템

(3) 고객 응대를 위한 리테일 테크놀로지

고객 응대에 대한 비용 절감과 효율성 증대를 위한 리테일 테크놀로지 적용이 활발하다. 매장에 입장할 때부터 고객의 신용카드나 정맥 정보 등 개인 신상을 확인한 후 입장하게 하고 스스로 제품을 둘러보고 결제까지 할 수 있는 무인점포가 널리 확대되고 있다. 터치스크린 방식의 정보전달 시스템인 '키오스크_{kiosk}'를 이용한 무인 결제 시스템도 늘어나고 있다. 각 유통체인들은 자신들의 쇼핑앱을 개발하여 고객들이 모바일 앱을 통해 손쉽게 쇼핑할 수 있도록 하고 있다. 세븐일레븐은 고객 커뮤니케이션 기술과 다양한 결제 기능을 갖춘 인공지능 경제로봇 '브니_{Veny}'를 선보였다. 아직은 입력된 인사말을 하고 결제를 하는 정도의 기능을 구현하지만 인공지능이 고도화되면 더 다양한 서비스를 제공할 것이다.[2] 서울 롯데월드몰 3층에 위치한 '비트_{b:eat}'는 스마트폰 앱이나 키오스크로 간편하게 음료를 주문할 수 있는 카페 부스이다. '로빈'이라는 로봇이 커피를 만들어 주고 카페 부스에 달린 스크린에 주문 번호를 입력하면 음료를 내어 주며 인사도 해 준다. 이마트 서울 성수점에서는 로봇 '페퍼'를 시범 운영 중인데 이 로봇은 발에 바퀴가 달려 이동할 수 있으며 고객들의 질문에 답할 수 있다.[3]

공항, 기차역, 전시장 등 공공장소에서 고객이 질문하면 안내정보를 제공하는 이러한 로봇은 이제 주변에서 흔히 볼 수 있다. F&B_{Food & Beverage} 사업체들도 매장 내 로봇사용을 활발히 하고 있어 음식주문, 매장 내 음식전달, 식기 교체, 결제 등을 할 수 있는 매장 내 이동형 로봇이 널리 쓰이고 있으며, 치킨을 튀기고 쌀국수

사진 11.2
비트 매장의 모습

를 요리하는 등 고객이 선택한 재료를 가지고 현장에서 바로 음식을 만들어주는 로봇활용도 늘어났다. 이는 직원 구인난과 인건비 상승의 어려움을 해결하며 빠르게 도입되고 있다.

고객만족도를 파악하기 위해 인공지능 기술도 적극 활용되고 있다. 현재는 얼

신세계백화점 신입 판매직원 교육 프로그램

구분	교육과정	대상	내용
공식 교육	단기 판매사원 입문교육	관리직 면접 합격자	근무 수칙, 매장 서비스, 점포, 매장 안내
	장기 판매사원 실무교육	입문교육 후 6개월 지난 사원	백화점 서비스 본사에서의 2일 교육(친절서비스 업그레이드 및 이에 따른 Role Playing 실습)
	서비스 Level up 교육	모든 사원	주요 컴플레인 내용 서비스 수칙 재교육
	CS 교육	CS 결과가 좋지 않은 매장 사원	CS 기준 점수 미달 매장 사원들의 서비스 재교육
일상 교육	조회	PC별 판매사원	친절 서비스와, 응대의 요령에 대한 환기
	개점행사	모든 사원	미소 짓기와 4대 인사 따라 하기
	폐점행사	모든 사원	고객 전송 인사하기
기본 입문 교육	기본 근무수칙	용모복장(두발, 액세서리, 기타), 근무수칙, 안전수칙 알아두기	
	기본 서비스	기본 5대 강령	① [눈인사] 고객과 눈이 마주치면 자연스럽게 목례를 합니다. ② [맞이 인사] 안녕하십니까? 어서오십시오. ③ [복수고객 양해] 죄송합니다만, 잠시만 기다려 주세요. ④ [비구매 고객] 천천히 둘러보시고 또 들러 주십시오. ⑤ [전송인사] 고맙습니다. 즐거운 쇼핑되세요.
		3不 서비스	① 없어요: 고객님 죄송합니다. 그 상품은 인기상품으로 품절되었습니다. ② 안 돼요: 고객님! 해 드리지 못해 정말 죄송합니다. ③ 몰라요: 고객님~ 죄송합니다! 잠시만 기다려 주시면 제가 알아봐 드리겠습니다.
		전화 응대	•첫 인사: 인사+소속+이름(고맙습니다. ○○ 코너 ○○○입니다.) •늦게 받았을 때: 인사+소속+이름(늦게 받아 죄송합니다. ○○ 코너 ○○○입니다.) •종료 인사: 고맙습니다. Plus 한마디(좋은 하루 되세요!)
		워킹 가이드	•3보[기본] 매장에 혼자 있는 경우: 직접 안내해 드리지 못해 죄송합니다. •6보[만족] 보이는 곳까지 안내: 고객님, ○○ 코너 보이시죠? •9보[감동] 원하는 곳까지 안내: 제가 직접 안내해 드리겠습니다.
		알아두기	•스마일라인(SMILE LINE) 인사: 후방 '사원 출입구'에서 매장 '고객 공간'으로 들어가는 순간 친절한 서비스를 다짐한 의미의 인사를 칭함(안녕하십니까? [밝은 표정+30도 인사])
	점포, 매장 안내	층별 매장 안내	

자료: 박찬임 외(2012). 서비스 산업의 감정노동 연구: 판매원과 전화상담원을 중심으로. 한국노동연구원

굴을 64부분으로 나누어 표정, 혈색, 목소리 톤, 심박동 변화 등을 탐지하여 기분을 알아내는 데까지 발전하였다. 미국 최대 할인점 월마트는 체크아웃 카운터에 설치된 카메라로 고객 표정 변화와 움직임을 감지하고 고객의 불편함 감지 시 이를 직원에게 알리고 문제를 해결하도록 하는 시스템을 개발하여 특허를 신청한 바 있다.[4]

이처럼 고객의 표정을 읽어 고객의 감정상태를 파악하는 솔루션은 보안과 마케팅 분야에서 폭넓게 활용되고 있는데, 미국의 백화점 삭스피프스애비뉴는 VIP 고객을 식별하고 매장 내 절도범을 파악하기 위해 안면인식 기술을 사용해 왔다. 카테고리 킬러 체인인 홈디포Home Depot는 마케팅 부서 직원들이 매장 내 고객의 동선을 파악하고 관심 있게 보는 상품을 알아내기 위해 신체 착용 카메라나 스마트 글라스를 사용했다.[5]

이러한 첨단 기술은 작동 오류 시 큰 문제를 야기하기도 한다. 드러그스토어 체인인 라이트에이드Rite Aid는 최근 수천 건의 안면인식 시스템 오류로 무고한 사람들을 절도범으로 몰아 연방거래위원회로부터 향후 5년간 안면인식 기술 사용 금지 처분을 받았다.[6] 유통업체의 일방적인 기술 사용에 대하여 고객을 보호할 장치가 미비하므로 이에 대한 보완이 필요하다. 사용한 시스템에 대한 고지와 고객 동의 등을 의무화하는 방안이 거론되고 있다.

챗봇chatbot은 채터 로봇chatter robot의 줄임말로 메신저에 채팅하듯 질문을 입력하면 인공지능이 빅데이터 분석 결과를 바탕으로 답을 해 주는 대화형 메신저이다. 챗봇은 2025년까지 전 세계 고객과 서비스 의사소통의 80%를 담당할 것으로 예측된다. 신세계백화점, 롯데홈쇼핑, CJ오쇼핑, 위메프 등 많은 대형 온·오프라인 유통업체에서 챗봇을 이용하고 있으며 이들은 주문 내용을 인식하거나 고객이 질문하면 관련 데이터베이스를 기반으로 그에 맞는 답을 자동으로 제시해 주는 서비스를 제공한다. 상담원 연결을 기다려 문의하는 방식보다 속도 면에서 빠르며 적은 비용으로 24시간 고객 상담이 가능하다는 장점이 있다.[7]

3) 매장 환경관리

매장 환경은 상품의 특징, 가격대, 방문자의 취향, 감도 등에 대한 무언의 메시지를 전달하므로 상품의 가격대와 콘셉트에 맞으면서도 기존 점포와는 차별화되는 매장 연출이 필요하다. 기능성을 중시하는 상품인 경우에는 기능을 이해할 수 있도록 설명하는 브로슈어, 보드, 태그를 배치하고 실제 기능을 체험할 수 있는 환경을 마련한다.

많은 양의 상품을 진열하는 방법은 낮은 가격이나 가치 소비를 추구하는 소비자의 구매욕구를 높이는 장점이 있다. 반면 적은 양의 상품을 진열하면 고급감을 부각시킬 수 있지만 둘러볼 수 있는 상품이 적어 고객의 흥미가 떨어질 수 있다. 타 매장과 차별화되는 특색 있는 연출로 매장의 매력도를 강화해야 하며, 시즌 변화나 판매 중점 기념일에 맞추어 시즌 감각을 느낄 수 있는 매장 연출이 필요하다. 매장 연출 시 무엇보다 중요한 것은 청결이며 상품, 집기, 매장 공간의 청결을 유지하기 위해 수시로 점검하는 체계를 마련해야 한다.

오프라인 매장 시설물의 유지·보수는 안전사고와 연결되므로 매우 중요하게 다루어야 한다. 1995년 발생한 삼풍백화점 붕괴 사고는 유통업체의 매장 시설물 관리의 중요성을 여실히 드러냈다. 사망자가 502명이나 발생한 이 사고 이후 '시설물의 안전 및 유지관리에 관한 특별법'이 만들어졌지만 그 후에도 시설물관리 미흡으로 인한 크고 작은 사고가 발생했다. 한 백화점에서는 푸드코트 천장에서 배수관이 터져 물난리가 나 고객들이 대피하기도 하였고,[8] 한 마트에서는 무빙워크에 2세 아동의 손이 끼어 다치는 사고가 발생한 바 있다.[9] 많은 사람이 동시에 이용하는 시설물에 대해서는 정기 점검과 관리, 사용 지침 및 안전 장치 확보 등을 해야 하며 이것이 고객 서비스의 최우선 단계라는 것을 상기해야 한다.

온라인과 모바일 매장에서의 환경관리도 브랜드 이미지 구축에 매우 중요한 역할을 한다. 시각적인 이미지와 제공하는 정보의 질, 화면 전환 속도, '검색, 비교, 결제'까지의 신속성과 편리성, 기술적 안정성과 정보 보안에 대한 신뢰성, 실시간 정보 반영도, 개인의 구매 이력을 바탕으로 한 맞춤 서비스 제공, 가격 및 디자인 비교 기능 등이 고객의 평가에 영향을 미치는 요소들이다.

O2O~Online-to-offline~ 연계성이 확보될수록 온라인과 오프라인 매장 모두에서 고객의 구매 활동이 더 활발해지는 경향이 있다. 온라인과 모바일 쇼핑이 증가하면서 매장 내에는 재고 제품을 구비하지 않으며 샘플만 보여 주고 주문을 받는 쇼룸 형태의 오프라인 매장이 늘어나고 있다. 오프라인 매장의 핵심 기능이 제품을 확

인하고 착용하기 위한 것이라는 점에 집중한 것이다. 안경 소매업체 '와비파커Warby Parker'도 인터넷에서 성공을 거둔 후 오프라인에 쇼룸을 오픈했다.[10] 미국 대형 유통채널 노드스트롬은 온라인에서 주문한 상품을 수령하거나 반품만 하는 '노드스트롬 로컬' 매장을 통해 쇼루밍 매장 시대를 선도하고 있다.[11]

4) 재고관리

(1) 매장 재고관리

매장관리에서 정기적인 조사를 통해 재고 수량, 판매 수량, 로스 수량 등을 파악하는 것은 매우 중요하다. 이러한 조사는 불필요한 로스 방지와 상품의 효과적인 관리를 가능하게 한다. 정확한 재고관리를 위해서는 매일 같은 방법을 사용하여 일 단위 재고, 판매, 로스 수량을 파악하는 것이 좋다. 전회 재고 조사 시 재고 수량에 그 후 기간 중 매입 수량을 더한 숫자에서 금회 재고 조사 시 재고 수량을 빼면 그 기간 중의 판매 수량을 얻을 수 있다.

재고관리를 위해 RFIDRadio Frequency Identification를 사용하는 업체도 늘어나고 있다. 바코드 리더기로 바코드를 읽는 시스템과 달리, RFID 리더기는 RFID 태그에서 발신된 라디오 주파수를 리더기로 인식하여 속도와 정확성에서 큰 개선이 이루어졌다. TBJ, 버커루, NBA 등 7개의 자사 브랜드를 운영하며 한 해 900만 장의 의류를 생산하는 '한세엠케이'는 RFID 도입 후 옷 한 상자당 180초 정도 걸리던 검사 시간을 7초로 줄이고, 700여 명이 투입되던 검수 업무를 지금은 단 한 명이 담당할 정도로 효율성을 높였다. 향후 이를 더욱 발전시켜 실시간 위치파악시스템 RTLSReal-Time Location System를 적용할 예정이다. 이는 RFID 태그가 부착된 제품의 이동 경로를 실시간 파악하는 시스템으로 소비자가 피팅룸으로 들고 들어간 옷을 입어보는지 또는 실제로 구매하는지를 파악할 수 있다.[12]

사진 11.3
매장 내의 RTLS 시스템

(2) 상품 손실 원인과 예방 대책

상품 손실, 즉 로스는 매장 내 재고 조사 시 장부 상의 재고액과 실제 재고액 간에 차액이 발생하는 것을 말한다. 로스가 생기는 원인은 다양한데 계산 실수, 가격 태그 오류, 매장 재고관리의 부정확·부적절한 상품 보관에 의한 상품 손상 또는 분실, 직원의 부정에 의한 상품의 무단 반출, 무단 소비, 현금 착복, 수송 중 도난 또는 고객의 부정에 의한 도난, 부당 반품, 상품 손상 등이 있다. 세계 16개 국가 소매상에서 절도로 인한 손실액은 연간 약 120조 원에 이르며 국내 백화점의 상습 절도 피해액은 연간 수십억 원 규모이고, 호주의 마트 절도 손해액은 연간 3조 원이 넘는다.[13]

이러한 상품 손실 방지를 위해서는 검수·검품을 철저히 하고, 판매 가격을 전표와 대조하며 정확히 부착하고, 고가품에 대한 관리를 철저히 하며, 반품대장을 마련하여 반품 시 즉시 기록하고, 매장 외부 판매 시 특히 상품 및 금전관리를 철저히 하며, 판매 건별로 판매원을 기재하여 책임 소재를 분명히 하고, 점장이 총책임자라는 것을 분명히 하며, 상품관리·발주·검수·인수인계 시 점장이 확인하게 해야 한다. 계산 후 쇼핑백은 봉하고 피팅룸 출입 시 상품관리는 철저히 한다. 매장 곳곳에 CCTV를 설치하거나 고가 제품을 취급하는 입구에 가드를 배치하고 입장하는 고객 수를 제한하여 관리를 용이하게 할 수도 있다. 도난방지 시스템을 설치하여 상품의 태그가 탈착되지 않은 채 매장 입구에 접근하면 보안경보음이 울리게 하는 장치는 유입 고객이 많은 매장에 꼭 필요하며, 이를 통해 관리 인력에 대한 비용을 줄일 수 있다.

미국 소매업장에서 발생하는 도난 혹은 구매자 미결제 손실액은 판매 매출의 1.33%를 차지하며 금액은 55조 7,400억 원에 달한다. 월마트의 경우 연간 4조 7,000억 원 이상이 미결제로 인한 손실액으로 추정된다. 이에 월마트는 결제되지 않았거나 결제 오류가 발생한 상품을 AI와 카메라를 이용해 추적하는 시스템을 1,000개 매장에 도입했다.[14]

5) 매장관리 시스템

매장관리 시스템은 개별 매장에서 상품의 판매, 유통, 정보, 자금 관리를 위한 데이터를 관리하는 것으로 기업의 ERP_Enterprise Resources Planning, SCM_Supply Chain Management, CRM_Customer Relation Management 시스템과 연동·사용된다. 매장 내에서는 주로 재고를 조회하여 고객이 원하는 상품이 어디에 있는지를 확인하여 지점 간 이송을 요청하고, 상품의 판매·교환·반품·프로모션 참가 정보를 상품 바코드를 실시간 스캔하여 입력하는 목적을 위해 사용한다. 이러한 판매·교환·반품 정보는 본사나 상품 공급 부서에서 실시간 조회가 가능하므로 이를 이용하여 반응이 좋은 상품에 대한 추가 생산, 반품이 잦은 상품의 문제 파악, 우수·문제 고객 파악, 프로모션 효과 측정이 가능하다. 특히 실시간 판매 기록을 통해 이윤관리, 재고관리, 판매원 관리 등이 가능하며 직전 연도 대비 매출 실적을 비교하며 자금관리를 할 수 있다.

2 효과적인 매장관리를 위한 매장 자료 수집 방법

1) 고객 위치 조사

고객이 매장 가까이에 접근하면 쿠폰을 발송하는 등 고객 위치 기반 서비스 기술이 날로 발전하고 있다. 비콘Beacon은 50~70m의 근거리에서 사용자의 위치를 확인하여 정보 전송이나 상품 결제가 가능하도록 하는 모바일 통신 기술이다. 스마트폰 사용자가 비콘 설치 매장 근처에 있거나 매장을 방문하면 자동으로 할인쿠폰이 발송되어 구매를 유도할 수 있다. 전국 400여 개 브랜드 멤버십이나 쿠폰 정보를 제공하는 모바일 지갑 애플리케이션 '시럽 월렛'은 비콘 기술을 이용하여 근거리 접근 고객에게 쿠폰을 발송한다. '스타벅스'도 고객이 음료를 미리 주문하고 매장을 방문하면 비콘 기술을 이용한 '사이렌 오더'를 통해 고객 방문 시점부터 음료를 만들어 제공한다. 이와 같은 서비스는 기존 고객이 반복적으로 매장을 이용하기에 편리한 구매환경을 제공하므로 고객 애호도 향상에 도움을 준다.[15]

2) 매장 내 고객행동 조사

매장 내 고객행동 조사를 통해서도 중요한 정보를 얻을 수 있다. 매장 내 고객행동 데이터는 제한된 매장 면적을 최대한으로 활용하고, 매장 진열 방법을 개선하여 더 많은 상품에 고객의 시선이 머물 수 있도록 매장 공간을 설계하기 위한 기초 자료 수집 방법이다. 고객 동선 조사를 위해서는 매장 평면도 위에 조사 대상

사진 11.4
프리즘 스카이랩 열지도(좌)
와 H&M의 안면인식 시스템
(우)

고객의 입점부터 출점까지의 움직임을 추적하여 선으로 표시한다. 안면 인식 프로그램을 이용하여 입장 고객을 인식하여 고객을 구별하여 서비스 차등이나 고객 행동 분석과 맞춤 서비스 개발에 이러한 정보를 사용하기도 한다. 또한 매장 내 CCTV를 이용하여 고객동선을 조사하고 고객행동 정보를 수집하기도 한다. 핀란드의 대형 쇼핑센터 '라얄라 포 그란센_{Rajalla Pä Gränsen}'은 CCTV를 통한 안면 인식으로 방문 고객의 성별, 연령대, 표정 등의 데이터를 얻고 이를 제품구색과 마케팅 전략 개발에 활용하고 있다.[16] 또한 선반에 설치된 아이트래커_{Eye Tracker}를 통해 고객이 어느 코너의 어떤 상품에 눈길을 보내는지 측정할 수 있다.[17]

온라인 매장에서는 고객의 로그 데이터_{log data}를 통해 고객의 행동을 파악할 수 있다. 고객의 진입 경로, 체류 시간, 페이지 뷰, 클릭 상품, 장바구니에 넣은 상품, 결제 등의 정보가 빅데이터 정보로 축적된다. 결제, 배송, 반품, 구매 후기 정보 등의 데이터를 분석하여 고객별 맞춤 서비스를 제공할 수 있다.

'프리즘 스카이랩_{Prism Skylabs}'은 소매점을 위한 앱을 통해 매장 안의 카메라를 이용하여 소비자 행동 데이터를 수집하는 서비스를 제공한다. 이를 통해 브랜드와 새로운 제품에 대한 소비자들의 즉각적인 반응을 열감 지도_{heat map}를 통해 파악할 수 있다. '그래니파이_{Granify}'는 빅데이터와 인공지능을 결합하여 상품 탐색 후 구매하지 않고 사이트를 떠나려는 고객에게 쿠폰 메시지 팝업창을 띄움으로써 최종 구매 확률을 높이는 데 기여하는 기술을 개발했다. 빅데이터와 인공지능 기술을 이용한 고객행동조사 방법은 날로 발전하고 있으며, 이를 통해 고객의 선별과 맞춤 서비스를 제공하는데 중요한 정보를 얻을 수 있다. 그러나 이러한 기술이 발전할수록 고객의 프라이버시 침해 문제도 함께 대두되고 있다.

3) 경쟁점 조사

매장 고객의 흐름은 언제고 바뀔 수 있으므로 경쟁 점포의 상품구색, 가격 등 고객이 선호하는 특징에 대한 정보를 지속적으로 수집해야 한다. 특히 유통 점포에 대한 충성도가 낮은 고객은 유사한 경쟁 점포의 프로모션에 의해 구매 점포를 변경할 확률이 높으므로 경쟁점의 동향에 늘 주의를 기울여야 한다. 새로이 부각되는 경쟁 점포는 파악하기가 어려우므로 우수 고객과의 긴밀한 관계를 통해 그들이 관심을 가지고 방문하는 다른 점포에 대한 정보를 파악할 수 있어야 한다.

4) 경쟁점의 매출액 추정 방법

매장의 매출액을 추정할 때는 다음의 추정식을 이용한다.

구매 고객 수 × 평균 구매 개수 × 상품 평균 단가

구매 고객 수는 주중·주말, 오전·오후·저녁·야간 등 시간별로 현장에서 관측된 수를 기준으로 산출한다. 평균 구매 개수 역시 매장 출구 조사나 매장 직원과의 면담 조사를 통해 알아내며 이것이 어려운 경우 쇼핑백의 수 등을 조사하고 하나의 쇼핑백에 평균적으로 담는 아이템 수를 산출하기도 한다. 구매 개수의 증가를 위해서는 고객 동선을 길게 하고 효과적인 진열을 통해 매장 구석까지 돌아볼 수 있도록 설계한다. 상품의 평균 단가는 매장의 상품 가격을 조사하는 방법으로 산출하며 할인율이나 할인 빈도를 고려하여 추정치를 계산한다. 기업으로부터 직접 제공받기 어려운 경쟁 매장의 매출액은 추정치에 의존해야 하므로, 조사 대상 수를 높일수록 더욱 확실한 추정치를 얻을 수 있다.

매장 중심의 유통환경이 도래하면서 매장관리자의 역할이 중요해지고 있다. 매장의 ROI$_{Return\ on\ Inventory}$를 증대시키는 방법으로는 총이익 증대, 총비용 감소, 판매 증대, 재고 축소 등이 있다.

1) 총이익 증대

총이익을 증대시키는 것은 상품의 가치를 높이거나 상품의 로스를 줄임으로서 가능해진다. 매장에서의 효과적인 진열 상품 선택과 고급스러움이 느껴지는 진열 방식으로 같은 가격일지라도 상품의 가치가 더 높아 보이게 하는 것이 매장관리자가 지녀야 할 능력이다. 재고와 판매상품의 관리력을 강화하여 로스를 줄임으로써 입고된 상품 전량을 판매 가능한 상품으로 유지하는 것도 중요하다. 가격을 높여 총이익을 증대시키는 것도 가능하나, 이 경우 소비자가 경쟁제품으로 선택을 변경하는 경우가 있어 유통브랜드의 충성도나 차별화 요소가 강한 경우를 제외하고는 쉽게 선택할 수 없다.

2) 총비용 감소

총비용을 감소시켜 ROI를 증대시키는 방법으로 매장에 소요되는 고정비와 변동비를 줄이는 것이 있다. 매장 임대료, 인건비를 줄이거나 매장 설계나 조명 등을 변경·교체하여 고정비를 줄일 수 있다.

3) 판매 증대

판매를 증대시키기 위해서는 고객 수를 늘리거나 고객당 객단가를 높일 수 있다.

(1) 고객 수 증가

기존 고객의 방문 횟수를 증가시키는 방법과 신규 고객 수를 증가시키는 방법이 있다. 잦은 상품 교체와 신상품 입고, 상품의 차별화를 통해 고객의 자발적 방문 횟수를 증가시키는 것이 바람직하다. 그 외에도 방문 횟수에 따라 할인율이 다른 쿠폰을 제시하고 1회 구매하면 재구매 시 사용 가능한 혜택을 주는 방법들이 널리 사용된다. 이외에도 SMS_{Short Message Service} 문자 서비스를 통해 기획 상품 입고, 프로모션 진행 등의 정보를 실시간으로 전달하는 것도 도움이 된다. 고객이 상품 수선을 맡긴 후 재방문하여 찾아가게 하는 것도 고객 방문 횟수를 늘리려는 노력 중 하나이다. 신규 고객의 증가를 위해 상권 자체를 확대하거나 상권 내 고객을 증대시키는 방안도 효과적이다.

(2) 객단가 증대

품절 방지 기능을 강화하여 고객이 원하는 상품을 적시에 구입할 수 있도록 미리 준비해야 한다. 또한 진열 방법과 공간 활용성에 대한 지속적인 연구를 통해 모든 상품이 부각될 수 있는 진열 방법을 구상하고 고객의 변화하는 관심사와 라이프스타일에 맞춘 공간 구성을 해야 한다. 최근 각 백화점에서는 층별 상품구색에 대한 고정관념을 깨고 의류와 식품을 같은 층에 배치하거나 아동층과 문화센터층을 가까이 두어 연계 구매가 활발해지도록 공간을 재배치하고 있다. 최근 할인점에 카테고리 킬러가 입점되고 DIY_{Do-it-yourself} 형 가구의 진열공간이 확대되는 것은 고객의 변화하는 관심사를 충족시키기 위해 공간 구성에 변화를 준 예이다. 또한 세트 상품이나 묶음 상품 개발을 통해 구매액을 증가시키고, 지속해서 사용하는 상품은 좀 더 저렴한 가격에 팔거나 대용량 상품으로 개발하고, 여러 묶음을 미리

사진 11.5
연관 상품 진열로 객단가를 높이는 사례
츠타야 서점에서 오토바이 서적 코너에 오토바이 제품을 함께 진열하여 판매하고 있다.

사서 구비하도록 유도하는 전략을 취하기도 한다. 또한 구매시점_{POP: Point-of-purchase} 광고를 활용하여 충동구매를 유도해서 고객 1명당 객단가를 높이고자 노력하기도 한다. 이외에도 매장 내 판매촉진 행사를 강화하여 더 많이 구매할 수 있는 환경을 마련할 수도 있다.

매장 모니터링과 프라이버시 보호

대형 소매상들이 앞다투어 매장 모니터링 테크놀로지 도입에 열을 올리고 있다. 미국 대형 유통업체들인 월마트$_{Walmart}$, 월그린$_{Walgreens}$, 크로거$_{Kroger}$ 등은 인공지능 시스템과 매장 내 카메라를 이용하여 매장을 철저히 모니터링함으로써 방문 고객의 나이, 성별, 심리상태를 파악하고 이에 맞는 서비스를 제공하고자 노력하고 있다. 이는 온라인으로 축적한 거대한 고객 구매 습관 데이터를 보유한 소매업의 거대 공룡 아마존과 경쟁하기 위한 어쩔 수 없는 선택이다. 미국 최대 할인점 체인인 월마트는 뉴욕 주 롱아일랜드에 위치한 매장에서 '인텔리전트 리테일 랩' 프로젝트를 가동 중인데, 수천 개의 카메라를 매장 곳곳에 설치하여 재고 부족이나 고객 문제 등을 파악하고 이에 대처할 수 있는 정보를 제공한다. 미국에서 2,800여 개의 매장을 운영하는 슈퍼마켓 체인 '크로거'는 스마트 선반$_{smart\ shelf}$ 시스템을 도입해 시범 운영하고 있다. 제품 진열 선반에 카메라를 설치하여 고객 특징을 파악하고 고객에게 맞춤 광고와 할인 가격 안내를 화면으로 보여 준다. 미국 전역에 8,000여 개의 매장을 운영하고 있는 드러그스토어 체인인 '월그린'은 카메라가 장착된 스마트 쿨러를 도입했다. 일반 쿨러의 문은 투명해 안의 음료들을 볼 수 있으나 스마트 쿨러의 문은 제품 안내 광고판 역할을 한다. 손잡이에 달린 카메라는 고객의 특징을 인식하여 맞춤 광고를 보여 준다.

그러나 이렇게 수많은 카메라로 인식된 개인에 대한 정보는 개인의 결제 정보와 연동되어 많은 파생 정보를 생성한다. 정보 수집과 활용 과정에서 고객 개개인의 동의를 충분히 받지 못한 채 이러한 정보가 활용될 수 있고 그 과정에서 정보 유출의 가능성도 존재한다. 글로벌

안면 인식 기술 시장이 연평균 23% 성장할 것이라 예상되는 가운데, 인공지능의 기반이 되는 무수한 인적 데이터 활용으로 인한 고객만족과 프라이버시 침해 문제는 계속 양립하여 존재할 것이다.

미국의 백화점 체인 메이시스(Macy's)는 클리어뷰(Clearview) AI 안면인식 소프트웨어를 사용하여 고객을 식별하다가 프라이버시 침해 관련 소송을 당했다. 클리어뷰는 원래 미국 사법부에서 범죄에 연루된 가해자와 피해자를 식별하기 위해 사용되던 소프트웨어로 SNS 등 오픈 소스에서 얻어진 사람들의 안면 이미지와 범죄에 연루된 사람들의 이미지를 비교한다. 메이시스가 보안구역에서 얻은 고객의 안면사진 6천 장을 클리어뷰에 제공하였고, 클리어뷰는 이 사진과 매치되는 고객의 개인정보(이름, 집주소, 직장주소)를 메이시스에 제공하였다. 이러한 고객의 개인 정보가 유출되면 고객은 원하지 않는 개인 광고로 불편을 겪을 뿐만 아니라 스토킹 등 범죄에 사용될 여지가 있어 매우 위험하다. AI 기술 적용이 활발한 데 반해 개인의 프라이버시를 보호할 법적 조치가 부족하여 이러한 문제는 계속될 전망이다.

© Kashmir Hill/The New York Times

메이시스 뉴욕 매장의 안면인식 프로그램 사용 고지

자료: 남상욱(2019. 4. 26). AI·카메라 도입…소매체인 '첨단 마켓' 변신 중. 미주한국일보; 유재부(2018. 1. 22). 패션기업들이 주목해야 할 4차 산업혁명 5대 핵심 키워드. 패션엔; Bandoim, L.(2018. 12. 23). How smart shelf technology will change your supermarket. Forbes; Madeline Mitchell(2020. 8. 7). Macy's faces class action lawsuit for use of facial recognition software Clearview AI. Cincinnati.com

4) 재고 축소

효율적인 재고관리는 매장 수익에 영향을 미친다. 취급 품목을 축소하여 고객이 찾는 상품과 브랜드에 집중하고 품목당 재고량을 축소하여 필요할 때마다 즉각적으로 필요한 상품의 추가 입고가 가능한 시스템을 마련하는 것이 좋다. 창고형 할인점 코스트코는 일반적인 할인마트보다 월등히 적은 수의 SKU를 가지고 있다. 전환이 빠른 상품과 브랜드에 집중하여 제공 물량을 확대하고 대량 구매를 통해 낮은 공급가를 실현하며 재고 부담을 축소하여 매장의 효율성을 높이는 것이다. 편의점의 경우 매장 면적이 적어 품목당 제공하는 브랜드 수를 줄이는 방법으로 품목은 다양화하되 재고 물량을 줄일 수 있다. 편의점이나 할인점에 입점하는 속옷이나 스타킹의 경우, 고회전 상품과 브랜드를 집중적으로 구비하고 가장 많이 판매되는 색상으로 제한하여 효율적으로 재고를 관리할 수 있다.

참고 문헌

1) 안옥희(2019. 7. 9). 언택트 마케팅. 한경 Business

2) 정석용(2019. 4. 2). 일본 편의점은 셀프계산 시대...국내는? 내일신문

3) 정정욱(2018. 8. 29). 유통혁신 vs 일자리 감소...로봇시대의 명과 암. 동아일보 비즈N

4) 진성철(2017. 8. 10). 월마트 고객 표정만 보고 불만 해소 서비스. 미주중앙일보

5) eMarketer Editors(2019. 10. 3). How Retailers Are Using Biometrics to Identify Consumers and Shoplifters. Inside Intelligence

6) Federal Trade Commission(2023. 12. 19). Rite Aid Banned from Using AI Facial Recognition After FTC Says Retailer Deployed Technology without Reasonable Safeguards

7) 조아라(2019. 8. 3). 롯데홈쇼핑 vs CJ오쇼핑 '챗봇' 주문 비교 체험기. 아주경제

8) 이영진(2018. 12. 27). 롯데·신세계·현대백화점, 짚어보는 '다사다난' 1년. 시사포커스

9) 부장원(2019. 7. 21). 부산 마트 무빙워크에 2살배기 손끼임 사고. YTN

10) 시로타마코로(2019). 데스 바이 아마존. 비즈니스북스

11) 김영호(2019. 7. 23). 무너진 유통속설, 매장은 매장인데 매장이 아니다. 더스쿠프

12) 김동규(2019. 5. 15). '7초만에 박스 검사 완료'...RFID로 패션 물류혁신. 이코노믹 리뷰

13) '혁신의 아이콘'으로 거듭나는 유통 기업들. (2018. 4. 10). 한경비즈니스

14) 김형원(2019. 6. 24). 월마트, 인공지능 카메라로 미결제 상품 찾아낸다. IT조선

15) 온라인과 오프라인의 치밀한 공생관계(2018. 5). CEO&

16) 핀란드 라얄라 포 그란센 쇼핑센터, Axis 영상 보안 솔루션 도입하여 고객 서비스 및 수익성 개선. (n.d.). Axis Press Release

17) 파코 언더힐(2021). 쇼핑의 과학. 세종서적

사진 출처

COVER STORY ⓒ 저자

사진 11.1 ⓒ 저자

사진 11.2 앱 화면 ⓒ 비트 앱, 매장 모습 ⓒ 저자

사진 11.3 ⓒ IOTALLKNOW

사진 11.4 열지도 ⓒ Prism Skylabs, 안면인식 시스템 ⓒ 저자

사진 11.5 ⓒ 저자

매장디자인과 진열관리

온라인과 오프라인 간에 고객 유혹을 위한 전쟁이 한
창이다. 이제 다양한 상품을 쉽게 검색하고 구매할 수
있는 온라인을 능가하는 혜택 없이는 오프라인 매장
으로 고객을 끌어들이기가 어려워졌다. 매장의 개성
과 즐거움을 느낄 때 고객은 기꺼이 시간을 내어 매장
을 방문한다. 소비자들은 최첨단 기술로는 표현할 수
없는 친근하고 따뜻하며 가치 있는 무언가를 기대하
며 매장에 간다.

　　이 장에서는 매장디자인의 중요성, 좋은 매장디
자인의 조건, 다양한 매장 레이아웃, 매출을 높이기
위한 매장 구성 및 동선관리에 관해 살펴본다. 또한
매장 내외부의 디자인 요소를 살펴보고 비주얼 머천
다이징 전략과 진열관리, 매장 분위기 연출기법에 대
해 알아본다.

체험형 매장과 콜라보레이션의 확대

온라인 매장으로의 고객 이동이 가속화되면서 백화점들은 문화를 품은 체험형 매장 개발에 한창이다. 온라인에서의 쇼핑 편의성을 뛰어넘을 혜택 요소로 오프라인 매장의 '특별한 체험'이 부각되고 있다. 체험형 매장은 많은 공간을 할애해야 하는 단점이 있지만 고객의 매장 체류 시간을 연장시켜 추가 구매를 일으킬 수 있다.

새로운 공간에서의 특별한 체험을 강조하다 보니 '준 테마파크'급 전시를 유치하는 백화점이 늘어났다. 롯데백화점 김포공항점에서는 아시아 최초로 〈쥬라기 월드 특별전〉을 열고 미국 유니버설사의 영화 〈쥬라기 월드〉에 나왔던 공룡들을 재현해 놓았다. 관람객은 영화 속 주인공처럼 페리를 타고 '이슬라 누블라 섬'이라는 공룡 거주지를 방문하여, 움직여 살아 있는 것처럼 보이는 다양한 공룡들을 볼 수 있다. 한편 현대백화점은 자체 체인 중 최대 규모인 판교 매장을 오픈하면서 기업이 만든 국내 어린이 대상 정부 등록 미술관 1호인 '현대어린이책미술관'을 830평 규모 공간에 선보였다. 이곳은 2개의 전시실과 5,000권의 그림책을 보유한 서재, 교육실을 갖췄다.

서울 압구정동 갤러리아백화점 명품관은 한국 단색화의 거장 박서보 화백의 그림을 미디어 아트로 적용하여 건물 외관에 변신을 기했다. 만년필 애호가인 박서보 화백의 친필을 받아 몽블랑 제품과 함께 진열하고 작품 이미지를 모티프로 한 다양한 기프트 상품을 판매했다. 신세계백화점 부산 센텀시티점은 씨네드쉐프 영화관, 주라지공원, 스파랜드, 골프연습장, 키자니아 유아동 직업체험공간 등을 입점시키고 있는데, 비판매시설 비중이 전체 면적의 25%에 달한다. 신세계백화점은 고객이 일반 매장에서 평균 2.7시간을 머무는 것에 비해 센텀시티점에서는 평균 5시간을 머물러 2배 가까이 긴 매장 체류시간을 보인다고 한다. 백화점들은 고객을 유인하기 위해 많은 공간과 비용을 할애하여 대형 체험형 매장으로의 변신을 꾀하고 있지만 이런 공간이 직접적 판매용 시설이 아닌 비판매용 시설인 경우가 많아 매장 면적당 수익성 증가 면에서 어려움이 있다는 평가를 받고 있다.

브랜드마다 다양한 다른 브랜드와의 콜라보레이션을 통하여 새로운 제품을 한시적으로 출시하고 이를 전시하는 팝업스토어 전략이 확대되고 있으며, 고객방문을 유도하기 위해 체험 서비스의 제공이 활발하다. 자크뮈스, 디올, 버버리 등 명품 브랜드들과 패션뷰티업계의 크고 작은 브랜드들이 팝업스토어 마케팅을 활발히 하며 고객의 관심을 자극하기 위한 노력을 계속하고 있다.

젠틀몬스터의 콘셉트 매장

바비 무비와 편집숍의 콜라보레이션

자료: 김진희(2023. 10. 19). '자크뮈스·버버리·디올' 명품업계, 성수동 몰리는 까닭은. 뉴스원; 이유진(2019. 7. 8). "쇼핑 대신 눈호강 하세요" 갤러리야 사진관이야⋯예술작품 모시기 경쟁 백화점업계, 판매 공간에서 체험 공간으로 변신. 매일경제

1

매장디자인

1) 매장디자인의 중요성

점포 설계는 점포의 공략 대상 소비자의 요구와 특성을 반영해야 하며 점포의 내부 및 외부 설계, 부문별 공간의 할당과 배치, 부문 내 시설의 선택과 배치, 색채·소재·조명·음악을 이용한 감성 이미지 설계를 포함한다. 고객이 매장에 머무는 시간은 매출액과 비례하므로 고객이 더 오래 머물 수 있도록 고객 동선을 길게 유도할 필요가 있다. 이를 위해 넉넉한 통로 폭을 확보하고 유도 포인트마다 고객의 관심을 끄는 상품을 배치해야 한다. 또한 휴게공간을 마련하고 실내 온도, 조명, 환기, 배경음악, 향기 등을 적절히 조절하여 머물고 싶은 공간을 연출한다.

2) 좋은 매장디자인의 조건

(1) 핵심가치 전달

매장 간 경쟁이 심화되고 체인화를 통한 홍보가 중요해질수록 브랜드 정체성이 드러나는 매장의 외관과 내부 설계가 중요해지고 있다. 고객에게 매장의 인상을 각인시켜 브랜드에 대한 호기심을 불러일으키고 매장디자인을 통해 상품의 타깃, 감도, 가격대, 품질 수준에 대한 정보를 잠정적으로 제공해야 하는 것이다.

프라이탁Freitag은 컨테이너 박스 17개를 쌓아올린 취리히 웨스트의 본사 건물로 유명하다. 이 매장디자인은 폐기물을 재활용한 소재로 만든 가방의 핵심가치를 상징하는 데 효과적이라는 평을 받는다. 주시쿠튀르는 10~20대 젊은 여성의 톡톡 튀는 감성을 지향하는 브랜드 이미지를 반영하여 화려한 매장 외관을 선보이며, 10코르소코모는 특유의 원형 심볼과 옵아트적 패턴을 매장 전체에 배치하여 일관된 조형미를 드러낸다.

브랜드의 핵심가치를 전달하는 데 제품 진열 매장만으로는 부족하다고 판단한 라이프스타일 브랜드들은 서둘러 사업 다각화에 앞장서고 있다. 무인양품이 대표적인 사례로, 도쿄 중심가 긴자의 10층 건물은 무지호텔, 무지북스, 무지카페, 무지아틀리에, 무지다이너 등으로 구성되어 있다. 의식주를 포괄하는 넓은 상품군을 적절한 환경에서 더 밀접하게 경험하도록 도와주는 공간 구성을 추구하는 것이다.[1] 베르사체, 아르마니, 모스키노, 디올 등도 호텔이나 레스토랑 사업을 운영해 왔으나 이러한 럭셔리브랜드들과 달리 무지호텔은 간결함의 미학을 기반으로 객실 내 미니바를 없애고 룸서비스도 제공하지 않는다. 대신 1층과 지하 식품 코너에서 도쿄 주변 산지의 신선한 재료로 만든 도시락과 블렌딩 티를 제공하며 '집 같은 편안함'이라는 핵심가치에 대한 소통에 주력하고 있다.

브랜드 가치를 전달하는 앤트로폴로지 매장

앤트로폴로지Anthropologie는 얼반 아웃피터스Urban Outfitters의 브랜드로 웨인Wayne 펜실베이니아Pennsylvania에 문을 연 후 20년 이상 사랑받아 온 라이프스타일 브랜드이다. 이 브랜드는 여성 의류, 액세서리, 가구, 홈데코, 오브제 등 아이템을 소개하는 패션 & 인테리어 편집숍으로 독특한 매장 디스플레이와 친환경적 콘셉트로 고객을 유혹한다. 특히 다양한 문화를 넘나드는 에스닉한 예술적 감각이 돋보이는 윈도 디스플레이는 앤트로폴로지 VMD의 스케일과 디테일을 절묘하게 조화시켰다는 평을 듣는다. 그들은 매장을 고객이 방문하고 싶고 머물고 싶은 공간으로 구성하기 위해 연출된 편안함을 제공하는 것이 특징이며 브랜드 이미지에 어울리는 사진집이나 요리 서적 등도 판매한다. 이 브랜드의 디스플레이는 아트, 자연, 재활용, 원시성, 색채감, 의외성 등을 접목시켜 예술성을 인정받으며 독보적인 영역을 구축하고 있다.

앤트로폴로지는 고객에게 아름다움과 긍정적 에너지, 새로운 발견에 대한 감각과 감성을 전달하고자 하며 일상의 탈출구, 영감과 즐거움의 원천이 되는 것을 목표로 한다. 이를 위해 아티스트의 작품을 전시하는 웹사이트 더 앤트로폴로지스트The Anthropologist를 개설하여 데이빗 유스터스David Eustace, 앤드루 주커만Andrew Zuckerman, 제인 챔피온Jane Campion, 도나 드마리Donna DeMari 등의 작품을 선보이고 있다. 앤트로폴로지스트라 불리는 재능 있는 아티스트들은 홈데코 아이템 제작에도 참여하여 손으로 특별한 제품을 탄생시키거나 컬래버레이션에 참여한다. 이처럼 앤트로폴로지는 상상할 수 없는 경험Unimagined Experience이라는 정책 아래 에스닉하고 빈티지한 스타일을 패션부터 아트, 엔터테이닝까지 반영하여 종합 문화예술 공간으로 자리매김했다.

자료: 앤트로폴로지 홈페이지(Anthropologie.com)

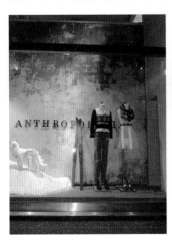

맨해튼 매장 겨울 시즌 디스플레이

(2) 차별적 체험환경 제공

독특한 오감 체험이 가능하며 해당 브랜드만의 고유성을 보여 주는 공간은 고객의 관심을 얻는다. 매장 내의 독특한 시각적·청각적·후각적·촉각적·미각적 자극은 고객이 더 오랫동안 매장을 기억하게 한다. 노스페이스가 영등포 타임스퀘어 내 팝업스토어에서 진행했던 "우리의 겨울은 밖에 있다"라는 프로모션은 좋은 예이다. 피팅룸에서 옷을 갈아입고 난 고객이 열린 문으로 나오면 눈이 쌓인 정경이 펼쳐져 패딩 점퍼의 보온성을 체험하면서도 즐거움을 느낄 수 있는 매장 설계를 한 것이다. '노스페이스 다이노월'은 노스페이스가 클라이밍 체험을 제공하기 위해 만든 공간으로, 1~2층에는 노스페이스 매장이, 4층에는 클라이밍 공간이 있다.

한편 자동차브랜드 렉서스~LEXUS~가 뉴욕, 도쿄, 두바이 등지에서 선보이고 있는 '인터섹트 바이 렉서스~INTERSECT by Lexus~' 카페는 렉서스를 라이프스타일 브랜드로 확장하기 위한 공간 설계를 보여 준다. 이 카페에서는 렉서스 차량 디자인을 곳곳에 적용하고 4~6개월마다 셰프, 음식, 인테리어를 교체하여 신선한 체험을 지속적으로 할 수 있도록 돕는다. '렉서스 미트…~Lexus Meet…~' 매장에서는 자동차를 타는 동안 자동차가 '주ᾰ'라는 개념을 바탕으로 핵심고객의 라이프스타일에 맞는 생활 잡화, 패션 잡화, 향기 제품 등을 자동차와 함께 판매한다.

사진 12.1

차별적 체험환경을 제공하는 매장들

DIY 만들기 체험이 가능한 MYSHELL 매장

맞춤형 제작과 수선서비스를 시각적으로 보여주는 프라이탁 매장

사진 12.2
벤츠 카페와 굿즈샵

(3) 유연하고 효율적인 매장 내부 디자인

매장 내 구획을 나누어 상품군이나 브랜드를 배치하던 방식을 탈피하여 매장 구성에 유연성과 효율성을 더한 설계가 각광받고 있다. 갤러리아 웨스트가 브랜드 간 매장 구획을 없애고 오픈형 공간을 구성하여 매장 전체의 통일감을 주며 다양한 브랜드를 조화 있게 배치하여 호평받은 이후, 많은 매장들이 유연성을 살린 매장 운영에 초점을 두고 있다. 이들은 매장별 간판을 없애고 전체 매장의 조명과 집기에 통일감을 주고 있다. 이로 인해 특정 선호 브랜드 매장만 방문하던 고객의 쇼핑습관을 바꾸고, 상품 중심으로 다양한 브랜드를 살펴볼 수 있게 했다. 최근에는 공간의 활용도를 높이고 지속적으로 변화하는 소비자 요구를 충족시키기 위하여 디스플레이, 이벤트, 용도, 제품믹스 등을 수시로 바꾸는 전략이 확산되고 있다. 이를 주변 환경에 맞추어 계속 변한다고 하여 '카멜레온존'이나 '카멜레존'이라고 부르기도 한다.[2] 무지코리아는 서울 영풍문고 종로 본점 내에 'MUJI 영풍종로점'을 오픈하였는데 여기서는 패션과 서점 브랜드가 결합되고 유연성이 강화된 매장을 선보이며 자수 서비스, 스타일 어드바이저 서비스 등 특화 서비스를 함께 제공한다. 의류기업 세정은 물류센터와 아웃렛 매장 용도로 운영되던 공간을 복합 생활쇼핑 공간으로 변화시킨 '동춘 175'를 오픈하였다.[3]

이처럼 매장 유연성에 대한 긍정적인 반응이 커지면서 공유공간sharing space의 개념을 실천하는 사례들이 늘어나고 있다. 예를 들어 낮에는 세차장 마당이었다가 저녁에는 포장마차가 있는 공간이 되고, 주중에는 디자인 스튜디오였다가 저녁과 주말에는 다양한 예약제 식당으로 변신하는 사례들이 늘고 있다. 이와 같은 공간의 유연성은 고객들에게 새로움을 지속적으로 제공하는 동시에 비싼 임대료를 여러 사업자가 함께 부담할 수 있어 효율적이다.

고객에게 확실한 인지도를 얻은 온라인 브랜드들은 오프라인 매장 진출을 통해 O2O~Online-to-offline~ 연계 서비스를 강화하고 자신의 브랜드 정체성을 명확히 보여주기 위해 노력하고 있다. 연간 거래액 1조 원에 육박하는 온라인 편집숍 '무신사'는 마포구에 '무신사 테라스'를 오픈하였는데, 라운지, 키친, 숍, 파크 등 4개 존으로 공간을 구성하여 서울 도심을 360°로 조망할 수 있도록 하였다. 이는 다양한 입점 브랜드의 행사를 진행하는 공간으로 고객의 라이프스타일에 맞춘 경험을 오프라인에서도 제공한다.[4]

(4) 적절한 리테일 테크놀로지의 결합

차별적 체험환경은 디지털 기술과 결합하여 더욱 다채로운 경험을 제공한다. 매장 내 윈도의 디지털 디스플레이, 디지털 행어, 디지털 피팅룸 등 다양한 형태의 체험은 고객에게 기쁨을 준다. 스마트폰 앱과 연결된 디지털 피팅룸으로 의상과 액세서리를 소비자가 큐레이팅하고 소비자에게 실시간으로 제품을 추천해 주는 기술도 개발되었으며, RFID를 활용하여 상품 정보를 제공하고, 관심 있는 상품을 단상에 올리면 상품 설명과 패션쇼 화면 등이 스크린에 제시되기도 한다.[5]

증강현실기술 기반의 스마트 거울인 '매직미러~magic mirror~'는 고객이 제품을 착장하거나 헤어스타일을 바꾼 후의 모습을 보여 주어 제품이나 서비스 선택 전 구매결정을 도와주는 역할을 한다. 남성 그루밍 브랜드 중 하나인 '에익스~Axe~'는 아일

사진 12.3
나이키의 'House of
Innovation OOO' 뉴욕 매장

랜드 더블린에 '파인드 유어 매직Find your magic'이라는 팝업스토어를 열고 안면인식 기술을 이용하여 거울에 새로운 헤어스타일을 보여 준다.[6] 이탈리아 패션브랜드 구찌는 구찌 앱을 통해 스니커즈 에이스ace를 가상으로 착용해 볼 수 있는 증강현실 기술을 공개했다.[7] 롯데홈쇼핑도 가전가구 가상 배치 서비스인 'AR뷰'와 더불어 가상현실 기술을 활용해 실제 매장에 있는 것처럼 쇼핑이 가능한 'VRVirtual Reality: 가상현실 스트리트' 서비스를 제공한다.[8] AR/VR 시스템 도입은 제품에 대한 고객 불만을 줄이고 젊은 고객층을 유입하는 데 효과적이다.

이탈리아의 마트 체인 '쿱Coop'은 고객이 제품에 접근하면 센서가 이를 감지하여 제품의 제조 및 유통 과정 등의 정보를 스마트 거울에 보여 준다. 중국의 '바이두Baidu'는 매장에서 고객의 얼굴을 인식하여 성별, 연령, 표정을 분석하고 이를 바탕으로 메뉴를 추천하는 서비스를 선보였다. 롯데카드와 세븐일레븐은 손바닥 정맥 인증을 통해 정맥 혈액 속 헤모글로빈 패턴으로 사람을 인식하여 결제하는 핸드페이를 선보였다. 이러한 생체 정보는 개인의 고유 정보이므로 해킹 시 피해 우려가 커서 보안과 관련된 논란이 지속되고 있다.[9]

인건비 상승과 스마트 쇼핑 환경 발달에 따라 비대면 서비스를 원하는 소비자가 늘어나면서 무인점포는 더욱 늘어날 전망이다. 무인점포는 CCTV, 키오스크, 출입통제, 디지털보안 시스템을 갖추어 24시간 이용이 가능하면서 인건비도 절약할 수 있는 것이 장점이다. 중고제품을 판매하는 '파라바라'는 AK플라자 분당점에 중고 명품 자판기를 설치하여 호응을 얻은 후 롯데마트, 이마트24 등에서 평품 자판기 사업을 운영중이다. 더현대서울은 무인매장 '언커먼스토어PLAY'를 런칭하며 인플루언서들과 협업해 현대홈쇼핑, 현대리바트, 현대그린푸드 등 현대백화점그룹 계열사들의 다양한 라이프스타일 상품을 선보이는 오프라인 공간을 선보였다.[10] [11]

세탁 서비스 분야에서도 무인스토어가 늘어나고 있다. 런드리고LAUNDRYGO가 세탁물 수거 서비스를 개시하여 무인 세탁 서비스 시장을 공략하는 가운데, GS리테일도 세탁전문업체 크린토피아와 협력하여 무인세탁함을 설치하여 무인세탁서비스 경쟁에 가세했다.[12]

그러나 테스트가 부족한 상태에서의 과도한 스마트화는 문제를 야기하기도 한다. 세계 최초의 무인호텔로 기네스북에 기록된 헨나 호텔Henn Na Hotel은 로봇 직원의 활용으로 유명한데, 오픈 4년 만에 잦은 로봇 고장과 컨트롤 실패로 인해

사진 12.4
더현대서울의 언커먼스토어
PLAY(좌)와 GS더프레시×크
린토피아 무인세탁함(우)

240여 개에 달하던 로봇 직원을 절반으로 줄이고 사람으로 대체하는 등 시행착오를 겪었다.[13]

(5) 적절한 매장 개설 비용

매장 개설 시 비용에 대한 가이드라인을 찾기는 쉽지 않다. 일반 소매점의 경우 연간 매출액은 추정 개설 비용의 2~2.5배가 되어야 한다는 지표가 있으며, 점포 개설 비용의 15% 정도를 맞춤형 집기 제작비로 할당하는 것이 적합하다.[14] 매장의 성격이 플래그십 점포인지 다수 개설 매장 중 하나인지 등에 따라 매장 개설 비용의 기준은 달라지지만 연 매출액 추정치를 기준으로 가이드라인을 정한다.

2
매장 레이아웃과 동선관리

1) 매장 레이아웃의 중요성

매장 레이아웃 설계는 시설, 집기, 상품을 매장 내에 효과적으로 배치하여 상품 노출을 최대화하고 쇼핑에 쾌적한 환경을 제공하기 위한 것이다. 이를 통해 더 많은 고객을 유입하고, 객단가를 높이며, 근무 인원의 효율적 배치로 비용을 절감함으로써 투자 자본의 경제성을 높이는 것을 목적으로 한다. 점포 레이아웃은 매장의 전체적인 이미지, 고객 동선, 개별 상품의 진열에 영향을 미친다.

의류 매장의 경우 입구 부분에는 색채감이 있고 계절성이 있는 상품을 배치한다. 또한 오픈 디스플레이를 기본으로 하여 고객이 부담 없이 상품을 만져 볼 수 있도록 하고, 고객이 스스로 상품을 제자리에 가져다 놓을 수 있도록 진열한다. 가벼운 단품류를 전면에 배치하고 세트 의류와 코트류 등은 구석에 두어 고객이 매장 깊숙이 들어올 수 있도록 유도한다. 코디네이트되는 상품은 한 곳에 모아 연관 판매를 유도한다.

2) 매장 레이아웃 유형

(1) 자유형 레이아웃

자유형 레이아웃free-form layout은 고객들이 어떠한 방향으로든 자유롭게 움직일 수 있도록 편의성을 강화하고 고객에게 매장의 전체적인 이미지와 주력 상품을 한눈에 노출시키도록 하는 데 집중한 것이다. 주로 벽면을 이용한 진열 기법을 사용하며 면적당 진열 가능 상품 수가 적은 편이다. 섬 진열이나 다양한 모양의 쇼케이스를 사용할 수 있어 창의성 있는 매장 연출이 가능하다. 레이아웃 변경이 자유롭고 상품을 정면에서 볼 수 있어 상품 노출도도 크다. 고급 의류 매장이나 전문점에 주로 사용하는 레이아웃이다.

(2) 격자형 레이아웃

격자형 레이아웃grid layout은 점포의 공간 효율성을 높이고자 선반, 행어 등 상품 진열 집기를 직선형으로 병렬 배열하고 집기 사이에 고객이 움직일 수 있는 복도를 둔 것이다. 일반적으로 다양한 부문department에서 많은 종류의 상품을 취급하는 슈퍼마켓, 대형 할인점 등이 이러한 레이아웃을 채택하고 있으며 이를 이용하여 저비용으로 많은 양의 상품을 진열하고 고객이 원하는 부문의 상품을 쉽게 찾을 수 있다. 그러나 고객 수가 많은 경우 혼잡성이 가중되며 매장관리자가 한눈에 매장 상황을 파악하지 못하여 고객 응대가 늦어지고 더 많은 접객 직원이 필요하다는 단점이 있다. 매장이 커질수록 매장 구성이 단조로워지나 집기의 표준화를 통

그림 12.1
매장 레이아웃 유형

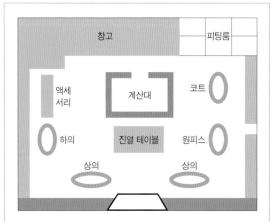

자유형 레이아웃

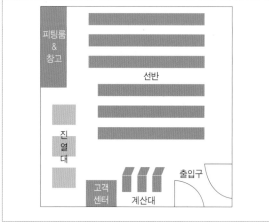

격자형 레이아웃

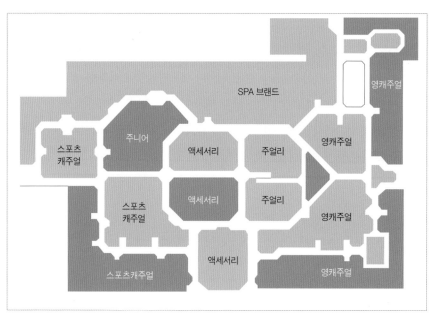

레이스 랙 레이아웃

해 경제성을 향상시킬 수 있다. 할인점의 경우 입구와 출구를 명확히 분리하여 고객들이 가능한 한 많은 공간을 이동할 수 있도록 설계하고 있다.

(3) 레이스 랙 레이아웃

레이스 랙 레이아웃race rack layout은 쇼핑센터나 대형 백화점에 적용되며 고급 패션 의류 취급 점포에 사용되는 방식이다. 주 통로를 환상형거북이등 모양으로 하고 주 통로와 보조 통로 폭은 명확히 차이가 나도록 한다. 통로에서 벽면까지 거리는 될 수 있는 한 짧게, 주로 8m 이내로 하며, 진열 집기는 통로에 약간 비스듬히 배치한다. 적절한 곳에 벽을 세우고 부문별 구역을 명확히 한다.

3) 매출을 높이기 위한 공간 구성[15]

(1) 공간 할당

매장 공간 구성의 기본은 공간 할당이다. 기본적으로 매출액 비중에 따라 매장 공간을 할당한다. 전체 매출의 60%가 여성 캐주얼웨어에서 나올 것으로 예측된다면 전체 매장 진열 면적의 60%를 해당 아이템에 할당하는 것이다. 그리고 나서 이윤이 많이 남는 아이템에 조금 더 많은 공간을 할당하는 방식으로 공간을 조절한다. 진열 선반의 길이당 또는 매장 면적당 매출액과 마진을 계산하여 이에 맞는 공간을 할당하면 된다. 전략적으로 중요한 상품이나 자사 브랜드 상품에 더 많은 공간을 할애하기도 한다.

(2) 스트라이크존

사람은 막다른 곳에 이르면 우회전하는 경향이 있다. 그다음 첫 번째로 만나는 상품의 가격과 품질을 살피는 경향이 있는데 이러한 공간을 스트라이크존strike zone이라 부르며, 이곳에 핵심 상품을 배치하면 된다. 스트라이크존을 지나면 고객은 매장 오른쪽에 시선을 두는 경향이 있으므로 이 섹션을 잘 활용해야 한다.

(3) 상품존 결정

여러 층에 걸친 매장의 경우 1층에서 멀어질수록 공간의 가치가 하락한다. 따라서 화장품, 향수 등 충동구매적 성향이 있거나 고가의 제품은 백화점 1층에 배치한다. 입구 가까이 충동구매를 유발하는 상품을 배치하면 외부로부터의 고객 유입에 도움이 된다. 할인 제품이나 꾸준한 수요가 있는 상품은 매장의 뒤편, 왼편, 혹은 상위층에 배치한다. 주로 2~3층으로 된 의류 매장의 경우 대폭 할인한 제품을 가장 상층에 위치시켜 고객이 매장 구석까지 들어올 수 있도록 유도한다. 또한 아동용품, 가구, 고객 서비스, 미용실 등 목적 구매 제품 역시 매장 안쪽에 배치하는 것이 일반적이다.

고객이 조용한 환경에서 집중하며 구매하는 상품의 경우, 유동고객이 적은 한산한 곳에 배치한다. 독특하고 비싼 예술품이나 여성용 란제리는 번잡하지 않은 곳에서 쇼핑하길 원하는 아이템이다. 많은 공간을 차지하는 가구는 상층의 유동인구가 적은 공간에 배치해야 하며, 커튼 같은 상품은 벽공간이 있는 곳에 배치하고, 다양한 사이즈를 구비해야 하는 신발의 경우에는 가까이에 창고공간을 두어야 하므로 아이템에 따른 공간 배치가 필요하다. 또한 연관하여 구매하는 상품들은 서로 가깝게 배치한다. 예를 들어, 남성용 셔츠와 넥타이를 함께 진열할 수 있으며, 최근에는 남성 정장용 실버 액세서리, 손수건, 문구류, 가방 등 백화점의 각 층에서 판매하던 것을 한 곳에 모아 판매하는 사례가 늘고 있다.

4) 동선관리

동선이란 매장 내에서 사람이 움직이는 방향을 말하며, 효율적인 동선 계획은 고객을 만족시키고 매출을 증대시킨다. 동선은 크게 주 동선, 부 동선으로 나누어지고 대상에 따라 고객 동선, 판매원 동선, 관리 동선 등으로 구분된다. 소매점에서 불필요한 혼잡성은 매출 하락과 직결되므로 의도한 동선에 따라 고객과 판매원이 이동할 수 있도록 설계해야 한다. 고객은 매장에 들어섰을 때 어느 방향으로 가야 할지 혼란스러운 것을 싫어하며 대개 우회전하는 경향이 있으므로[16] 이러한 특성을 파악하여 집기와 조명 등으로 동선을 확실히 유도해 준다.

(1) 기능에 따른 동선

주 동선 매장 내의 주 통로로 단순하고 넓어 내점객이 목적하는 곳까지 쉽게 갈

수 있게 한다. 일반적으로 동선의 폭은 2.4~3m 정도로 넓은 편이며, 점내에 진열·배치된 상품을 될 수 있는 한 많이 보여 주기 위해 매장 깊숙이 들어갈 수 있도록 계획한다. 내점객의 80% 이상은 주 통로를 따라 걷는다. 따라서 주 동선은 직선 유도를 통해 입구로 들어선 고객을 매장 안쪽으로 유도하여 전체를 둘러볼 수 있도록 하는 데 그 목적이 있다. 따라서 통로를 넓게 만들고 시원하게 뻗은 직선 형태의 동선을 유도함으로써 시각적인 개방감을 확보한다. 또한 매장 전체가 한눈에 들어오게 하여 어떤 상품이 어디에 있는지, 통로는 어떻게 구성되어 있는지를 알 수 있도록 계획한다.

부 동선 주 동선에 접한 보조 통로로 대개 폭이 2~2.5m이다. 연출성을 강화하여 고객이 자연스럽게 매장 구석까지 다니게 함으로써 가능한 한 매장에 오랫동안 머무르며 진열된 상품을 많이 볼 수 있도록 한다. 주 동선이 고객의 유도를 꾀한다면 부 동선은 내점객의 체류를 목적으로 한다.

(2) 대상에 따른 동선

고객 동선 매장의 입구에서 매장 안쪽에 이르는 고객의 흐름으로 길고 자연스러워야 한다. 입구 쪽에서는 고객이 들어가기 쉽고 부담감이 없도록 유도하며, 매장에 들어선 후에는 관심요소를 연결·배치하여 동선이 길어지도록 한다.

판매원 동선 고객 동선과 달리 짧은 것이 효과적이다. 매장 내 고객 대응을 원활히 하면서도 재고 검색, 계산, 다른 고객 응대를 빨리할 수 있도록 계산대에서 판매원의 시야를 넓게 확보하고, 상품을 빨리 찾고 꺼낼 수 있도록 창고와 가깝게 한다. 이 동선이 길면 판매원의 체력 소모가 많아 업무능률이 저하되며 고객의 대기 시간이 길어져 고객만족도가 떨어진다.

관리 동선 판매원 이외의 관리자가 지나다니는 동선이다. 브랜드 본사·백화점 등 유통업체 관리자, 상품 배달원, 택배 수발자 등의 동선을 포함한다. 이 동선은 짧으면서도 매장 내의 고객을 방해하지 않도록 계획해야 한다.

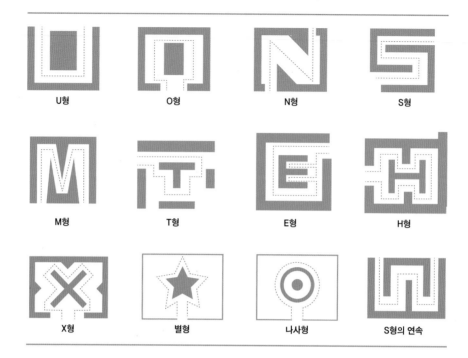

그림 12.2
동선의 형태

(3) 동선의 형태

다양한 형태의 동선 구성은 알파벳 형태로 표현할 수 있다. 의류 전문점의 경우 매장을 한눈에 둘러볼 수 있는 O형이 흔히 사용된다. 대형 매장의 경우에는 공간 효율성을 고려하여 많은 선반을 배치하기에 좋은 E형 등이 자주 활용된다.

3
매장디자인
요소

1) 매장 외부 디자인 요소

(1) 건물과 조경

매장 외부 디자인 요소에서 건물 자체와 주변 시설, 건물의 기본적인 조경은 매장의 이미지와 가격대를 가늠하게 해 주는 역할을 한다. 일반적으로 매장의 위치나 건물의 고급스러움은 상품의 가격을 짐작하게 하는 주요 기준이지만 최근에는 이러한 고정관념이 깨지고 있다. 글로벌 SPA 브랜드는 중저가 상품을 취급하면서도 핵심 쇼핑지의 고급 매장이 주로 들어서던 입지를 차지하는 전략을 추구한다.

적당한 쇼핑 지역의 잘 정비된 규모 있는 건물에 입점하는 것은 브랜드의 신뢰에 영향을 미치며 고객으로 하여금 쇼핑 시 느끼는 심리적 혜택을 더해 준다. 주변 경관과 조화로운 매장 설계는 매장의 품위를 높인다. 공원 주변, 고택 주변, 리조트 주변의 소매점은 주변 경관과 어울리는 외관으로 디자인하여 친근하고 사려 깊은 접근 방식을 어필해야 한다. 또한 밤에는 매장 외부 조명을 이용하여 건물을 아름답고 환상적으로 연출하거나, 시즌 행사나 크리스마스 등 특별한 분위기 연출이 필요한 시기에는 배너, 네온사인, 장식조명, 미디어 아트 등으로 외관을 꾸미기도 한다.

(2) 간판과 파사드

파사드_{facade}는 건물 또는 매장의 외부 정면을 말하며 고객이 매장 안으로 들어가기 전에 가장 먼저 시선을 주는 곳으로 매장과 상품의 이미지를 표현하는 도구이다. 따라서 매장과 브랜드의 특징을 전달하는 독창적인 외관 연출이 필요하다. 간판_{sign board}은 매장의 얼굴로 매장 이미지를 표현하는 중요한 수단이며 간판의 크기나 색상, 재질, 서체 등이 모두 영향을 미친다. 멀리서도 한눈에 알아볼 수 있도록 특징적이면서도 해당 브랜드나 매장의 콘셉트 및 이미지와 동일하게 제작되어 차별화된 개성이 나타나야 한다.

(3) 장식깃발과 어닝

실외에 설치하는 장식깃발_{banner}은 가격이 저렴하고 다양한 색상으로 시선을 끌 수 있다는 장점이 있다. 시즌이나 프로모션이 바뀜에 따라 교체하면 새로운 분위기를 연출할 수 있다. 동일한 로고타이프나 그래픽 디자인을 쇼핑백 등에 사용하여 홍보효과를 높이기도 한다. 차양막인 어닝_{awning}은 매장 입구 상단에 설치되어 비나 햇볕을 가리는 용도로 사용되는데 이것의 컬러를 이용하여 매장의 아이덴티티를 강조할 수 있다.

2) 매장 내부 디자인 요소

(1) 쇼윈도

쇼윈도_{show window}는 매장 입구에서 가장 먼저 고객의 시선을 끄는 곳으로 시즌 테마와 진행하고 있는 프로모션을 알리고, 대표상품을 제시하여 브랜드 이미지를 표현하는 공간이다. 폐쇄형 윈도는 양옆과 뒷면이 막혀 있어 시선을 집중시키고 극적인 흥미를 유발하는 디스플레이를 할 수 있다는 장점이 있다. 개방형 쇼윈도는 매장 안이 들여다보여 매장의 상품과 고객의 분위기를 보여 줄 수 있다. 쇼윈도와 바닥 면을 지면보다 높게 할 경우 대상물의 시점을 높여 주어 지나가는 고객이 상품을 보기가 용이해진다.

(2) 진열용 집기

진열용 집기_{display fixture}는 점포 내에 비치되는 상품의 진열 및 연출 도구로 점포의 개성을 살리고 이미지를 창출하는 데 큰 역할을 한다. 집기는 상품을 보기 좋게 하고 만져 보기 쉽게 하며, 정리 및 관리하기 쉽도록 진열할 수 있는 것을 선택해야 한다. 또한 소품이나 POP 등 다른 구성 요소들도 적절히 배치할 수 있는 집기를 선택해야 한다. 집기는 상품을 적재하는 창고의 역할과 고객에게 동선을 제시하는 역할도 수행하므로 상품과 존의 분류를 쉽게 인지할 수 있는 것이 좋다. 규격이 표준화되고 모듈화되어 공간 조정에 따라 집기의 분리·합체가 가능한 것들이 경제적이면서 다양한 효과를 얻을 수 있다. 이 경우 상품의 진열 형태를 한눈에 파악할 수 있고 체인화 매장에서는 더욱 일관된 브랜드 이미지를 심어 주기에 적합하다. 또한 상품의 색과 재질감이 돋보이며 견고하고 내구성이 높아 수선이 용이하고 관리비용이 적게 드는 것이 좋다.

행어 의류 매장의 기본 진열 도구로 여러 상품을 진열하여 색상을 비롯한 상품 구색을 보여 주고 고객들이 접근하여 만져보기 쉽게 한다. 종류로는 일자 행어_{straight hanger}, 원형 행어_{round hanger}, T자 행어_{t-hanger}, 사방 행어_{four-way hanger} 등이 있으며 이를 이용하면 많은 물량을 스타일과 색상에 따라 진열할 수 있다.

디스플레이 테이블 다양한 방식으로 제품을 강조하거나 분위기를 연출하여 점포의 이미지를 결정하는 중요한 연출공간이다. 상품을 바닥에 펼치거나 쌓는 방식으로 상품 진열의 높낮이를 조절할 수 있다. 매장의 중앙 혹은 아일랜드 형태의 디스플레이 테이블을 두어 자연스럽게 고객 시선과 동선의 흐름을 유도할 수 있다.

선반 선반은 벽면 등에 설치하여 상품을 다양한 형태로 얹어 진열하는 도구이다. 상품의 크기에 따라 다양한 연출이 가능하며 위치에 따라 비어 있는 공간을 메우며 고객의 시선을 유도할 수 있다. PP 및 IP의 연출뿐만 아니라 재고 보관에도 용이한 도구이다.

간이 이동 매대 바겐세일을 할 때나 기획상품을 판매할 때 원래 가격보다 저렴한 느낌을 주어 시선을 모으기 위한 집기이다. 매대 아랫부분에 충분한 재고를 보관할 수 있는 공간을 확보해야 한다. 매장에서 사용하는 집기 디자인과 색상 등을 통일하여 매장 콘셉트와 어울리는 것을 선택해야 한다.

마네킹 마네킹은 크기, 연령, 인종, 화장, 헤어스타일, 자세 등이 다양하며 구매또는 제작 비용이 높은 편이다. 유행에 따라 주기적으로 교체하므로 구매를 신중하게 결정해야 한다. 종류로는 화장을 하거나 가발을 쓴 사실적 마네킹, 사실적 마네킹보다는 인체 표현이 생략되고 가발을 쓰거나 화장을 하지 않은 추상적 마네킹, 두부를 생략한 머리 없는 마네킹 등이 있다. 이 밖에도 마네킹 대용품으로 팔과 다리 없이 몸통만 있는 토르소, 입체재단에 사용하는 드레스폼, 팔 부분이 나무로 되어 있고 관절 부분이 구부러져서 자연스러운 포즈가 가능한 관절 보디, 플라스틱 튜브로 인체를 표현한 튜브형 보디, 스탠드형 옷걸이 등이 있다.

(3) 접객용 집기

계산대 계산대cashier에서는 구매 결정과 지불이 이루어지며 상품을 보여 주고 포장하는 기능을 수행하는 곳으로 판매원과 고객 사이의 원활한 소통을 돕는 구조여야 한다. 작은 액세서리 등 관련 상품을 진열하여 충동구매를 유발할 수 있는 중요한 장소이다. 주로 관리자가 머무는 곳으로 매장의 전면이 한눈에 들어오는 구조여야 매장을 둘러보는 고객을 응대할 수 있고 매장의 보안 상태도 쉽게 관리할 수 있다. 도난이나 파손 및 오염의 우려가 높은 상품은 잠금장치가 달린 유리 케이스 안에 따로 두기도 한다.

드레스룸 고객이 자유롭게 의상을 입어보고 평가하는 개인적인 공간으로 고객의 편리를 위해 공간을 연출하고 상품의 도난 및 오염을 방지하는 장치를 염두에 두어야 한다. 드레스룸은 매장의 공간 여유, 상품의 특성 등에 따라 거울을 드레스룸 내부 또는 외부에 부착한다. 드레스룸 안에는 옷이나 소지품을 걸어 두는 데 필요한 집기를 갖춘다.

고객 휴게공간 고객의 매장 체류 시간이 길수록 구매액도 증가하므로, 고객이 원할 때 휴식을 취할 수 있는 공간을 제공하는 것은 매우 중요하다. 매장에 소파와 테이블을 배치하여 고객이 쉴 수 있도록 하는 것은 물론 곳곳에 휴식을 취할 수 있는 공간을 마련해 두는 게 좋다. 메이시스백화점은 여성 고객이 옷을 갈아입는 동안 동반한 남성이나 아동이 편히 쉴 수 있도록 소파와 대형 TV, 게임기를 배치하는 등 세심한 공간 설계로 주목받았다. 아동이 많이 방문하는 매장의 경우 플레이룸을 설치하여 오랜 시간 매장에 머물 수 있도록 유도하기도 한다.

고객 대기공간 고객 서비스가 강화되면서 고객 대기공간에 대한 배려도 커지고 있다. 우수고객용 발레파킹 서비스 대기공간, 고객 라운지, 엘리베이터 대기 공간 등 고객의 발길이 닿는 많은 공간이 유통업체의 이미지를 심어 주는 데 매우 중요한 장소가 된다. 이러한 공간의 집기 효율성과 고급감은 유통업체의 이미지에 적합한 것이어야 한다.

(4) 색채 계획
색채는 시각을 자극하는 요소 중 가장 중요하며 매장의 이미지를 창출하고 고객을 유인하는 데 큰 영향력을 미친다. 의류상품의 경우 상품 자체의 색상이 다양하고 이를 효과적으로 돋보이게 하는 것이 중요하므로 매장 내의 색채 계획을 밝은 무채색 계열로 하는 것이 대부분이다. 그러나 윈도 디스플레이, 아동복 매장,

테니스 콘셉트의 의류매장 P_LABEL

그린컬러를 이용한 스타벅스 매장

사진 12.5
자신만의 콘셉트를 드러내
는 매장

콘셉트가 강한 편집숍 등에는 다양하고 강한 색채를 사용하여 고객의 시선을 자극하고 매장의 차별화를 돕기도 한다.

　매장의 색채 계획 시에는 고객의 연령, 성별, 라이프스타일 등을 고려하여 계획하고 벽, 바닥, 집기의 색상과 재질감 등이 조화를 이루도록 한다. 여자아이를 대상으로 하는 아메리칸 걸 플레이스_{American Girl Place} 매장은 다양한 톤의 핑크와 아이보리 컬러를 사용하여 여자아이를 위한 브랜드임을 명확히 전달한다.

(5) 조명 계획

조명은 상품을 돋보이게 하고 매장의 전체 분위기 형성에 기여한다. 조명 설계는 조명의 형태, 조도, 연색성을 조절하여 적절하게 해야 한다. 조명 기구는 형태에 따라 우아함, 고급스러움, 실용성, 세련미, 활동성, 이국적인 느낌 등의 감성을 연출할 수 있다. 연색성 측면에서는 형광등의 빛이 실용적이고 밝은 느낌을 주며, 백열등의 빛은 따뜻하고 고급스러운 느낌을 준다. 기본 조명은 적절한 조도를 유지해야 고객과 판매원의 피로도를 줄일 수 있으며, 중점 상품과 고급 상품에는 강한 조명을 사용하고 다른 상품에는 조금 낮은 조도를 사용하는 것이 좋다. 이처럼 조도의 강약을 조절하여 고객이 어디를 중점적으로 봐야 하는지에 대한 정보를 자연스럽게 전달한다. 너무 밝지도 어둡지도 않은 적당한 수준의 조명을 위해서는 다양한 램프와 광원을 알맞은 자리에 배치시켜 종합적인 효과를 낸다. 조명에 따라 상품의 색이 달라 보이므로 피팅룸 근처의 조도는 가능한 한 자연광과 유사한 것을 선택하여 고객이 상품의 색상을 정확히 식별할 수 있도록 도와야 한다.

　조도는 조명의 밝기를 말하는 것으로 매장의 적절한 밝기는 매장의 이미지와 규모 등에 따라 달라진다. 보통 입구를 환하게 밝혀 고객의 이목을 끌고 안으로 유인하기 위해 매장 안쪽으로 갈수록 밝게 하는 것이 효과적이다. 구매 의욕을 높이기 위해서는 쇼윈도를 주위 조도보다 3~5배 더 밝게 하면 좋다. 집기나 스테이지 등 상품이 진열되어 있거나 특별히 연출한 부분은 바닥면보다 2~3배 더 밝게 하여 부각시키고, 통로나 바닥 같은 곳은 상대적으로 더 어둡게 하여 자연스럽게 상품 쪽으로 고객의 시선을 유도한다. 조도를 조절할 때는 반사에 의한 눈부심이 생기지 않도록 조명의 각도를 조절한다.

4
매장 연출

1) 진열관리

인간의 시선이 가장 쉽게 머무는 공간에 상품을 중점적으로 배치하고 고객의 손이 닿을 수 있는 범위에 만져 볼 수 있는 상품을 배치하는 것이 중요하다. 유효 진열 범위란 효과적인 상품 진열이 가능한 범위이며 고객이 보기 쉽고 구매하기에 편리한 위치를 말한다.

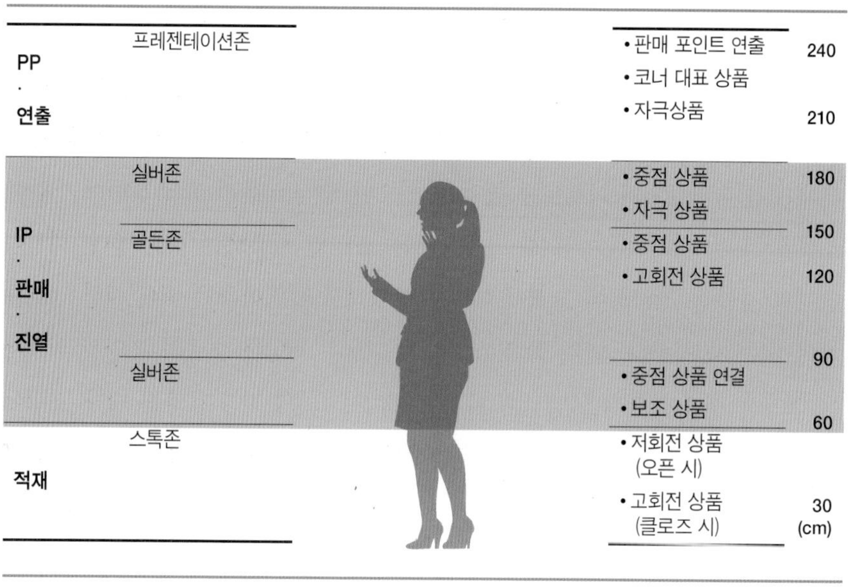

	프레젠테이션존		
PP · **연출**		• 판매 포인트 연출 • 코너 대표 상품 • 자극상품	240 210
IP · **판매** · **진열**	실버존	• 중점 상품 • 자극 상품	180 150
	골든존	• 중점 상품 • 고회전 상품	120
	실버존	• 중점 상품 연결 • 보조 상품	90 60

적재	스톡존	• 저회전 상품
		  (오픈 시)
		• 고회전 상품
		  (클로즈 시)
			30
			(cm)

그림 12.3
골든존의 범위

(1) 골든존의 범위

골든존은 시선이 가장 쉽게 머물고 상품을 만지기 쉬운 높이로 바닥으로부터 0.9~1.5m까지를 말한다. 여기에는 고회전 상품과 판매 중점 상품을 배치한다. 실버존은 그보다 높거나 낮은 높이로 보통 바닥에서 1.5~1.8m 또는 0.6~0.9m까지를 말한다. 이곳에는 중점 상품과 연관도가 높은 관련 상품을 두고, 높은 실버존의 경우 손이 닿기는 어려우나 시선은 쉽게 머무르므로 자극 상품 혹은 신상품을 배치하는 것이 좋다. 1.8~2.4m까지는 프레젠테이션존으로 자극 상품 및 그 구역의 대표 상품을 배치하여 먼 곳에서도 이 구역의 상품 특색을 알아볼 수 있도록 한다. 반대로 바닥에서부터 하단 실버존까지는 재고를 보관하는 장소로 활용하며 고회전 상품의 손쉬운 교체를 위하여 재고 여유분을 배치한다.

(2) 3차원 효과

상품을 3단계로, 즉 입구, 중앙, 벽면에 가까이 갈수록 높이를 달리하여 진열하면 많은 상품을 보여 줄 수 있다. 매장 안쪽 벽면으로 갈수록 선반이나 행어가 높아지도록 설계하여 매장 입구에서 가능한 한 많은 상품이 보이도록 하는 전략이다.

사진 12.6
3차원 효과 진열 사례

(3) 상품 진열 방법

정면 진열_{face out} 옷의 정면이 보이도록 정렬하여 전체적인 모양을 한눈에 볼 수 있게 한다.

측면 진열_{shoulder out} 옷의 측면인 어깨와 소매만 보이도록 정렬하는 방법이다. 행어에 많은 상품을 진열하는 데 주로 사용되며 스타일, 색상, 패턴, 사이즈에 따라 진열하여 소비자들이 손쉽게 자신에게 맞는 것을 선택할 수 있다. 측면 진열 시 일반적으로 시선의 흐름이 왼쪽에서 오른쪽으로 이동하므로 색상은 밝은색부터 어두운색 순으로, 상품 크기는 작은 것부터 큰 것 순으로, 문양이 없는 것부터 큰

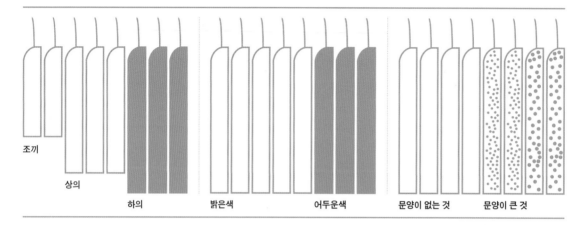

조끼

상의

하의

밝은색

어두운색

문양이 없는 것

문양이 큰 것

그림 12.4
상품의 측면 진열

것 순으로, 상품 수량이 적은 것부터 많은 것 순으로 정리하면 자연스럽다. 또한 행어에 거는 상품의 양은 걸린 옷을 모두 한쪽 방향으로 밀었을 때 약 1/3 정도의 공간이 남을 정도가 좋다.

접이 진열folded 셔츠, 머플러 등을 접어서 진열하는 방법으로 정리된 모습을 보여줄 수 있으나 고객이 상품을 만지는 데 부담을 느끼므로 측면 진열과 병행하는 것이 좋다. 주로 선반에 이 방법을 사용하는데 선반 칸 높이의 절반에서 2/3 내외로 진열하는 것이 적당하다. 남은 상품의 양이 들쑥날쑥할 경우, 시선이 먼저 가는 왼쪽의 양이 오른쪽보다 적어야 안정적이다. 마찬가지로 선반 위의 양이 가장 적고 아래 칸으로 갈수록 많아져야 안정적이다.

사진 12.7
상품의 전면, 측면, 접이 진열

2) 매장 분위기 연출

소비자의 87%가 시각에 의해 구매자극을 받지만 후각, 청각, 촉각, 미각 등 오감을 통한 매장 분위기 연출도 고객의 긍정적 감정을 유발하여 구매로 이어질 가능성이 크다. 시세이도의 5S 매장은 오감을 활용하여 고급스러운 매장 분위기를 연출한 좋은 예이다. 이 매장은 화장품 소매점보다는 갤러리를 연상시키는 외관을 통해 상위 계층의 소비문화를 선도한다는 이미지를 제공한다. 매장 내부에 시 낭송이나 자연의 소리를 틀어 놓고, 아름다운 색상과 이미지의 비디오를 설치하여 고급스러움을 전달하려고 노력한다.

(1) 조명

조명은 감정을 불러일으키는 데 중요한 역할을 하며 주목할 만한 상품을 강조하여 고객의 시선이 움직여야 하는 방향을 제시해 준다. 독특한 조명기구는 매장의 특징이 되기도 하고, 디지털 스크린은 매장에서 정보 전달과 조명의 역할을 모두 수행하기도 한다. 매장 전체의 조도를 높이는 밝은 조명은 젊고 발랄하며 청결하고 가격이 저렴하다는 느낌을 줄 수 있다. 반대로 조명의 조도가 낮으면 분위기가 있고 아늑하며 따스하고 집중되는 느낌을 준다. 조명 전략은 타깃과 콘셉트에 맞게 설정한다.

(2) 음악

음악의 장르, 분위기, 템포는 매장의 콘셉트를 명확히 드러내는 데 자주 사용된다. 중장년층을 대상으로 하는 고가 제품 매장의 경우, 고객의 귀를 자극하지 않으면서 매장에 오래 머무를 수 있도록 고급스럽고 평온한 느낌의 경음악을 배경음악으로 사용한다. 젊은 연령층을 대상으로 하는 중저가 캐주얼 제품 매장에는 비트가 있고 템포가 빠른 곡을 배경음악으로 사용하여 고객이 생동감과 즐거움을 느끼도록 유도한다. 음악의 템포에 따라 고객의 발걸음이 달라지므로, 날씨나 혼잡성에 따라 템포를 달리하여 고객의 흐름을 조절하기도 한다.

(3) 향기

향기는 감정을 불러일으킨다. 특정한 향기는 특정한 기억을 유발하므로 의류 소매점들은 향기 마케팅에 적극적이다. 빅토리아 시크릿이나 애버크롬비앤피치 등은 매장에 특정 향기를 지속 분사하여 고객이 매장에 대한 기억을 쉽게 떠올릴 수 있게 한다. 시트러스향, 플라워향, 머스크향, 오크향 등 연출하고자 하는 분위기에 따라 어울리는 향기를 선택할 수 있다. 대형 백화점이나 할인점의 경우, 청소용 세제에 자사의 향기를 넣어 청결하면서도 독특한 향기를 발산하는 전략을 취하기도 한다.

(4) 핵심 컬러

브랜드 아이덴티티의 핵심 컬러는 상품 패키지뿐만 아니라 매장 내부에도 사용된다. 매장 외관은 고객에게 동일한 이미지를 전달하기 위하여 브랜드의 핵심 컬러로 장식되는 경우가 많다. 그러나 컬러는 독점 사용이 불가능하므로 동일한 컬러의 다른 매장이 존재할 경우, 매장 이미지에 혼란이 생길 수 있다.

(5) 판매원

판매원의 외모, 의상, 태도는 매장 분위기를 구성하는 주요 요소이다. 애버크롬비앤피치는 모델 같은 젊은 남녀를 판매원으로 채용하여 매장 안에서 자연스럽게 클럽 음악에 맞추어 춤을 추거나 어두운 조명 아래 자유로운 분위기 속에서 고객에게 친근하게 다가가도록 했다. 매장 외부와 입구에 멋진 외모의 판매원들이 서 있게 하고 거리 홍보전을 열어 고객과 즉석 사진을 찍는 등 판매원을 통해 브랜드 이미지를 확실히 각인시킨 것이다.

(6) 촉각

매장 문 손잡이의 독특하고 고급스러운 질감, 매장 인테리어에서 시각적으로 느껴지는 질감, 손에 닿는 집기에서 느껴지는 질감은 매장에서의 경험을 특별하게 만든다. 소파, 행어, 옷걸이, 피팅룸, 카펫 등에서 느껴지는 촉각은 매장이 고급스러움을 추구하는지 또는 실용성을 추구하는지를 암시해 준다.

무인양품에서 운영하는 카페

엘르에서 운영하는 카페

사진 12.8
의류 유통과 식음료 사업을
병행하는 사례

(7) 미각

미각은 패션상품을 통해 직접적으로 제공할 수 없다. 하지만 다수의 브랜드가 자체 브랜드명을 딴 카페나 레스토랑을 함께 오픈하여 매장 내 집기와 인테리어 감각에서 패션브랜드의 특성이 느껴지게 하는 전략을 취하고 있다. 장시간 쇼핑에 지친 고객들에게 트렌디한 디저트를 제공하여 또 다른 홍보효과를 노리는 패션브랜드가 늘고 있는 것이다. 무인양품$_{MUJI}$ 같은 라이프스타일 브랜드나 백화점 및 할인점의 경우 자체 브랜드 포장 음식을 출시하면서 미각을 공략하려는 움직임을 강화하고 있다.

참고 문헌

1) 무지 홈페이지(www.muji.com/jp/ginza)

2) 문정원(2018, 11. 28). 소비자 머물게 하는 오프라인 매장 '카멜레존' 인기. 이데일리

3) 2019년 대한민국 패션 시장을 관통하는 비즈니스 키워드 10(2019, 1. 1). 패션엔

4) 전종보(2019, 8. 8). 무신사, 오프라인 '무신사 테라스' 오픈. 어패럴뉴스

5) 유재부(2018, 1. 22). 패션기업들이 주목해야 할 4차 산업혁명 5대 핵심 키워드. 패션엔

6) 백성요(2017, 8. 11). 헤어스타일 체크하는 '스마트 거울'과 인공지능·로봇 활용한 마이크로 물류. 녹색경제신문

7) 허유형(2019, 7. 1). 구찌, 앱을 통해 가상으로 스니커즈 착용하는 증강현실(AR) 공개. 패션엔

8) 안희정(2019, 5. 9). 롯데홈쇼핑 "앱에서 AR·VR 체험하고 구매하세요". ZD Net Korea

9) 황지영(2019). 리테일의 미래. 인플루엔셜

10) 오선애(2023, 11. 12). 현대백화점, 더현대 서울 O4O매장 '언커먼스토어PLAY' 오픈. 파이낸셜포스트

11) 이서연(2022, 1. 21). 패션계에 부는 무인 매장 바람, 3~4년 내 확산 예상. 한국섬유신문

12) 이주형(2023, 1. 27). GS리테일, '무인세탁함' 서비스 도입. THE ASIAN

13) 최인준(2019, 4. 5). 세계 첫 무인 운영한 日호텔, 로봇 직원 절반 해고. 조선비즈

14) Rubinfeld, A., & Collins, H.(2005). Built for growth: Expanding your business the corner or across the globe. Upper Saddle River, NJ: Pearson Education, Inc

15) Levy, M., Weitz, B. A., & Grewal, D.(2018). Retailing management(10th ed.). New York: McGraw-Hill

16) Rubinfeld, A., & Collins, H.(2005). Built for growth: Expanding your business the corner or across the globe. Upper Saddle River, NJ: Pearson Education, Inc

사진 출처

COVER STORY ⓒ 저자
사진 12.1 ⓒ 저자
사진 12.2 ⓒ 저자
사진 12.3 ⓒ Nike News
사진 12.4 ⓒ 현대백화점, GS리테일
사진 12.5 ⓒ 저자
사진 12.6 ⓒ 저자
사진 12.7 ⓒ 저자
사진 12.8 ⓒ 저자

13

고객 서비스관리와 CRM

유통업체 간 경쟁이 치열해지면서 고객의 서비스 기대
수준은 날로 높아지고 있다. 소셜미디어를 통한 구전
의 힘을 악용하는 블랙 컨슈머가 늘어남에 따라 유통
업체들은 다양한 미디어를 이용하여 고객 정보를 수
집하고 이를 바탕으로 우량고객과 악덕고객을 구별하
는 마케팅 접근을 시도한다. 이 장에서는 고객 서비스
관리와 CRM에 대해 제시하고, 고객의 유형별 서비스
관리 방법에 대해서도 알아본다. 또한 고객 서비스 품
질 평가와 고객 불만관리 방법에 대하여 제시한다. 최
근 중요성이 강조되는 유통업체의 빅데이터 활용 현
황을 살펴보고, VIP 고객을 위한 특화 서비스 방법에
대해서도 알아본다.

빅데이터 기반 패션 플랫폼이 대세 '지그재그'

여성 쇼핑몰을 모아 제공하는 앱 전용 플랫폼 서비스 '지그재그Zigzag'가 출시 4년 만에 누적 거래액 1조 3,000억 원을 넘겼다. 지그재그는 패션테크기업 크로키닷컴에서 운영하고 있는 서비스로 3,500개의 쇼핑몰 정보를 제공한다. 월간 이용자 수가 250만 명을 웃도는데 고객 연령대는 10~20대 여성에 집중되어 있다. 최근 닐슨코리아가 발표한 전자상거래분석보고서에는 이용자 수를 기준으로 한 전자상거래 업체 순위가 담겨 있는데 모바일 앱 기준으로 지그재그가 11번가, 위메프 등을 제치고 10대 소비자군에서 2위에 오를 정도로 젊은 소비자층에게 영향력이 막강하다.

지그재그의 강점은 빅데이터 기반 알고리즘과 온라인 쇼핑몰 정보를 긁어오는 크롤링 기술을 활용하여, 구매자 특징과 구매 이력에 맞는 제품을 고객에게 제안하는 것이다. 고객이 신상 정보 외에 원하는 취향과 콘셉트 관련 몇 가지 정보를 입력하여 회원 가입을 마치고 나면, 고객의 취향을 반영한 큐레이션 서비스를 가동하여 제품을 제안한다. 지그재그의 개인 추천 알고리즘은 나이나 스타일 등 개인 특성을 나타내는 '유저 메타 데이터', 장바구니와 구매이력 중심의 '행동 데이터', 상품속성 정보의 '콘텐츠 메타 데이터', 유사 상품 구매 수와 평점 근거의 '사회적 근거 데이터' 등 4종의 데이터를 기반으로 만들어진다. 이러한 요소를 결합한 알고리즘을 바탕으로 유저의 구매행동을 예측하여 적절한 상품을 노출시키는 것이다. 상품 카테고리와 고객의 의도가 다양한 오픈마켓에 비해 패션제품을 구매하기 위해 접속하는 패션전문앱 데이터 기반의 빅데이터 분석 결과가 더 예측성이 높다고 평가되면서 패션플랫폼은 빅데이터 AI 분석툴의 격전장이 될 것으로 예상된다.

지그재그는 이러한 강점을 바탕으로 2021년 거래액 1조 원을 돌파하며 사업성을 인정받아 카카오에 인수되었다. 카카오의 인수 이후 지그재그는 IT 기술 기반을 더욱 활발히 이용하여 통합결제 시스템인 Z결제, 오프라인 현금 결제 방식인 편의점 결제까지 도입하며 10대가 가장 많이 사용하는 쇼핑앱으로 등극하면서 패션제품 구매주력층인 10~30대 여성 공략에 성공적인 행보를 보이고 있다. 입점 업체들을 위한 데이터 분석 솔루션인 지그재그 인사이트와 이미지 검색기능인 직잭렌즈 개발을 통해 텍스트로 표현하기 어려운 상품을 이미지로 쉽게 검색할 수 있도록 하는 기능을 출시하는 등 지속적인 유저 편의성 강화에 주력하면서 지그재그를 비롯한 패션플랫폼의 성장은 계속될 전망이다.

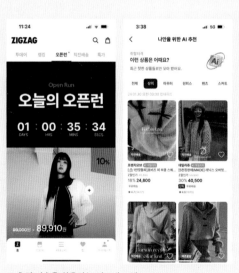

AI 추천 기술을 활용하는 지그재그 앱

자료: 강주현(2019. 7. 21). 패션·뷰티에 부는 4차산업 바람…스타일 테크 개척. 스카이데일리; 손정빈(2019. 5. 17). 지그재그와 번개장터…"10대는 이걸 씁니다". 뉴시스; 조믿음(2023. 5. 22). 윤주선 지그재그 개발통괄 "이달 '직잭렌즈' 출시…대형 플랫폼과 차별화". 디지털투데이

1

고객 서비스관리와 CRM

1) 고객 서비스관리의 중요성

글로벌화 및 정보화의 진전으로 인해 고객의 정보력은 어느 때보다 강하여 전 세계 매장으로부터 낮은 가격에 좋은 상품을 구매할 수 있는 시대가 도래했다. 저가 중심의 글로벌 소싱 확대로 인해 고객은 전 세계에서 생산된 상품을 싼 가격에 구매하게 되었으며, 유통업체별로 취급하는 상품의 차별성이 떨어진 지금 차별화할 수 있는 것은 고객 서비스관리라는 생각으로 많은 업체들이 고객 서비스 강화에 주력하고 있다. 이제 시장은 판매자 중심에서 구매자 중심으로 이동하여 구매자의 관심과 욕구에 따른 상품구색과 서비스 구현이 기본이 되었다.

신규 고객 확보에 소요되는 비용은 기존 고객을 유지하는 비용의 5배라고 한다. 즉, 기존 고객을 중심으로 고객 서비스관리를 강화할 때 효과적인 매출 신장이 가능하다. 이탈리아의 경제학자인 빌프레도 파레토Vilfredo Pareto는 이탈리아 토지의 80%를 국민의 20%가 소유하고 있다는 사실을 제시하면서 소수에게 많은 양의 재화가 집중된다는 '파레토의 법칙Pareto Principle'을 발표하였다. 이 법칙은 유통업 경영 전략에도 적용되어 상위 20%의 소비자가 전체 매출의 80%를 발생시킨다는 20:80의 법칙이 통용되고 있다. 이를 고객 서비스에 적용하면, 제한적인 자원 안에서 고객 서비스를 증대하고 이를 통해 매출 향상을 기해야 하므로 모든 고객에게 동일한 서비스를 제공하기보다는 우량고객을 선별하고 이들의 만족도 상승에 노력을 집중해야 효율이 높아진다는 뜻이 된다. 기업은 보유하고 있는 브랜드의 잠재고객과 핵심고객은 누구인지, 그들이 원하는 것은 무엇인지, 그들이 미처 깨닫지 못하지만 그들에게 필요한 것은 무엇인지, 그들이 라이프스타일 변화상 또는 삶의 주기상 어떠한 변화를 보일 것인지 올바로 파악하여 그들이 원하는 수준의 서비스를 제공해야 성공을 거둘 수 있다.

2) 고객 관계 관리

지금까지 고객과 기업 간 관계가 기업에서 시작하여 고객으로 전달되는 일방향성이었다면, 이제는 고객과 기업 간 쌍방향성이 확대되었을 뿐만 아니라 고객 간의 상호관계까지 마케팅의 중요한 도구로 활용되고 있다. 또한 고객관리가 단순히 고객 접점에서의 서비스 강화 차원을 넘어서 전 회사의 전 업무에 걸쳐 고객만족 증진을 최우선 과제로 삼고 이 목표를 달성할 수 있도록 업무 처리를 하는 것을 뜻하게 되었다. 고객 관계관리_{CRM: Customer Relation Management}란 신규 고객 획득, 기존 고객 유지, 고객 평생가치 충족을 위해 다양한 정보원을 통하여 고객 정보를 지속적으로 수집하고 효과적인 분석을 통하여 이들을 위한 마케팅 전략을 개발, 적용, 검증, 보완하는 일련의 과정을 말한다.

고객카드, 온·오프라인 채널상의 고객 정보, 고객 프로모션 정보 등이 통합적으로 관리되어야 효과적인 전략 제안이 가능하다. 데이터 웨어하우스_{data warehouse}는 여러 시스템에 분산되어 있는 고객 데이터를 주제별로 통합·축적해 놓은 것으로, 여기에 저장된 정보를 데이터 마이닝_{data mining}으로 정제하고 필요한 항목별로 추출하여 분리·저장하는데 이를 데이터 마트_{data mart}라고 한다. 데이터 마트는 특정 사용자가 관심을 갖는 데이터들을 분류하여 담은 비교적 작은 규모의 데이터 웨어하우스를 말하며 사용자의 요구 항목만 추려 저장한 정보를 체계적으로 분석하여 기업의 경영 활동을 돕기 위한 시스템이라고 할 수 있다. 이러한 시스템을 이용하여 고객 데이터를 통합적으로 관리하는 능력은 트렌드에 민감한 패션 상품 취급 기업의 매출에 매우 큰 영향을 미친다.

날로 커져 가는 온라인 비즈니스에서는 웹 로그 데이터_{web log data}를 정제하여 저장하고 이를 목적에 따라 분석하는 것이 매우 중요하다. 로그 데이터는 고객이 온라인 쇼핑 사이트에 접속하여 실행한 페이지 선택, 페이지 이동, 상품 검색, 장바구니 이용, 광고 및 상품 클릭 등에 대한 기록으로, 고객의 사이트 유입, 이동 경로, 사이트에서의 사용상 행동, 각 페이지에 머문 시간까지를 담은 일련의 정보를 말한다. 구체적인 로그 데이터 측정 단위는 히트_{hit}, 페이지 뷰_{page view}, 체류 시간_{duration time}, 세션_{session}, 방문자_{visitor}를 기본으로 한다. 이러한 로그 데이터를 손쉽게 얻을 수 있는 환경 속에서 이 막대한 양의 정보를 얼마나 효과적으로 분석할 수 있는가가 CRM 전문가들의 관심 영역이 되었다.

2

고객 서비스
품질 평가

1) 서비스 가치 평가

소비자들이 서비스의 가치를 평가할 때는 기능적 가치, 사회적 가치, 정서적 가치, 인식적 가치를 고려한다. 기능적 가치란 특정한 서비스의 선택으로 얻는 기능적 편익에 대한 가치이다. 고객이 주차장이 편리하게 구비된 점포를 찾는 것은 편리한 주차장 이용을 통한 편의성 증진, 쇼핑 시간 절약 등의 효용을 바탕으로 한 기능적 가치를 높게 평가하기 때문이다. 또한 원스톱 쇼핑 환경이 확대되는 것도 한 곳에서 다양한 상품을 구매하고자 하는 기능적 편익에 의한 가치 제고에 따른 것이다. 사회적 가치는 특정 준거집단에 소속감을 느끼는 데 기여하는 가치로 준거집단의 동질적 가치를 추구하는 것이다. 예를 들어 백화점의 VIP 고객 라운지를 이용하는 고객은 고소득층의 사회적 가치에 대한 충족감을 느낄 수 있다. 정서적 가치는 소비자들이 그들의 감정과 정서에 대한 긍정적 자극을 얻을 때 느끼는 가치로, 불우이웃 돕기 등 사회책임적 활동에 적극적인 업체를 이용하면서 느끼는 가치가 그 예이다. 또한 어떤 서비스에 대한 구매 결정이 소비자의 지적 욕구를 채워 주고 새로운 경험을 제공할 때 인식적 가치를 충족시킬 수 있다. 최근 다양한 교육 콘텐츠 서비스의 판매와 이용이 증가하는 것은 이것이 소비자의 인식적 가치를 충족시키는 데 효과적이기 때문이다.

2) 서비스 품질 평가 과정

소비자는 의사 결정 단계별로 서비스 품질을 평가하게 된다. 먼저 소비자는 정보 탐색 과정에서 인적·비인적 정보 원천을 통해 제품과 서비스에 대한 정보를 얻는다. 이 단계에서 구매 결정 시 발생할 수 있는 다양한 위험을 인지하는데, 여기서 위험이란 제품 및 서비스의 구매와 소비에 의해 초래될 수 있는 예기치 않은 결과에 대한 불확실성을 말한다.

　　인지할 수 있는 위험에는 성능 위험, 재무적 위험, 시간적 손실 위험, 기회 손실 위험, 심리적 위험, 사회적 위험, 신체적 위험 등이 있다. 소비자는 다양한 대안 중 이러한 위험이 적은 상품이나 서비스를 선택하게 되고 이러한 대안 중 하나를 구매하여 상품이나 서비스를 체험한다. 특히 유통 서비스의 경우 서비스 전달자가 누구냐에 따라 서비스의 품질이 달라지므로, 기업은 고객 응대 매뉴얼을 마련하고 이에 따라 응대하여 서비스 전달자가 바뀌더라도 서비스 품질은 일정하도록 노력해야 한다.

소비자들은 구매 전 상품이나 서비스를 기대하며 이러한 기대 대비 만족도가 서비스 품질 평가에 중요하게 작용한다. 고객의 만족과 불만족은 소비자가 구매 전 기대한 서비스 수준과 구매 후 인지한 서비스 수준의 차이, 즉 불일치의 지각 정도에 달려 있다. 구매 후 인지 서비스가 기대 서비스보다 크거나 같으면 만족하거나 감동하지만, 구매 후 인지 서비스가 기대 서비스보다 낮을 때에는 불만족한다. 따라서 기업은 서비스 이행 수준을 높이는 것도 중요하지만 이것이 제한적일 때는 사전 기대감을 줄이는 것도 불만족을 낮추는 방법이 된다. 예를 들어, 고객의 대기 시간이나 상품의 배송 시기를 넉넉하게 알려 주는 방법을 이용하면 고객의 사전 기대 수준을 낮출 수 있다.[1]

고객의 기대는 다양한 요인의 영향을 받는다. 내부 요인으로는 소비자의 개인적 요구, 관여 수준, 구매 관련 경험 등이 있다. 외부 요인으로는 경쟁자의 상황, 준거집단의 구전, 광고, 회사나 브랜드에 대한 기대 수준 등이 있다. 상황 요인으로는 상황에 따른 변화 요인인 구매 동기, 소비자의 기분, 날씨, 시간 압박 등이 있다.[2]

3) 서비스 품질

서비스 품질은 서비스의 상대적인 우열에 대한 소비자의 전반적인 인상으로, 실제 서비스 성과에 대한 고객의 지각과 고객의 서비스에 대한 사전 기대치와의 비교를 통한 소비자 지각이라고 할 수 있다. 이는 객관적인 것이라기보다는 소비자의 주관적 판단 혹은 서비스 대상에 대한 전반적인 태도라고 볼 수 있다.

서비스 품질Servqual: Service Quality을 결정하는 요소는 5개 차원으로 나눌 수 있다. ① 물적 요소로 물리적 시설, 장비, 직원 등이 포함되는 '유형성', ② 약속된 서비스를 믿고 수행하는 능력인 '신뢰성', ③ 고객을 진정으로 돕고 신속하게 서비스를 제공하려는 의지인 '대응성', ④ 고객의 욕구에 대해 이해하고 고객을 배려하는 '공감성', ⑤ 직원의 지식·능력·태도·신뢰 등을 통해 거래의 안전을 보장해 주는 '확신성'이 바로 그것이다.

서비스 품질 개념은 전자상거래의 확대와 함께 온라인 서비스 품질$_{e-Servqual}$의 개념으로 발전했다. 서비스 품질에서 서비스 평가 차원은 정보, 거래, 디자인, 의사소통, 안정성의 5가지로 정리될 수 있다. '정보' 차원에는 상품과 서비스 정보의 최신성과 정확성이 있고, '거래' 차원에는 주문 단계의 적절성, 주문 용이성, 상품과 서비스 가격, 배송 적절성, 문제 해결 용이성이 있다. '디자인' 차원에는 사이트 구조 용이성, 메뉴 구조의 편리성, 전체 화면의 조화 등이 있으며, '의사소통' 차원에는 기업과 이용자 간 혹은 이용자 간 의사소통과 개인화 서비스가 포함된다. 마지막으로 '안정성' 차원에는 시스템 안정성, 이용 속도, 화면 전송 시간, 개인 정보 보호, 거래 안전장치 유무, 거래 신뢰감이 포함된다.

3
고객 정보 수집과 분석

1) 고객 정보 수집과 빅데이터

고객 정보 수집과 분석에는 다양한 방법들이 사용된다. 기존 고객이 어느 매장에서 어떤 상품을 얼마나 자주 구매했는지에 대한 구매 이력 정보를 통해 고객집단을 세분화하고 이들을 위한 판매촉진 전략을 개발할 수 있다. 고객 멤버십, 오프라인 매장, 온라인 쇼핑 사이트, 이메일·DM 프로모션 등을 통해 다양한 방법으로 고객이 어떤 상품을 사는지에 대해 브랜드·사이즈·색상·스타일 면에서 방대한 자료를 수집한다. 이러한 자료는 재생산 발주, 재고관리, 쿠폰 발행, 판매촉진, 상품 기획 등에 활용된다. 한편 새로 유치하고 싶은 잠재고객에 대한 정보를 얻는 데 경쟁 점포의 고객 정보가 유용한 자료일 수 있지만 이를 얻는 데는 한계가 있다. 따라서 유통기업들은 같은 경제 수준, 취향, 라이프스타일을 가진 고객 정보를 다각도로 활용하기 위해 다양한 유통채널의 고객 정보를 통합하는 전략을 취하고 있다. 롯데그룹은 엘포인트$_{L-Point}$ 제도를 통해 롯데그룹 계열사를 이용하는 고객 정보를 통합하여 관리하고, CJ그룹은 CJ ONE 플랫폼을 통해 계열사 이용 고객 정보를 통합 관리하고 있다. 이들은 고객 데이터의 효과적인 분석을 통해 시장 동향을 예측하고 고객 서비스를 개발한다.

온라인과 소셜미디어를 통한 정보 탐색과 공유가 활발해지면서 포털 사이트 검색어 정보, SNS의 커뮤니케이션 자료에서 추출한 다양한 텍스트, 사진, 동영상, GPS 신호 등을 기반으로 소비자 행동 패턴을 파악하고 미래 변화를 예측하는 것이 중요해졌다. 이러한 데이터는 규모가 크고 형식이 다양하며 순환 속도가 빨라 기존의 방법으로는 관리 및 분석이 어렵기 때문에 이에 대한 분석 방법이 지속적으로 개발되고 있다. 규모$_{volume}$, 다양성$_{variety}$, 속도$_{velocity}$를 빅데이터의 3가지 구성요소로 꼽는데, 이를 두고 3V라고 표현한다. 빅데이터의 활용 가치를 강조하며 빅데이터의 4번째 속성을 가치$_{value}$로 보기도 한다. 소비자 간 정보 확산과 소비자 요구 변화가 매우 빨라진 지금, 빅데이터가 기존의 고객 데이터 분석 방법으로는 얻기 어려운 소비자 집단의 변화 동향 추측에 매우 중요한 수단이 되고 있다.

2) 다양한 빅데이터 분석기술

거래 정보 등 특정 회사가 정보의 소유권을 가지는 경우 일반인들은 그 데이터에 접근하기가 어렵지만, 검색엔진이나 소셜미디어상의 검색어나 콘텐츠 데이터는 적절한 앱$_{app}$이나 툴$_{tool}$을 사용하여 분석 가능하다. 구글은 세계 최대 검색 사이트로 '구글 트렌드' 서비스를 제공한다. 이는 기간별, 국가·도시별 검색어 사용량 추이를 보여 주며 최대 5개 검색어에 대한 검색어 사용량 비교 기능을 제공한다. 우리나라 최대 검색 사이트인 네이버도 '네이버 트렌드' 서비스를 제공하고 있는데, 기간별·성별·연령별, 사용기기$_{PC·모바일}$별 검색량 추이를 보여 주며 최대 5개 검색어에 대한 검색량 비교 기능을 제공한다. 이는 해당 검색 엔진을 사용하는 모든 사람들의 검색량을 기반으로 분석하므로 객관적인 대중 관심도를 실시간으로 확인할 수 있는 도구가 된다.

오늘날 다양한 빅데이터 분석 솔루션이 개발되고 있어 한국어, 중국어, 영어로 된 언어의 데이터 분석이 가능하다. 네이버, 다음, 구글, 바이두 등의 검색 엔진과 소셜미디어에서 수집한 데이터의 정제 과정을 거쳐 검색량과 검색어 간 연관성을 도출할 수 있고, 분석한 결과를 차트, 그래프, 네트워크트리, 토픽모델링, 매트릭스 차트 형태로 얻을 수 있다.[3] 그 외에도 NodeXL, Ucinet, CONCOR 등의 프로그램을 사용하여 검색어에 대한 의미 연결망 분석이나 시각화 분석을 실시하기도 한다.[4] 이러한 빅데이터 분석과 적용은 날로 확대되고 있지만 이에 수반되는

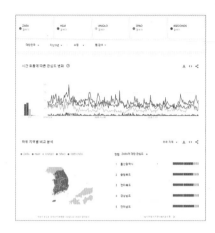

사진 13.1
구글 트렌드분석을 이용한
백화점 검색량 비교 결과

정보 보호에 관한 논의가 부족한 실정이다.

라이프스타일 버티컬 플랫폼인 오늘의집은 머신러닝 기반의 AI를 접목한 개인화 서비스도 제공한다. 앱 내에서 인테리어, 살림, 홈스토랑, 취미·일상 중 '나의 관심 주제'를 선택하면 오늘의집에서 맞춤형 상품을 추천해 준다. 콘텐츠 이용 시간 및 좋아요와 댓글 등을 통해 개인화 서비스를 고도화시킨다. 오늘의집은 지난해 매출이 전년 대비 59% 증가해 1864억원을 기록했으며, 이는 AI 접목 서비스로 다양한 라이프스타일 상품군을 판매하며 매출이 급증한 영향이라고 밝혔다.[5] 쿠팡, 지그재그, 당근마켓 등 대형 플랫폼들도 사용자 기반 데이터를 많이 보유하고 있는 강점을 살려 머신러닝 기반의 추천 서비스의 경쟁에 나서고 있다.

3) 개인 정보 보호에 대한 윤리적 문제

거래 과정이나 소셜네트워크를 통한 소통 과정에서 개인이 생성한 정보의 소유자는 개인이 아니라 해당 온라인 사업자나 해당 소셜네트워크 사업자이다. 그러므로 이러한 정보를 제3자에게 팔거나 다른 목적을 위해 분석하는 행위가 발생했을 때 정보 거래 기록을 확인하거나 책임 소재를 묻기 어렵다. 쇼핑몰에 접속하여 상품을 검색 또는 구매한 기록은 유용한 정보 상품이 되어 팔려 나가고 있다. 이렇게 거래되는 개인 정보에는 이름, 나이, 구매 관심, 재정 상태, 사회적 지위 등 수천 가지 정보가 포함되어 있으며 많은 개인 정보 수집 업체가 활동 중이다. 불특정 다수를 위해 홍보전을 하는 것보다 정확한 니즈를 가지고 있는 고객의 정보를 받아 이들을 집중 공략하는 편이 더 경제적이므로 업체의 정보를 이용해 타깃 마케팅을 하려는 업체들이 이러한 개인 정보의 구매자가 된다.

이들은 인터넷에 접속한 기록을 가로채거나 페이스북이나 트위터 등 SNS에 올린 정보를 수집하여 분석한다. 정부 관련 기관이나 정보기관을 통해 개인 정보가 유출되기도 한다. 미 국가안보국NSA이 프리즘PRISM이라는 전자 감시 프로그램을 통해 구글·페이스북 등 9개 IT 회사 서버에서 일반인의 정보를 수집했다는 내용이 알려지면서 개인 정보 보호 문제가 화두에 오르기도 했다. 전 세계 24억 명에 달하는 인터넷 이용자 대부분의 정보가 테러 방지라는 명분 아래 미국 정보국에 흘러 들어갔으며 이들 중 일부가 상업적으로 거래되었을 가능성이 크다. 우리나라에서도 끊임없이 개인 정보와 신용카드 정보 유출 문제가 발생하고 있는데 수집·이용에 대한 동의 없이 SNS를 통해 광범위하게 데이터가 수집되어 빅데이터 분석에 사용되면서 개인 정보 유출 피해 우려가 커지고 있다.[6]

1) 고객의 유형

(1) 잠재고객

해당 업체의 제품을 구매할 능력이나 의사가 있으나 아직 본격적인 구매 활동을 하지 않은 고객으로, 해당 브랜드에 대한 정보 탐색과 수집에 긍정적인 부류이다. 이들은 해당 업체에 대한 신념이나 경험적 지식을 충분히 갖지 못한 상태이다.

(2) 구매고객

해당 업체의 상품을 구매한 경험이 있으며 구매 후 평가를 통해 만족도가 높을 경우 재구매고객으로 전환된다.

(3) 반복구매고객

2회 이상 반복적으로 구매하는 소비자라 할 수 있다. 이들 중 업체별 상품이나 서비스 가치 차이를 충분히 지각하지 못하고 가격에 민감하여 저가 상품을 제공하는 판매자에게 쉽게 이동하는 성향이 있는 소비자를 가격지향 고객price-conscious customer이라고 한다.

(4) 충성고객

업체별 상품이나 서비스의 차이를 지각하고 해당 업체를 특별히 선호하는 소비자이다. 이들은 가격이나 프로모션 등 단기적으로 제공되는 경쟁사의 혜택에 민감하게 대응하지 않으며, 해당 업체에 대한 친밀감과 신뢰를 가진다. 따라서 기업들은

사진 13.1

롯데백화점 애비뉴엘 VIP 고객 라운지(좌)와 현대백화점 영 VIP 고객 전용 라운지 클럽 YP(우)

특정 브랜드 제품을 구매하는 소비자 확보를 넘어, 브랜드를 사랑하는 고객을 유치하기 위한 마케팅 전략 개발에 부심하고 있다.

(5) 구전고객

해당 유통업체에 대한 충성도를 바탕으로 주변인들에게 이를 이용하도록 혜택과 장점을 자발적으로 홍보하는 소비자이다. 이들은 다른 사람들이 해당 업체의 제품을 구매하도록 권유하는 데 적극적이다.

(6) 악덕고객

업체의 고객으로 상품이나 서비스를 구매하지만 불분명하거나 타당하지 못한 이유로 잦은 반품이나 교환, 환불을 요구하는 소비자를 말한다. '고객 중심 서비스 경영'이 유통업체의 모토로 자리하면서 이들의 수는 더욱 늘어나고 있으며 잦은 클레임으로 기업 매출에 손실을 끼치고 있다. 고가의 의류나 액세서리를 구매해서 필요할 때 몇 번 사용한 후 반품하는 행동, 인터넷 경품을 노리고 무더기로 제품을 주문했다가 취소하는 행동 등 악덕고객black consumer의 행태는 날로 진화 중이다. 유통업체들은 이들을 자연스럽게 다른 브랜드 또는 다른 매장으로 가도록 유도하는 디마케팅을 고민하기도 한다. 그러나 이러한 고객의 불만족을 해소할 때 소비자들은 더욱 적극적으로 긍정적인 구전을 실천할 것이며, 악덕고객이 충성고객으로 전환될 가능성이 높다는 통계 결과[7]도 있으므로 이들에 대한 대응 전략을 또 하나의 시장 확대 전략으로 보고 지속적인 관심을 둘 필요가 있다.

(7) 이탈고객

한때 업체의 고객이었으나 더 이상 구매활동을 하지 않는 소비자들이다. 이탈의 원인은 상품 구매 후 불만족이나 경제 수준·생활 주기·라이프스타일 변화, 거주지 이동 등 다양하므로 이들을 파악하여 대응 전략을 개발하기는 어렵다.

2) 온라인 유통 고객의 특징

온라인 유통에서는 잠재고객의 파악이 더욱 쉽다. 관심 있는 상품을 검색하거나 쿠폰을 받을 때 로그인이 필요한 경우가 많아 고객의 인적 사항과 로그 데이터를 연동하면 잠재고객의 특성과 성향, 관심 상품 등에 대한 정보를 손쉽게 얻을 수 있기 때문이다. 기존 오프라인에서는 하기 어려웠던 잠재고객에 대한 접근이 용이하기 때문에 이를 이용한 유인 마케팅이 활발하다. 많은 유통업체가 이들을 대상으로 하는 첫 구매 혜택 쿠폰과 이메일 정보 서비스 등을 제공한다.

구매고객, 반복구매고객, 충성고객은 온라인에 자신의 구매 정보를 남기므로 업체는 이를 바탕으로 고객 유형별 추가 구매 유도 전략에 필요한 프로모션과 혜택을 제공한다. 구매고객의 경우 특정 업체에 대해 자발적으로 긍정적인 구전 활동을 하고 이들의 평가가 다른 소비자의 구매 결정에 영향을 미치므로, 이를 활용한 바이럴 마케팅이 활발하다. 최근에는 일부 파워블로거나 인플루언서들이 업체로부터 특정한 혜택을 얻는 대가로 홍보를 하는 경우가 많다. 악덕고객이 온라인을 이용할 경우 부정적 구전이 용이하고 더 많은 사람들에게 부정적 정보가 전파되기 쉽기 때문에 이들에 대한 효과적인 관리와 대응이 매우 중요하다.

3) 고객가치

구매자가 지각하는 가치는 구매자가 제품을 획득함으로써 지불하는 비용 또는 희생에 대비하여 얻을 수 있는 품질이나 혜택을 말한다. 즉, 가격 대비 품질 지각이 가치의 개념이고 이것은 다분히 주관적이므로 개인차가 크다. 고객가치는 금전적·시간적·심리적 비용 대비 경제적·기능적·심리적 혜택 지각의 총체라고 할 수 있다. 금전적 측면뿐만 아니라 구매 과정에서 소비된 시간과 노력까지 비용에 포함되며 그 상품이나 서비스를 얻음으로써 느끼는 감정적 측면과 효율성 지각 측면까지 모두 혜택에 포함되어 지각된다는 것이다. 구매를 통해 고객이 지각하는 가치를 최대로 높이는 것이 유통업체의 목표라 할 수 있다.

여기에 추가로 유통업체와의 관계가치가 중요하다. 고객은 특정 유통업체와 지속적인 관계를 맺음으로써 일정 수준의 상품과 서비스를 얻기를 기대한다. 고객은 유통업체에 대한 신뢰를 바탕으로 위험 지각을 감소시키고, 유통업체는 지속적인 관계를 바탕으로 축적된 고객 정보를 이용하여 특화·부가 서비스를 제공할 수 있다. 이러한 혜택들 때문에 유통업체는 충성고객관리에 힘을 쏟아 관계가치 증진을 도모한다. 고객 관계가치는 고객으로부터 얻은 수익과 고객을 확보하기 위해 지불한 비용의 차를 고려하여 고객의 수익성을 계산하는 것으로 고객 관계가치 산출에 따라 수익성대로 고객을 분류하여 집중 공략해야 할 고객층을 선별하는 작업이 필요하다.

한편 고객의 생애가치₍life-time value₎ 개념은 이와는 조금 달라 고객의 현재 가치뿐만 아니라 잠재적 미래 가치까지 고려하여 산출한다. 즉, 고객은 연령과 가족생활주기 변화에 따라 라이프스타일이 변화하고 이에 따라 그들의 미래 구매력도 달라지므로 이를 반영하여 고객의 생애주기 전반에 걸친 가치를 고려하는 개념이다. 미래 불확실성 요소가 다수 존재하고 산출 방법에도 한계가 있어 수치적 산출은 의미가 적으나, 라이프스타일 변화에 따라 구매 동향이 급격히 달라지는 패션상품군에 있어서는 고객의 평생가치 측면을 중요하게 고려해야 한다. 예를 들어 여러 나라의 기업에서는 어린이를 중요한 잠재고객으로 보고 이들의 상표 충성도를 높이기 위해 성인 브랜드의 키즈 라인을 확대하고, 어린이를 위한 부대시설 확보와 프로그램 강화에 노력하고 있다.

1) 고객별 특화 서비스 개발

(1) 고객별 맞춤 서비스 제공

구찌의 메이드투오더 서비스는 '하우스의 각 고객을 위한 제품과 디테일에 정성을 다한다'는 철학을 바탕으로 우수 고객을 대상으로 뱀부백, 재키백 등의 맞춤 제작 서비스를 제공한다. 이러한 맞춤 서비스는 아디다스나 나이키 등 스니 커즈 브랜드에서도 활발하며 복종을 막론하고 고객 관계 강화를 위해 적극적으로 적용되고 있다.
customization

(2) 고객을 찾아가는 서비스 제공

맞춤 셔츠나 화장품은 고객을 찾아가는 서비스를 활발히 전개해 온 상품군이다. 이들은 고객에게 제품의 특성을 설명하거나 시연하고 개인 신체 계측이나 피부 확 인을 통해 주문을 받는다는 특징이 있다. 삼성물산 SSF숍에서는 VIP 고객을 대상 으로 홈 피팅 서비스를 제공한다. 제품 1개 값만 결제하면 해당 제품의 다른 색상 과 사이즈를 총 3개까지 집으로 배송받을 수 있고, 직접 입어 본 후 2개를 무료 반품하면 된다. LF의 경우 모바일 앱에서 이테일러 서비스를 신청하면 정장 e-tailor 재단사가 고객을 방문하여 신체 사이즈를 측정하고 상담을 거쳐 완성된 정장을 전달한다.[8]

(3) 즐거움을 주는 서비스

고객이 쇼핑하는 동안 새로운 경험을 하고 특별한 즐거움을 느낄 수 있도록 매장

사진 13.3
동경 시부야 챔피온 매장의
자수 및 프린팅 서비스 체험존

안에 전시물, 포토존, 이벤트 등을 제공한다. 이처럼 그 매장이나 브랜드만의 특별함을 체험할 수 있는 공간이나 서비스 개발이 활발하다. 매장에서 요리 강습을 하고 음악회를 여는 등의 이벤트를 개최하기도 하고, 특별한 전시공간을 만들어 체험을 강화하기도 한다.

2) VIP 고객 특별 서비스 개발

상위 20%의 고객이 전체 매출의 80%를 차지하는 것이 일반적이므로 핵심고객에 대한 특별 서비스를 고안하여 우수고객을 유지하는 것은 매우 중요하다. 특히 고가의 제품을 판매하는 백화점의 경우 VIP_{Very Important Person} 고객 서비스에 심혈을 기울이고 있다.

VIP 멤버십을 두어 단계별로 혜택을 차별화하고 VIP 전용 고객 대기실과 발레파킹 서비스, 별도의 주차공간을 마련하여 우수고객의 편의성을 증진할 뿐만 아니라 특별한 대접을 받고 싶어 하는 욕구를 충족시킨다. 또한 퍼스널 쇼퍼 서비스를 도입하여 자신이 관리하는 고객의 신체 사이즈 및 특징과 상황에 맞는 코디 등 쇼핑에 대한 어드바이스를 제공한다. 갤러리아백화점은 우수 고객을 대상으로 프라이빗 패션쇼를 개최하고, 국내외 여행권, 크루즈, 스파, 항공 마일리지까지 제공하며 단순 쇼핑을 떠나 VIP 고객의 라이프스타일까지 케어하고 있다. 상위 0.01% 고객을 위해 브랜드 직원과 보안요원이 수억 원대의 보석이나 시계를 들고 고객이 원하는 장소로 찾아가는 서비스를 제공하며, 대전과 수원 지역의 4개 갤러리아백화점 상위 1% 고객들을 밴에 태워 압구정동 명품관으로 모셔 오는 서비스도 제공한다.[9]

롯데백화점은 프랑스의 갤러리 라파예트백화점과 VIP 고객 서비스를 공유하는 협약을 체결하였다고 발표한 바 있다. 양 백화점은 VIP 라운지 이용, 콘시어지_{concierge: 집사, 쇼핑 대행} 서비스 등 VIP 고객 서비스를 공유하고 있다. 프랑스의 세계적인 명품 남성화 브랜드 벨루티_{Berluti}는 전체 매출의 90%를 차지하는 전 세계 1,500여 명의 VIP 고객을 위해 1:1 고객 커뮤니케이션을 강화하고 매장을 '남성들의 살롱'으로 활용하여 VIP 고객들이 지인과 매장에서 즐길 수 있는 환경을 제공한다.

백화점 입점 명품 브랜드에서 유명 스타일리스트를 초청하여 실시한 VIP 대상 프라이빗 패션쇼

미국 키친용품 카테고리 킬러인 Sur La Table 매장에서
열린 아이들 대상 요리 강습

미국 필라델피아 메이시스 백화점 로비에서 열린 대형 오르간 콘서트

사진 13.4

고객 특별 서비스 사례

6

고객
불만관리

1) 고객 불만 원인

고객 불만 원인에는 고객의 기대에 못 미치는 서비스 응대, 고객을 기다리게 하는 지연 서비스, 직원의 실수와 무례한 태도, 약속 미이행, 단정적 거절, 책임 전가 등이 있다. 그 외에도 판매원이 상품에 대한 지식이 부족하여 정보 전달에 실수가 생기거나, 상식적인 문제로 알고 설명을 생략했으나 고객이 예상 외로 해당 내용을 알지 못해서 문제가 발생하기도 하고, 사무 처리의 미숙이나 착오 또는 고객 감정에 대한 이해와 배려 부족 등이 고객 불만의 원인이 되기도 한다.

2) 불만고객의 중요성

불만족을 경험한 고객들 중 일부만이 불만 표출 행동을 한다. 96%의 불만족 고객은 불평 행동을 하지 않고, 그들 중 91%는 침묵한 채 매장을 떠나 다시는 돌아오지 않는다. 또한 불만족 고객은 평균적으로 9~15명의 지인들에게 부정적인 구전 활동을 하지만, 그중 13% 정도는 무려 20명 이상의 사람들에게 자신의 부정적 경험을 이야기한다고 한다.[10] 강한 불만을 가진 소수만이 점포에 직접 불만을 제기하므로, 이들은 점포가 이러한 문제점을 알고 고치기를 바라며, 불만 사항 개선 시 해당 매장에 지속적으로 방문할 의사를 가지고 있다고 해석할 수 있다.

따라서 불만을 표현하고 이에 대한 해결을 요구하는 고객은 불만을 표현하지 않는 고객보다 회사 발전에 더 크게 기여한다. 고객의 불만은 제품이나 서비스의 문제점을 발견하게 하고 이를 개선하여 다른 소비자들을 만족하게 할 수 있는 중요한 정보이다. 이러한 불만을 해소하는 과정은 고객과의 신뢰 증진을 이끌어 충성고객, 나아가 지지고객으로 전환시킬 수 있는 기회라고 여겨야 한다. 불만을 표출하지 않고 그냥 떠나가는 이탈고객의 경우, 이들을 잃는 손실뿐 아니라 미흡한 상품이나 서비스의 문제를 알아내지 못하는 기간이 길어져 더 많은 고객의 이탈과 매출 손실을 초래할 수 있다.

고객의 불만 중 가장 큰 부분은 상품 자체의 결함과 고객 응대 미숙, 즉 불친절, 부주의 등에서 발생한다. 이는 상품의 품질관리가 잘되지 않거나 접객하는 사원의 교육·보상·관리 시스템을 제대로 갖추지 않았을 때 발생한다. 따라서 불만 정보를 수집하는 통로를 다양하게 열어 두고 체계적으로 수집하여 상급 직원 또는 본사의 담당자에게 전달될 수 있는 체계를 마련해야 한다. 또한 이러한 불만 대응을 점포 내에서 즉각적으로 처리할 수 있는 매뉴얼 확립도 중요하다. 고객 불만 처리 시 불만 사항을 경청하는 것만으로도 어느 정도 고객의 부정적 감정이 줄며, 이와 더불어 사과할 때 고객의 불만족은 다소 해소되고, 사과와 더불어 적절한 보상이 제공될 때 고객의 충성도는 증가한다.

미국 굴지의 유통업체인 노드스트롬의 경우 파트별 담당자에게 권한을 이임하여 재량껏 불만고객에게 할인 혜택 등을 줄 수 있게 하고, 직원과의 파트너십을 강화하여 직원들이 회사의 주인으로서 능동적으로 고객 대응을 할 수 있는 토대를 마련하였다. 코오롱인더스트리는 고객과의 약속 대장 정보를 분석하여 상품 기획, 서비스 개선, 재고관리에 활용한다.

3) 고객 불만 처리

고객이 불만을 표현하는 것을 '고객 클레임'이라고 한다. 이에 대한 처리 과정으로는 먼저 고객의 불만 사항을 경청하고 잘못된 부분에 대해서 즉각적이며 솔직한 태도로 사과하여 고객의 마음을 위로한다. 이때 어떤 클레임도 긍정적으로 받아들이는 태도가 중요하며 고객에게 잘못이 있더라도 이를 탓하는 것은 가능한 한 피해야 한다. 다음 단계는 불만의 원인 사항을 분석하고 고객의 착오는 없었는지 검토하며, 과거의 사례와 회사 정책을 참고하여 해결 방안을 제시하는 것이다. 고객이 해결 방안을 채택하는 것에 동의하면 이행하고 결과에 대한 검토를 실시하며 사후 고객의 만족도를 다시 파악한다. 동일한 문제가 다시 발생하지 않도록 회사 내에 고객 불만 정보 수집 채널을 마련하고 이에 대한 분석과 재적용을 통해 재발에 유의한다.

클레임을 제기한 고객이 적절한 보상예: 소액 할인 쿠폰 등을 받도록 하는 제도를 판매원에게 일부 위임하여 고객의 만족도를 높이고 불만고객을 유지고객으로 바꾸는 데 투자하는 것은 가치 있는 일이다. 또한 고객이 강하게 클레임을 걸거나 흥분하여 대처가 어려울 경우 '삼변주의', 즉 장소, 시간, 응대자를 바꾸어 응대하게 하는 방법도 효과적이다. 즉, 응대자를 판매원에서 상급 판매 관리자로 바꾸거나 매장에서 항의하던 소비자를 고객상담실로 이동시켜 상담하게 하면 강한 불만을 표출하는 고객을 효과적으로 응대할 수 있다.

내부 고객 만족이 외부 고객 만족을 낳는다, 노드스트롬

노드스트롬Nordstrom, Inc.은 미국의 신발 소매상으로 시작하여 현재 백화점 체인 '노드스트롬'과 아웃렛 체인 '노드스트롬 랙'을 운영하고 있다. 노드스트롬은 직원에 대한 권한 이양과 내부 고객 존중을 바탕으로 외부 고객 서비스에 강한 기업이라는 이미지를 얻었다. 노드스트롬의 고객 지향 서비스 사례 중 유명한 것으로 당일 중요 회의가 있는 고객을 위해 새로 산 셔츠를 다려 준 서비스, 경쟁사인 메이시스 백화점에서 산 선물을 포장해 준 서비스, 한겨울 고객이 쇼핑을 마치기 전 자동차 히터를 켜 둔 서비스, 오너가 직접 고객의 집을 방문하여 상품을 배송한 서비스, 구매한 지 5년 된 구두도 환불해 준 서비스 등 전설 같은 이야기들이 있다. 이렇듯 강력한 고객 서비스 전략 뒤에는 '효과적인 인사관리'라는 무기가 숨어 있다.

노드스트롬 직원은 자신들을 '노디스'라고 부르며 주인의식을 가지고 자신의 판단 아래 고객 서비스를 주도적으로 실천한다. 노드스트롬의 신입 직원은 〈노드스트롬 직원 핸드북Nordstrom's Employee Handbook〉을 지급받는데 여기에는 다음과 같은 말이 적혀 있다.

노드스트롬에 오신 것을 환영합니다.
당신을 우리 회사의 일원으로 받아들이게 되어 정말 기쁘게 생각합니다. 우리의 첫 번째 목표는 뛰어난 고객 서비스를 제공하는 것입니다. 당신의 개인적·직업적 목표를 높게 설정하십시오. 우리는 당신이 그것을 달성하기 위한 능력이 충분하다고 자신합니다.
노드스트롬 규칙 #1: 모든 상황에서 최고의 판단을 내리십시오. 더 이상의 규칙은 없습니다.
당신의 부서장, 점장, 본부장 누구에게나 어떤 질문이든지 자유롭게 물어보십시오.

67단어에 불과한 이 메시지는 많은 것을 함축하고 있다. 우리는 여기에서 고객에게 최상의 서비스를 제공한다는 공동의 목표를 수행하기에 충분한 능력과 자질을 가진 직원에 대한 무한한 '신뢰·존중·격려'를 느낄 수 있다. 파트별 매니저들에게 불만고객에게 일정 금액 안에서 보상을 즉각적으로 결정할 수 있는 권한을 이양하고, 주인의식을 가지고 일하도록 주식을 양도하는 등 직원을 가족이자 공동 경영인으로 여기고 있다는 것을 사내 규칙을 통해 보여 준다.

자료: 노드스트롬(n.d.). 위키백과.

참고문헌

1) Servqual(n.d.). Wikipedia
2) 이문규(2002). e-Servqual-인터넷 서비스 품질의 소비자 평가 측정 도구. 마케팅연구, 17(1), 73-95
3) www.textom.co.kr
4) 박상훈, 이희정(2018). 소셜 빅데이터를 이용한 전통시장 활성화 요인 도출 연구. 서울도시연구, 19(3), 1-18
5) 손지혜(2023. 6. 29). 오늘의집 슈퍼앱으로 개편…AI 접목해 라이프스타일 추천. 전자신문
6) 장은영(2019. 8. 14). 신용정보법 논의 스타트 '데이터 경제' 빗장 풀리나. 아주경제
7) Levy, M., Weitz, B. A., & Grewal, D.(2018). Retailing management(10th ed.). New York: McGraw-Hill
8) 김민서(2019. 8. 28). "의류도 고객 맞춤형"…패션도 '배송' 해야 산다. 메트로
9) 곽희양(2018. 12. 16). VIP 모셔라…백화점 '서비스 대첩'. 경향비즈
10) Okeke, K.(2017. 11. 1). 6 Reasons your customers do not complain. Customer Think

사진 출처

COVER STORY ⓒ 지그재그 앱
사진 13.1 ⓒ Google Trends
사진 13.2 ⓒ Korea JoongAng Daily
사진 13.3 ⓒ 저자
사진 13.4 ⓒ 저자